旱作枣林土壤干化及其修复技术研究

汪　星　高志永　汪有科　主编

中国农业出版社
北　京

图书在版编目（CIP）数据

旱作枣林土壤干化及其修复技术研究／汪星，高志永，汪有科主编. 一北京：中国农业出版社，2021.5
ISBN 978-7-109-28180-6

Ⅰ.①旱… Ⅱ.①汪… ②高… ③汪… Ⅲ.①枣园－旱作土壤－研究 Ⅳ.①S665.106

中国版本图书馆 CIP 数据核字（2021）第 075484 号

中国农业出版社出版

地址：北京市朝阳区麦子店街 18 号楼
邮编：100125
责任编辑：赵　刚
版式设计：王　晨　　责任校对：吴丽婷
印刷：北京印刷一厂
版次：2021 年 5 月第 1 版
印次：2021 年 5 月北京第 1 次印刷
发行：新华书店北京发行所
开本：787mm×1092mm　1/16
印张：21.5　　插页：2
字数：500 千字
定价：88.00 元

版权所有·侵权必究

凡购买本社图书，如有印装质量问题，我社负责调换。

服务电话：010-59195115　010-59194918

序

半干旱黄土区人工植被引起的土壤干化问题一直是学术界关注的热点。众多学者在黄土区人工植被下的干化土壤形成机理及其危害方面发表了很多有价值论文，一致认为人工植被造成的土壤干层已经是一个区域性生态问题。半干旱黄土区人工植被较深的根系通过吸收深层土壤水分以维持季节性干旱的蒸腾耗水，进而造成深层土壤水分的不断消耗，形成"利用型"土壤干层。黄土高原地区的这一种特殊水文现象，又成为该区域生态恢复的重要制约因素，威胁区域生态系统健康与稳定。土壤干层一方面加速现有植被的衰败死亡，另一方面对后续多年生、深根系植物更替形成严重障碍。如何防治人工林地日趋严重的土壤干化问题已经成为林学、生态学、土壤水文学、水土保持学、农学等多学科共同面临的科学问题。但目前这方面的研究仍较为薄弱。

该书作者团队，针对黄土高原人工林地土壤干化问题，从 2005 年开始，在半干旱黄土区米脂孟岔基地、远志山基地、子州杨大沟基地、吴堡川口基地对雨养人工枣林进行了长达十多年的枣林土壤干化特征及其修复技术的系统分析与研究，开展了系列土壤水分调控技术及深层土壤干化修复的定位试验，获得大量有科学价值的数据，并进行了规律性的探索。研究发现，人工枣树林地在休眠期是其土壤水分蒸发损失的关键期，由此提出全年林地覆盖抑制土壤水分蒸发技术和聚水保墒沟技术；同时发现土壤水分增加会促使枣树蒸腾耗水增加，所以根据树体大则总叶面积大，叶面积大则蒸腾耗水量大的原理，创新性地提出"节水型修剪"理念，即"以水定型、以型定产"。"节水型修剪"不追求近期产量最高，而是依据当地多年平均降雨量确定枣树规格，再根据枣树规格大小制定目标产量，"节水型修剪"追求林地蒸散量不超过多年平均降水量和水分利用效率大于传统修剪方式下的枣林水分利用效率两项指标。研究团队还建立了"林地全年覆盖＋节水型修剪"的技术模式，该技术模式将抑制地面蒸发与限制树木蒸腾紧密结合起来，为今后治理林地土壤干化提供了一条新技术途径，对黄土高原其他植被类型下的干化土壤治理也有重要的参考价值。

　　《旱作枣林土壤干化及其修复技术研究》专著是该研究团队多年 试验研究的成果总结。全书包括枣林土壤干化特征、枣树根系与土壤水分、干化土壤水分运移、干化土壤水分调控系列试验及干化土壤再植试验等，内容新颖，丰富了我国黄土高原土壤水分生态和植被建设的研究成果，是一部具有应用价值的农业专著。该书的出版，可为今后治理黄土高原人工林地土壤干化提供理论与技术依据，对我国林学、水文生态学、土壤水文学、水土保持学、农学等方向的生产部门、科研教学人员均有很好的参考价值。

2021 年 3 月

前　言

我国干旱半干旱地区占国土面积52%，生产力低而不稳定，生态系统受气候变化和人类活动的影响更为剧烈（黄建平等，2013）。生态系统是一个复杂的系统，内部各要素和各种生态系统服务之间都存在复杂的相互作用，当人类选择性地强调某一种生态系统服务时，往往会损害到其他一种或多种服务的提供，导致预期之外的生态系统服务衰退，并可引起一系列环境问题。黄土丘陵区长期受人为活动特别是开垦破坏，原有植被出现干旱缺水和水土流失两大问题，成为全世界水土流失最为严重的地区之一。为了改善黄土高原的生态环境，我国政府自1950年以来，在该区开展了大规模的植树造林，如1978年实施的"三北"防护林体系建设，1999年实施的退耕还林（草）工程，有力地推动了该区规模化林草植被恢复，植被覆盖率从2000年的46%提高到2016年的67.7%（陈怡平等，2019）。然而，由于在植被建造中人们追求速生、高产、快覆盖等指标，使得人工植被耗水量大于当地降水量，加之黄土覆盖层深度达几十米至百米以上，地下水难以向上传递，因此形成不断加剧的土壤干层，土壤水分含量持续下降。干层厚度由几米到几十米，降水可渗入深层却很难超过蒸发蒸腾作用层深度，土壤水分收支的负平衡对陆地水分循环和生态环境必然产生不可忽视的影响（邵明安等，2016）。黄土高原大规模人工植被较深的根系通过吸收深层土壤水分以维持季节性干旱的蒸腾耗水，进而造成深层土壤水分的不断消耗，形成"利用型"土壤干层，黄土高原地区的这一种特殊水文现象（Yan et al.，2015；杨文治等，2004；Liu et al.，2005），不断加剧的土壤干化正在威胁区域生态系统健康与稳定，也成为黄土高原生态建设可持续发展的新瓶颈。

近几十年来，半干旱黄土区人工植被引起的土壤干化问题，一直是学术界关注的热点和焦点。众多学者对黄土区人工植被下的干化土壤形成机理及其危害发表了很多有价值论文，一致认为人工植被造成的土壤干层已经是一个区域性生态问题。但是，黄土高原如此规模化的人工植被及其土壤干层如何改善？这方面的研究较为薄弱。我们基于近十几年在米脂旱作枣林干化土壤形成及其修复方面的科研积累，整理出版《旱作枣林土壤干化及其修复技术研究》专著，以期对黄土高原人工植被建设及生态系统良性循环起到参考和借鉴作用，助力我国干旱半干旱地区生态系统建设，保障区域生态安全。

本书涉及的研究成果是集成了国家支撑计划项目"陕西半干旱区山地特色果品综合节水技术研究与示范"（2007BAD88B05）、"干旱半干旱区节水农业技术集成与示范"（2011BAD29B00）、"陕北水蚀区植被功能调控技术与示范"（2015BAC01B03）、国家林业公益项目"山地红枣生态经济林增效关键技术研究与示范"（201404709）、国家重点研发计划"典型脆弱生态修复与保护研究"（2017YFC0504402）、陕西省科技统筹创新工程计划项目"陕北土石山区红枣高效用水技术集成应用"（2016KTZDNY－01－04）、"山地红枣旱作优质高效栽培技术集成与示范"（2013KTZB02－03－02）、"红枣优质高效生产关键技术集成与示范"（2014KTCG01－03）、"陕北风沙区设施枣树节水提质增效技术研究"（2016KTZDNY－01－05）及西北农林科技大学以大学为依托的农业科技推广模式建设项目的研究成果。

本书是研究团队集体智慧的结晶，参编者分别来自宁夏大学、中国科学院水土保持研究所、西北农林科技大学、长安大学、沈阳农业大学、西安理工大学、云南大学、河南黄河河务局供水局、河南农业大学和河北水利电力学院。负责和参与各章编写人员如下：第1章，汪星；第2章，白一茹；第3章，马理辉、刘晓丽；第4章，张敬晓、白盛元；第5章，高志永；第6章，汪星、周玉红、靳姗姗；第7章，卫新东；第8章，魏新光、陈滇豫；第9章，汪星、吕雯。全书由汪星和高志永负责各章修改和审定，汪星完成统稿。除上述参编人员外，先后参加研究工作的人员还有聂真义、惠倩、田璐、缪凌、李晓彬、蔺君、梁宇、卢俊寰、张文飞、刘恋等。该书得到宁夏回族自治区重点研发项目（引才专项）（2020BEB04005）资助，特表致谢。

本书针对黄土丘陵旱作枣林土壤干化及其修复利用进行了探讨，但限于编者水平，对干化土壤的修复利用还处于探索阶段，尚存在一定的局限性，书中难免存在不足和疏漏之处，恳请同行专家批评指正。

汪　星

2020 年 6 月

目　　录

第1章 绪　　论

长期以来水资源短缺问题突出，加之降雨年内分布不均以及特殊的土壤地形条件，使得水土流失与水资源短缺并存，生态环境脆弱。退耕还林工程中大规模种植的人工林取得了显著生态景观效益，但由于降水量不足以支撑植被耗水，导致林地土壤水分长期处于亏缺状态，甚至出现了永久性的土壤干层。土壤干化又使林木生长受到限制，形成大面积"小老树"和低效经济林，并造成重建植被的障碍。

1.1 黄土区深层土壤干化是区域生态核心问题

黄土区深层土壤干化使得原本巨大的蓄水库容长期处于严重的水分亏缺状态，降水可渗入深层却很难超过蒸腾作用层深度，土壤水分收支的负平衡对陆地水分循环和生态环境必然产生不可忽视的影响（邵明安等，2016）。黄土高原大规模人工植被较深的根系通过吸收深层土壤水分以维持季节性干旱的蒸腾耗水，进而造成深层土壤水分的不断消耗，形成"利用型"土壤干层。黄土高原地区的这一种特殊水文现象（Liu and Diamond，2005；Yan et al.，2015；杨文治和田均良，2004），不断加剧的土壤干化正在威胁区域生态系统健康与稳定，也成为黄土高原生态建设可持续发展的瓶颈。由于黄土区降水入渗深度一般在 2 m 以内且无深层渗漏，因此干层一旦形成往往经过若干年也很难恢复，故称之为永久性干层。土壤干层的存在会影响土壤水分运移，阻碍降水入渗补给，弱化"土壤水库"功能，导致土壤质量和土壤生产能力降低，植被退化甚至死亡（李玉山，1983；朱显谟，2006）。干层水分巨大亏缺量将阻止地下水补给及干层不可逆转性（李玉山，2015）。2019 年的《Nature》论文甚至认为中国西部的绿化造林会导致当地水资源枯竭（Zastrow，2019）。

过去几十年，黄土区土壤干化得到广泛关注和研究。长期研究表明，多年生人工林草植被耗水深度可超 10 m（Feng et al.，2016；李军等，2007），深层干化土壤恢复难度极大，林后坡耕地的土壤含水率大约需要 40 a 才能恢复到持续农地土壤含水率的水平，保护草地则至少需要 150 a，而林后放牧荒坡的土壤水分长期不能恢复（王志强等，2007）。规模化土壤干层使得原本脆弱的土壤水分生态更加恶化，干化土壤一是加速现有植被生长衰败，二是造成后续深根系多年生植被更替的严重障碍（王国梁等，2002）。干化土壤后续利用研究多集中在后续一年生农作物种植方面（谢军红等，2014）。近年来西北农林科技大学在米脂黄土丘陵区试验深层干化土壤再植枣树、柠条、刺槐、苜蓿等获得初步成功（白永红等，2018；田璐等，2019；张文飞等，2017），证明依靠当年降雨多年生林草仍然可以在前期干化土壤生存，但后续植物生长与非干化土壤的差异如何？生长寿命是否缩短等问题还不清楚。长期以来，我国针对半干旱黄土区缺水问题采取了很多有效措施，如梯田、水平阶、水平沟、鱼鳞坑、覆盖地表等。虽然这些措施对干化土壤水分有一定改善作用，可以缓解浅层土壤干化缺水症状，但是并不能解决林地深层土壤干化问题。目前针对林地土壤干化的治理研究较为薄弱，专门针对深层土壤干化治理的研究仍然处于起步阶段。

1.2　林地土壤水分研究进展

1.2.1　土壤水分时空变化

黄土区人工植被引起的规模化土壤干化，也同时造成土壤水分时空特征发生变异。土壤水分在降雨、土壤、地形、植被及农业生产活动等因素作用下呈现很大的时空变异性，研究土壤水分时空变异特征是了解空间尺度上农业、生态、水文动态过程的重要基础。黄土丘陵区土壤水分时间变异研究较多地强调土壤水分季节和年际变化特征。季节上一般可分为春末夏初的土壤水分消耗期、夏末秋初的土壤水分蓄积期，以及秋末冬初的土壤水分消耗期（李洪建等，2003）；年际上不同降水年（丰水年、平水年、枯水年）土壤水分差异也达显著水平（王志强等，2007）。还有很多研究针对典型植被不同年限土壤水分特征及干层状况，如沙打旺（程积民等，2004），苜蓿（Li et al.，2008），枣树（汪星等，2015）等植被耗水特征及其空间分布格局对土壤干层时空分异特征具有重要影响（Wang et al.，2011）。在空间尺度上，前人分析了黄土高原不同气候区和不同植被类型覆盖下土壤干层的特征（李玉山，2015），对整个黄土高原土壤干层空间分布格局及主控因子进行分析（王云强，2010），研究了黄土高原 23 种不同立地条件和树龄林地土壤干燥化效应（李军等，2008）。已有研究结果表明，由于气候、地形、土壤、植被和人为活动等综合作用下，土壤干层呈现出明显的时空分异特征。

林地土壤水分空间变化研究主要包括水分的垂直剖面变化和水平变化。在垂直方向上可以将非饱和带土壤划分成若干层次。水平变化上主要分为坡面尺度、集水区或小流域尺度以及区域尺度等方面。植被盖度是土壤水分空间变异的主要驱动因子之一，植被类型显著影响土壤水分的空间分布格局（Jia et al.，2013），诸多研究均观测到不同植被类型土壤水分存在差异（Wang et al.，2009）。对土壤水分空间动态研究方法主要体现在两个方面：其一是通过野外实测数据，利用经典统计法来描述土壤水分空间上的变化规律（Brocca et al.，2007；Penna et al.，2009）。如杨磊等（2012）调查了黄土丘陵半干旱区人工植被深层土壤水分，表明植被深层土壤水分均随土层深度的增加而增加，深层土壤水分含量同土层深度之间呈一元线性关系。李俊等（2007）、王信增和焦峰（2011）利用有序聚类法对黄土高原土壤水分剖面进行垂直分层，通过植物生理学的解释验证了有序聚类法分层结果的合理性。其二是根据土壤水分动力学原理对土壤水分时空变化规律建立模型，模型主要有经验模型、随机模型、分析模型、概念模型和机理模型，有部分学者也采用 HYDROUS、SWAT 和 SHAW 等进行土壤水分模拟，但无论采用什么样的模型，必须考虑黄土高原特殊的地形、植被和水文条件，在土壤水分实测数据的基础上进行校正和验证，以提高模型模拟精度（高晓东，2013）。

1.2.2　土壤水分与植物根系

林木根系分布特点决定其水分利用策略，研究表明林木根系分布对土壤水分的消耗具有直接作用（单长卷、梁宗锁，2006；李鹏等，2002）。根区深度和根系在土层中如何分布影响着土壤水分存储量（Desborough，1997；Zeng et al.，1998）。Kleidon 和 Heimann（1998），Potter 等（1993），Raich 等（1991）都把根系深度作为影响土壤水库存储量的一个参数，土壤水分存储量反过来决定干旱期用于蒸发的水量。土壤剖面的水分分布状况决定活性根系的分布，而活性根系反过来又影响剖面水分分布状况（李鹏等，2002）。全球气候模型模拟强调了根系在全球变化中的重要性，对全球气候模型的模拟分析表明陆地表面和大气系统对土壤水分的存储能力很敏感（Kleidon and Heimann，1998；Milly and Dunne，1994）。Nepstad 等（1994）发现一个恒定的深层土壤水分消耗率，虽然深层土壤水分缺乏，但植被的蒸散并没有受到限制。由于根系深度很难获取，因此缺乏根系深度的相关研究。

土壤水分生态环境影响着林木根系的生长分布，而根系也在改变土壤水分的分布。目前，林木根系与土壤水分关系的研究主要集中在根系生长、根系分布、根系吸水特征对土壤水分的影响等方面。王琳琳等（2010）采用土钻法调查了黄土丘陵半干旱区人工林细根分布特征，表明随着林龄的增加，土壤干燥化程度增加。单长卷和梁宗锁（2006）研究了黄土丘陵区 4 种典型立地下刺槐人工林根系分布与土壤水分的关系，表明阴坡、半阴坡的细根（直径≤1 mm）在 0～4 m 土层中的分布较为均匀，而半阳坡和阳坡的细根集中分布在 0～1 m 土层中，不同立地条件下土壤水分状况的差异是不同立地细根分布差异的主要原因之一，细根分布范围对土壤水分变化有较大影响，细根分布会影响到土壤水分的季节变化。刘沛松等（2011）研究了宁南旱区不同年限苜蓿草地土壤水分和根系动态分布，表明不同生长年限苜蓿土壤剖面含水率与土壤深度之间呈二次曲线函数关系，根系深度随林龄增长呈先增加后减少的规律。土壤含水率是研究土壤水分变化的基本指标，根系在土壤剖面中的时空分布很大程度上依赖土壤水分状况（刘昌明、王全肖，1990）。因此对根系分布规律及土壤水分的研究，可以更好地了解植被对土壤水分利用的状况。牛海等（2008）研究了毛乌素沙地不同水分梯度植被根系垂直分布与土壤水分的关系，指出不同水分梯度之间植被根系的空间分布有差异，不同水分梯度土壤含水率变化程度不同，表层 0.1 m 土壤含水率变异系数最大，随着土层深度增加变异系数减小，土壤含水率的变化与根系生物量的变化趋势相反。植被与土壤含水率的这种关系是由于根系对土壤水分吸收所造成的，是对干旱环境的响应。

很长时间以来，生态系统中关于土壤水分动态和根系调查的研究大部分都局限于 0.5 m 土层。然而，具有深根植物的深层土壤被认为是生态系统的主要组成部分并具有重要的生态功能（Jackson et al.，2000；Nepstad et al.，1994）。在季节性干旱的环境下深层根系显得尤其重要，因为它能使植物在较低的水分条件和较高的蒸发需求下提取储存在深层土壤里的水分，使得植物维持蒸散和固碳作用（Sarmiento et al.，1985）。尽管人们了解具有深层根系的植物习性，但深层根系的生态意义和对水分获取的贡献率很少有人研究。在亚马逊热带雨林生态系统中，储存于深层土层中的水分在旱季对维持冠层的生理活性方面起着关键作用（Hodnett et al.，1995；Jipp et al.，1998；Nepstad et al.，1994）。

1.2.3　土壤干化的定义、类型及分布

土壤水分在受到蒸发和蒸腾作用的共同影响后不断向大气中扩散，而深层储水长期得

不到降水入渗补给，土壤水分循环规律改变，经过较长时间后在土壤剖面某处形成具有一定厚度土层的干燥化现象，称为土壤干层（杨文治，2001）。土壤干化（土壤干层）的特点为（陈洪松等，2005）：①位于土体某一深度范围内，一般位于降水入渗深度以下；②形成后具有相对持久性，不因土地利用类型的改变和降雨入渗的补给而消失；③有一定的湿度范围，介于毛管断裂湿度或土壤稳定湿度和凋萎湿度之间；④干燥化深度与根系分布深度相对应，植物根系越深，干燥深度越大；⑤干燥强度因植物种类和生长年限而定，并与降水量和蒸散量的比值相对应，即密度大的乔灌林地大于密度小的乔灌林地，乔灌林地和人工林草地大于农作物地，高产农田大于低产农田，有植物地大于裸露地。

李玉山（1983）根据水分利用状况将土壤干化层划分为利用型干层和地区型干层。利用型干层分布在半湿润地区，当年降水量和蒸发蒸腾量基本维持平衡时，降水量足以满足植被需水要求，一般不会发生干层，但当年蒸发蒸腾量持续大于年降水量时，降水量无法满足植被需水要求，导致干层形成。地区型干层是半干旱地区土壤水分循环的一个特征，是由地区性水量负平衡所形成的，一旦发生，较难恢复，具有相对持久性。杨文治和余存祖（1992）根据土壤水分散失途径将土壤干层划分为蒸散型干层和蒸发型干层。蒸散型干层主要发生在黄土高原半干旱和半湿润地区，即延安—延长—子午岭西北边缘线（相当于 550 mm 降水等值线）以南地区，是由植物的强烈蒸腾耗水导致土壤水分大量消耗而形成的；蒸发型干层主要发生在黄土高原半干旱地区，即存在延安—延长—子午岭西北缘线以北地区，是由气候干旱与水势梯度共同作用下，通过土壤水分强烈蒸发损失形成的。王力（2002）按干化程度将黄土高原干层分成了 4 个类型区：①高原沟壑区南部，代表地区为宜君县等，土壤干化程度微弱；②高原沟壑区北部，代表地区为富县等，土壤轻度干燥化；③丘陵沟壑区，土壤干化水平较为严重，由南至北，干化现象逐渐加重；④以神木为代表的风沙区，降水量稀少，荒漠化严重，干燥化程度为重度。段建军等（2007）利用土壤有效水饱和度（Saturation of soil available water，SSAW）作为土壤干层评判指标，并将 SSAW 分为 5 个等级：非干层、轻度干层、中度干层、严重干层、极严重干层。

1.2.4 土壤干化的量化指标

研究者通常用与某种土壤水分标准之间的亏缺程度来描述土壤干燥化状况，然而，如何准确、科学、定量地构建土壤干化水平尚无规范化和统一的度量指标。国际上最早以土壤实际储水量与田间持水量的差值，即水分亏缺量来反映土壤水分状况。但鉴于储水量指标与土壤深度和土壤容重有关，因此难以确切地分析比较不同质地土壤之间的水分亏缺状况。也有研究学者采用土壤稳定湿度或田间持水量为土壤有效水分的上限，土壤凋萎系数为下限，来构建土壤干化指数（段建军等，2007）。土壤稳定湿度是指地表最大入渗深度以下的初始土壤水分状态，不受土壤蒸发和根系吸水的影响，因此在野外条件下难以直接测定。此外，在降水量和降雨强度不大的地区，深层土壤受降雨补偿较小，通常难以达到田间持水量水平，因此上述定量化的评估方法仍缺乏实际应用性。李玉山（1983）根据大量田间试验研究结果指出，在黄土高原地区土壤稳定湿度在数值上相当于田间持水量的 50%～75%，其大小与土壤质地有关，也称为作物生长阻滞含水率（陈海滨等，2004）。在农田水分管理中，一般选定 60% 田间持水量作为稳定湿度。当土壤水分低于这一数值时，说明出现了土壤水分胁迫，对作物生长发育造成一定危害。

为进一步构建土壤干化的相对定量评定指标，王进鑫等（2004）提出了将土壤水分亏缺量与田间持水量比值作为亏缺度的概念。与国际传统量化指标相比，该方法排除了不同土壤质地田间持水量存在差异的缺点，在评价土壤干燥化计算方法上取得了较大进展。但考虑到植物用水有效性问题，王玲等（2017）又在土壤水分亏缺量计算方法上做了改进。他们认为将土壤实际储水量与60%田间持水量对应储水量的差值作为土壤水分是否存在亏缺的标准更具有科学性。目前，常用的土壤干化状况定量化评价指标是在上述计算方法上，又将其修订为改进后的土壤水分亏缺量与土壤稳定湿度的比值，并根据计算出的土壤水分亏缺度，把亏缺状况细分为五个等级（陈海滨等，2004；张文飞等，2017）。该划分指标能够简洁、确切地用于监测和评价土壤干化，也可以作为作物水分胁迫条件下灌溉制度的参考标准。此外，也有学者提出将当地顶级演替群落土壤水分作为参考来反映当地土壤水分的平均情况，因为它是某一区域植被在经过长期自然选择以后达到的稳定结果（王力等，2009）。杨磊等（2011）以此为标准，构建了土壤水分相对亏缺指数的概念，用于比较分析同一样地不同土层之间的土壤水分亏缺状况，并结合土壤储水量构建样地土壤水分相对亏缺指数，用于评价不同样地之间的土壤水分亏缺状况。奚同行等（2012）则根据土壤平均水吸力大小来分析土壤水分有效性，并将土壤水分亏缺度分为五个等级，土壤水吸力越小，说明水分越充足。

土壤干层厚度、土壤干层形成深度和土壤干层平均含水率是目前常用的直接定量表述土壤干化的相关指标（Jia et al.，2017）。但由于这三种指标单位和影响因子不同，阻碍了不同地区或者不同土层之间土壤干化状况的比较，甚至无法得到一致的结论。比如土壤质地能够显著影响土壤干层平均含水率，但对土壤干层厚度影响较小。植被根系垂直分布状况与土壤干层形成深度有密切关系，根系埋深越大，一般土壤干层的形成深度较深，但根系对已干化土壤含水率几乎不存在影响（Yan et al.，2015），说明土壤干层厚度较深的区域其平均含水率不一定低。基于上述问题，Wang et al.（2018）使用数学方法综合考虑了三种指标的特征，提出用于量化土壤干化程度的新指标QI，并结合水文模型中降雨分类的方法，根据QI数值大小将土壤干化程度分为五个等级。与传统方法相比，该指标具有更明确的物理意义，对评价大区域尺度土壤生态水文过程具有重要意义。

1.2.5　土壤干化的影响因素

目前关于土壤干化的判别及量化指标还未形成统一标准，但关于土壤干化的影响因素已取得了重要进展。分析土壤干化的影响因素，对土壤干层评价、干层恢复及干层调控都有重要的意义（Chen et al.，2008；张晨成等，2012）。

王云强（2010）将土壤干化的影响因素分为三类：一是大尺度因子，包括降雨、太阳辐射、土壤类型等；二是中尺度因子，包括土地利用类型、地下水水位、海拔、坡度、坡位等；三是小尺度因子，主要有微地形、树种、集流措施等。王力等（2004）通过研究陕北黄土高原的人工刺槐林，并结合数据分析，指出土壤干化受降水量的影响，土壤干化程度表现出明显的水分变异规律；受海拔、降雨入渗能力的影响，土壤干化在小范围内呈现明显的垂直分异规律。除了降水因素外，地形地貌、土壤质地等因子均会对干层在微区域范围内的空间分布产生影响（张晨成等，2012）。土地利用类型不同，土壤干化程度也呈现明显的空间分异规律，干层的厚度大小一般为林地＞果树＞草地＞农地（王志强等，2009），土地利用类型的改变（由农地变为林地），使得土壤平均含水量和储水量都呈现下降，形成干化土壤（何福红等，2003）。土壤干化程度也受不同立地条件的影响，有植被覆盖土壤上干燥化程度最大，坡地干燥化程度大于塬面，坡度越大土壤干化现象愈严重，坡顶干层厚度大于坡底（Chen et al.，2008），阳坡土壤干化程度比阴坡更为严重，因为阳坡接受太阳光照射时间更长，吸收太阳辐射热量较多，蒸发潜力更强。此外，植物的生长年限不同，导致其生育期损失量也不同，进而使得土壤的干化程度也出现较大差异。魏新光等（2015）指出枣林地的总损失量随着树龄的增加而不断增大，土壤干燥化程度也在加重。赵景波等（2005）研究了咸阳地区人工林地的土壤干层水分，结果表明：10龄苹果林地与12龄梧桐林2～4 m深处都有明显的土壤干层，而4龄苹果林下有干化显示，但没有干层发育。

1.3 林地干化土壤水分修复研究进展

黄土区的林地土壤干化问题一直受到人们的高度关注，长期以来，人们不断针对土壤水分亏缺进行不同技术探索，如雨水积蓄利用和覆盖保墒技术。这些措施应用主要是改善地表浅层土壤水分以保障地面作物生长所需，鲜见将这些措施用于林地深层干化土壤水分修复研究的报道。

1.3.1 干化土壤水分恢复与可调控性

土壤干层形成后，会导致局部小气候越来越干燥、土地质量下降、生态环境受到破坏、植物生长受到抑制甚至衰退（Jin et al.，2011；万素梅等，2008）。近年来，土壤干层的水分恢复问题越来越得到重视，研究范围和研究方法也愈加广泛，如调控造林树草的密度及群落结构改善土壤干层对林木生长的影响（梁一民等，1990）；采用人工集流措施（孙长忠，2000）、水平梯田、反坡水平阶等措施（侯庆春等，1999），促进降水更多地入渗到深层土壤，防止深层土壤干燥化；实施粮草轮作措施在取得经济效益的同时恢复土壤水分（刘沛松等，2010）；利用适度修剪＋全年地膜覆盖的农艺措施，有效防治林地土壤干层加重或发生（汪星等，2018）。李巍等（2010）对长期定位观测数据进行分析，探讨了土壤水分消耗和恢复在不同土地利用类型和年份下的差异，结果表明，经过一个平水年，玉米地下的土壤水分完全恢复；在降水量充足或有连续多场暴雨的年份旱作小麦地在0～3 m土层范围内水分增加，但仍小于初始含水量。丰水年旱作苜蓿地0～3 m内土壤水分少量恢复，6～10 m范围内的土壤湿度极难恢复。谢军红等（2014）研究了换茬种植对9 a苜蓿地土壤水分的恢复效应，研究表明试验区多年生苜蓿地土壤水分恢复适宜后茬是玉米。王志强等（2003）认为黄土丘陵半干旱区人工林死亡后的农地、保护草地下的土壤水分恢复年限分别为40 a和150 a以上，放牧荒地的土壤水分则不能恢复。王学春等（2011）采用EPIC模型模拟了黄土高原不同轮作模式下土壤水分恢复规律，认为苜蓿翻耕后采用马铃薯 2 a—春小麦 1 a 的轮作模式 32～33 a 可以恢复土壤水分。孙剑等（2009）分析了黄土高原半干旱区苜蓿草地及农作物轮作后的深层土壤水分变化规律，研究表明种植苜蓿后 5～6 a 翻耕，土壤生态环境和经济效益最优，6 a 生苜蓿草地翻耕粮食作物后 0～10 m 土壤水分完全恢复需要 23.8 a。李细元和陈国良（1996）利用计算机仿真手段预测沙打旺种植 7 a 后，翻耕 15 a 可以使 0～5 m 土壤水分恢复。王美艳等（2009）在黄土高原对苜蓿地翻耕并轮作粮食作物，认为从水分恢复的角度看，适合当地的轮作方式为：7 a 苜蓿—13 a 粮食作物。方新宇等（2010）在黄土高原半湿润区甘肃镇原试验站对不同生长年限苜蓿草地和不同类型粮草轮作粮田的土壤深层含水量进行测定，认为采用草粮轮作 8 a 时间可以使 15 a 苜蓿草地土壤水分完全恢复。由此可见，修复黄土高原土壤干化手段多样，但已有研究表明，仅依赖自然降雨恢复干化土壤水分十分困难，而且干化土壤水分恢复速率缓慢，尤其是深层土壤水分恢复难度更大，需要的时间也更长。采用什么样的模式来修复干化土壤？如何更加有效地加快土壤干层恢复的速率，降低土壤干层水分恢复年限？这些方面问题仍需要大量的研究和探讨。

生物量过高，植物会大量消耗土壤水分，进而破坏土壤水分平衡，造成土壤的干燥化。能否根据有限的土壤水资源确定适宜的生物量，避免或减缓干层的发生或发展，是黄土高原植被建设和生态恢复值得探索的方向，该问题的实质就是土壤水分植被承载力问题。邵明安等人（2016）提出以选择抗旱、栽植密度小、生产力较低的品种来缓解土壤干化。从土壤水分植被承载力方面试验提出降低栽植密度实现缓解土壤干化（郭忠升，2009）。对灌木进行平茬可以调解土壤水分（严正升等，2016）。郭忠升和邵明安（2003）根据黄土高原环境和植被建设的需要，对土壤水分植被承载力首次进行了定义：在较长时期（≥1a）内，在现有的条件下，当植物根系可吸收和利用土层范围内土壤水分消耗量等于或小于土壤水分补给量时，所能维持特定植物群落健康生长的最大密度，即雨水资源中补给土壤的部分水量所能维持植物健康生长的最大数量，单位为株/hm²。Xia and Shao（2009）进一步对土壤水分植被承载力的概念进行了完善，即在一定的气候条件、土壤质地、管理体制下，土壤水分不仅能维持当前植被健康生长，而且不影响后代植被健康生长，水分短缺地区所能承载特定植物群落的最大植物量。该定义更加强调环境条件和可持续发展。土壤水分的植被承载力是黄土高原地区合理调控植被生长和土壤水分关系的依据，也是生态环境建设和可持续发展的核心问题（王延平、邵明安，2012）。

近年来西北农林科技大学研究证明，在矮化密植条件下周年覆盖可以有效调控林地土壤水分（Jin et al.，2018），研究也证明修剪可以调控植物根系从而影响土壤水分（Ma et al.，2012）。草坪修剪与根的关系研究，认为修剪可以降低根系深度，减轻对土壤深处水分的利用（Biran et al.，1981）。对陕北山地红枣矮化密植研究发现，矮化修剪枣树根系层和林下干层深度较乔化枣树根系层及干层浅（Ma et al.，2019）。对枣树修剪方式、修剪强度与土壤水分关系研究，证明修剪强度与土壤水分及蒸腾耗水存在很好的互动关系（Chen et al.，2015；Chen et al.，2016；Nie et al.，2017）。已有研究证明，干化土壤水分是可以通过人为措施调控实现干化土壤植被再建造，但是土壤水分调控措施下的植物生长与水分机理研究仍然不足。

1.3.2 露水生态效应

露水是陆地生态系统中经常被忽视的地表水平衡的组成成分（GerleinSafdi et al.，2018），它是指除自然降水和灌溉外的陆地液态水分，主要来源于大气中水汽的沉降，与降水相比，具有独特的生态和气候效应，它影响着 SPAC 系统的能量平衡，有益于植物个体、群落乃至整个生态系统（Dawson and Goldsmith，2018），是维持干旱和半干旱区生态系统的重要水资源，甚至是极端干旱荒漠区生物结皮、昆虫、小动物和植物的唯一水源（Kaseke et al.，2017）。

近年来露水研究已深入到植物生理、生态、气象、农业等领域（Groh et al.，2018；Hanisch et al.，2015；Tomaszkiewicz et al.，2017）。降落在植物冠层上的露水，作为植物叶片补充性水源，可通过叶片角质层、叶毛、叶片气孔、水孔蛋白来吸收（Berry et al.，2018；Fernandez et al.，2017）。露水量会超过同期降水量（Malek et al.，1999），其日最大量可达 5 mm/d（Wallin，1967），发生频率在 70% 以上（Zhuang and Zhao，2017），占监测期总降水量的 4.5%~64%（Hanisch et al.，2015；Hao et al.，2012；Jacobs et al.，2006），被植物吸收利用率远远高于降水（Zhang et al.，2010），吸收露水量最大约 90%（Kim and Lee，2011）。它对巴西橡胶木（Drimys brasiliensis Miers）叶片的水分贡献可达叶片含水量的 42%（Eller et al.，2013），显著提高了荒漠区雾冰藜（Bassia dasyphylla）叶片中净光合产物的累积光合速率（Zhuang and Ratcliffe，2012），因抑制蒸腾节约的水量达 25%，CO_2 同化能力降低 12%（Gerlein Safdi et al.，2018），还可作为水分匮乏地区再造林和农业灌溉的补充性水源（Tomaszkiewicz et al.，2017）。但由于露水引起植物叶片的长期湿润会诱发病菌孢子的繁殖（Chtioui et al.，1999），危害作物的叶片和果实（Beruski et al.，2019）。如果大气中颗粒硫或硝酸盐随露水沉降在叶片表面，会形成酸性溶质，使叶片对有害病原体变得更敏感，损害健康功能叶的微生物群（Bulgarelli et al.，2013），甚至会降低叶片表面水中的 pH，促使病原体形成（Fitt et al.，2011）。并不是植物的叶片在湿润状态下就容易被病菌侵染，如果对植物有益的营养物质与露水同时出现在叶片表面，叶片表面存在的水分会使溶质在叶片内外运移（Burkhardt et al.，2012），驱使关键养分被叶片吸收和利用（Fernandez and Eichert，2009）。益生菌群也会在湿润的叶片上大量繁殖，尤其是湿润的热带植物叶片，这些益生菌群形成"保护组织"来对抗其他有害菌甚至是昆虫对叶片的攻击（Vacher et al.，2016）。另外，露水影响植物代谢和生态系统中能量流动（Dawson and Goldsmith，2018），也会改变碳同化率（Scafaro et al.，2017），长此以往，将改善碳平衡（O'Sullivan et al.，2017），也可能导致新的潜在的交互效应改变叶片表面特性。

黄土丘陵区旱作枣林 0~3 m 土层土壤水分长期处于亏缺状态（Chen et al.，2016），0~1 m 土层（根系层）长期存在土壤水分胁迫现象（Chen et al.，2014），水资源条件的获得性和限制性，会影响到植物对吸水策略的选择。枣树根系从干化土壤中获取水分有限，露水作为一种水资源输入，无需通过根系获取，降落在枣树冠层上的露水就可以直接被枣树叶片直接吸收利用（Wang et al.，2017），避免叶片因失水过多发生萎蔫现象。露水在枣树全生育期量达 60.89 mm/a，相当于当地降水量的 13.53%（Gao et al.，2020），枣树冠层上存在的大量露水，影响冠层微气象，降低叶片和冠层的温度，增加叶水势，降低 VPD，减少蒸腾，提高作物的水分利用效率，改变生态系统的水量平衡（Konrad et al.，2015）。同时叶片吸收的水分可通过增加膨压促进细胞膨胀，进而促使茎叶生长（Dawson and Goldsmith，2018），在土壤水分亏缺条件下，植物叶片将其上的水分输送到根部，进入根际，形成水力再分配（Eller et al.，2013），已有研究发现露水使干化土壤中枣树根系层（5～100 cm）土壤储水量增加（Gao et al.，2020）。可见，露水在土壤水分严重不足情况下对植物生存起到十分重要的作用，但对缓解干化土壤中植被水资源匮乏及其生态效应尚未给予足够的关注。

第2章 枣林干化土壤时空特征

土壤质量是全球生物圈和土壤圈可持续发展的重要因素之一，是农业可持续发展和生态环境的评估指标和判断准则（白一茹等，2013；王幼奇等，2016）。采取合理的植被建设方案、土地管理措施等进行小流域综合治理，提高土壤质量、减少水土流失、提高水分利用效率，进而改善黄土丘陵区生态环境是当前科学研究的热点问题之一（杨磊等，2019）。土壤为植物生长和农业生产活动提供了基础，其中土壤机械组成、导水率、有机碳、水分、温度等土壤特性作为土壤质量评估的核心指标，在诸多因素的综合作用下，在不同尺度范围内存在一定的空间变异性和时间稳定性，展现不同的空间分布特征。黄土丘陵区的植被恢复措施复杂多样，其中以林地、牧草地和耕地为主，占土地利用总面积的88.4%（赵宏飞等，2018）。植被恢复措施的多样化影响了土壤性质变化的方向和强度，从而导致该区域的土壤性质在时间和空间上都有很大的差异性（王幼奇等，2014；白一茹等，2018）。同时植被恢复措施的不合理使用会加剧黄土区水土、养分流失，导致土地及生态环境退化（索立柱等，2017）。

枣树能很好地适应黄土高原地区的生态条件，因此枣树成为黄土高原退耕还林的主要经济树种（汪星等，2015）。研究枣林土壤理化性质的变化特征是改善枣林土壤养分状况、实现红枣高效生产和可持续发展的基础。然而，近些年农业发展单方面提高农产品品质及产量的现象普遍存在，大量肥料的投入和农业用水量的增加，造成了资源的浪费和环境的污染（王幼奇等，2014）。因此，为了保证农产品质量及产量、提高水土资源利用效率、减少农业化肥污染，国内外普遍提倡精准农业。很多专家学者对不同区域土壤理化性质的时空特征进行分析，其中部分结论已经为研究区域实施精准农业提供数据支持（Weindorf和Zhu，2010）。因此，研究黄土丘陵区枣林土壤性质时空特征可以为当地精准农业的实施提供理论基础及技术支持。本章在系统分析梳理国内外坡面土壤时间空间分布特征、研究方法等最新研究进展的基础上，系统分析了枣林坡面的土壤表层水分和物理化学性质分布特征及其影响因素，阐明了枣林坡面水分在空间和时间上的稳定性特征，揭示了不同覆盖措施对枣林生态系统中土壤水、热平衡的影响，系统阐述了枣林地不同覆盖措施的节水效应，这些研究有助于了解黄土丘陵坡面的水文生态过程，对于黄土丘陵区坡面水分利用、提高枣林水分利用效率和实施枣林精准管理等具有积极意义。

2.1 研究方法

2.1.1 试验方案

2.1.1.1 枣林坡面土壤性质空间变异研究

选择10 a生的枣林坡面按照5 m×5 m的网格布设125个采样点，在每个采样点0～

10 cm 和 10～30 cm 深度分别采集原状土和扰动土，扰动土壤风干过 2 mm 筛后利用激光粒度仪 Mastersizer 2000 进行土壤质地的测定。原状土利用环刀采集后带回实验室测定土壤导水特性。坡面上采样点的位置分布在坡顶、上坡、中坡、下坡和坡脚（图 2-1a），土壤风干过 100 目筛孔后进行土壤样品的测定。土壤有机碳（SOC）采用重铬酸钾氧化法；全氮（TN）采用半微量开氏法，用凯式定氮仪测定；全磷（TP）采用酸溶钼锑抗比色法，用分光光度计测定；土壤 pH 用电位法测定；电导率（EC）用 DDS-307-S 型电导率仪测定。土壤容重、总孔隙度、毛管孔隙度和饱和含水量均利用环刀法测定。

2.1.1.2　枣林坡面土壤水分时间稳定性研究

在测定土壤性质空间变异性的坡面上利用土钻测定土壤 10 cm 和 30 cm 土层的水分含量，测定点的位置与土壤样品采集位置相同，选择极端干旱和湿润水分条件分别进行测定，分析枣林坡面土壤水分时间稳定性，可以确定试验样地平均土壤水分的代表性测点，为该区域土壤水分监测点布设和墒情预测提供帮助。

选择一个 10 a 生的枣林坡面按照 5 m×5 m 的网格进行布点，土壤水分监测点共 124 个，其在坡面上具体的分布见图 2-1，在每个测定点布置长 50 cm、直径 2 cm 的 PVC 管，利用土钻在 PVC 管附近采集土壤样品，测定土壤质量含水量，测定深度为表层 0～10 cm 和 10～30 cm，测定日期从 2011 年 5 月至 9 月，每 10 天左右测定一次土壤水分，每月测定 3 次，共测定 14 次。

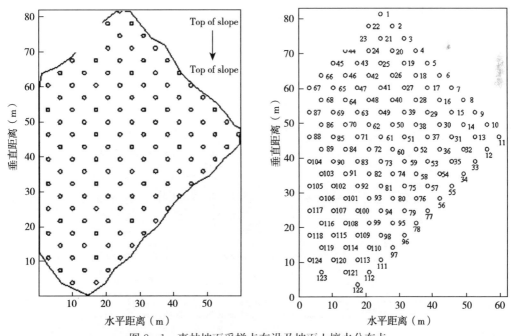

图 2-1　枣林坡面采样点布设及坡面土壤水分布点

2.1.1.3　枣林覆盖效果试验

在黄土高原米脂红枣示范区内选择一个试验地，进行保墒覆盖的研究。设置两种处理方式：秸秆覆盖（4 个处理水平）和砾石覆盖（4 个处理水平），不覆盖处理，每种处理均设置 3 个重复，共 27 个试验小区。在小区内布设 TDT 土壤水分—温度探头，将其连接至

CR1000 数据采集器，每小时测定一次土壤水分和温度。通过试验探讨保墒措施造成枣林地温度和水分季节性变化特征，并通过分析气象因素与土壤水分、温度之间的关系，探讨覆盖保墒措施下水、热平衡及变化特征。通过分析不同覆盖方式对枣树生理指标的影响，说明覆盖措施对作物生长发育过程的影响。

根据野外调查的结果，选取秸秆和砾石进行保墒覆盖措施的试验，试验共设置 4 个秸秆覆盖处理（J），4 个砾石覆盖处理（S）和一个不覆盖处理（CK）。试验布设在 4 月底进行，试验测定期为 5 月 10 日（枣树萌芽期）至 9 月 27 日（枣树成熟期），即包括枣树的一个果实生育期。秸秆覆盖选取 10 cm 长的玉米秸秆，处理包括：J1（覆盖量 0.3 kg/m²）、J2（覆盖量 0.6 kg/m²）、J3（覆盖量 1 kg/m²）、J4（覆盖量 2 kg/m²）。砾石覆盖处理包括：S1（砾石粒径 1 cm×2 cm）、S2（砾石粒径 1 cm×3 cm）、S3（砾石粒径 2 cm×4 cm）、S4（砾石粒径 3 cm×7 cm），覆盖厚度为 5 cm 左右。

秸秆覆盖处理在土壤深度 8 cm 处布设 TDT-SDI12（Acclima，USA）土壤水分—温度传感器，砾石覆盖处理和不覆盖处理在土壤深度 8 cm 和 15 cm 处布设 TDT 水分—温度传感器。每种覆盖处理重复 3 次，共布设 27 个试验小区（图 2-2），进行随机布设，每个小区的面积为 4 m²（2 m×2 m），小区土壤类型为黄绵土，黏粒含量为 6% 左右，有机质含量为 3.2 g/kg，土壤容重为 1.3 g/cm³，每个试验小区内长有 1～2 棵 10 年生枣树，枣树长势均一，盖度、径粗、高度等生态指标差别较小。TDT 土壤水分—温度传感器埋设的位置在每个小区的中部，距离树干约 10 cm 左右。

将 TDT 水分—温度传感器连接至 CR1000 数据采集器（Campbellsci，USA）上进行自动测量土壤水分和温度。本试验根据软件设置，记录每小时土壤水分体积分数值和土壤温度。

图 2-2　秸秆和砾石覆盖试验小区

2.1.1.4　枣林和其他植被土壤性质的差异性试验

对陕北米脂地区人工和自然植被种类进行调查，确定选择当地典型植被对象农地（谷子）、草地（苜蓿）、灌木（柠条）与林地（枣树）进行比较。分别选取种植这四种植被的 4 个坡面，在坡顶、上坡位、中坡位和下坡位进行土壤样品的采集，分析研究区域内不同植被类型下土壤性质的分布与差异。同时对枣林、杏林、苜蓿、谷子和柠条进行 0~2 m 土壤水分的长期监测试验，在 2011 年 5—9 月进行，每月测定 2 次，分析不同植被类型土壤水分的时间动态变化特征和剖面变化特征，分析不同植被类型土壤粒径分布的分形和多重分形特征。

四种植被对应的采样坡面均为东西走向（表 2-1）。在坡顶位置利用土钻法测定土壤水分，0~100 cm 内每 10 cm 测定一处，100~200 cm 内每 20 cm 测定一处，重复 3 次，测定时间从 2011 年 5 月至 9 月，每 15 d 左右测定一次，测定总次数为 9 次。在每个坡面的上坡、中坡和下坡 3 个不同位置，在深度为 10 cm、20 cm、40 cm、60 cm、80 cm、100 cm 处用土钻采集土壤。每种植被类型 72 个采样点，共 288 个。土壤 pH 值用电位法测定；土壤有机碳（SOC）采用重铬酸钾氧化法；全氮（TN）采用半微量开氏法；全磷（TP）采用酸溶钼锑抗比色法测定。

土壤机械组成用 MS2000 型激光粒度仪（Malvern Instruments，Malvern，England）测定。土壤颗粒粒径设定为<0.001 mm、0.001~0.002 mm、0.002~0.005 mm、0.005~0.01 mm、0.01~0.02 mm、0.02~0.05 mm、0.05~0.10 mm、0.10~0.20 mm、0.20~0.25 mm、0.25~0.50 mm、0.50~1.0 mm、1~2 mm，按照美国制标准分为：黏粒（<0.002 mm），粉粒（0.002~0.02 mm）和砂粒（0.02~2 mm）。在土壤 PSD 多重分形分析中，为更细致地反映 PSD，土壤颗粒粒径的分布范围为 0.02~2 000 μm，按对数间隔分为 100 级。

表 2-1 样地植被和地形概况

样地	经度（°）	纬度（°）	高程（m）	坡向	坡度（°）	土地利用方式	主要植被群落
枣林	110.23	37.78	1 245	南偏东	15	林地	枣树
苜蓿	110.23	37.81	1 260	南偏东	21	草地	苜蓿、长芒草、沙柳
柠条	110.22	37.53	1 267	南偏东	19	灌木	柠条、长芒草、胡枝子
杏林	110.22	37.78	1 236	南偏东	11	林地	杏树、茵陈蒿
谷子	110.23	37.80	1 260	南偏东	9	农地	谷子

2.1.2 分析方法

2.1.2.1 经典统计分析

通过描述性统计特征值进行数据分析，描述数据的集中程度和离散程度，包括最大值、最小值、平均值、中值、标准差和变异系数。峰度、偏度和 KS 方法用于检验数据是否符合正态分布特征。方差分析（ANOVA）和最小显著性检验（LSD）用来分析坡位对土壤化学性质的影响，Person 相关系数用于分析土壤性质之间的相关性。

随机变量的离散程度可用变异系数（CV）的大小来反映，具体计算公式为：

$$CV = s/m \qquad (2-1)$$

式中，m 为样本平均值；s 为标准差。当 $CV>1$ 时，说明变量为强变异；$0.1<CV<1$ 时，为中等变异；$CV<0.1$ 时，为弱变异。

土壤是一个不均匀和变化的自然体，土壤理化性质和生物学特性在空间位置上的分布有明显差异，包括垂直和水平方向，这种差异性就是空间变异性。受到系统因素（人类活动和自然条件）和随机因素（取样和分析误差）的影响，土壤的空间变异随着研究区域、气候条件、人类活动等条件发生明显变化。精准农业是现代农业的发展方向和趋势，而土壤特性的空间变异性是精准农业的基础，是促进精准农业可持续发展的理论支撑。精准农业根据土壤空间变异性，定位、定量、定时地实施一整套现代化操作技术与管理，实施定位调控和变量施肥技术，在正确的时间和地点投入精准和恰当的生产资料，达到提高农产品质量和产量、节省投入和防治环境污染的目标。

地统计学是空间变异性分析的理论基础，它以区域化变量为基础，以半方差函数和Kriging插值为工具，其原理如下。

（1）区域化变量

区域化变量是地统计学的研究对象，是随机变量在区域内确定位置上特定取值，是与空间位置有关的随机函数，并且不随某种概率分布而变化。区域化变量具有随机、局部和异常的性质，同时具有一定的空间自相关性，这种自相关的突出特征是具有结构性和随机性。

（2）本征假设和二阶平稳假设

当区域化变量满足本征假设或二阶平稳假设时，可以利用半方差变异函数等对其空间分布结构进行估计。二阶平稳假设的两个条件是：①区域化变量的数学期望存在且不随空间位置的变化而发生变化；②区域化变量的协方差函数与空间位置无关，而是依赖于滞后距离。在实际情况中，二阶平稳假设较难满足，如果区域化变量满足本征假设，也可进行半方差分析，其条件是：①研究区域内任何两个位置的区域化变量的增量为 0；②区域化变量的增量的方差存在且平稳。

（3）半方差函数及模型

半方差函数 $r(h)$ 的数学表达式为：

$$r(h) = \frac{1}{2N(h)} \sum_{i=1}^{N(h)} \left[Z(x) - Z(x+h) \right]^2 \qquad (2-2)$$

式中，h 是滞后距离，$N(h)$ 是 h 时的样本对数，$Z(x)$ 和 $Z(x+h)$ 分别是区域化变量 $Z(x)$ 在 x 和 $x+h$ 处的实测量。

半方差函数的拟合模型分别有：

线性模型

$$\gamma(h) = \begin{cases} C_0 + \dfrac{h(C_1 - C_0)}{a} & 0 \leqslant h \leqslant a \\ C_1 & h \geqslant a \end{cases} \qquad (2-3)$$

球形模型

$$\gamma(h) = \begin{cases} 0 & h=0 \\ C_0 + C\left[\dfrac{3}{2}\dfrac{h}{a} - \dfrac{1}{2}\left(\dfrac{h}{a}\right)^3 \right] & 0 < h < a \\ C_0 + C & h \geqslant a \end{cases} \qquad (2-4)$$

高斯模型

$$\gamma(h) = C_0 + h(C_1 - C_0)\left[1 - \exp\left(-\frac{h^2}{\lambda^2}\right)\right] \tag{2-5}$$

指数模型

$$\gamma(h) = C_0 + h(C_1 + C_0)\left[1 - \exp\left(-\frac{h}{\lambda}\right)\right] \tag{2-6}$$

半方差模型中的基台值（C）、块金值（C_0）和变程（a）可以反映出变量的空间分布特征。C_0 表示滞后距离（h）很小时的半方差函数，通常是随机因素造成的变异。C 指不同样点间隔中存在的最大半方差函数值，说明了变量的最大变异程度。a 表示变量的自相关性。$C_0/(C_0+C)$ 是空间异质比，表示空间变异程度，当 $C_0/(C_0+C) \leqslant 25\%$ 时说明强空间依赖性，由空间自相关部分引起的空间变量的空间变异性程度较大；$25\% < C_0/(C_0+C) < 75\%$ 表示中等空间依赖性；$C_0/(C_0+C) \geqslant 75\%$ 表示弱空间依赖性，说明由随机部分引起的空间变异性程度较大。

分形维数（D）可以用来描述半方差函数，D 值表示半方差函数曲线的曲率，由半方差函数 $r(h)$ 与滞后距离 h 的双对数回归直线的斜率 m 计算出 D 值：

$$D = 2 - m/2 \tag{2-7}$$

利用普通克里格插值方法可以根据已有的数据点对未测定点进行无偏估计，从而得出一定区域内土壤化学性质的空间分布图，交叉验证可以评价普通克里格插值法的准确度。克里格平均误差（KRE）和克里格均方根误差（$KRMSE$）可以用来比较实测值和估计值之间的差异性，可以用以下公式表示：

$$KRMSE = \left(\frac{1}{N}\sum_{i=1}^{N}\left[\frac{Zm_i - Ze_i}{s}\right]^2\right)^{1/2} \tag{2-8}$$

$$KRE = \frac{1}{N}\sum_{i=1}^{N}\frac{Zm_i - Ze_i}{s} \tag{2-9}$$

式中，Zm_i 为位置 i 的实测值，Ze_i 为位置 i 的估计值，N 为实测值和估计值的数据点对数，s 为估计值的标准差。KRE 接近于 0，说明用于选择出来的半方差模型可以很好地描述数据空间分布的半方差函数。

2.1.2.2　土壤水分时间稳定性分析

（1）累积概率分布分析

计算时间 j 时各点的土壤水分含量的累积概率，分析不同时间各点土壤水分含量的累积概率是否相同。累积概率的计算方法是把时间 j 时所有点的水分数据按照从小到大进行排列，获得每个水分数据出现的次数与数据总量的比值，然后将其逐渐累加，得出每个水分数据的累积概率，其大小范围为 0~1。

（2）相对偏差分析

研究区域土壤水分含量的时间稳定性特征可以用每个测定点的平均相对偏差及其标准偏差进行描述，时间 j 时测点 i 处的土壤水分含量相对偏差的计算公式为：

$$\delta_{ij} = (\theta_{ij} - \overline{\theta_j})/\overline{\theta_j} \tag{2-10}$$

式中，$\overline{\theta_j} = \frac{1}{n}\sum_{i=1}^{n}\theta_{ij}$，$n$ 为测定点的总数。测点 i 土壤水分含量的平均相对偏差（$\overline{\delta_i}$）为：

$$\overline{\delta_i} = \frac{1}{m} \sum_{j=1}^{m} \delta_{ij} \qquad (2-11)$$

式中，m 为测定次数，j 为测定时间，$\overline{\delta_i}$ 的标准偏差（$\sigma(\delta_i)$）为：

$$\sigma(\delta_i) = \sum_{j=1}^{m} \left(\frac{\delta_i - \overline{\delta_i}}{m-1} \right)^{1/2} \qquad (2-12)$$

通常 $\sigma(\delta_i)$ 值小的测点时间稳定性好，因此可以利用 $\overline{\delta_i}$ 接近 0 且 $\sigma(\delta_i)$ 较小的测点估计区域平均土壤含水量。

（3）spearman 秩相关系数分析

Spearman 秩相关系数可以说明不同时间下不同测点土壤含水量的秩随时间变化的稳定性。R_{ij} 为土壤含水量在 j 时、i 点的秩，R_{il} 为 l 时、l 点的秩，spearman 秩相关系数可以利用下式得出：

$$r_s = 1 - 6 \sum_{i=1}^{n} \frac{(R_{ij} - R_{il})^2}{n(n^2 - 1)} \qquad (2-13)$$

式中，n 为测点数，当 $r_s = 1$ 时，点 i 的土壤水分含量在 j 时和 l 时能够保持相同秩，说明其具有好的时间稳定性，且 r_s 与 1 越接近，稳定性越好。

（4）差异性分析

对研究区域一定测定时段内某点 i 的土壤水分含量与区域平均值进行回归分析，用均方根误差（$RMSE$）、平均偏差（MBE）和 R^2 分析二者之间的差异，计算公式为：

$$RMSE_i = \sqrt{\sum_{j=1}^{m} (\theta_{ij} - \overline{\theta_j})^2 / m} \qquad (2-14)$$

$$MBE_i = \sqrt{\sum_{j=1}^{m} (\theta_{ij} - \overline{\theta_j}) / m} \qquad (2-15)$$

通常 $RMSE$ 越小，测点 i 的土壤水分含量与研究区域土壤水分平均值的相关性越好，差异性越小。

2.1.2.3　土壤粒径分形方法

（1）单一分形

本书采用土壤粒径分布（PSD）体积分形模型计算土壤单一分形维数（D），公式为：

$$\frac{V(r < R)}{V_T} = \left(\frac{R}{\lambda_v} \right)^{3-D} \qquad (2-16)$$

式中，r 是土壤粒径；λ_v 是土壤粒径分级的最大粒径数；R 是特定粒径；V_T 是土壤颗粒总体积，%；$V(r < R)$ 是土壤粒径小于 R 的总体积，%。

（2）多重分形

取激光粒度仪测量区间 $I = [0.02, 2\,000]$，将其划分为 100 个小区域 $I_i = [\phi_i, \phi_{i+1}]$，$i = 1, 2, 3, \cdots, 100$，划分的间隔为对数等差递增，$v_i$ 表示土壤粒径在子区间 I_i 内的体积百分数，即 v_1，v_2，$\cdots$，v_{100}，$\sum_{i=1}^{100} v_i = 100$，$\phi_i$ 为激光粒度仪测得的粒径。根据激光粒度仪划分区间的原理，$\log(\phi_{i+1}/\phi_i)$ 为常数。在使用多重分形分析区间 I 的土壤 PSD 特征时，各子区间的长度必须相同，由此构造一个新的无量纲区间 $J = [\log(0.02/0.02), \log$

$(2\,000/0.02)$］$=［0,5］$，则区间内共有 100 个等距离的子区间 J_i。分析土壤 PSD 多重分形时，用相等长度的"盒子"，即尺度 ε 对整个土壤 PSD 区间进行划分，N 为盒子总数。在区间 J 中，有 $N(\varepsilon)=2^k$ 个相同尺寸的小区间 $\varepsilon=5\times2^{-k}$，$k$ 取值范围是 $1\sim6$。由此区间 J 被 2、4、8、16、32 和 64 等分，对应的区间大小依次为 2.5、1.25、0.625、0.312、0.156 和 0.078。$\mu_i(\varepsilon)$ 为子区间 J_i 内土壤 PSD 的百分含量，即为子区间 J_i 内 V_i 的加总，其中 $V_i=v_i/\sum_{i=1}^{100}v_i$，$i=1,2,3,\cdots,100,\sum_{i=1}^{100}v_i=100$。利用 $\mu_i(\varepsilon)$ 构造一个配分函数族：

$$u_i(q,\varepsilon)=\frac{\mu_i(\varepsilon)^q}{X(q,\varepsilon)} \tag{2-17}$$

$$X(q,\varepsilon)=\sum_{i=1}^{N}\mu_i(\varepsilon)^q \tag{2-18}$$

则粒径分布的多重分形的广义维数谱为：

$$D(q)=\frac{1}{q-1}\lim_{\varepsilon\to0}\frac{\log\left[\sum_{i=1}^{N(\varepsilon)}\mu_i(\varepsilon)^q\right]}{\log\varepsilon} \quad (q\neq1) \tag{2-19}$$

$$D_1=\lim_{\varepsilon\to0}\frac{\sum_{i=1}^{N(\varepsilon)}\mu_i(\varepsilon)\log\mu_i(\varepsilon)}{\log\varepsilon} \quad (q=1) \tag{2-20}$$

粒径分布的多重分形奇异性指数为：

$$\alpha(q)=\lim_{\varepsilon\to0}\frac{\sum_{i=1}^{N(\varepsilon)}\mu_i(q,\varepsilon)\log\mu_i(\varepsilon)}{\log\varepsilon} \tag{2-21}$$

则相对于 $\alpha(q)$ 的粒径分布的多重分形谱函数为：

$$f[\alpha(q)]=\lim_{\varepsilon\to0}\frac{\sum_{i=1}^{N(\varepsilon)}\mu_i(q,\varepsilon)\log\mu_i(q,\varepsilon)}{\log\varepsilon} \tag{2-22}$$

利用公式（2-19）和（2-20）得到的广义维数谱 $D(q)$ 能够详细地反映土壤 PSD 的局部特征和非均匀性。当 $q=0$ 时，D_0 为容量维数；$q=1$ 时，D_1 为信息熵维数；$q=2$ 时，D_2 为关联维数。

2.1.3　指标测定及计算

（1）土壤饱和导水率

土壤饱和导水率用定水头法测定。首先将装有原状土的环刀浸泡在水中，吸水饱和 12 小时后，将环刀放置在铁架台上固定，利用马氏瓶控制水头，继续饱和使原状土的水流达到稳定渗透状态，即一定时间内的出水流量基本保持不变。饱和导水率的计算公式为：

$$K_s=\frac{10QL}{A\Delta Ht} \tag{2-23}$$

式中，K_s 是饱和导水率，mm/min；A 是水流经过的横截面积，cm²；ΔH 是渗流路径的总水头差，cm；Q 是渗透量，ml；t 是渗透时间，min；L 是渗流路径的直线长度，cm。

为了便于比较，将各个温度下的 K_s 统一转换为 10 ℃时的 K_s：

$$K_{10} = \frac{K_t}{0.7 + 0.03\,t} \tag{2-24}$$

式中，K_{10} 为温度为 10 ℃时的 K_s，mm/min；K_t 为温度 t（℃）时的 K_s，mm/min；t 为测定时的水温，℃。

（2）土壤有机碳和全氮储量

土壤有机碳和全氮储量的计算公式如下：

$$SOC_i = \sum_{i=1}^{n} D_i \times BD_i \times OC_i / 10 \tag{2-25}$$

$$STN_i = \sum_{i=1}^{n} D_i \times BD_i \times TN_i / 10 \tag{2-26}$$

式中，SOC_i 为特定深度的土壤有机碳储量（t/hm²），OC_i 为第 i 层土壤有机碳含量（g/kg），STN_i 为特定深度的土壤全氮储量（t/hm²），TN_i 为第 i 层土壤全氮含量（g/kg），BD_i 为第 i 层土壤容重（g/cm³），D_i 为第 i 层土壤厚度（cm），n 为土层数。

（3）土壤水分亏缺度

土壤含水量过低时植被生长会受到限制，土壤水分表现出一定的亏缺，其亏缺程度可以用水分亏缺度（k）计算：

$$k = (\theta_a - \theta)/\theta \times 100\% \tag{2-27}$$

式中，θ 为土壤含水量；θ_a 为阻滞含水量，其值等于田间持水量的 60%。当 $k<0$ 时不亏缺，$k<25\%$ 时轻度亏缺，$25\% \leqslant k \leqslant 50\%$ 时中度亏缺，$k>50\%$ 时严重亏缺。

2.2 枣林坡面土壤化学性质空间变异性分析

2.2.1 枣林坡面土壤化学性质统计分析

表 2-2 是枣林坡面 125 个采样点位置下 0～10 cm 和 10～30 cm 深度土壤化学性质的描述性统计特征值，TN、TP、SOC 和 EC 的变异系数范围是 0.13～0.32，表现为中等变异性，pH 的变异系数为 0.01，说明具有弱变异性。许多研究者都得出土壤 pH 与其他土壤化学性质相比，变异程度更低（Sun et al.，2003）。

两个深度下的土壤化学性质平均值比较接近，其中 TP、TN 和 SOC 在上层土壤中较高，EC 和 pH 在下层土壤中较高。TN、TP 和 pH 的中值与平均值比较接近，说明数据系列的个别极端值不会影响数据的整体分布特征，许多研究者也得出类似的结论（Shukla et al.，2004；Duffera et al.，2007）。土壤化学性质没有表现出正态分布特征已在以往的许多研究中出现（Fu et al.，2010），表 2-2 中的土壤化学性质的偏度系数与 0 偏差较大，其中 EC 的偏度和峰度系数远大于其他土壤化学性质。KS 检验结果表明两个深度的土壤 SOC，0～10 cm 的土壤 pH 和 10～30 cm 的 TP 表现出正态分布特征，而两个深度的土壤 TN 和 EC 均不符合正态分布，经过数值转换后得出其符合对数正态分布特征。

表 2-2　枣林坡面土壤化学性质统计特征值

深度	土壤性质	最小值	最大值	均值	中值	标准差	变异系数	偏度	峰度	KS_1^b	KS_2^b
	有机质（g/kg）	1.63	5.61	2.91	2.75	0.55	0.19	1.15	1.578	1.27*	—
	全氮（g/kg）	0.17	0.81	0.32	0.30	0.10	0.32	1.81	4.58	1.66	1.02*
0～10 cm	全磷（g/kg）	0.30	0.79	0.44	0.44	0.06	0.13	2.26	12.79	1.42	1.09*
	pH	7.92	8.63	8.43	8.44	0.08	0.01	−2.23	12.58	1.31*	—
	电导率（μS/cm）	139	325	176.9	172.0	24.0	0.14	2.39	11.07	1.60	1.25*
	有机质（g/kg）	0.85	5.24	2.32	2.22	0.62	0.27	1.064	1.918	1.00*	—
	全氮（g/kg）	0.12	0.59	0.26	0.25	0.08	0.31	1.32	3.08	1.38	0.74*
10～30 cm	全磷（g/kg）	0.28	0.74	0.43	0.43	0.06	0.14	1.41	6.19	0.96*	—
	pH	7.78	8.66	8.47	8.49	0.11	0.01	−3.90	20.39	2.56	2.05*
	电导率（μS/cm）	140	305	173.4	169.0	44.1	0.25	5.42	35.42	1.54	1.18*

注：KS_1^b 说明数据符合正态分布检验（$P>0.05$）；KS_2^b 说明数据符合对数正态分布检验（$P>0.05$）。

2.2.2　枣林坡面土壤化学性质相关性分析

Person 相关系数可以反映出土壤性质之间的相关关系（表 2-3）。表 2-3 中土壤 SOC 和 TN 与其他性质有显著或极显著的相关关系，说明 SOC 和 TN 是反映土壤养分、肥力和土壤质量的最重要的适宜指标，这与 Wang 等（2001）的研究结果一致。Weindorf 和 Zhu（2010）研究得出土壤化学性质之间有显著的相关性。EC 与其他化学性质的相关性说明 EC 是土壤质量的重要指标之一。

表 2-3　不同土壤化学性质 Person 相关性分析

	有机碳	全氮	全磷	电导率	pH
有机碳	1				
全氮	0.810**	1			
全磷	0.133*	0.215**	1		
电导率	0.427**	0.449**	0.121	1	
pH	−0.384**	−0.555**	−0.088	−0.457**	1

注：** 指显著性水平 0.01，* 指显著性水平 0.05。

2.2.3　坡位对坡面土壤化学性质分布的影响

坡位是影响土壤成土过程最重要的非生物因素之一。坡度和坡位会影响土壤水分分布和溶质迁移过程，从而导致土壤性质在坡面上分布不均匀。表 2-4 利用方差分析和最小显著性检验法来分析坡位和土壤化学性质的关系，结果表明坡位对土壤 SOC、TN 和 pH

有显著影响（$P<0.01$），而对 TP 和 EC 影响不显著。土壤全氮沿坡面的变化趋势是：坡顶＞坡脚＞上坡＞下坡＞中坡，而 pH 的大小顺序依次为：中坡＞上坡＞下坡＞坡脚＞坡顶。土壤 SOC 含量在坡顶和坡脚位置较高，在上坡和中坡较低，造成这一结果的原因是土壤水蚀风蚀过程使含有丰富有机质和养分的土壤表层细颗粒迁移沉积到下坡位置。这一结果有助于田间施肥管理，可以在肥力状况较差的上坡位和中坡位多施肥，而下坡位的施肥量可以适量减少。

表 2-4　坡位对枣林坡面土壤 SOC、TN、TP、pH 和 EC 的影响

土壤性质	坡顶	上坡	中坡	下坡	坡脚	F 值
有机质（g/kg）	3.13±0.92a	2.45±0.53b	2.23±0.60bc	2.96±0.91a	3.35±0.96a	16.919**
全氮（g/kg）	0.38±0.14a	0.27±0.08c	0.25±0.05c	0.32±0.10b	0.37±0.12a	18.655**
全磷（g/kg）	0.44±0.03a	0.44±0.05a	0.42±0.04a	0.44±0.08a	0.45±0.03a	1.169
pH	8.40±0.06c	8.46±0.05ab	8.47±0.07a	8.42±0.16c	8.42±0.10bc	5.091**
电导率（μS/cm）	186.8±18.6a	176.5±17.1ab	169.8±17.2b	182.8±62.6a	188.8±41.7a	2.187
样点数 n	22	66	86	60	16	

注：每行的小写字母不同表示坡位间存在差异显著（$P<0.05$）；** 指显著性水平 0.01。

2.2.4　坡面土壤化学性质的地统计分析

通过决定系数 R^2 最大，残差平方和 RSS 最小的原则来选择最佳的半方差模型，并得出模型参数（表 2-5 和图 2-3）。两个深度下的土壤 TN 和 pH 的空间分布特征可以分别用指数和球形模型来描述，土壤 TP 的最佳半方差模型在 0～10 cm 深度下是球形模型，10～30 cm 深度下是指数模型，而 EC 和 SOC 的最佳半方差模型在 0～10 cm 和 10～30 cm 深度下分别是指数模型和球形模型。$C_0/(C_0+C)$ 能够评价土壤化学性质的空间依赖性。表 2-5 中，土壤化学性质空间异质比的变化范围为 33%～65%，表现出中等依赖性，说明土壤化学性质的空间分布模式受到内在因素（气候、土壤质地、地形等）和外在因素（施肥、田间管理、种植方式等）的共同影响（Sun et al.，2003）。

表 2-5　枣林坡面土壤化学性质的空间半方差模型及参数

深度	土壤性质	数值转换	模型	变程（m）	块金值	基台值	D	$C_0/(C_0+C)$	R^2	RSS
	SOC	Non	E	11	0.231	0.601	1.90	0.62	0.956	1.2×10^{-2}
	TN	log	E	18	0.040 3	0.093 2	1.89	0.43	0.926	1.2×10^{-4}
0～10 cm	TP	log	S	211	0.012 3	0.024 7	1.96	0.50	0.823	1.2×10^{-5}
	pH	log	S	125	6.1×10^{-5}	1.6×10^{-4}	1.88	0.39	0.940	2.1×10^{-10}
	EC	log	E	211	0.013 1	0.026 3	1.96	0.50	0.839	6.1×10^{-6}

（续）

深度	土壤性质	数值转换	模型	变程(m)	块金值	基台值	D	$C_0/(C_0+C)$	误差 R^2	误差 RSS
10~30 cm	SOC	Non	S	144	0.397	1.141	1.87	0.65	0.982	2.7×10^{-3}
	TN	log	E	17	0.046 9	0.098 2	1.90	0.48	0.956	6.4×10^{-5}
	TP	Non	E	211	0.003 1	0.006 2	1.99	0.50	0.895	3.0×10^{-7}
	pH	log	S	198	1.6×10^{-4}	3.1×10^{-4}	1.94	0.50	0.812	2.4×10^{-9}
	EC	log	S	203	0.009 65	0.029 2	1.90	0.33	0.875	1.6×10^{-5}

注：log 指数据进行了 log 转换，Non 指数据没有进行数值转换；S 指球形模型，E 指指数模型，D 为分形维数，RSS 为残差平方和，R^2 为决定系数。

　　SOC、TN、TP、EC 和 pH 在 0~10 cm 土层深度下的变程分别为 11 m、18 m、211 m、211 m 和 125 m，在 10~30 cm 深度下的变程分别为 144 m、17 m、211 m、203 m 和 198 m。不同土层深度土壤性质同时具有一致或不一致的空间分布模式。研究区不同深度的土壤 TN、TP 和 EC 有类似的变程，而随着土层深度的增加，土壤 pH 的变程从 125 m 变为 198 m，SOC 的变程由 11 m 增加为 144 m。Duffera 等（2007）也研究得出，土壤水分和粒径分布的变程随土壤深度的增加而增大。不同研究区域土壤化学性质的变程存在差异。在我国黑土区，土壤 TN 的变程为 1 899 m（Wei et al.，2008），我国中部烟草种植区土壤 TN 的变程为 274 m（Liu etal.，2008），而在美国艾奥瓦州中部，仅为 89 m（Cambardella et al.，1994）。因此，研究特定区域土壤化学性质的空间分布特征有一定的理论和实际意义。除 0~10 cm 深度的 TN 和 SOC 外，TP、EC 和 pH 的变程均大于坡长（60 m），这说明在研究坡面上，TP、EC 和 pH 的采样距离在其空间自相关范围内。SOC、TN、TP、EC 和 pH 的变程均远大于采样间距（5 m），说明试验设置的采样点布设方式能够反映出土壤化学性质的空间分布特征。

　　分形维数 D 也可以描述土壤化学性质的空间变异性，D 的变化范围是 1~2，D 接近于 1，说明土壤化学性质具有弱空间依赖性，空间分布模式简单，D 接近于 2，说明土壤化学性质具有强空间依赖性和复杂的空间分布模式。表 2-5 中，土壤化学性质的 D 值大于 1.87，较接近于 2。在 0~10 cm 深度下，D 值依次为：pH（1.881）＜TN（1.888）＜SOC（1.901）＜TP（1.955）＜EC（1.962），30 cm 深度下，D 值依次为：SOC（1.873）＜TN（1.900）＜EC（1.903）＜pH（1.940）＜TP（1.988），说明研究区域内两个深度的土壤化学性质具有不同程度的空间依赖性。

2.2.5　坡面土壤化学性质空间分布图和克里格插值

　　图 2-4 是枣林坡面土壤化学性质的克里格插值图，可以看出 0~10 cm 和 10~30 cm 深度的土壤化学性质具有类似的空间分布结构，土壤 SOC 和 TN 含量在坡顶较高，在下坡和中坡附近较低。土壤 TP 和 EC 沿着坡面变化不明显，这与研究坡面均一的土壤质地（沙黄土）和粒径分布有关，Wei 等（2008）和 Weindorf 以及 Zhu（2010）都研究得出土壤粒径分布与土壤化学性质密切相关。图 2-4 可以看出土壤化学性质有中等空间变异性，这与经典统计和地统计方法得出的结论是一致的。

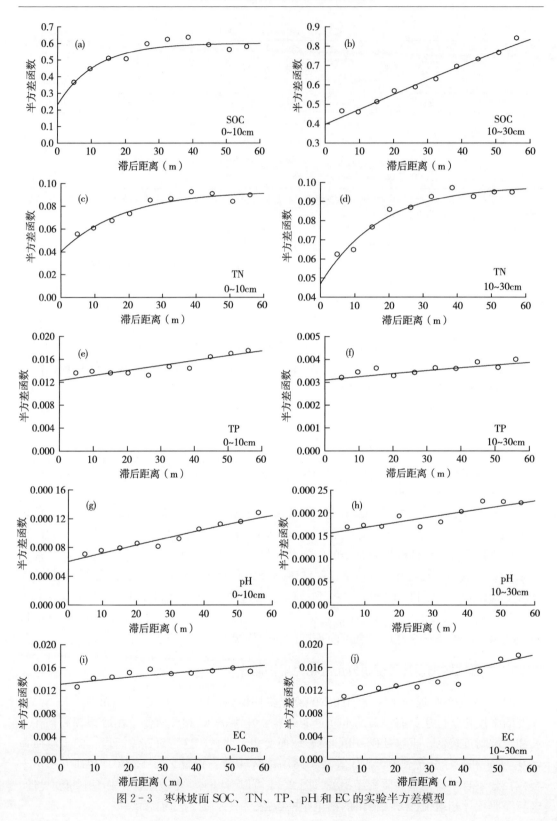

图 2-3　枣林坡面 SOC、TN、TP、pH 和 EC 的实验半方差模型

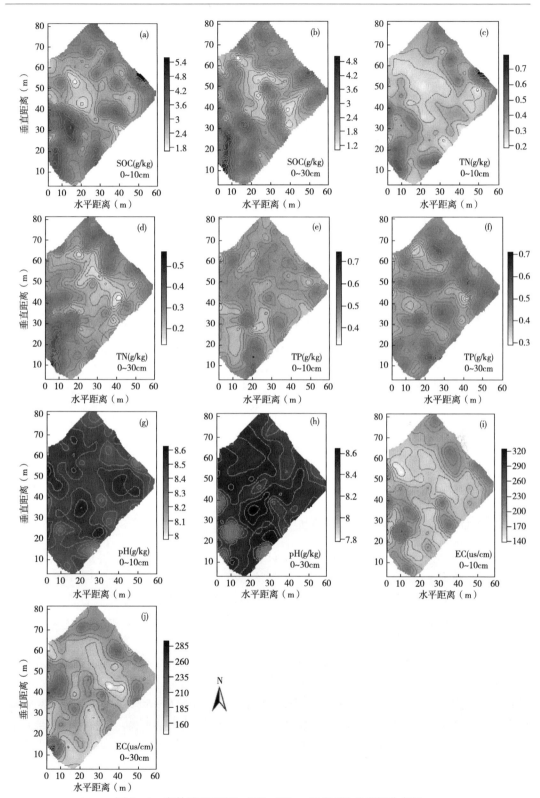

图 2-4　枣林坡面 SOC、TN、TP、pH 和 EC 的空间分布图

表 2-6 进行了土壤 SOC、TN、TP、EC 和 pH 普通克里格插值的交叉验证，利用克里格平均误差（KRE）和克里格均方根误差（KRMSE）评价实测值与模拟值之间的差异性。可以看出 KRE 接近于 0，同时 KRMSE 接近于 1，说明测定值均值与模拟值的均值差异较小，因此利用普通克里格插值得出的研究坡面上土壤 SOC、TN、TP、EC 和 pH 的空间分布图接近实际情况，可用来为农田管理提供帮助和指导。

表 2-6 枣林坡面 SOC、TN、TP、pH 和 EC 空间分布模型的交叉验证

深度	土壤性质	测定值 MM	模拟值 EM	平均误差 KRE	均方根误差 KRMSE
	有机碳（g/kg）	2.907 2	2.906 5	0.000 7	0.992 0
	全氮（g/kg）	0.324 3	0.323 6	0.000 8	0.992 1
0～10 cm	全磷（g/kg）	0.437 6	0.438 6	−0.001	0.992 2
	pH	8.429 2	8.428 3	0.000 9	0.992 1
	电导率（μS/cm）	176.88	176.93	−0.05	0.992 0
	有机碳（g/kg）	2.318 7	2.319 7	−0.001	0.992 2
	全氮（g/kg）	0.258 3	0.259 0	−0.007	0.992 1
10～30 cm	全磷（g/kg）	0.430 4	0.430 3	0.000 1	0.992 0
	pH	8.470 0	8.470 8	−0.000 8	0.992 0
	电导率（μS/cm）	173.39	173.41	−0.021 8	0.992 0

2.3 枣林坡面土壤物理性质空间变异性分析

2.3.1 枣林坡面土壤物理性质统计分析

表 2-7 列出了坡面土壤物理性质的统计特征值。土壤粉粒含量、容重、总孔隙度、毛管孔隙度和饱和含水量的变异系数小于 10%，表现为弱变异性。0～10 cm 和 10～30 cm 深度下饱和导水率的变异系数分别为 0.47 和 0.42，表现出中等变异性。不同深度土壤黏粒和砂粒含量的变异系数大于 10%，也表现为中等变异性。偏度和峰度系数说明，坡面土壤物理性质的分布曲线存在不同程度的偏斜和集中；KS 正态分布检验结果说明，除了 0～10 cm 深度的饱和导水率表现为对数正态分布特征外，其余土壤物理性质均表现出正态分布特征。0～10 cm 和 10～30 cm 深度的土壤导水特性差异不显著，但 0～10 cm 深度下的土壤总孔隙度、毛管孔隙度和饱和含水量比 10～30 cm 深度下的略高，而容重略低，这说明大量的枯落物、发达的植被根系、旺盛的土壤生物、微生物活动导致表层土壤疏松多孔，而土壤深度增加时，土壤粉粒和砂粒含量增加，土壤结构性变差（Miao et al.，2006）。

表 2－7　枣林坡面土壤物理性质统计特征值

深度	土壤性质	均值	中值	最大值	最小值	变异系数	标准差	峰度	偏度	KS_1^b	KS_2^b
0～10 cm	黏粒（%）	6.32	6.25	4.44	8.63	0.13	0.85	0.11	0.33	0.65*	—
	粉粒（%）	70.63	71.38	57.46	77.89	0.05	3.75	1.17	−0.80	0.92*	—
	砂粒（%）	23.05	22.61	13.83	37.53	0.19	4.34	0.73	0.67	0.85*	—
	容重（g/cm³）	1.36	1.37	1.23	1.57	0.05	0.06	0.01	0.24	0.91*	
	总孔隙度（%）	48.68	48.48	40.82	53.59	0.05	2.33	0.01	−0.25	0.69*	
	毛管孔隙度（%）	45.13	45.06	38.99	49.97	0.05	2.19	0.43	−0.21	0.72*	
	饱和含水量（%）	36.19	35.97	28.39	42.01	0.07	2.56	−0.04	−0.12	0.70*	
	饱和导水率（mm/min）	0.14	0.13	0.04	0.39	0.47	0.07	1.70	1.24	1.60	0.74*
10～30 cm	黏粒（%）	6.82	6.66	4.85	10.20	0.16	1.09	0.11	0.73	1.17*	
	粉粒（%）	70.28	70.97	54.88	78.76	0.07	4.62	1.23	−1.00	1.26*	
	砂粒（%）	22.91	22.16	13.10	39.87	0.23	5.33	0.82	0.86	1.09*	
	容重（g/cm³）	1.38	1.38	1.05	1.63	0.07	0.09	1.12	−0.19	0.66*	
	总孔隙度（%）	47.98	47.90	38.32	60.20	0.07	3.43	1.12	0.17	0.56*	
	毛管孔隙度（%）	44.89	44.81	35.92	51.90	0.06	2.79	1.21	−0.45	1.00*	
	饱和含水量（%）	36.06	35.86	27.48	45.00	0.09	3.18	0.83	0.11	0.68*	
	饱和导水率（mm/min）	0.14	0.13	0.03	0.35	0.42	0.06	0.60	0.75	1.23*	

注：KS_1^b 说明数据符合正态分布检验（$P>0.05$）；KS_2^b 说明数据符合对数正态分布检验（$P>0.05$）。

2.3.2　枣林坡面土壤物理性质的相关性分析

通过 Person 相关性分析得出（表 2－8），容重与总孔隙度、毛管孔隙度、饱和含水量和饱和导水率呈显著负相关，说明当容重增大时，土壤黏重、紧实，透水性和通气性较差。总孔隙度、毛管孔隙度、饱和含水量和饱和导水率之间具有显著正相关关系。黏粒含量与容重呈显著正相关，与总孔隙度、毛管孔隙度、饱和含水量和饱和导水率呈显著负相关。粉粒含量与饱和导水率呈正相关，砂粒含量与容重、总孔隙度、毛管孔隙度、饱和含水量和饱和导水率相关性不显著。当土壤黏粒含量增加时，土壤的孔隙度和导水率下降，这是因为研究区砂粒和粉粒含量较高，黏粒含量仅为 6% 左右，土壤结构性较差，当黏粒含量增加时，会阻碍土壤水分下渗，堵塞土壤孔隙，导致土壤渗透能力变差。

表 2－8　土壤物理性质 Person 相关性分析

	容重	总孔隙度	毛管孔隙度	饱和含水量	饱和导水率	黏粒	粉粒	砂粒
容重	1							
总孔隙度	−0.999**	1						
毛管孔隙度	−0.641**	0.643**	1					
饱和含水量	−0.869**	0.870**	0.854**	1				

（续）

	容重	总孔隙度	毛管孔隙度	饱和含水量	饱和导水率	黏粒	粉粒	砂粒
饱和导水率	−0.492**	0.489**	0.552**	0.600**	1			
黏粒	0.172**	−0.174**	−0.208**	−0.184**	−0.164*	1		
粉粒	−0.034	0.031	0.097	0.039	0.159*	0.572**	1	
砂粒	−0.006	0.009	−0.041	0.004	−0.104	−0.703**	−0.985**	1

注：** 指显著性水平 0.01，* 指显著性水平 0.05。

2.3.3 坡位对枣林坡面土壤物理性质的影响

地形部位是影响土壤物理性质的重要因素。坡面上不同位置的土壤成土过程不同，导致了不同的土壤特性。从表 2-9 可以得出，坡位对枣林坡面的土壤物理性质有显著影响作用，其中黏粒含量在下坡位置较高，在上坡位置较小，砂粒含量沿着坡长呈逐渐增加趋势。总孔隙度、毛管孔隙度和饱和含水量均在上坡位置较高，在中下坡位置较低；容重则相反，在中下坡较高，在上坡较低；饱和导水率沿着坡长方向呈现逐渐减小的趋势。

由于细土粒受到水土流失冲刷作用在下坡堆积，所以随着坡长的增加，黏粒与粉粒含量降低而砂粒含量相对增加。土壤质地的变化导致容重沿着坡长而增大，土壤结构性和导水特性沿着坡长方向逐渐变差。Miao 等（2006）研究六盘山小流域土壤物理性质空间变异得出相似的结果。

表 2-9 坡位对枣林坡面土壤物理性质的影响

土壤性质	坡顶	上坡	中坡	下坡	坡脚	F 值
黏粒（%）	6.08±0.50c	6.45±0.75bc	6.56±0.96b	6.97±1.26a	6.20±1.15bc	30.13**
粉粒（%）	72.77±1.89a	71.44±4.84ab	69.86±3.61c	70.41±3.59bc	65.28±5.49 d	4.623**
砂粒（%）	21.15±2.25c	22.12±5.32bc	23.58±4.35b	22.62±4.55bc	28.52±6.36a	8.465**
容重（g/cm³）	1.30±0.08 d	1.34±0.07c	1.41±0.08a	1.37±0.05b	1.34±0.06c	6.119**
总孔隙度（%）	50.87±2.93a	49.37±2.55b	46.72±3.02 d	48.30±2.01c	49.61±2.26ab	16.779**
毛管孔隙度（%）	48.56±2.47a	46.00±1.84b	43.54±2.32 d	44.84±1.73c	44.43±1.35cd	16.488**
饱和含水量（%）	39.54±2.32a	37.43±2.38b	34.54±2.70 d	35.72±2.25c	36.09±1.99bc	32.046**
饱和导水率（mm/min）	0.22±0.07a	0.18±0.06b	0.13±0.05c	0.11±0.04c	0.07±0.03 d	24.841**
样点数 n	22	66	86	60	12	

注：每行的小写字母不同表示坡位间存在差异显著（$P < 0.05$）；** 指显著性水平 0.01。

2.3.4 坡面土壤物理性质的地统计分析

两个深度下的土壤物理性质的空间分布特征可以用指数或球形模型来描述，其中容重和总孔隙度的最佳半方差模型在 0～10 cm 和 10～30 cm 深度都是指数模型，饱和含水量和饱和导水率都是球形模型，其他性质的半方差模型在 2 个深度下不同。图 2-5 和图 2-6 中，土壤物理性质的空间变异随着空间距离的增加而增大，其中饱和含水量、容重、黏粒、总孔隙度和毛管孔隙度的半方差函数从较小的块金值（C_0）增加到一个相对稳定且较大的基台值（C_0+C），而饱和导水率、砂粒和粉粒的半方差函数随着滞后距离的增加一直在增大，表现出较大的变异性。

　　表 2-10 中除了饱和导水率和粉粒含量外，土壤物理性质空间异质比的变化范围为 25%～50%，表现出中等依赖性，说明这几种土壤性质的空间分布特征受到内在因素（气候、土壤质地、地形等）和外在因素（施肥、田间管理、种植方式等）的共同影响（Sun et al.，2003）。0～10 cm 深度下饱和导水率和粉粒的 $C_0/(C_0+C) < 25\%$，呈现出强空间依赖性，说明结构性因素是引起土壤导水特性空间分布变异性的主要因素。

表 2-10　枣林坡面土壤物理性质的半方差模型及其参数

深度	土壤性质	模型	D	变程（m）	基台值	块金值	$C_0/(C_0+C)$	误差 R^2	误差 RSS
0～10 cm	容重	E	1.895	9.90	0.004	0.001	0.25	0.863	6.19×10^{-7}
	总孔隙度	E	1.899	9.50	5.84	1.81	0.31	0.841	1.36
	毛管孔隙度	S	1.844	36.7	5.42	2.0	0.37	0.813	2.59
	饱和含水量	S	1.845	39.10	7.51	2.90	0.39	0.914	2.01
	饱和导水率	S	1.774	210.9	0.016	0.001	0.06	0.907	3.53×10^{-6}
	黏粒	E	1.907	63.0	1.031	0.515	0.50	0.579	0.0549
	粉粒	S	1.843	202.7	39.26	7.10	0.18	0.456	2.22
	砂粒	S	1.874	190.9	42.94	11.42	0.27	0.404	2.97
10～30 cm	容重	E	1.910	56.0	0.012	0.006	0.50	0.887	1.661×10^{-6}
	总孔隙度	E	1.912	61.8	17.23	8.61	0.50	0.862	3.84
	毛管孔隙度	E	1.863	17.3	9.195	3.23	0.35	0.835	4.50
	饱和含水量	S	1.878	42.90	11.48	5.72	0.50	0.916	3.13
	饱和导水率	S	1.756	210.9	0.0013	0.001	0.77	0.919	2.143×10^{-6}
	黏粒	S	1.875	35.5	1.307	0.584	0.45	0.936	0.033
	粉粒	E	1.921	119.7	34.51	17.25	0.50	0.174	1.85
	砂粒	E	1.925	150.7	46.97	23.48	0.50	0.162	2.50

注：S 指球形模型，E 指数模型，D 为分形维数，RSS 为残差平方和，R^2 为决定系数。

　　坡面土壤容重、总孔隙度、毛管孔隙度、饱和含水量和黏粒含量在 0～10 cm 和 10～30 cm 土层深度下的变程较小，基本小于坡长（60 m），而饱和导水率、粉粒和砂粒含量的变程较大，远大于采样范围，当采样范围处于变程之内，说明土壤性质的采样距离在其空间自相关范围内。0～10 cm 和 10～30 cm 土层深度的变程存在差异，说明随着深度的变化，土壤导水特性的空间自相关程度也会发生变化。

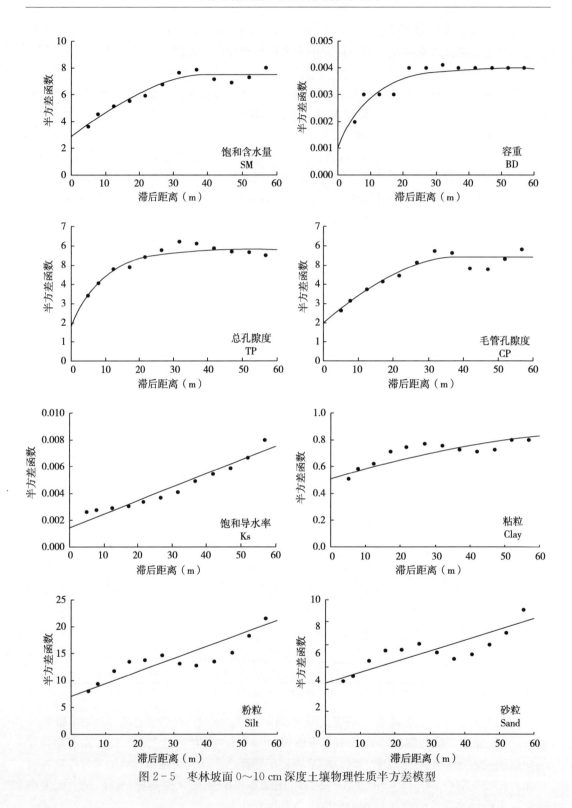

图 2-5 枣林坡面 0～10 cm 深度土壤物理性质半方差模型

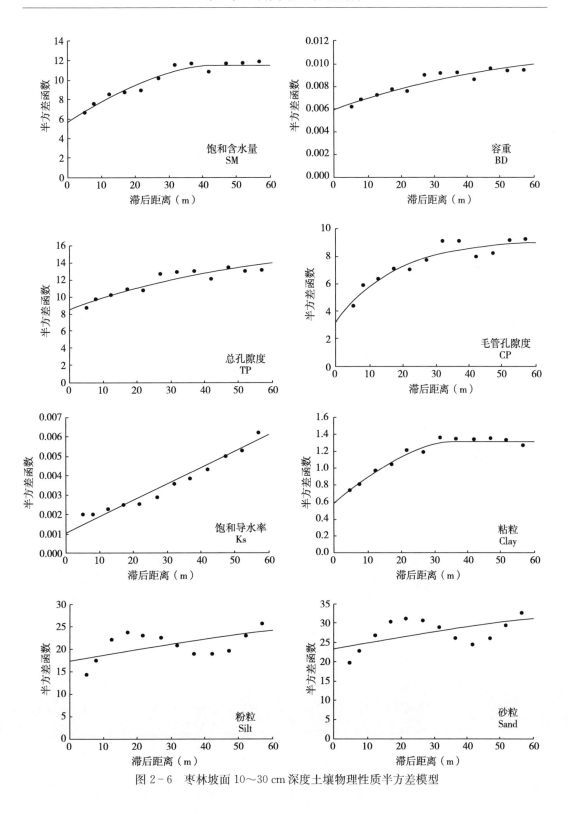

图 2-6 枣林坡面 10~30 cm 深度土壤物理性质半方差模型

2.3.5 坡面土壤物理性质空间分布图和克里格插值

通过普通克里格插值方法，得出枣林坡面土壤物理性质的空间分布图（图 2-7）。0～10 cm 和 10～30 cm 深度的土壤物理性质具有类似的空间分布结构，空间分布的方向性不强，都呈现出明显的斑块状分布。土壤总孔隙度、毛管孔隙度和饱和含水量均在上坡位置较高，而在中坡附近有较低的区域，而这一区域与容重的较高区域相吻合。粉粒含量较高的区域与砂粒含量较低的区域也是相对应的，这说明不同的土壤物理性质的空间分布是相互影响和关联的。Wang 和 Shao（2013）研究也得出黄土高原六道沟小流域土壤容重和孔隙度在空间分布上具有负相关关系。0～10 cm 土层的饱和导水率在上坡位置有明显的高数值区域，在中下坡位置有大面积的低数值区域。

表 2-11 进行了坡面土壤物理性质普通克里格插值的交叉验证，利用克里格平均误差（KRE）和克里格均方根误差（$KRMSE$）评价实测值与模拟值之间的差异性。可以看出 KRE 的变化范围为 $-0.027～0.034$，同时 $KRMSE$ 大于 0.99，说明测定值均值与模拟值的均值差异较小，因此利用普通克里格插值得出的研究坡面上土壤物理性质的空间分布图接近实际的状况，可为研究坡面水文过程提供帮助。

表 2-11 枣林坡面土壤导水特性及其相关因素空间分布模型的交叉验证

深度	土壤性质	测定值	模拟值	平均误差 KRE	均方根误差 KRMSE
0～10 cm	黏粒（%）	6.321	6.328	-0.006 8	0.991 9
	粉粒（%）	70.630	70.657	-0.027 2	0.991 9
	砂粒（%）	23.049	23.014	0.034 9	0.992
	容重（g/cm³）	1.36	1.36	0.000 4	0.991 9
	总孔隙度（%）	48.679	48.693	-0.014	0.991 9
	毛管孔隙度（%）	45.131	45.147	-0.016 7	0.992
	饱和含水量（%）	36.194	36.186	0.008	0.991 9
	饱和导水率（mm/min）	0.141	0.141	0.000 1	0.991 9
10～30 cm	黏粒（%）	6.816	6.816	0.000 1	0.991 9
	粉粒（%）	70.276	70.265	0.011 5	0.991 9
	砂粒（%）	22.909	22.924	-0.015	0.991 9
	容重（g/cm³）	1.379	1.380	-0.001	0.992
	总孔隙度（%）	47.98	47.94	0.033 1	0.992
	毛管孔隙度（%）	44.89	44.87	0.022	0.992
	饱和含水量（%）	36.06	36.04	0.020 2	0.991 9
	饱和导水率（mm/min）	0.142	0.143	-0.001	0.992

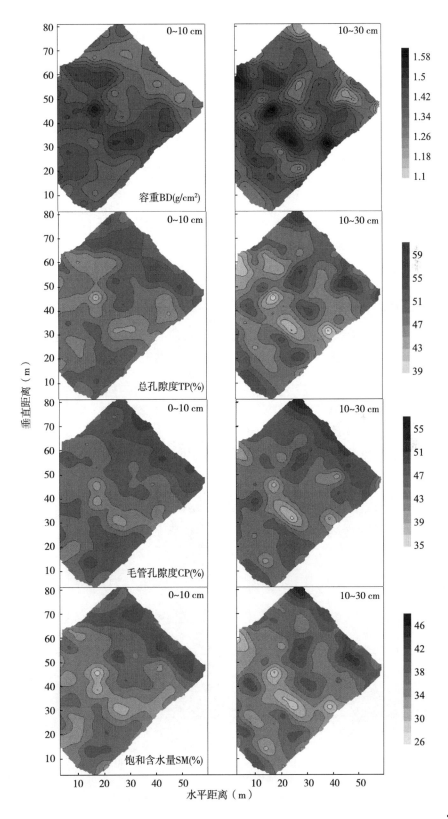

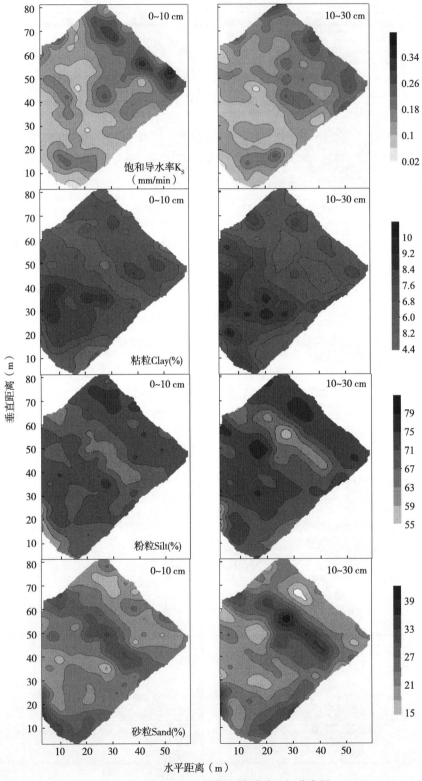

图 2-7　枣林坡面土壤物理性质的空间分布图

2.4　枣林坡面表层土壤水分空间变异及时间稳定性

2.4.1　枣林坡面土壤含水量时空变化特征

表 2-12 是表层 0~10 cm 和 10~30 cm 的土壤水分在测定期内的统计特征分析，可以看出两个深度下的土壤水分随着时间呈现波动变化，这与降水量的多少密切相关，降水量是影响土壤水分状况的根本原因。根据当地气象站的降水资料得知，测定期内 5 月、6 月、7 月、8 月和 9 月的降水总量依次为：29.3 mm、13.4 mm、235.4 mm、102 mm 和 69.3 mm，其中 7 月的降水量是 6 月的 17.6 倍，是整个测定期降水量的一半，这种降水量不均且集中分布的特征导致土壤水分波动性较大。同时不同监测点之间的土壤含水量差异较大，标准差较高。这是因为表层土壤受到外界环境的直接影响，微生物和生物活动频繁，人类活动的干扰明显，根系分布和根系生物量差异较大，沿着坡面降雨入渗、径流和蒸发对土壤表层水分的影响显著。从表 2-12，可以看出当土壤含水量较高时（>7%），0~10 cm 的土壤水分高于 10~30 cm，而当土壤含水量较低时（<7%），0~10 cm 的土壤水分低于 10~30 cm，说明土壤含水量较低时，无降雨且土壤蒸发量大，土壤上层含水量低于下层；而当土壤含水量较低时，降雨显著提高上层土壤含水量，降雨入渗对下层土壤含水量的提高过程缓慢。

表 2-12　枣林坡面土壤含水量统计特征值

测定日期 （月-日）	0~10 cm 水分					10~30 cm 水分				
	最大值 （%）	最小值 （%）	均值 （%）	标准差	变异系数	最大值 （%）	最小值 （%）	均值 （%）	标准差	变异系数
05-11	13.27	5.55	9.94	1.36	0.14	15.75	3.61	8.11	1.97	0.24
05-23	6.16	0.87	3.17	1.06	0.33	9.25	0.71	4.55	1.38	0.30
06-01	4.91	0.57	1.70	0.70	0.41	6.41	1.26	2.82	0.98	0.35
06-11	3.19	0.38	1.20	0.51	0.42	4.91	0.78	2.23	0.76	0.34
06-21	4.94	0.59	1.38	0.64	0.46	5.91	0.84	2.30	0.82	0.35
07-04	18.64	12.97	15.88	1.19	0.07	18.97	13.31	15.86	1.20	0.08
07-16	10.37	0.89	4.57	1.59	0.35	12.70	2.19	7.21	1.76	0.24
07-27	11.30	3.95	7.52	1.42	0.23	11.71	2.81	7.57	1.76	0.23
08-07	15.79	7.63	11.13	1.47	0.13	16.42	5.75	10.36	2.08	0.20
08-16	14.05	4.41	6.95	1.46	0.20	11.83	4.05	6.62	1.44	0.22
08-27	17.95	10.34	14.25	1.67	0.12	17.72	9.45	13.36	1.69	0.13
09-06	17.73	11.77	14.31	1.30	0.09	17.01	9.30	13.40	1.50	0.11
09-16	11.72	4.09	7.77	1.44	0.18	14.83	4.73	9.51	1.73	0.18
09-26	11.27	2.96	6.93	1.66	0.24	12.60	5.02	8.27	1.54	0.19

0~10 cm 土壤水分的变异系数变化范围是 0.07~0.46，10~30 cm 土壤水分的变异系数变化范围是 0.08~0.35，除了 7 月 4 日和 9 月 6 日外，其余时间的变异系数均达到 0.1 以上，表现出中等变异性。图 2-8 进行了土壤含水量和变异系数的相关性分析，可以看出土

壤含水量和变异系数呈显著指数函数关系，决定系数达到 0.95 以上，随着土壤含水量的增加，变异系数表现出明显递减的趋势，即土壤水分状况越好，其时空分布的差异性越小，此时土壤水分主要受到降水量的影响，而当土壤水分偏低甚至缺乏时，在时空分布上表现出明显差异性，影响土壤水分的主导因素主要是外界环境，包括植被类型、地形、地貌等。

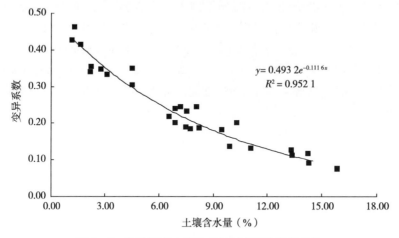

图 2-8　枣林坡面土壤含水量与变异系数相关性

　　图 2-9 是枣林坡面上随机 16 个测点的土壤含水量随时间的动态变化特征。可以看出土壤水分呈波动变化，呈现明显的四峰型动态特征，土壤含水量的第一个峰值出现在 5 月中旬，最后一个出现在 9 月初；四峰型的水分分布特征主要是 9 月中旬土壤水分处于低谷，此时虽然降水量逐渐减少，气温降低，而植被的叶面积指数降低速率却比较缓慢，特别是枣树在 9 月中旬正处于果实成熟期，土壤蒸发较强，土壤水分消耗较多。邱扬等（2000）研究得出黄土丘陵小流域土壤水分的季节变化特征的主要影响因子为降雨与地形（坡度、坡向、海拔与坡位），由于试验坡面的坡向为东南方向，坡度较大，因此土壤水分表现为四峰型。

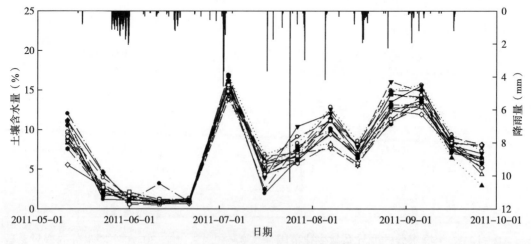

图 2-9　枣林坡面土壤含水量时间动态变化

　　根据土壤含水量的高低，选择了四种水平的土壤水分进行土壤含水量空间分布研究，分别是干旱状态（6 月 11 日），土壤水分低于 5%；半干旱状态（9 月 26 日），土壤水分为 7% 左右；半湿润状态（8 月 7 日），土壤水分为 10% 左右；湿润状态（7 月 4 日），土壤水分高于 15%。从图 2-10 和图 2-11 可以看出，在湿润和干旱条件下，土壤含水量在研究坡面上差异性较小，而在半湿润和半干旱条件下，土壤含水量的空间分布呈明显的斑块状，差异性较大。土壤含水量的高低与其空间位置的关系不明显，但随着测定日期的变化，水分含量较高的位置始终能保持较高含水量，而水分含量较低的位置的土壤水分总是比较低，例如图 2-10 中的 I 区域土壤含水量均比较低，而 II 区域土壤含水量均比较高，图 2-11 中的 I 区域土壤含水量相对比较低，而 II 区域土壤含水量相对比较高。Zhao 等（2010）研究半干旱草原土壤水分空间格局的时间特征也得出相似结论。这说明研究区域的土壤水分空间分布格局是具有一定的时间分布特征的，其单独的测点在测定期内具有一定的时间稳定性。

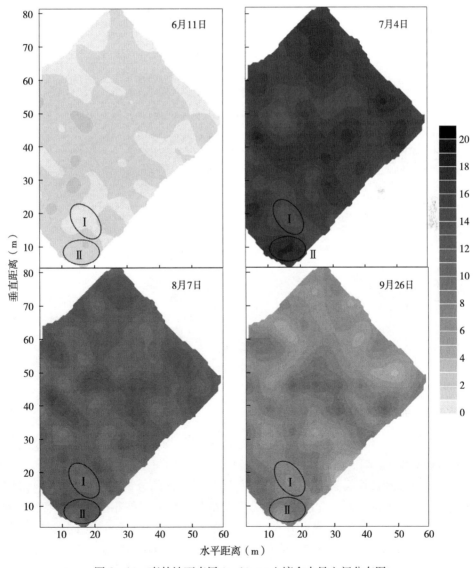

图 2-10　枣林坡面表层 0～10 cm 土壤含水量空间分布图

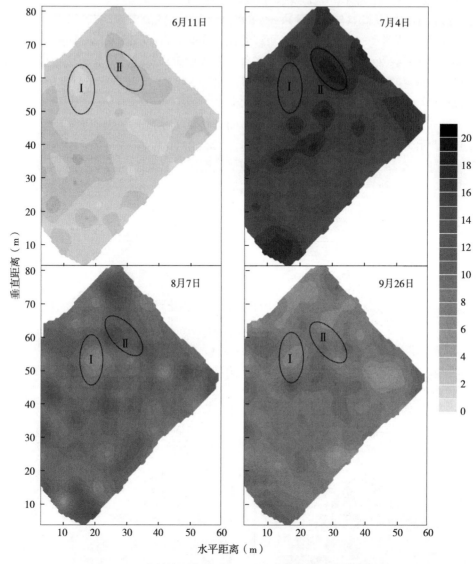

图 2-11　枣林坡面表层 10～30 cm 土壤含水量空间分布图

2.4.2　枣林坡面土壤含水量累积概率分布

根据表 2-13 得出 0～10 cm 和 10～30 cm 深度下均是 6 月 11 日土壤含水量最低，7 月 4 日土壤含水量最高。因此，选择 6 月 11 日和 7 月 4 日作为两个极端的土壤水分条件，即最干旱条件和最湿润条件，进行累积概率分布特征的分析。从图 2-12 可以看出，随着土壤含水量的增加，两个深度的土壤含水量的累积概率保持相同的分布特征，在 0～10 cm 深度下，所有测点的土壤水分在两个极端条件下都没有保持相同的秩，而 10～30 cm 深度下，只有 27 点的土壤水分在两个极端条件下保持相同的秩。在 10～30 cm 深度下，有很多测点土壤平均水分含量概率位置的变化很小，例如测点 55、75、80、56 等，而在 0～10 cm 深度下，而只有测点 72 的含水量概率位置变化小。白一茹和邵明安（2011）研究黄土高原雨养区土壤蓄水量的时间稳定性特征，也发现土壤深度越大，土壤蓄水量的概率位置变化越小，有越多的点在两个极端水分条件下保持相同的秩。Brocca 等（2009）也通过累积分布概率研究意大利中部地区土壤水分时间稳定性得出相似结论。

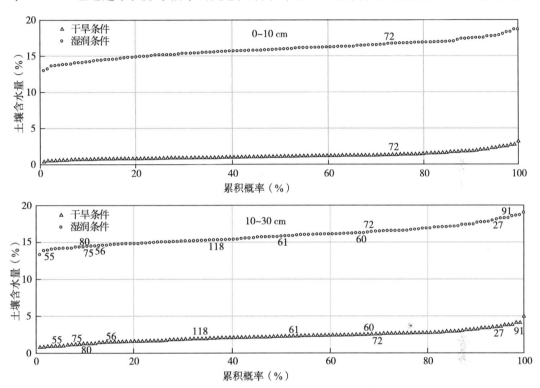

图 2 - 12　两个极端水分条件下土壤含水量的累积概率分布

2.4.3　枣林坡面土壤含水量平均相对偏差及标准差

图 2 - 13 将 0～10 cm 和 10～30 cm 深度土壤含水量的平均相对偏差（$\bar{\delta}$）由小到大排列，描述其时间稳定性特征，$\bar{\delta}$ 的标准差［$\sigma(\delta)$］用误差线表示，误差线大小表明了不同测点土壤水分含量与平均土壤水分含量间 $\bar{\delta}$ 的离散程度。0～10 cm 土壤含水量 $\bar{\delta}$ 的变化范围是 -0.20（点 109）～0.51（点 71），$\sigma(\delta)$ 的变化范围是 0.09～0.71。10～30 cm 土壤含水量 $\bar{\delta}$ 的变化范围是 -0.21（点 1）～0.34（点 91），$\sigma(\delta)$ 的变化范围是 0.06～0.48。由于外界条件（蒸发、降雨、径流、人为活动等）对 0～10 cm 土壤水分的影响较大，其 $\bar{\delta}$ 变化范围较大，$\sigma(\delta)$ 较 10～30 cm 土壤含水量的高，时间稳定性较差。

根据 $\bar{\delta}$ 接近 0，且其 $\sigma(\delta)$ 相对较小的原则，可以选择区域内某代表性测点的土壤水分含量估计整个区域水分含量的平均值。从图 2 - 13 可以得出，在 0～10 cm 深度下，测点 106、18 和 114 的 $\bar{\delta}$ 与 0 最接近，依次为 -0.01、-0.001 和 0.001 2，其 $\sigma(\delta)$ 均为 0.12，因此选择测点 18 作为研究区域的 0～10 cm 土壤含水量代表性测点。在 10～30 cm 深度下，测点 103、18 和 13 的 $\bar{\delta}$ 与 0 最接近，依次为 -0.002、0.000 2 和 0.002，其

$\sigma(\delta)$依次为 0.21、0.18 和 0.22，测点 18 的平均偏差及 $\sigma(\delta)$ 最小，因此 10～30 cm 土壤含水量代表性测点也是测点 18。

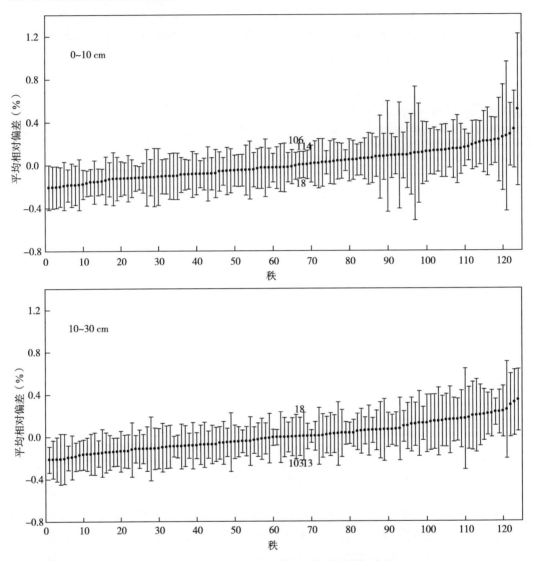

图 2-13 土壤含水量的平均相对偏差及其标准差

图 2-14 描述了代表性测点（测点 18）土壤含水量和区域平均土壤含水量的统计回归。可以看出代表性测点的土壤含水量和区域平均值相关性较高，0～10 cm 和 10～30 cm 深度下的 R^2 的变化范围分别为 0.994 和 0.986，$RMSE$ 分别为 0.78 和 0.72，这说明测点 18 的 0～10 cm 和 10～30 cm 土壤含水量与区域平均值差异性很小，可以用来估计研究坡面上的土壤含水量平均值。

从图 2-15 可以看出，在 0～10 cm 和 10～30 cm 深度下，上坡和下坡位置的大多数测点的 $\bar{\delta}$ 都小于 0，说明其会低估区域平均土壤含水量，而中坡位置的部分测点会高估区域平均土壤含水量。从图 2-16 中 $\sigma(\delta)$ 的分布可以明显看出，10～30 cm 的土壤含水量的标准差很小，其时间稳定性特征比 0～10 cm 的土壤含水量要好。

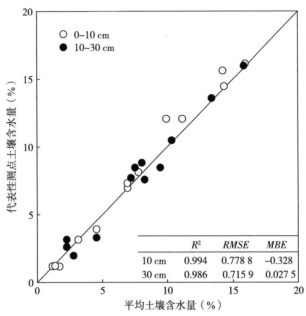

图 2-14　区域土壤平均含水量和代表性测点含水量的差异

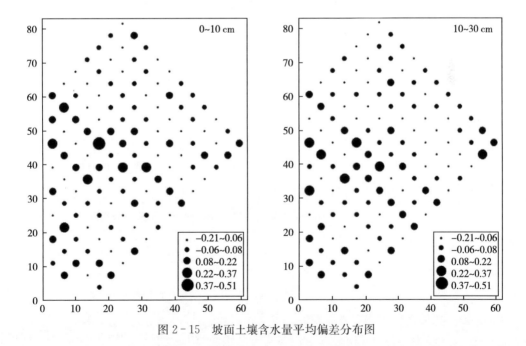

图 2-15　坡面土壤含水量平均偏差分布图

　　研究区域的上坡位置砂粒含量最低，其土壤含水量的平均偏差会低估区域平均土壤含水量，这与 Jacobs 等（2004）研究美国艾奥瓦州艾姆斯市的一个流域内 4 个不同研究区域的土壤水分时间稳定性特征结论相似，他们认为不同监测点土壤含水量的 δ 与土壤质地、坡位和坡度等环境因子具有密切的相关性，黏粒含量较高的测点会过高估计区域平均土壤含水量，而砂粒含量过高的点、陡坡位置和上坡位置都会低估区域平均土壤含水量。

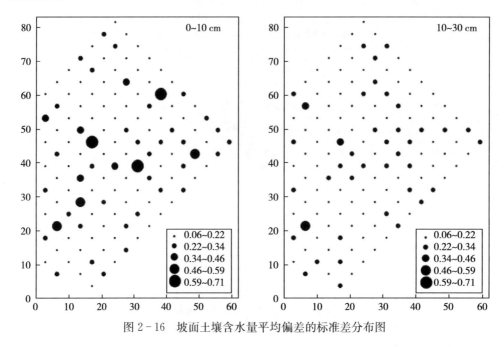

图 2-16　坡面土壤含水量平均偏差的标准差分布图

2.4.4　枣林坡面土壤含水量 spearman 秩相关系数

　　表 2-13 和表 2-14 分别列出了 0～10 cm 和 10～30 cm 深度下土壤含水量在不同测定日期之间的 spearman 秩相关系数，可以看出 0～10 cm 深度下 5 月 11 日的土壤含水量与其他日期含水量的相关系数不显著，其他日期下的土壤含水量大部分都表现出显著或极显著正相关关系，10～30 cm 深度下的土壤含水量的相关性高于 0～10 cm 深度。总体上，研究区域的 spearman 秩相关系数较低，0～10 cm 和 10～30 cm 深度下的最大值分别为 0.58 和 0.72，最小值接近于 0。

表 2-13　坡面表层 0～10 cm 土壤含水量的 spearman 秩相关系数矩阵

日期	05-11	05-23	06-1	06-11	06-21	07-4	07-16	07-27	08-7	08-16	08-27	09-6	09-16	09-26
05-11	1	−0.01	0.03	0.15	0.10	0.05	−0.10	−0.06	0.12	−0.03	0.12	0.02	0.03	0.03
05-23		1	0.12	0.22*	0.35**	−0.06	0.02	0.25**	−0.06	0.25**	−0.01	0.25*	0.33*	0.30*
06-1			1	0.44**	0.44**	0.21*	0.31**	0.29**	0.32**	0.24**	0.26**	0.35*	0.27*	0.27*
06-11				1	0.47**	0.14	0.12	0.28**	0.15	0.13	0.09	0.21*	0.28*	0.25*
06-21					1	0.05	0.20*	0.28**	0.23*	0.09	0.14	0.30*	0.33*	0.26*
07-4						1	0.05	0.17	0.48**	0.26**	0.41**	0.40*	0.12	0.14
07-16							1	0.35**	0.23*	0.27**	0.21*	0.29*	0.39*	0.31*
07-27								1	0.38**	0.37**	0.27**	0.45*	0.39*	0.44*

（续）

日期	05-11	05-23	06-1	06-11	06-21	07-4	07-16	07-27	08-7	08-16	08-27	09-6	09-16	09-26
08-7									1	0.52**	0.58**	0.52*	0.32*	0.44*
08-16										1	0.27**	0.57**	0.55*	0.50*
08-27											1	0.41*	0.08	0.24*
09-6												1	0.57*	0.58*
09-16													1	0.58*
09-26														1

注：** 表示在 0.01 水平差异显著，* 表示在 0.05 水平差异显著。

表 2-14　坡面表层 10～30 cm 土壤含水量的 spearman 秩相关系数矩阵

日期	05-11	05-23	06-1	06-11	06-21	07-4	07-16	07-27	08-7	08-16	08-27	09-6	09-16	09-26
05-11	1	0.24**	0.20*	0.09	0.02	−0.05	−0.07	0.06	0.05	0.21*	0.08	0.06	0.16	0.18*
05-23		1	0.37**	0.27**	0.19*	0.04	0.20*	0.19*	0.17	0.31**	0.13	0.24*	0.40**	0.31**
06-1			1	0.24**	0.28**	0.07	0.27**	0.40**	0.27**	0.45**	0.32**	0.40**	0.48**	0.40**
06-11				1	0.28**	0.17	0.29**	0.31**	0.24**	0.23**	0.15	0.14	0.26**	0.07
06-21					1	0.08	0.34**	0.07	0.15	0.19*	0.21*	0.16	0.34**	0.11
07-41						1	0.21*	0.19*	0.29**	0.25**	0.46**	0.46**	0.31*	0.18*
07-16							1	0.44**	0.47**	0.33**	0.24**	0.40**	0.49**	0.23*
07-27								1	0.60**	0.55**	0.43**	0.34**	0.44**	0.28**
08-7									1	0.63**	0.47**	0.52**	0.54**	0.41**
08-16										1	0.53**	0.44**	0.56**	0.49**
08-27											1	0.62**	0.51**	0.46**
09-6												1	0.66**	0.57**
09-16													1	0.72**
09-26														1

注：** 表示在 0.01 水平差异显著，* 表示在 0.05 水平差异显著。

Cosh 等（2008）研究表层 5 cm 土壤含水量的时间稳定性特征，也得出 spearman 秩相关系数较低的相似结论，而白一茹和邵明安（2011）研究 1～4 m 土壤蓄水量，得出 spearman 秩相关系数基本达到 0.8 以上，这说明表层土壤含水量在区域内空间分布的时间稳定性较差。Cosh 等（2004）研究认为 spearman 秩相关系数与降雨有关，强的相关性通常出现在发生降雨事件的测定日期之间，而当两次测定日期下的天气状况差异较大时，通常 spearman 秩相关系数较差。5 月初，黄土高原地区正处于春旱，降水量很少，天气干燥，因此 5 月 11 日的土壤含水量与其他日期下的相关系数很小，测定后期降雨较多，土壤含水量的相关性明显比前期好。

2.5 不同覆盖条件下枣林土壤水分和温度动态变化特征

2.5.1 秸秆覆盖对土壤水分和温度的影响

2.5.1.1 秸秆覆盖处理下土壤水分和温度的月值分析

秸秆覆盖改变了土壤与大气的界面状况，阻碍土壤与外界的能量和水分交换，使土壤水、肥、气、热等状况发生改变，秸秆覆盖有成本低、调节地温、保墒蓄水和培肥地力等优点，也是干旱半干旱地区农业持续稳定发展的有效措施之一。表2-15是不同秸秆覆盖量与不覆盖的土壤水分月值统计分析。整个测定期内所有秸秆覆盖条件下土壤水分变异系数变化范围为11%~49%，表现为中等变异性。从表2-15可以看出5月和6月土壤水分大小顺序为：J1<CK<J2<J3<J4，7月、8月和9月土壤水分大小顺序为：CK<J1<J2<J3<J4，结果说明秸秆覆盖在土壤表面与外界环境之间设置了一道物理阻隔层，阻止太阳辐射，阻碍土壤与大气层间的水分交换，有效抑制了土壤水分的蒸发，同时秸秆覆盖能明显增加土壤水分的入渗，改善浅层土壤水分状况。

5—9月J4的土壤含水量与CK相比分别增加了56%、167%、36%、36%和31%，J3增加了50%、131%、30%、25%和20%，J2增加了8%、32%、9%、6%和5%，J1增加了-3%、-18%、4%、4%和4%，可以得出秸秆覆盖量越高，其保墒效果越好，且当秸秆覆盖量达到0.6 kg/m²（J2处理）以上时，才会对土壤水分产生显著影响。土壤越干旱，秸秆覆盖的效果越明显。在雨量充沛的季节里，降雨缓解了土壤干旱胁迫，使无覆盖的土壤维持了较高的水分含量，此时秸秆覆盖的保墒效应不显著。

表2-15 不同秸秆覆盖处理下土壤水分统计分析

日期	处理	平均值/(%)	最大值/(%)	最小值/(%)	标准差	变异系数/(%)
	J1	9.36 eD	15.44	5.93	2.22	23.75
	J2	10.43 cC	16.45	7.07	2.14	20.49
5月	J3	14.47 bB	19.67	11.78	1.99	13.77
	J4	15.03 aA	18.74	11.72	1.86	12.40
	CK	9.62 dD	15.86	6.41	2.24	23.25
	J1	2.95 eE	6.05	1.72	0.90	30.64
	J2	4.75 cC	7.13	3.35	0.89	18.83
6月	J3	8.37 bB	11.84	5.69	1.75	20.88
	J4	8.65 aA	11.84	6.05	1.61	18.62
	CK	3.61 dD	6.41	2.63	0.86	23.76
	J1	14.47 dD	31.89	1.72	4.24	29.28
	J2	15.14 cC	35.94	3.28	4.30	28.39
7月	J3	17.95 bB	33.21	5.63	4.19	23.36
	J4	18.91 aA	40.34	5.81	4.75	25.11
	CK	13.86 eE	31.60	2.56	4.29	30.98

（续）

日期	处理	平均值/（%）	最大值/（%）	最小值/（%）	标准差	变异系数/（%）
8月	J1	15.55 cC	40.57	10.53	3.01	19.35
	J2	15.86 cC	35.99	10.77	3.35	21.14
	J3	18.68 bB	31.83	13.26	3.06	16.40
	J4	20.22 aA	38.76	15.75	3.40	16.82
	CK	14.90 dD	28.73	9.28	3.29	22.06
9月	J1	15.58 cC	24.51	12.20	2.29	14.67
	J2	15.76 cC	27.75	12.26	2.84	18.01
	J3	18.29 bB	24.98	15.44	2.11	11.56
	J4	19.90 aA	31.03	16.86	2.79	14.00
	CK	15.17 dD	23.01	11.66	2.19	14.46
5—9月	J1	11.67 dD	40.57	1.72	5.75	49.27
	J2	12.47 cC	35.99	3.28	5.35	42.89
	J3	15.59 bB	33.21	5.63	4.92	31.57
	J4	16.59 aA	40.34	5.81	5.50	33.15
	CK	11.49 dD	31.60	2.56	5.35	46.53

注：小写字母不同说明其在 0.05 水平显著，大写字母不同说明其在 0.01 水平显著。

通过表 2-16 中 5—9 月的土壤温度的月平均值可以看出，5 月、6 月和 7 月土壤温度大小顺序为 CK>J1>J2>J3>J4，这说明秸秆覆盖阻碍了太阳辐射，起到了降低温度的作用，并且覆盖量越多，秸秆的降温效应越明显。8 月和 9 月期间秸秆覆盖下土壤温度明显比不覆盖处理下的低，而不同覆盖量之间的差异性不大，J4 的土壤温度与 CK 相比分别降低了 8% 和 5%，J3 降低了 8% 和 7%，J2 降低了 10% 和 9%，J1 增加了 8% 和 7%，说明在这一阶段内增加或减少秸秆覆盖量对土壤温度的动态变化影响不明显，这可能是因为 8 月和 9 月枣树生长逐渐茂盛，叶面积指数较高，秸秆覆盖的减温作用减小。

表 2-16　不同秸秆覆盖处理下土壤温度统计分析

日期	处理	平均值/（%）	最大值/（%）	最小值/（%）	标准差	变异系数/（%）
5月	J1	18.94 bB	30.00	6.60	4.76	25.11
	J2	18.12 cC	28.80	6.90	4.49	24.79
	J3	17.50 dC	25.60	8.80	3.57	20.39
	J4	16.01 eD	22.60	10.30	2.63	16.41
	CK	20.41 aA	32.00	8.80	4.81	23.57

（续）

日期	处理	平均值/（%）	最大值/（%）	最小值/（%）	标准差	变异系数/（%）
6月	J1	24.98 bB	34.50	16.50	3.22	12.91
	J2	24.28 cC	31.30	16.60	3.00	12.35
	J3	23.34 dD	28.90	17.30	1.90	8.16
	J4	22.34 eE	27.20	16.20	1.77	7.91
	CK	26.78 aA	36.00	18.10	3.41	12.72
7月	J1	22.69 bB	31.10	16.10	2.80	12.32
	J2	22.24 cC	28.50	15.90	2.59	11.65
	J3	22.33 cC	27.60	17.60	1.85	8.30
	J4	22.45 bcBC	26.10	17.20	1.56	6.96
	CK	25.08 aA	35.50	18.00	3.53	14.08
8月	J1	21.29 bBC	27.90	16.00	2.68	12.59
	J2	20.98 cC	27.30	15.80	2.59	12.36
	J3	21.43 bB	26.40	16.00	2.25	10.48
	J4	21.48 bB	26.00	16.40	1.94	9.03
	CK	23.36 aA	33.00	17.50	3.50	14.98
9月	J1	16.03 cdBC	24.20	10.30	2.90	18.07
	J2	15.74 dC	23.60	10.30	2.80	17.82
	J3	16.05 cBC	23.10	10.70	2.85	17.77
	J4	16.39 bB	22.30	11.80	2.50	15.28
	CK	17.34 aA	27.10	11.60	2.91	16.77
5~9月	J1	18.94 bB	30.00	6.60	4.76	25.11
	J2	18.12 cC	28.80	6.90	4.49	24.79
	J3	17.50 cC	25.60	8.80	3.57	20.39
	J4	16.01 dD	22.60	10.30	2.63	16.41
	CK	20.41 aA	32.00	8.80	4.81	23.57

注：小写字母不同说明其在 0.05 水平显著，大写字母不同说明其在 0.01 水平显著。

2.5.1.2 秸秆覆盖处理对不同天气条件下土壤水分和温度的影响

图 2-17 是晴天（8 月 15 日和 8 月 16 日）和阴雨天（8 月 17 日和 8 月 18 日）秸秆覆盖与不覆盖土壤温度的日变化曲线，可以看出晴天和阴天的土壤温度均在 16：00 最高，7：00 最低，并与气温的变化趋势非常接近。阴雨天太阳辐射弱，大气温度较低且日变化幅度很小，降雨导致土壤比热增大，白天低温回升较慢，因此覆盖与不覆盖处理的土壤温度变化幅度都比较小，没有明显的增加或降低的趋势。晴天时秸秆覆盖层的吸热作用有效地抑制了白天土壤温度的升高，覆盖的土壤温度明显比不覆盖低，主要原因是秸秆吸收了太阳辐射，使热量不易传递到土壤表面，而晚上气温降低时，J3 与 J4 覆盖处理的土壤温度与不覆盖的相比相差不大，秸秆覆盖层阻挡了地面热量的释放，有效阻止地面温度的降低。

CK、J3、J4 的土壤温度的最高与最低的差值分别为 5.3 ℃、3.8 ℃和 3.3 ℃，结果表明秸秆覆盖处理的土壤温度变化相对缓慢，日变化幅度明显较小，白天土壤温度升高较慢，夜间降温也较慢，说明秸秆覆盖能够调节耕层土壤温度，有利于作物生长发育，具有棉被效应。

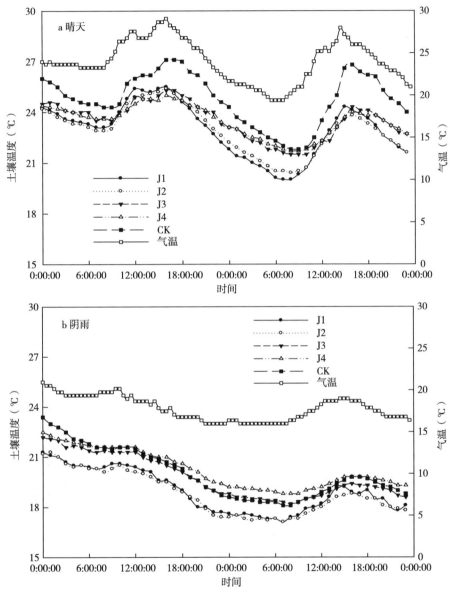

图 2-17　不同秸秆覆盖处理下晴天和阴天土壤温度的日变化曲线

　　图 2-18 是以 7 月 2 日（强度较大）和 7 月 29 日（强度较小）两次降雨为例，计算不同降雨强度下土壤含水量的逐时变化过程。可以看出降雨强度较大时，降雨前无覆盖处理的土壤含水量最低，降雨开始后秸秆覆盖处理和无覆盖处理的土壤含水量均迅速增加，早上 7 时左右达到峰值，不同处理土壤含水量最大变化量为 22.6%～32.5%。此时 J4 的土壤含水量最高（37.86%），CK 的含水量最低（30.63%），达到峰值后，各个处理的土

壤含水量呈现波动降低的趋势，并在降雨逐渐停止时，处于平稳状态，此时土壤含水量是降雨前土壤含水量的4～12倍。当降雨强度较小时，土壤含水量增加比较缓慢，早上8时左右达到峰值，之后呈现稳定降低的趋势，在降雨过程中，秸秆覆盖的土壤水分变化的幅度较小（40%～44%），无覆盖的土壤含水量比降雨前增加了60%，增加的幅度最大，这说明秸秆覆盖层对雨水的截获作用对降雨入渗产生一定的阻碍影响。通过两次降雨的结果可以得出，降雨强度大时土壤含水量的增加量明显高于降雨强度小时的增加量。

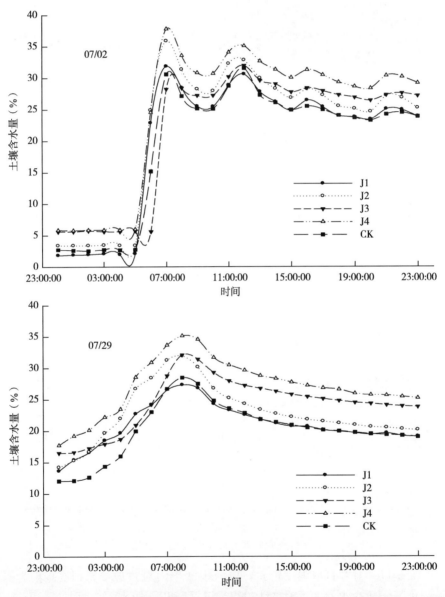

图2-18　不同秸秆覆盖处理下两次降雨期土壤含水量的日变化曲线

2.5.1.3　秸秆覆盖下枣林土壤水分和温度逐时变化过程

图2-19是不同秸秆覆盖量和不覆盖下枣林表层土壤水分的逐时变化过程。结合

图 2-19 中降水量的分布可以看出，不同秸秆覆盖量与无覆盖处理的土壤含水量随时间的逐时变化规律基本一致，主要受降雨补充和枣树蒸腾耗水、土壤蒸发等因素的影响而呈现连续波动变化。在较小强度降雨即无效降雨或天气晴朗时，土壤水分被作物不断消耗，土壤含水量一直处于逐渐降低的状态，无覆盖土壤含水量低于覆盖土壤，在强度较大降雨时，土壤水分得到补充和恢复，此时各个处理的土壤含水量差别很小，降雨停止后，土壤水分逐渐减少，秸秆覆盖的土壤含水量降低的趋势明显小于无覆盖土壤，充分体现出秸秆覆盖层的保墒效果。同时还可以看出 J3 和 J4 处理秸秆覆盖量多，整个测定期内的抑制蒸发的保墒效果都很明显，而 J2 和 J1 处理的保墒效果主要体现在 8—9 月的多雨时节；5—6 月降水量很少，为陕北黄土高原的春季干旱时节，此时 J2 和 J1 处理的土壤含水量与无覆盖差别不大。9 月中旬后，降雨减少和枣林冠层截留作用的影响，秸秆覆盖的保墒效果逐渐减弱，J2 和 J1 覆盖处理与无覆盖处理的土壤含水量基本没有差别。

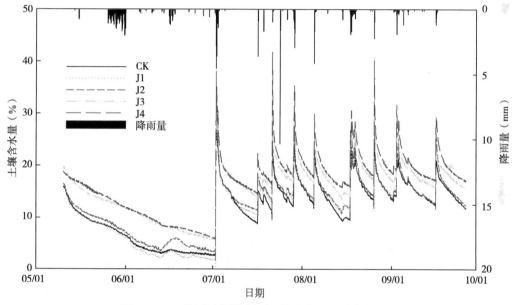

图 2-19　不同秸秆覆盖量下土壤含水量逐时变化过程

土壤含水量的逐时数据全面详细地反映了不同覆盖处理条件下土壤水分的动态变化过程，准确地反映了干旱条件、降雨时和降雨后土壤水分恢复和不断消耗的过程以及不同秸秆覆盖量对土壤水分的影响过程，弥补了目前时域反射仪、中子仪、土钻等方法监测数据不连续的缺点。

图 2-20 是 2011 年监测的秸秆覆盖与不覆盖的枣树生育期内土壤 8 cm 温度的逐时变化过程，可以看出覆盖与不覆盖处理 8 cm 地温的变化与图 2-21 中气温的变化趋势相同。经过相关性分析得出，各个秸秆覆盖和无覆盖的 8 cm 地温与气温的变化均呈显著线性正相关关系，CK、J1、J2、J3 和 J4 与气温决定系数（R^2）分别为 0.91、0.88、0.85、0.82 和 0.81，不覆盖处理与气温的相关性大于秸秆覆盖处理，说明不覆盖处理的土壤温度受气温的影响程度较大，而覆盖处理具有缓解土壤温度的剧烈变化的作用。

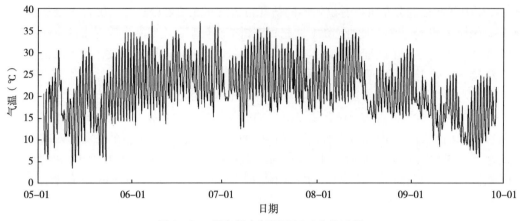

图 2-20　测定期大气温度逐时变化过程

从图 2-21 可以看出，2011 年整个测定期内不同处理土壤温度均是 CK＞J1＞J2＞
J3＞J4，无覆盖处理的土壤温度明显高于秸秆覆盖处理。研究表明土壤中水热运动是相互
影响的，土壤水分影响土壤热容量及导热率，从而影响土壤温度，同时土壤温度的变化也
会影响土壤水分运动，秸秆覆盖层蓬松多孔，外界热量不易达到土壤表面，土壤水分也不
易达到蒸发界面，从而有效减缓了土壤蒸发的速率，增强了土壤的保墒效应。覆盖处理土
壤温度的变化主要表现为在夏季降低作物根部土壤温度，在冬季能够增加土壤温度，为作
物生长创造了适宜的土壤环境。

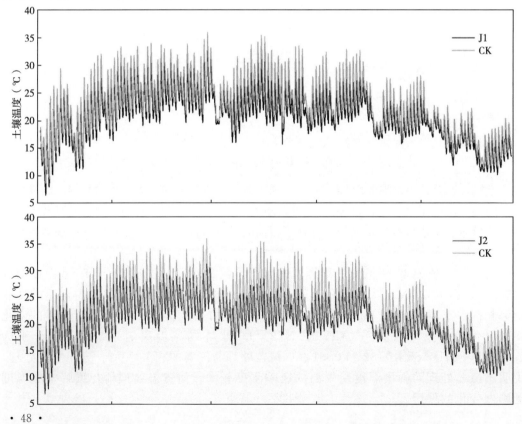

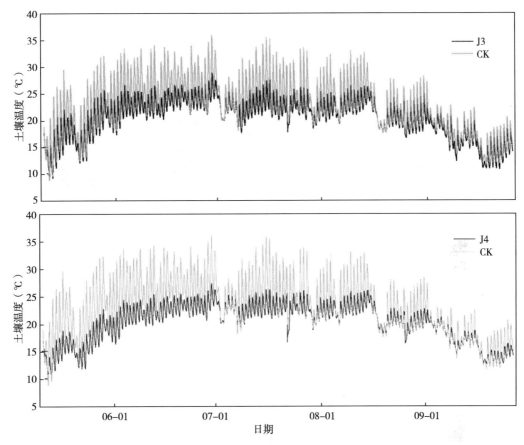

图 2-21　不同秸秆覆盖量下土壤温度逐时变化过程

2.5.2　砾石覆盖对土壤水分和温度的影响

2.5.2.1　砾石覆盖下枣林土壤水分动态变化过程

我国含砾石土壤分布广泛，占我国土地资源的 18%，砾石覆盖是西北干旱半干旱地区的旱作覆盖耕作方式，是利用河湖沉积、沟壑冲击产生的砾石在土壤表面铺设成一定厚度来种植作物，能够改善小生境中土壤水分和热量条件以满足作物生长需要（吕国安等，2000）。

试验包括四个不同粒径的砾石的覆盖处理：S1（砾石粒径 1 cm×2 cm）、S2（砾石粒径 1 cm×3 cm）、S3（砾石粒径 2 cm×4 cm）、S4（砾石粒径 3 cm×7 cm）。图 2-22 是不同砾石粒径覆盖下土壤含水量的月均值，可以看出在整个测定期内，虽然受到降雨、辐射、植被耗水、土壤蒸发等各种外界因素的影响，砾石覆盖处理的 8 cm 和 15 cm 土壤含水量明显高于不覆盖处理，这说明砾石覆盖适应了黄土高原干旱、半干旱地区的气候、地理、土壤等自然条件，具有明显改良和调节农田土壤水分的功效。

不同粒径砾石的蓄水保墒效果存在明显差异，S1 和 S3 处理的 8 cm 土壤含水量从 5 月到 9 月均比较高，而 S4 处理的土壤含水量比较低，而在土层深度为 15 cm 时，S4 处理的土壤含水量明显高于其他砾石粒径处理和不覆盖处理。曹建生等（2007）通过人工降雨研究覆盖条件下的土壤水分入渗过程，结果表明砾石覆盖相当于在地表构建了许多个微型拦水坝，从而降低雨滴对土壤表层结构的破坏程度，促进了土壤水分的快速下渗，有利于山地降水资源的高效转化利用。

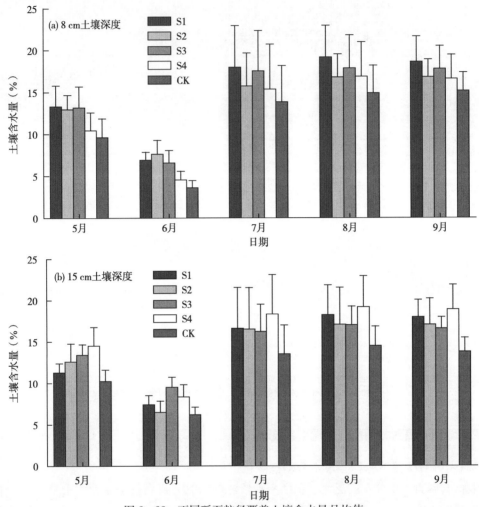

图 2-22 不同砾石粒径覆盖土壤含水量月均值

从图 2-23 中不同砾石粒径覆盖和不覆盖下枣林表层 8 cm 和 15 cm 土壤水分的逐时变化过程和降水量的分布可以看出，不同砾石粒径覆盖与无覆盖处理的土壤含水量随时间的逐时变化规律基本一致，并与降水量的分布密切相关。研究结果表明，不同粒径砾石覆盖处理的保墒效果存在差异，S1 处理的 8 cm 土壤含水量明显高于不覆盖处理和较大粒径的砾石覆盖处理，特别是当发生降雨后，S1 砾石覆盖处理的 8 cm 土壤含水量降低的速率明显小于其他处理，这说明小粒径砾石覆盖层在降雨后更能起到保持表层土壤水分、抑制蒸发的作用。陈士辉等（2005）分析得出砾石粒径大小对黄土高原西北部压砂瓜蒸散量和土壤水分蒸发有显著影响，粒径 2～5 mm 覆盖处理的蒸散量显著低于粒径 5～20 mm 和20～60 mm 处理。Xie 等（2006）也得出砾石覆盖能够有效抑制土壤水分蒸发，其抑制蒸发的效果与砾石粒径密切相关，随着砾石粒径的增加，对蒸发的抑制能力越低。从图 2-23

还可以得出在较大强度降雨的初期，S1 处理的 15 cm 土壤水分含量低于 S3 和 S4 处理，这是因为大粒径砾石的孔隙状况和降雨入渗能力更好。当土壤深度到达 15 cm 时，虽然 S1 处理的土壤含水量整体上比较高，但可以看出在持续一段干旱之后或发生降雨之前，S4 处理的土壤水分状况比较好，这说明大砾石粒径有较好的土壤水分保持能力，能够阻止较深层水分蒸发。

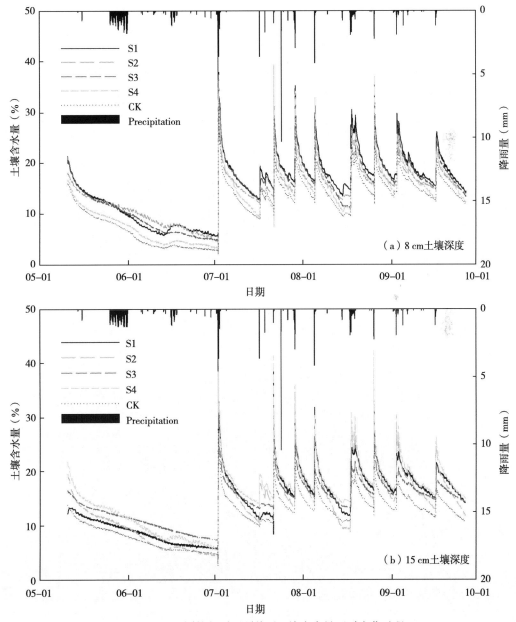

图 2-23　不同粒径砾石覆盖下土壤含水量逐时变化过程

土壤中含有砾石会显著影响土壤的水力学性质，从而影响降雨入渗、拦截、径流和蒸发过程，很多研究表明砾石覆盖能减少土壤水分蒸发和径流，增加土壤水分的入渗和拦截。图 2-24 是以 7 月 2 日（强度较大）和 7 月 29 日（强度较小）两次降雨为例，计算不同降雨强度下砾石覆盖土壤含水量的逐时变化过程。在大强度降雨条件下，当土层深度为 8 cm 和 15 cm 时，所有处理的土壤含水量均急速增加，降雨结束后逐渐达到稳定入渗状态，而小强度降雨时，土壤含水量增加的速率较小。大强度降雨时，在 8 cm 深度下，S1 处理的土壤含水量最高，在 15 cm 深度下，S4 处理的土壤含水量最高，小强度降雨条件下也有相似的规律。与图 2-24 相比可以看出，7 月 2 日降雨过程中砾石覆盖下每小时的土壤含水量平均增加量为 10.0%～16.5%，秸秆覆盖的土壤含水量平均增加量为 11.2%～14.9%，7 月 29 日的降雨过程砾石和秸秆覆盖的土壤含水量平均增加量分别为 2.35%～4.78% 和 1.79%～2.54%。砾石覆盖下的土壤含水量随时间增加的速率明显高于秸秆覆盖措施，说明砾石覆盖比秸秆覆盖更有利于降雨的入渗。

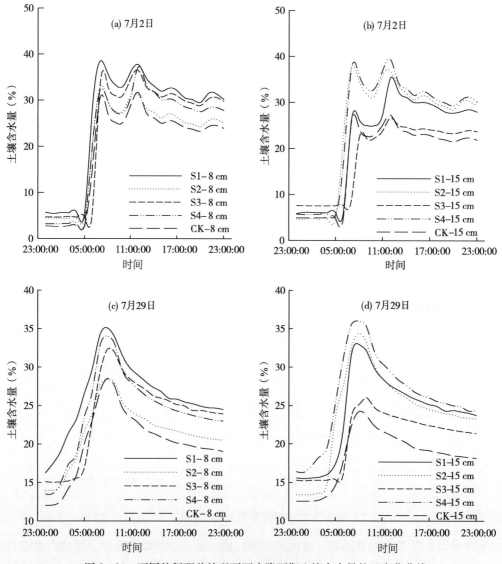

图 2-24　不同秸秆覆盖处理下两次降雨期土壤含水量的日变化曲线

2.5.2.2　砾石覆盖下枣林土壤温度动态变化过程

图 2-25 是不同砾石粒径覆盖条件下土壤温度的 5—9 月的均值变化，可以看出整个测定期内，土壤温度呈现先增加后降低的趋势，各处理下的土壤温度在 6 月达到最大值，而 9 月最低。砾石覆盖对 8 cm 土壤温度影响较小，但 S2 处理的土壤温度在 6—9 月比不覆盖的土壤温度高 2.5%～3.5%，在土层深度为 15 cm 时，S4 的 5—9 月土壤温度与不覆盖处理相比，分别增加了 1.9℃、2.5℃、1.8℃、1.0℃ 和 0.2℃，S4 处理的土壤温度也比其他粒径砾石覆盖处理的高。

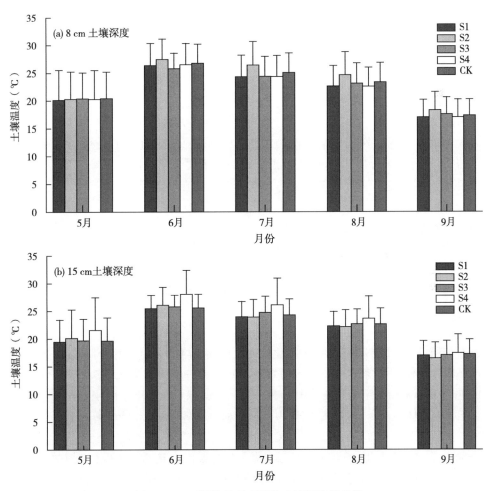

图 2-25　不同粒径砾石覆盖土壤温度月均值

表 2-17 进一步对不同粒径砾石覆盖处理的 5—9 月土壤温度进行了方差分析，结果表明不同粒径砾石覆盖处理下的 8 cm 土壤温度在 6、7、8 和 9 月均差异极显著（$P <$ 0.001），而 5 月的土壤温度差异不显著，不同粒径砾石覆盖处理之间的 15 cm 土壤温度在 5—9 月均差异极显著（$P <$ 0.001）。砾石覆盖通过改变土壤的结构、孔隙度和表面积等物理性状，影响小生境中热量和水分条件从而满足作物生长需要。Li（2002）研究我国半干旱地区砾石和细沙覆盖的影响得出砾石覆盖下的 10 cm 土壤温度比不覆盖和细

沙覆盖高 1～4 ℃。

表 2-17　不同粒径砾石覆盖处理下土壤温度的方差分析

处理	月份	8 cm 土壤温度		15 cm 土壤温度	
		F 检验	显著性 P	F 检验	显著性 P
不同粒径砾石	5 月	0.262	0.902	16.982	<0.001
	6 月	20.665	<0.001	90.329	<0.001
	7 月	42.096	<0.001	52.732	<0.001
	8 月	38.542	<0.001	26.572	<0.001
	9 月	99.539	<0.001	144.996	<0.001

图 2-26 是晴天（8 月 15 日和 8 月 16 日）和阴雨天（8 月 17 日和 8 月 18 日）不同粒径砾石覆盖与不覆盖土壤温度的日变化曲线，当土层深度为 8 cm 时，S2 处理的土壤温度在晴天和雨天均是最高的，而当土层深度为 15 cm 时，S2 处理的土壤温度比较低，说明 S2 处理显著提高了表层 8 cm 的土壤温度，而对下层土壤温度的影响不明显。从图 2-26 还可以看出晴天和阴天的土壤温度的日变化曲线存在明显差别。晴天时，土壤温度随气温的变化呈现出明显的"降低—升高—降低"的趋势，并在 16：00 最高，在 7：00 最低，与气温的变化趋势非常接近。Li（2002）研究我国半干旱区土壤温度的日变化曲线得出，砾石覆盖的土壤温度在上午低于裸地，下午高于裸地，土壤温度日变化趋势与本研究的结果一致。在阴雨天时，太阳辐射弱，砾石覆盖处理和不覆盖处理的土壤温度随着时间基本呈现出不断降低的趋势，当降雨停止后，温度又有小幅度的回升。

2.5.3　砾石覆盖和秸秆覆盖对枣树生理指标和品质的影响

砾石和秸秆覆盖能够改善土壤的理化性质，提高土壤养分有效性，调节作物的水、肥、气、热等环境条件，提高土壤水分利用效率，从而促进作物的生长发育过程（陈士辉等，2005）。叶面积指数指一定土地面积上所有植物叶表面积与所占土地面积的比率，叶面积指数会影响植物群体的光合作用、蒸腾作用、水分利用效率及土地生产力等。表 2-18 中秸秆覆盖和砾石覆盖下的叶面积指数高于不覆盖处理，说明覆盖措施有利于枣树叶片的生长。冠层透光率是一定时间内透过冠层并到达下方的太阳入射辐射数量的相关量化数据，利用冠层透光率能够很好地评价冠层的郁闭程度，当冠层透光率在比较合适的范围即 25%～35%时，才不会造成果树冠层郁闭从而影响果实产量和品质，也能使光能充分利用。表 2-18 中枣树冠层透光率在适宜的范围之内，因此能够适宜枣树果实的生长。砾石覆盖和秸秆覆盖处理的枣果含水量、维生素 C 含量、总糖含量和可溶性固形物显著高于不覆盖处理，说明砾石覆盖和秸秆覆盖促进了红枣的良好发育，可使红枣口味更加甜美，有利于提高红枣的品质，同时有效提高了红枣的经济价值。Xie 等（2006）研究我国西北地区不同粒径砾石覆盖对西瓜田的影响也得出，不覆盖处理的可溶性糖含量、产量和土壤水分利用效率明显低于砾石覆盖处理。

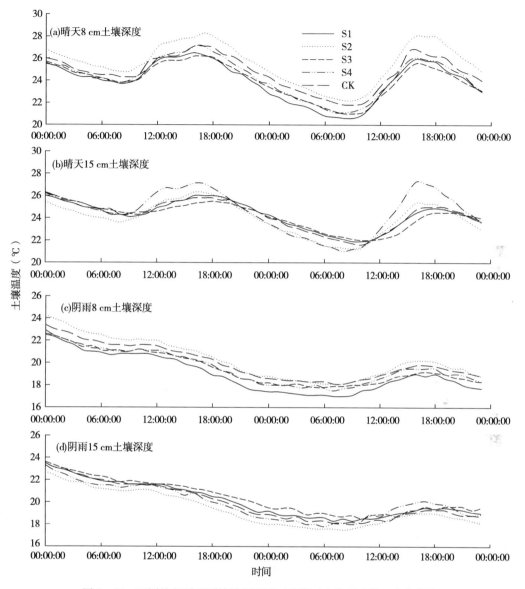

图 2-26　不同粒径砾石覆盖处理下晴天和阴天土壤温度的日变化曲线

表 2-18　砾石和秸秆覆盖对枣树生理指标和品质的影响

处理	S1	S2	S3	S4	J1	J2	J3	J4	CK
枣果含水量（%）	80.93d	84.69a	84.09b	81.83c	83.55C	83.69C	84.54B	85.45A	81.83cD
叶片含水量（%）	64.46c	71.52a	63.52d	63.41d	64.43D	68.56B	69.41A	69.43A	67.37bC
平均单果重（g/个）	20.04e	23.2c	25.65b	26.76a	23.56C	25.65B	28.14A	28.16A	21.6dD
叶面积指数 LAI	1.18a	1.33a	1.67a	1.26a	1.24A	1.55A	1.71A	1.78A	1.0aA
冠层开度（%）	41.74e	48.92c	55.31a	42.49d	54.53B	60.53A	29.69E	38.28D	49.12bC
冠层透光率（%）	48.35b	45.01c	27.78e	37.32d	47.52B	36.1C	21.86E	27.86D	57.68aA

（续）

处理	S1	S2	S3	S4	J1	J2	J3	J4	CK
维生素 C（mg/100g）	233.65d	264.54b	276.94a	238.36c	248.73C	263.22A	253.52B	242.30D	224.85eE
总糖含量（%）	8.89c	9.14b	9.59a	8.91c	8.87B	8.64C	8.31D	9.20A	8.86dB
可溶性固形物（%）	17.2c	17.2c	18.2b	19.2a	19.3A	18.4C	18.5C	19.1B	16.5dD

注：小写字母不同说明砾石覆盖处理间在 0.05 水平显著，大写字母不同说明秸秆覆盖处理间在 0.05 水平显著。

2.6 枣林和其他植被类型下土壤性质分布特征

2.6.1 土壤性质分布特征

2.6.1.1 黄土高原土壤性质经典统计分析

表 2-19 是 288 个样品的土壤性质的统计特征值，可以看出黄土丘陵区 TN、TP 和 SOC 含量均比较低，其平均值分别为 0.21 g/kg、0.43 g/kg 和 2.12 g/kg，说明黄土丘陵区土壤养分不足。根据黄土高原土壤养分分级标准，研究区域处于黄土丘陵低肥区，其肥力低下的原因主要是该区域坡耕地占据较大面积，土壤侵蚀严重，导致土壤养分大量流失。同时土壤颗粒中黏粒含量较低，粉粒占主导地位，主要因为黄土丘陵区严重的植被退化和水土流失导致侵蚀程度增强，土壤颗粒呈粗化的趋势。

在表 2-19 中，pH 和粉粒含量的变异系数小于 10%，属于弱变异，其他几种土壤性质的变异系数大于 10% 且小于 100%，属于中等变异。变异系数可以反映出土壤性质在四种植被类型下的不同空间位置分布的离散程度，pH 的变异系数仅为 1.55%，说明 pH 在黄土丘陵区的变异很小，随空间位置的变化其基本保持不变，属于较稳定的土壤性质。TN 和 SOC 的变异系数大于 40%，这主要是受到施肥、放牧等人类活动和土壤流失的共同影响。

表 2-19 黄土丘陵区土壤性质的统计特征值

土壤性质	样本数	平均值	最大值	最小值	标准误	标准差	变异系数
全氮（g/kg）	288	0.21	0.68	0.06	0.006	0.10	47.62
全磷（g/kg）	288	0.43	0.85	0.26	0.003	0.06	13.95
有机碳（g/kg）	288	2.12	5.38	0.67	0.05	0.89	41.98
EC（μS/cm）	288	153.48	372.00	100.00	2.85	48.43	31.55
pH	288	8.39	8.73	7.72	0.01	0.13	1.55
黏粒（%）	288	5.56	11.04	3.74	0.06	0.99	17.80
粉粒（%）	288	68.54	82.71	49.97	0.38	6.46	9.42
砂粒（%）	288	25.90	45.61	10.05	0.42	7.16	27.64

2.6.1.2 枣林和其他植被类型对土壤性质坡面分布特征的影响

坡位不同，土壤性质差异明显，主要是沿着坡面存在不同的土壤成土过程和土壤侵蚀过程，而且其水热条件的差异也造成土壤性质在坡面上不同的分布特征。表 2-20 分析了坡位对几种土壤性质的影响，可以看出坡位对 TN、SOC 和 pH 的影响不显著，对 TP 和

EC 的影响显著。其中，TP 含量在上坡和下坡位置较高，在中坡较低，EC 在下坡位置明显低于上坡和中坡。表 2 - 21 的显著性检验结果也表明，坡位作为单因素时会显著影响除 pH 外的土壤性质的分布（$P < 0.05$），但与土壤深度和植被类型联合起来考虑时，会显著减弱对土壤性质影响的程度。土壤养分在坡面上分布与土壤侵蚀有密切关系，侵蚀会导致大量土壤养分流失，一般侵蚀泥沙堆积的位置养分含量会较高，坡度和坡面的微地形会影响土壤侵蚀发生的强度和途径，造成不同的径流泥沙搬运沉积过程，改变养分在坡面上的分布特征。柠条的全氮和有机碳含量在下坡最高，说明土壤侵蚀导致土壤养分沉积在下坡位置，而谷子、枣树和苜蓿却未表现这一特征，主要是因为这三个坡面通过鱼鳞坑、水平阶等水保措施人为影响了坡面小地形，改变养分在坡面上的再分配模式。

土壤碳素的输入（施肥、枯落物）和有机碳的稳定性会造成土壤有机碳含量的差异。当农田退耕为林地或草地后，土壤 SOC 含量会显著提高，同时土壤氮素含量受人类生产活动，特别是耕种方式的影响最大。通过表 2 - 20 和表 2 - 21 得出，植被类型对土壤性质有显著影响（$P < 0.01$），表 2 - 20 中谷子地的 SOC 和 TN 含量高于其他三种植被类型，这表明农田长期的施肥（以氮肥为主）增加了土壤 TN 的积累和 SOC 的固存。TN、TP 和 SOC 的大小顺序为：苜蓿＞枣树＞柠条。柠条与苜蓿相比，土壤 TN、TP 和 SOC 含量分别下降了 20.8％、11.9％和 4.7％；枣树与苜蓿相比，土壤 TN、TP 和 SOC 含量分别下降了 2.0％、5.2％和 4.1％。Wei 等（2009）研究陕北黄土高原土壤碳氮的分布，也得出柠条和油松的养分含量明显低于草地。植物根系是陆地生态系统重要的碳汇和矿质养分库，也是土壤中碳及养分的主要来源。草地有丰富发达的根系系统，其根系生物量是土壤碳氮的主要贡献者。紫花苜蓿作为黄土高原退耕还草的主要植被类型，具有发达的侧根系，而且具有豆科植物的固氮能力，因而具有丰富的养分。同时长期种植苜蓿避免了土壤扰动，促进了土壤碳素和氮素在土壤表层的累积。

表 2 - 20　不同植被类型和坡位对土壤性质的影响

		苜蓿	柠条	谷子	枣树	均值
全氮 (g/kg)	上坡	0.22±0.12	0.13±0.02	0.31±0.13	0.20±0.06	0.22±0.11a
	中坡	0.17±0.07	0.16±0.05	0.16±0.05	0.23±0.06	0.21±0.08a
	下坡	0.22±0.09	0.19±0.05	0.19±0.04	0.16±0.03	0.19±0.06a
	均值	0.20±0.09B	0.16±0.04C	0.26±0.10A	0.20±0.06B	
全磷 (g/kg)	上坡	0.44±0.02	0.43±0.02	0.44±0.03	0.42±0.02	0.43±0.05a
	中坡	0.44±0.03	0.36±0.03	0.43±0.03	0.43±0.02	0.42±0.05b
	下坡	0.46±0.04	0.40±0.02	0.45±0.03	0.42±0.03	0.43±0.06a
	均值	0.45±0.03A	0.39±0.04C	0.44±0.02AB	0.42±0.02B	
有机碳 (g/kg)	上坡	2.36±1.29	1.69±0.16	2.76±0.95	2.06±0.54	2.22±0.99a
	中坡	1.79±0.77	2.08±0.43	2.53±0.92	2.23±0.35	2.16±0.89a
	下坡	2.14±0.91	2.23±0.41	1.88±0.67	1.75±0.37	2.00±0.77a
	均值	2.10±0.98B	2.00±0.41B	2.39±0.89A	2.01±0.45B	

（续）

		苜蓿	柠条	谷子	枣树	均值
电导率 （$\mu S/cm$）	上坡	142.33±18.40	125.5±2.96	159.75±20.60	219.79±22.50	161.84±51.28a
	中坡	131.32±12.19	146.5±11.2	150.67±21.27	215.33±36.72	160.96±55.90a
	下坡	137.79±15.38	146.04±8.28	135.23±33.03	131.48±15.10	137.64±30.82b
	均值	137.15±15.31B	139.35±12.70B	148.55±26.21B	188.87±48.5A	
pH	上坡	8.34±0.08	8.44±0.03	8.35±0.10	8.42±0.05	8.39±0.11a
	中坡	8.40±0.09	8.46±0.02	8.37±0.17	8.34±0.08	8.39±0.15a
	下坡	8.41±0.07	8.44±0.04	8.48±0.08	8.30±0.06	8.41±0.12a
	均值	8.38±0.08BC	8.45±0.03A	8.40±0.13B	8.36±0.08C	

注：小写字母不同表示坡位间存在差异显著（$P<0.05$）；大写字母不同表示植被类型间存在显著差异（$P<0.05$）。

表 2-21　土壤性质的多因素方差分析的显著性结果

因素	全氮	全磷	有机碳	EC	pH	黏粒	粉粒	砂粒
F 检验								
D	48.965	3.505	46.303	2.093	17.208	0.847	0.521	0.572
VT	32.979	16.663	6.712	28.820	9.482	8.515	0.468	0.969
S	4.235	4.504	3.384	12.460	0.712	6.372	5.933	6.378
D×VT	4.069	1.277	5.732	2.979	2.075	0.758	0.767	0.684
D×S	1.494	0.483	0.964	0.321	0.969	0.895	0.726	0.678
VT×S	11.368	3.337	8.536	11.294	6.601	2.939	1.572	1.711
D×VT×S	1.257	1.094	0.882	0.340	0.796	1.101	1.061	1.056
显著性水平 P								
D	<0.0001	0.005	<0.0001	0.067	<0.0001	0.518	0.760	0.722
VT	<0.0001	<0.0001	<0.0001	<0.0001	<0.0001	<0.0001	0.705	0.408
S	0.016	0.012	0.036	<0.0001	0.492	0.002	0.003	0.002
D×VT	<0.0001	0.219	<0.0001	<0.0001	0.012	0.722	0.713	0.799
D×S	0.143	0.900	0.476	0.975	0.472	0.539	0.700	0.745
VT×S	<0.0001	0.004	<0.0001	<0.0001	<0.0001	0.009	0.157	0.120
D×VT×S	0.179	0.345	0.647	1.000	0.769	0.336	0.388	0.394

注：表中 VT 为植被类型，D 为土壤深度，S 为坡位。

典型相关分析可以研究两组变量之间的相互关系，运用统计软件 SPSS 中的 CAN-CORR 子程序，对 TN、TP、SOC、EC、pH、黏粒、粉粒和砂粒含量这八种土壤性质与环境因子（坡位、植被类型和土壤深度）的关系进行典型相关分析，得出 3 个环境变量的典型相关系数分别为 0.5677、0.4845 和 0.1997，显著性 P 值分别为 0.001、0.001 和 0.0785，检验结果表明只有前 2 个典型相关系数通过显著性检验，说明只有前 2 个环境因素是有效的。图 2-27 是利用 CONOCO 软件对土壤性质与环境因子之间进行冗余分析（RDA）的结果，RDA 分析能保持各变量对土壤性质产生影响的贡献率，同时可以最大限度减少变量的个数。由于研究区域地形条件复杂，植被群落交互影响，因此坡位、植被类型和土壤深度这 3 个环境因子只能解释区域内土壤性质 18.0% 的变异，经检验能够保证所有变量的膨胀系数均小于 20，而且还可看出第一个轴主要是由植被类型决定的。

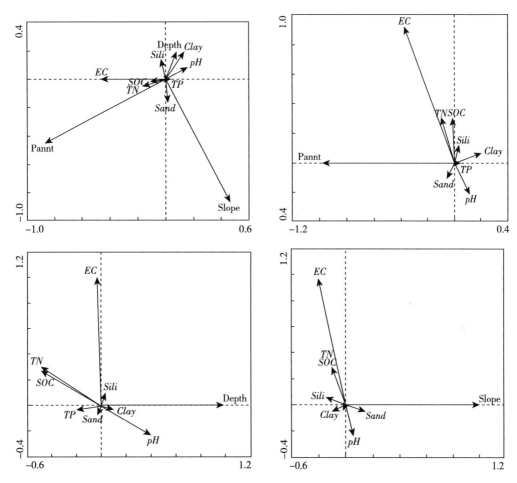

图 2-27　土壤性质与环境因子的典型相关分析

2.6.1.3　枣林和其他植被类型下土壤性质垂直分布特征

由表 2-21 可以看出土壤深度对土壤养分和 pH 有显著影响（$P < 0.01$），对 EC 和土壤颗粒影响不显著。不同植被类型下，TN 和 SOC 含量均随土层深度增加而逐渐减小，在垂直分布上表现出明显的表聚性特征（图 2-28）。当土壤深度由 10 cm 向 40 cm 变化时，苜蓿、柠条、谷子和枣树的土壤 TN 分别减少了 53.9%、33.4%、41.2% 和 27.5%，SOC 分别减少 57.1%、20.2%、42.3% 和 29.4%。苜蓿地的土壤养分随土壤深度变化最大，柠条地变化最小，不同的植被类型的土壤性质表现出不同的垂直分布特征，这与不同植物群落的根系活动深度对土壤养分的吸收强度和深度的差异性有关，从而导致土壤养分在土壤剖面上存在显著的差异。谷子的表层土壤 pH 明显低于其他植被类型，这与农田长期使用氮肥导致土壤

酸化有关，发现腐殖酸能降低土壤 pH，有利于改善土壤结构，提高 SOC 的转化能力。图 2-28中 pH 表现出随深度增加而增大的趋势，植被凋落物和根系在土壤表层积累、分解转化的过程中，释放出大量的有机酸，显著降低了表层土壤 pH（李晓东等，2009）。

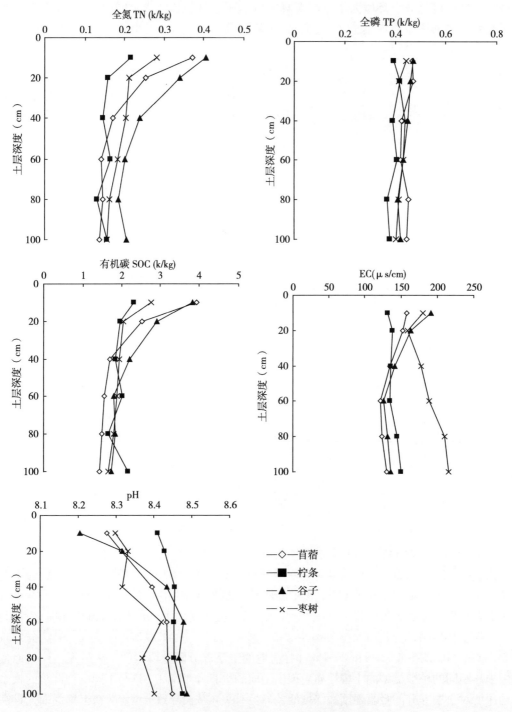

图 2-28 不同植被类型下土壤性质垂直分布特征

2.6.1.4　枣林和其他植被类型下土壤有机碳和全氮储量分布特征

土壤 SOC 含量是反映土壤质量的主要属性之一，其积累和分解的循环过程对全球碳平衡有直接影响作用，LUCC 是造成全球变化和碳循环不平衡的重要原因之一，研究不同植被类型的碳储量，有助于人为调控土壤碳的排放，为评估黄土高原丘陵沟壑区植被生态效益和固碳能力提供参考数据，对制定合理减排措施具有重要意义。

黄土丘陵区的土壤碳储量低于全国平均值，其原因主要是严重的土壤侵蚀和降水量少且不稳定，导致作物生产力低下，固碳能力不高。图 2-29 中，在 0～20 cm 深度，上坡和中坡的土壤碳储量均是谷子地的最高，下坡的土壤碳储量则是苜蓿地的最高，柠条和枣树的土壤碳储量较低，说明柠条和枣树更有利于 N 的积累，对土壤碳截获的贡献相对较小。在 0～100 cm 深度，谷子地的土壤碳储量显著高于其他三种植被类型，Han 等（2010）研究也得出黄土高原地区农田的土壤碳密度明显高于灌木和林地，但也有研究表明农地的土壤碳储量低于草地和灌木地（Fu et al.，2010），造成这种差异的原因与退耕年限有关，农田的大量施肥会在一定程度上提高土壤碳氮含量，但是 Chen 等（2007）研究黄土丘陵区土地利用方式转变对土壤有机碳影响得出，1976 年的农田退耕为林地、灌木或草地后，2003 年土壤有机碳密度会提高 2～3 倍。

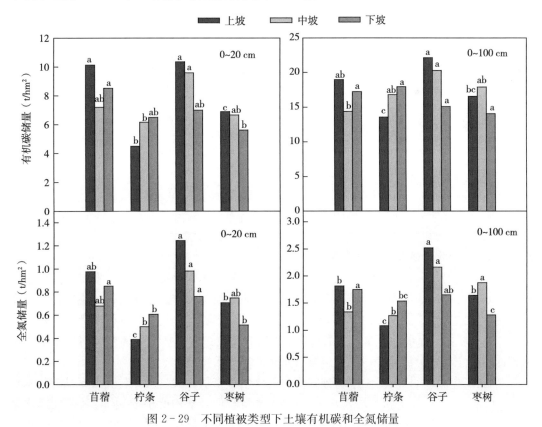

图 2-29　不同植被类型下土壤有机碳和全氮储量

不同土地利用的有机碳储量有明显差别，但同一方式均表现 0～20 cm 的土壤有机碳储量为 0～100 cm 的 50% 左右，苜蓿、柠条、谷子和枣树 0～20 cm 的土壤有机碳储量分别为 0～100 cm 的 50.9%、35.4%、46.8% 和 39.6%。土壤全氮储量也表现出和有机碳储量类似的分布特征。Yimer 等（2006）研究也得出 0～0.3 m 的土壤有机碳和全氮储量为 0～1 m 的 40% 以上，而且在土壤有机碳储量表层聚集的剖面分布模式下，当植被群落受到破坏时（放牧、耕作等人类活动），就会有大量的 CO_2 释放到大气中。

2.6.2 土壤水分时空变化特征

2.6.2.1 土壤水分统计分析

表 2-22 对五种植被类型下土壤水分进行了统计分析，结果表明不同植被类型的土壤水分存在明显差别，其原因是不同植被的根系分布特征和盖度不同，影响土壤的入渗和蒸发过程，从而导致不同的蒸发蒸腾量，使不同植被表现出不同的蓄水能力和耗水能力。但不同植被类型的变异系数均大于 10%，小于 100%，表现出中等变异性。谷子地的土壤水分最高，而变异系数最小，说明谷子地的土壤水分较充足且稳定，其随时间和深度的变化程度最小，其主要原因是谷子地土壤孔隙度较好，降雨入渗较大，且谷子的生育期较短，蒸腾能力较弱，土壤水分消耗量少。谷子地修建的梯田具有改变坡面地形、汇集径流、增加水分入渗的效果。杏树地的土壤水分最低，主要是因为研究区的杏树生长旺盛，其盖度、株高等指标明显高于枣树，导致其较强的蒸腾作用，土壤水分状况较差。

表 2-22　黄土丘陵区土壤水分的统计特征值

土地利用	样本数	平均值（%）	最大值（%）	最小值（%）	极差（%）	标准差	变异系数（%）
枣树	405	9.57	17.80	2.57	15.23	3.79	39.65
杏树	405	6.48	16.77	1.85	14.92	2.72	41.99
苜蓿	405	7.08	17.69	1.23	16.46	3.70	52.36
谷子	405	11.16	18.97	2.63	16.34	2.43	21.77
柠条	405	7.52	18.08	1.48	16.59	3.84	51.05

2.6.2.2 土壤水分的季节性动态变化

图 2-30 是研究时段内不同植被类型土壤水分的动态变化特征，可以看出土壤含水量受到降水量、温度、湿度等环境因素的影响，呈现出明显的季节变化特征，不同植被类型的土壤含水量有明显差别，但都表现出类似的变化趋势。5—6 月土壤水分严重不足，春旱严重，7 月之后降水量增加，土壤水分逐渐得到恢复。由图 2-30 还可以得出土壤含水率较低时，土壤水分波动平稳，而土壤含水率较高时波动较大。

结合图 2-31 可以看出土壤水分的变化与降水量密切相关。研究时段内 6 月的降水量为 33.4 mm，6 月 13 日和 6 月 30 日的土壤含水量较低，平均值小于 6%，其前期降水量仅为 3.12 mm 和 2.23 mm（每次采样前 10 d 内的降水量总和）。7 月 30 日的土壤平均水分含量最高（10.7%），7 月的降水量达 84.3 mm，其前期降水量为 32.92 mm，图 2-32 中，前期降水量与土壤平均含水量呈显著正相关（$R^2 = 0.6198$，$P < 0.01$）。

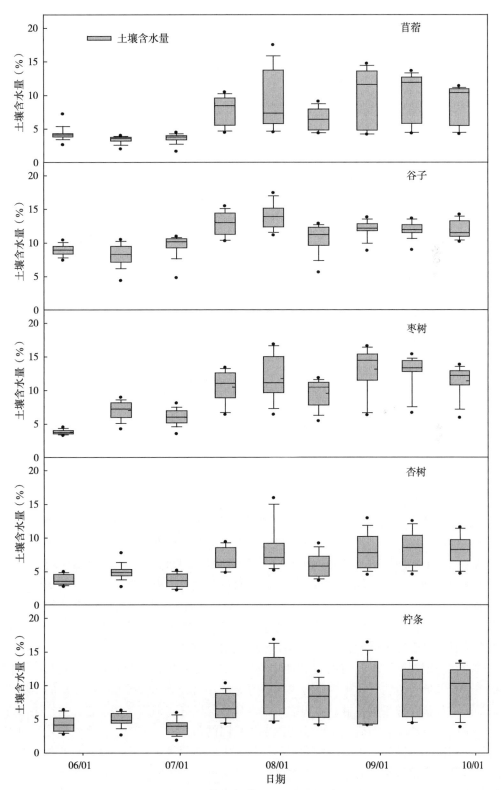

图 2-30　不同植被类型下土壤水分动态变化

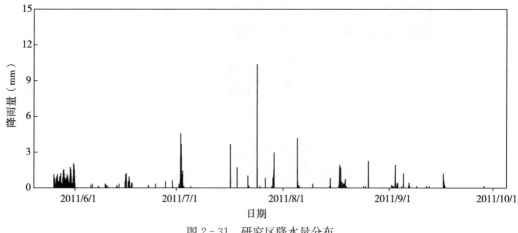

图 2-31　研究区降水量分布

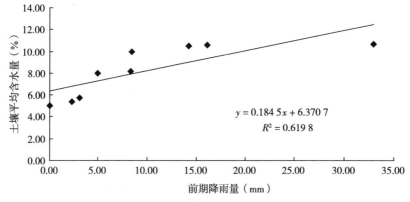

图 2-32　前期降水量与土壤平均含水量的关系

2.6.2.3　土壤水分剖面动态变化

黄土高原地区黄土层较厚，地下水位较深，因此土壤水分没有地下水的补给，土壤含水量主要受到降雨入渗、径流、地表蒸发、植物蒸腾和降雨在地表的重新分配等因素的影响。图 2-33 中不同植被类型的土壤水分呈现出类似的剖面分布特征，随着土层深度的增加，表现出先增加后降低的变化趋势，土壤含水量的最大值出现在 20～40 cm 土层内，这与许多研究者的结论一致（汪星等，2015）。出现这种结果的原因可能是降雨的情况下土壤水分向深层入渗的滞后性，使表层土壤水分含量大于深层，因此出现降低型变化，而且植被根系对深层土壤水分的强烈吸收也会形成土壤水分含量上高下低的情况。

同时在一定深度下不同植被类型的土壤水分和变异系数存在明显差异，这与不同植被的根系分布、地上生物量、土壤水分入渗率等有关。由表 2-23 可知，谷子地的土壤水分含量最高，苜蓿和柠条的较低。农田的土壤水分状况最好，但其土壤疏松，易产生坡面径流，土壤侵蚀较严重，而研究表明在降雨条件相同的条件下，前期土壤含水量较低可以更好地控制径流和侵蚀的产生，因此乔木林地和灌木林地对水土流失控制具有非常重要的影响。在合理配置植被类型时，可以在坡度较小的地形上进行农田建设，而在坡度较大的位置应优先考虑种植柠条、苜蓿等灌木林和草地。受到植被类型和管理措施的共同影响，表

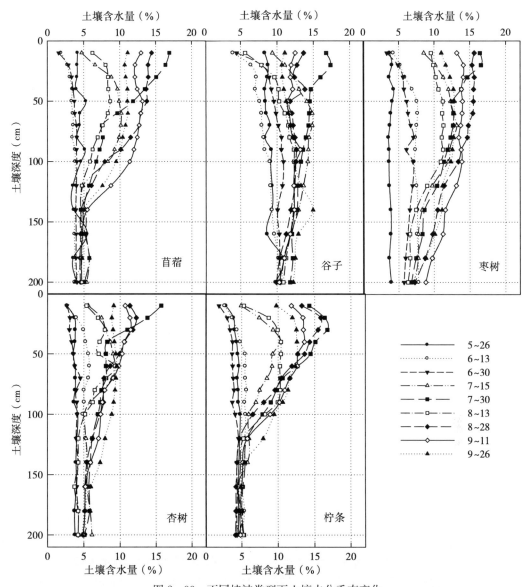

图2-33 不同植被类型下土壤水分垂直变化

层土壤结构受扰动较大，进而影响土壤对水分的传导和保持性能，因此表层土壤水分对于评价流域内的水文响应具有重要的意义。

通过表2-23可以看出，在土壤表层0~40 cm范围内，研究区土壤水分变化剧烈，其CV值的变化范围是37%~62%。土壤表层水分受到外界自然条件影响比较大，在水分湿润条件下，表层土壤比深层土壤可以接受更多水分补给，而在干旱条件下，和深层土壤相比，表层土壤水分补给较小，而受到植被蒸散和水分蒸发的影响，其消耗较多，因此表层土壤水分的变化比深层更明显。土层深度为40~160 cm时，土壤水分受到土壤结构、气象条件和植被根系的共同影响，此处植被根系分布密集，为主要的土壤水分利用层，该层土壤水分的CV值小于土壤活跃层，为18%~44%。160~200 cm为土壤水分调节层，

CV 值的范围为 13%～35%，该层土壤水分随时间变化较小，除谷子地外，其他几种植被类型的土壤水分为 5% 左右。

表 2-23　不同植被类型土壤水分垂直变异

土层深度 (cm)	枣树		杏树		苜蓿		谷子		柠条	
	平均值 (%)	变异系数 CV (%)	平均值 (%)	变异系数 CV (%)	平均值 (%)	变异系数 CV (%)	平均值 (%)	变异系数 CV (%)	平均值 (%)	变异系数 CV (%)
0～10	9.52	51.70	7.32	61.92	8.22	67.43	9.52	45.19	7.91	62.06
10～20	10.21	44.64	7.94	49.98	8.61	55.83	10.52	30.88	9.84	54.19
20～30	10.36	41.40	7.88	44.36	8.85	49.81	10.85	23.59	10.22	51.05
30～40	10.59	37.38	7.42	39.12	8.85	46.68	11.03	23.47	10.05	46.31
40～50	10.69	36.26	7.39	37.09	8.97	43.67	10.99	20.83	9.85	44.38
50～60	10.72	36.02	7.56	36.07	8.54	43.72	11.30	20.33	9.35	41.45
60～70	10.70	34.88	7.26	30.83	8.15	43.13	11.52	19.45	8.66	38.49
70～80	10.55	34.75	6.58	32.45	7.80	42.84	11.56	19.59	8.36	37.09
80～90	10.29	35.24	6.28	32.98	7.54	39.22	11.85	17.36	7.77	37.50
90～100	10.30	34.02	5.98	32.32	6.90	37.99	11.83	15.98	6.98	33.49
100～120	9.23	34.75	5.57	28.79	5.45	38.24	11.78	14.90	5.50	30.62
120～140	8.41	35.89	5.31	24.46	4.55	16.72	11.75	18.77	4.91	19.75
140～160	7.96	35.62	4.96	20.90	4.70	19.35	11.13	15.09	4.71	18.71
160～180	7.38	31.60	4.95	17.11	4.58	20.82	11.05	13.83	4.67	19.35
180～200	6.73	28.22	4.82	17.71	4.44	19.19	10.69	13.77	4.67	20.53

2.6.2.4　土壤水分的亏缺度分析

选择土壤水分状况较好的 6 月 30 日和较差的 8 月 28 日进行土壤水分亏缺度的计算，从图 2-34 可以看出土壤水分亏缺度表现出剖面分布特征。图中的三条直线表示不同的土壤水分亏缺程度，当亏缺度小于 0 时，土壤水分不亏缺，当亏缺度小于 25% 时为轻度亏缺，当亏缺度为 25%～50% 时为中度亏缺，当亏缺度大于 50% 时为严重亏缺。

在 6 月 30 日，前期降水量较少，植被处于生长期，耗水较多，因此土壤水分亏缺严重，水分亏缺度随着土壤深度的增加而降低，除谷子地外，其他几种植被类型的土壤水分在 2 m 剖面上均为严重亏缺。谷子地的土壤水分在 0～20 cm 为严重亏缺和中度亏缺，这个深度正处于土壤水分活跃层，主要受外界条件影响较大，植被消耗较少，而 20 cm 以下的深度内，土壤水分只有轻度亏缺或不亏缺，说明谷子地的土壤水分状况较好。8 月 28 日，降水量较充足，五种植被类型的土壤水分得到不同程度的恢复，其中谷子地的土壤水分基本不亏缺，苜蓿、柠条、枣树和杏树出现亏缺的深度分别是 100 cm、70 cm、140 cm 和 50 cm。6 月份研究区域气温逐步升高同时降水量增加形成了有利于植被生长的雨热同期，植被生长迅速，田间蒸散量大幅增加，植被耗水量很高，土壤含水量被大量消耗，土壤水分难以储存，使土壤水分严重亏缺，而 8 月之后气温逐渐降低，植被生长逐渐减慢，叶片的蒸腾作用逐渐减弱，作物需水量降低，较多的降水使土壤水分储量得到不同程度的恢复，土壤水分亏缺度明显降低。

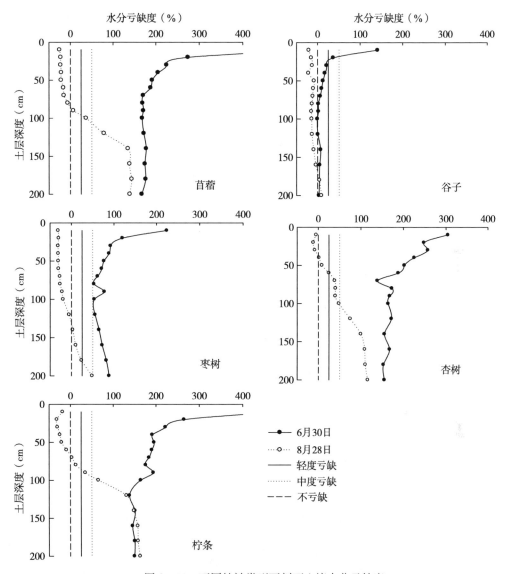

图 2-34 不同植被类型下剖面土壤水分亏缺度

2.6.2.5 土壤蓄水量变化分析

土壤蓄水量的年内变化主要决定于降雨和蒸散,从图 2-35 可以看出不同植被类型的 2 m 土壤蓄水量差别较大,其中谷子地和枣林的土壤蓄水量呈现先增加后缓慢降低的趋势。谷子地的土壤蓄水量在 7 月 30 日达到最高,为 336 mm,枣林的土壤蓄水量 8 月 28 日达到最高,为 316 mm,苜蓿、柠条和杏树土壤蓄水量基本保持逐渐增加的趋势,并在研究阶段的末期达到最大值。7 月份土壤水分得到降雨补给,土壤蓄水量显著提高。8 月份降雨减少,蒸散强烈,土壤水分严重消耗,土壤蓄水量出现不同程度的降低,9 月之后,植被生长缓慢,加上降雨的补给,土壤水分得到缓慢恢复。五种植被类型的土壤蓄水量在生长季末期,均比初期显著增加,这说明研究区的降雨能够满足植被生长的需要,土壤水分处于不断积累中,有利于生态环境的改善。

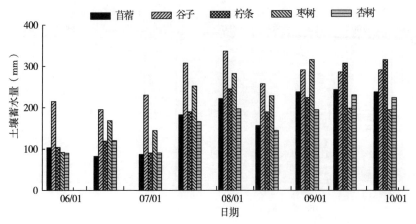

图 2-35　不同植被类型下 2 m 土壤蓄水量的变化

2.6.3　土壤粒径分形特征

2.6.3.1　PSD 特征分析

根据美国制土壤质地分类标准将土壤颗粒分为黏粒（<0.002 mm）、粉粒（0.002～0.05 mm）和砂粒（0.05～2 mm），图 2-36 描述了研究区土壤样品黏粒、粉粒和砂粒含量的分布特征，可以看出土壤质地均为粉壤土。黏粒含量的变化范围为 4%～11%，粉粒含量的变化范围为 52%～78%，砂粒含量的变化范围为 12%～43%。研究区土壤颗粒中黏粒含量较低，粉粒占主导地位，主要因为黄土丘陵区严重的植被退化和水土流失导致侵蚀程度增强，土壤颗粒呈粗化的趋势。

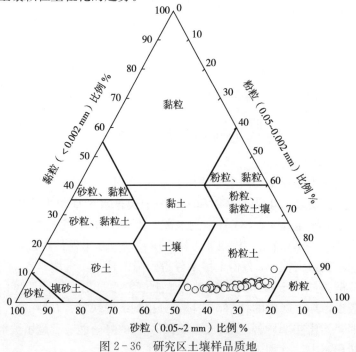

图 2-36　研究区土壤样品质地

图 2-37 选择一个典型土壤样本，分析研究区土壤颗粒体积百分含量（0.02～2 000 μm）和土壤粒径间的关系，可以看出 PSD 曲线变化幅度大，75％以上的土壤颗粒集中在狭窄的粒径范围内（13～100 μm），土壤颗粒在不同粒径范围内呈非均匀分布，这说明研究区土壤 PSD 具有明显的非均质特征。图 2-38 是 4 个随机样品土壤粒径与粒径累积体积百分含量的双对数拟合曲线，可以看出曲线不满足严格的线性关系，土壤粒径及其累积体积百分含量遵循 3 个尺度域：砂粒域、粉粒域和黏粒域。

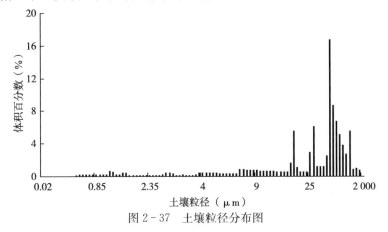

图 2-37　土壤粒径分布图

这 3 个尺度域与砂粒、粉粒和黏粒（美国制）的范围比较接近，为了使尺度域边界的线性拟合效果达到最优，对其进行优化后，粉粒与黏粒域的边界范围在 1.2～1.6 μm，砂粒与粉粒域在 63～100 μm，以此算出砂粒域的分维数（D_{sand}）平均值 2.83，R^2 为 0.87，粉粒域的分维数（D_{silt}）平均值为 2.15，R^2 为 0.99（表 2-24）。黏粒域的分维数小于 0，说明计算分形维数的方法不适合用来细致地分析黄土丘陵区土壤的粒径分布，这与王德等（2007）的研究结果一致。D_{silt} 和 D_{sand} 的变异系数很小，表现为弱变异性，原因在于研究区土壤质地均为粉壤土（图 2-38）。

表 2-24　土壤粒径分形和多重分形参数经典统计分析

参数	最大值	最小值	平均值 Mean	标准差	变异系数（％）
D_{silt}	2.33	2.08	2.15	0.04	2.09
D_{sand}	2，92	2.64	2.83	0.06	2.25
D_0	0.91	0.81	0.84	0.03	3.24
D_1	0.82	0.75	0.79	0.01	1.53
D_2	0.76	0.68	0.72	0.01	2.08
D_1/D_0	0.97	0.87	0.93	0.02	2.57
α_{min}	0.57	0.48	0.53	0.03	5.01
$f(\alpha_{min})$	0.28	0.04	0.19	0.07	40.96
α_{max}	2.52	2.01	2.24	0.19	8.60
$f(\alpha_{max})$	0.38	0.26	0.33	0.04	10.82
$\Delta\alpha=\alpha_{max}-\alpha_{min}$	1.98	1.46	1.71	0.20	11.66
$\Delta f=f(\alpha_{min})-f(\alpha_{max})$	−0.03	−0.29	−0.14	0.08	58.58

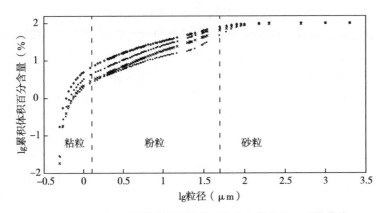

图 2-38 随机土壤样品累积体积百分比与粒径的双对数曲线

2.6.3.2 PSD 多重分形特征

配分函数 $\lg X$ 与 $\lg \varepsilon$ 是否呈线性是判断研究对象在研究尺度内是否具有多重分形特征的关键指标，如果不满足线性关系则不能进行多重分形分析。图 2-39 为典型土壤样本的函数 $X(q, \varepsilon)$ 与盒子大小 ε 的双对数曲线。当 q 由 -10 向 10 逐渐变化时，$\lg X$ 与 $\lg \varepsilon$ 均表现出极显著的线性关系，其 R^2 均大于 0.95。这说明研究区的土壤样品具备多重分形特征，可以进行多重分形分析。

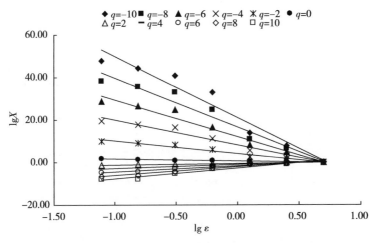

图 2-39 配分函数 X 和盒子尺度的双对数曲线

利用公式计算出所有土壤样品 PSD 的多重分形参数，从表 2-24 中可以看出，D_0 值变化范围是 $0.82 \sim 0.91$，D_0 接近于 1 说明 PSD 分布广，$D_0 < 1$ 表示 PSD 在 $0.02 \sim 2\,000\ \mu m$ 范围内有体积百分比为零的小区域。D_1 较小且变化范围小（$0.75 \sim 0.82$），原因在于研究区土壤黏粒含量变化较小（$4\% \sim 11\%$）。Montero（2005）和 Posadas 等（2001）分析不同类型土壤样品都得出，当黏粒含量的变化范围较小时，D_1 变化范围也较小。D_1/D_0 可以衡量 PSD 异质程度，D_1/D_0 越接近于 1 时表明颗粒分布主要集中于密集区。从表 2-24 可知 D_1/D_0 均值为 0.93 接近于 1，75% 以上的土壤颗粒集中在粒径范围为 $13 \sim 100\ \mu m$ 的密集区。

D_0、D_1 和 D_2 可以作为表征 PSD 特征的指标，反映整体分形结构上物理量概率测度分布的不均匀程度。Posadas 等（2001）认为 D_0、D_1 和 D_2 存在如下关系：$D_0 \geqslant D_1 \geqslant D_2$，且当物理量表现为自相似或均匀分布时，就会出现 $D_0 = D_1 = D_2$。随机选取研究区内 8 个土壤样品，计算出 $-10 \leqslant q \leqslant 10$ 范围内步长为 1 的广义维数谱 $D(q)$（图 2-40）。从图中可以看出随着 q 值的增加，$D(q)$ 表现为反 S 型递减函数。$q > 0$ 时不同土样 $D(q)$ 的递减程度较小，$q < 0$ 时不同土样 $D(q)$ 的递减程度较大。图 2-40 中所有土样都存在 $D_0 > D_1 > D_2$，表明土壤 PSD 呈非均匀分布，所以多重分形方法对研究区 PSD 的分析是必要且合理的。

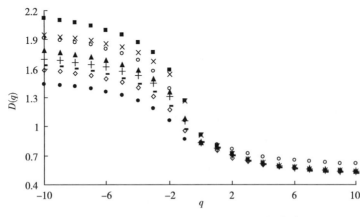

图 2-40　随机土壤样品粒径分布广义维数谱

多重分形谱可以反映出土壤颗粒空间分布的丰富信息，并可将其定量化。多重分形谱的形状和对称性能够反映粒径分布的异质性。图 2-41 中多重分形谱为不对称的上凸曲线，表明在土壤形成过程中经历过不同程度的局部叠加，导致了 PSD 非均匀性出现。而且多重分形谱表现出明显的不对称性，即谱左边口径 $\alpha_0 - \alpha_{q+}$ 与右边 $\alpha_{q-} - \alpha_0$ 相差较大，Miranda 等（2006）认为 $\alpha_0 - \alpha_{q+}$ 与 $\alpha_{q-} - \alpha_0$ 相差越大，土壤粒径分布的异质性越大。由图 2-41 和表 2-24 还可以看出，各土样的 $f(\alpha)$ 谱右边相比左边短很多，即 $\Delta f < 0$，多重分形谱呈右钩状，说明小概率子集占主要地位，反映了稀疏区域的分布比密集区域平均。

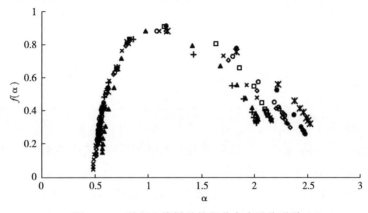

图 2-41　随机土壤样品粒径分布多重分形谱

根据多重分形理论，$f(\alpha)$ 与 $D(q)$ 是相互关联的，多重分形谱的谱高为 $f(\alpha)$ 的最大值，即 $q=0$ 时的分形维数 D_0。$\Delta\alpha$ 为多重分形谱的谱宽，其大小能够反映物理量概率分布的非均质程度。$\Delta\alpha$ 为 0 时，说明随着 q 的增加 $D(q)$ 不变，等于 D_0，而 $\Delta\alpha$ 越大表示粒径分布越不均匀，单重分形已无法描述出其分布特征，需要用多重分形来描述。表 2-24 中 $\Delta\alpha$ 的变化范围为 1.46~1.98，而管孝艳等（2011）得出粉壤土 $\Delta\alpha$ 均值为 1.37，Miranda 等（2006）研究的均匀程度较高的土壤 $\Delta\alpha$ 均值仅为 0.61，这说明研究区土样表现出较高程度的非均匀性。

2.6.3.3　PSD 单重分形和多重分形参数与土壤质地相关分析

表 2-25 分析了单重分形与多重分形参数与土壤黏粒、粉粒和砂粒含量的相关性。结果表明，土壤砂粒含量越高，D_{silt} 值越小，黏粒和粉粒含量越高，D_{silt} 值越大，但 D_{sand} 与土壤颗粒含量关系不大，可以考虑利用 D_{silt} 值预测土壤质地的变化。D_0 与土壤质地的相关性不明显。Posadas 等（2001）研究得出虽然黏粒含量会影响多重分形参数与黏粒的相关性，但随着黏粒含量的增加，D_0 变化不明显。D_1 与黏粒和粉粒含量呈显著正相关，与砂粒含量呈显著负相关（$P<0.01$）。结果说明随着砂粒含量的减少，黏粒含量和粉粒含量的增加，D_1 随之增加的趋势明显，土壤粒径分布的异质性增加。$\Delta\alpha$ 与黏粒含量呈显著正相关（$P<0.05$）。根据多重分形理论，当 $\Delta\alpha$ 越大，土壤粒径分布越不均匀。因此当黏粒含量较高时，土壤粒径分布非均匀性较大。管孝艳等（2011）利用多重分形理论研究 PSD 都得出，土壤中的黏粒和砂粒含量对土壤的多重分形参数有明显影响，特别是当黏粒含量增加时，PSD 的非均匀性明显增大。

表 2-25　土壤粒径单重和多重分形参数与质地间的相关分析

	黏粒	粉粒	砂粒	D_{silt}	D_{sand}	D_0	D_1	D_2	D_1/D_0	$\Delta\alpha$
黏粒	1									
粉粒	0.755**	1								
砂粒	−0.795**	−0.998**	1							
D_{silt}	0.847**	0.339*	−0.396*	1						
D_{sand}	0.030	0.243	−0.227	−0.279	1					
D_0	0.165	0.278	−0.273	0.050	−0.211	1				
D_1	0.642**	0.553**	−0.574**	0.569**	−0.350*	0.457**	1			
D_2	0.493**	0.221	−0.253	0.642**	−0.584**	0.202	0.878**	1		
D_1/D_0	0.177	−0.001	−0.016	0.263	0.044	−0.865**	0.050	0.266	1	
$\Delta\alpha$	0.524**	0.416*	−0.436*	0.338*	−0.298	0.146	0.433**	0.154	−0.185	1

注：* 和 ** 分别表示在 $P<0.05$ 和 $P<0.01$ 水平下显著。

2.6.3.4　枣林和其他植被类型对土壤粒径分形与多重分形参数的影响

通过方差分析可知，植被类型对黏粒、粉粒、砂粒含量和 D_{silt} 值均呈现出极显著影响（$P<0.01$）（表 2-26）。不同植被类型下的 D_{silt} 值和黏粒含量的大小顺序均为：枣树＞谷子＞柠条＞苜蓿。枣树林的 D_{silt} 值最大，黏粒含量最高，因为枣树林木能够降低风速，减

少风和雨滴的动能，从而防止土壤侵蚀，减缓土壤细粒的流失。同时从表 2-26 可以看出，植被类型对多重分形参数 D_0、D_1、D_1/D_0 和 $\Delta\alpha$ 均影响不显著。分析原因可能是黄土丘陵区侵蚀和水土流失严重，表层土壤的侵蚀、搬运和沉积过程影响了 PSD，从而导致植被类型对 PSD 多重分形参数的影响不明显。董莉丽和郑粉莉（2009）研究发现，在黄土高原安塞地区不同土地利用的 D_0 和 D_1 差别很小，仅用多重分形参数难以区分不同植被类型下土壤 PSD 的差异。

表 2-26　植被类型对土壤粒径分形与多重分形参数的影响

分形参数	谷子	苜蓿	枣树	柠条	F
黏粒 Clay（%）	5.73 ± 0.68ab	4.57 ± 0.36c	6.38 ± 1.67a	5.40 ± 0.73b	6.958^{**}
粉粒 Silt（%）	69.70 ± 6.16a	62.37 ± 5.24b	67.65 ± 5.86a	70.81 ± 5.59a	5.286^{**}
砂粒 Sand（%）	24.27 ± 6.78b	33.06 ± 5.38a	25.96 ± 7.23b	23.78 ± 6.25b	5.328^{**}
D_{silt}	2.15 ± 0.02b	2.11 ± 0.03c	2.19 ± 0.03a	2.14 ± 0.05b	10.368^{**}
D_{sand}	2.83 ± 0.07a	2.84 ± 0.05a	2.84 ± 0.06a	2.82 ± 0.07a	0.452
D_0	0.84 ± 0.03a	0.84 ± 0.03a	0.84 ± 0.03a	0.83 ± 0.02a	0.392
D_1	0.79 ± 0.01ab	0.78 ± 0.01b	0.79 ± 0.01ab	0.79 ± 0.01a	1.856
D_1/D_0	0.94 ± 0.03ab	0.92 ± 0.02b	0.94 ± 0.03ab	0.95 ± 0.02a	2.069
$\Delta\alpha$	2.21 ± 0.17a	2.00 ± 0.30a	2.09 ± 0.35a	2.00 ± 0.32a	0.976

注：$**$ 表示在 $P<0.01$ 水平下显著。

2.7　小结

本章针对黄土丘陵区植被生态建设及水土资源高效利用的问题，以枣林土壤为研究对象，分析枣林土壤全氮、有机碳、饱和导水率、容重、土壤含水量等理化性质的时空变异特征，探讨保墒措施对土壤水热过程和枣树生长的影响，以及枣林与其他植被类型下土壤性质的分布特征与差异，得出以下主要结论。

（1）枣林坡面土壤全氮、全磷、有机碳、电导率、饱和导水率、黏粒和砂粒含量的变异系数大于 10%，表现为中等变异性。pH、粉粒含量、容重、总孔隙度、毛管孔隙度和饱和含水量的变异系数小于 10%，表现为弱变异性。正态分布检验得出研究坡面土壤性质满足正态分布或对数正态分布特征。坡位对土壤全氮、有机碳、pH、容重、总孔隙度、毛管孔隙度、饱和含水量、饱和导水率、黏粒、粉粒、砂粒含量有显著影响（$P<0.01$），而对全磷和电导率影响不显著。不同深度土壤性质的空间分布特征可以用指数和球形模型来描述，10 cm 深度的饱和导水率和粉粒含量的空间异质比小于 25%，表现为强空间依赖性，其他土壤性质均表现出中等空间依赖性。交叉验证表明坡面土壤性质测定值与模拟值差异较小，因此利用普通克里格插值得出的坡面土壤性质的空间分布图是合理的，可以为黄土丘陵区枣林合理的农田管理建设提供一定的科学依据。

（2）测定期内枣林坡面的土壤水分不断波动变化，呈现明显的四峰型动态特征，土壤含水量的变异系数基本达到 0.1 以上，表现出中等变异性，土壤含水量和变异系数呈显著指数函数关系，随着土壤含水量的增加，变异系数表现出明显递减的趋势。土壤水分的时间稳定性分析得出，30 cm 深度土壤水分含量概率位置的变化比 10 cm 深度下小，测点 18 的平均相对偏差最接近 0，且其标准差相对较小，可以作为研究区域的代表性点来估计整个区域的平均土壤含水量。不同日期间的土壤含水量的 spearman 秩相关系数大部分都表现出显著或极显著正相关关系，并且 30 cm 深度土壤含水量的 spearman 秩相关系数高于 10 cm 深度。

（3）通过分析 5—9 月秸秆覆盖处理、砾石覆盖处理与不覆盖处理下土壤水分和温度的动态变化得出，秸秆和砾石覆盖具有保墒和调节温度的作用。秸秆覆盖量越高，保墒效果越好，且当秸秆覆盖量达到 0.6 kg/m² 以上时，才会对土壤水分产生显著影响。秸秆覆盖处理的土壤温度日变化幅度较小，白天土壤温度升高较慢，夜间降温也较慢，说明秸秆覆盖能够调节耕层土壤温度，有利于作物生长发育。降雨过程中砾石覆盖处理下的土壤含水量随时间增加的速率明显高于秸秆覆盖处理，说明砾石覆盖比秸秆覆盖更有利于降雨的入渗。砾石覆盖和秸秆覆盖处理的枣果含水量、VC 含量、总糖含量和可溶性固形物显著高于不覆盖处理，说明覆盖措施有利于提高红枣的品质。

（4）通过分析不同植被类型的土壤化学性质的剖面分布特征得出，土壤 pH 和粉粒含量的变异系数小于 10%，属于弱变异，其他几种土壤性质属于中等变异。全磷含量在上坡和下坡位置较高，在中坡较低，电导率在下坡位置明显低于上坡和中坡。植被类型对土壤性质有显著影响（$P < 0.01$），全氮和有机碳的大小顺序为：谷子＞苜蓿＞枣树＞柠条，全磷的顺序为：苜蓿＞谷子＞枣树＞柠条。pH 表现出随深度增加而增大的趋势，全氮和有机碳含量均随土层深度增加而逐渐减小，在垂直分布上表现出明显的表聚性特征。典型相关分析结果说明坡位、植被类型和土壤深度这三个环境因子只能解释区域内土壤性质 18.0% 的变异，其中第一个轴主要是被植被类型决定的。

（5）通过分析不同植被类型的土壤水分的剖面分布特征得出，谷子地的土壤水分最高，而变异系数最小，说明谷子地的土壤水分较充足且稳定。不同植被类型的土壤含水量均呈现出明显的季节变化特征，其变化与降水量密切相关，前期降水量与土壤平均含水量呈显著正相关（$R^2 = 0.6198$，$P < 0.01$）。随着土层深度的增加，不同植被类型的土壤水分表现出先增加后降低的变化趋势，土壤含水量的最大值出现在 20~40 cm 土层内。土壤表层 0~40 cm 为土壤水分活跃层，土层深度 40~160 cm 为主要的土壤水分利用层，160~200 cm 为土壤水分调节层。

（6）通过分析不同植被类型的土壤粒径的分布特征得出，土壤粒径分布曲线变化幅度大，表现出明显的非均匀特性。土壤粒径累积体积与粒径之间的相关关系，遵循 3 个尺度域，分别为黏粒域、粉粒域和砂粒域。土壤粒径分布的广义维数 $D(q)$ 为典型反 S 型递减函数，多重分形谱 $\alpha - f(\alpha)$ 为不对称的上凸曲线。土壤黏粒、粉粒和砂粒含量与黏粒域的分维数有显著相关性（$P < 0.05$），多重分形参数 D_1、D_2 和 $\Delta\alpha$ 均与黏粒含量呈极显著正相关（$P < 0.01$）。植被类型对土壤黏粒、粉粒、砂粒含量和黏粒域的分维数有极显著影响（$P < 0.01$），而对多重分形参数 D_1、D_2 和 $\Delta\alpha$ 影响不明显。

第3章　枣林根系与土壤水分

根系吸收土壤中的水分，是植物生长、生存的基本功能。特别是在干旱半干旱地区，或是湿润地区的季节性干旱，植物根系吸收深层土壤中的水分以维持蒸腾，被认为是一个重要的植物适应干旱环境的机制。黄土丘陵沟壑区，土层深厚，地下水埋深大，土壤水分的补给主要是降水，深层土壤水分的消耗主要是植物根系吸收利用。黄土高原地区普遍出现土壤干化的主要成因是大规模退耕还林还草过程中，植被根系吸收消耗深层土壤水分。

西北农林科技大学自2006年开始在陕西省米脂县应用非充分滴灌为主导措施的山地低效枣林丰产技术的研究（吴普特等，2008），种植密度由原来的30~50株/亩，增加至111株/亩。研究获得成功，实现了三个跨越：红枣亩产由150 kg增加到1 320 kg、水分生产率由0.50 kg/m^{3}增加到4.2 kg/m^3、经济效益由500元增加到5 000元。与传统沟灌种植方式相比，灌溉量减少了84.4%，而平均产量却增加了46.7%。山地枣树高效用水种植模式可通过改变枣树根域水分环境，影响根系分布，改变根系对水分养分的吸收。长期从事土壤水分生态研究的专家针对半干旱黄土丘陵区的土壤水分状况，提出在此建立密植红枣林和获得超过1 000 kg的亩产量能否可持续发展、非充分局部灌溉能否防止山地红枣林土壤水分环境恶化等问题。研究密植枣林的根系分布特征，及其与土壤水分的关系，是回答此类问题的关键。

因此，研究根域水分调控对黄土高原主要造林树种——枣树根系分布的影响，将水分调控和根系分布结合研究，对于揭示坡地密植枣林增产机理和水肥高效管理有重要意义，对掌握林木根系对土壤含水量的影响、土壤水分动态变化规律、防止黄土高原土壤干层的形成、维持退耕还林的后续可持续发展具有重要意义。本章系统分析了坡面位置、立地条件、林龄等因素对枣林根系分布的影响；在鱼鳞坑和滴灌措施下，阐述了枣林根系的分布特征和土壤水分的状况，揭示了滴灌对于缩小枣林根系最大深度、缓解深层土壤水分消耗的作用和机制，这些研究为枣林优质高产的水分管理提供了一定的理论依据。

3.1　研究方法

3.1.1　试验方案

3.1.1.1　坡面及不同立地条件根系试验

试验在2012年8月底于米脂县孟岔山进行，此时期为枣树的果实膨大期，枣树耗水严重，取样期间无有效降雨发生。试验地为坡地，平均坡度为25°，坡向为东南。枣林的株行距为2.0 m×3.0 m，坡上具有水平阶整地措施，树龄为9年。在坡面上从坡下到坡上取纵向长19.5 m，横向宽6 m范围，分别在树下、株间、行间、中心点取样，采用

1.5 m×1 m 布置网格，即横向 7 列，纵向 14 排，共 98 个点。垂直方向在 0～100 cm 土层深度内，每隔 20 cm 取点一次，共 5 层，总共取点数为 490 个。另外，分别在平地和坡地，随机抽取长势良好、均一的 9 年生的 4 株枣树，对 0～40 m 根系进行调查，采用 40 cm×40 cm×20 cm 立方铁盒将土壤与根系整体挖掘取样，清水洗净后去除死根、枯枝等杂质，挑出枣树的根系。

3.1.1.2 树龄及根域水分调控试验

在研究区选择同坡向、坡中位置的 1 年生、4 年生、8 年生、11 年生等 4 个树龄树势相当的枣林。其中，1 年生枣林的株行距为 1.2 m×3 m；其他枣林的株行距为 2 m×3 m。采用壕沟剖面法获取根系分布的数据，该方法被推荐用于研究环境因子与根系分布之间的关系。2010 年 8 月，在不同树龄的枣林中，选择长势相当的连续 4 株枣树，沿枣树种植行方向、在枣树的下坡位，避开滴灌出水口，连续开挖 3 个株距长度的壕沟（图 3-1），宽 0.8 m（便于照相取样），深 1.1 m（留 0.1 m 放置弃土）。3 个株距长度相当于 3 个重复，试验总共开挖了 4 个壕沟，总长 21.6 m。开挖前 1 个月铲除试验地面杂草，10 天、20 天后再次铲除杂草，以排除枣树外其他植物根系的干扰。利用钢刷敲打土壤剖面，所有取样剖面平均敲打 3 次，以保证细根能充分地被掘露出来。利用喷壶喷洗剖面，去除表面浮尘，使得细根更容易被人眼辨别出来。

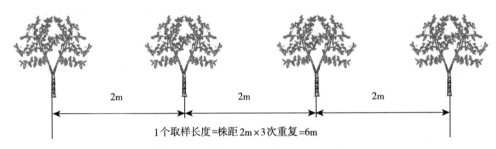

图 3-1　4 株枣树连续取样长度示意图

针对滴灌、鱼鳞坑和鱼鳞坑+滴灌这三种水分调控措施。在 8 年生枣林（2002 年栽植）的坡中位置，顺种植行方向随机挑选自然坡面（W1）、自然坡面+滴灌（W2）、鱼鳞坑（W3）、鱼鳞坑+滴灌（W4）4 种生长环境下长势相当的枣树。每种生长环境包括 2 株树，也就是 1 个株距长度。每种生长环境选择 3 个重复。随机调查 8 年生枣树的径粗为（79.6±8.4）mm、树高（256.2±12.1）cm、冠幅（215.3±21.6）cm（平行等高线方向）、冠幅（220.6±25.3）cm（垂直等高线方向）。

状况 W1——自然坡面：没有人为措施自然坡面上种植枣树的状况，将其作为水分调控措施的对照；状况 W2——自然坡面+滴灌：滴头布设在树干两侧离树干 60 cm 的位置；状况 W3——鱼鳞坑：鱼鳞坑以树干为中心，修整成直径为 120 cm 的下凹锅状，每年枣树发芽前维修一次；状况 W4——鱼鳞坑+滴灌：滴头布置在鱼鳞坑内、离树干 30 cm 的位置。

状况 W2 和 W4 的滴头流量均为 4 L/h，次灌水量 32 L，每年灌水 3 次，分别在开花坐果期、果实膨大期和果实白熟期。鱼鳞坑整地于 2002 年与枣树种植同时进行，滴灌设施开始应用于 2006 年。

设置 3 个滴灌灌水器位置的试验处理，分别为距离树干 35 cm、65 cm、100 cm 三个位置，统一在所有试验树的南侧（图 3-2）。由于 2010 年开春气温低，5 月 1 日枣树才开始发芽（正常年份 4 月中旬开始发芽）。4 月 20 日随机选择确定试验用树，安装灌水装置（图 3-3）。6 月 1 日开始试验处理，在距离树干 35 cm、65 cm、100 cm 三个距离处灌水；设计每个距离的取样次数为 5 次，每次每种灌水方式重复 3 次，试验总共设置了 45 个样品。灌水方法：采用一节 40 cm 长、Φ110 的 PVC 管，插入灌水位置的土中 5 cm，限制水从地表向外扩散。10 天灌一次水，每次将 3 升水灌入管中，水能在 20 min 时间内渗入土壤中。采用这种方式灌水能确保每次灌水后，得到土壤湿润体范围为水平距离 35 cm、垂直距离 35 cm。以此灌水方式模拟生产实际采用的滴头流量 4 L/h、灌水 8 h 得到的土壤湿润体。

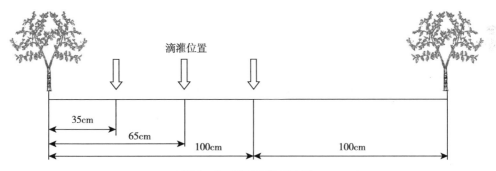

图 3-2　滴灌位置示意图

图 3-3　水分调控试验装置

3.1.2　指标测定及计算

3.1.2.1　根量密度

（1）照相取样

制作长 1.2 m，高 1 m 的网格框架，框架中每个网格的长和高均为 20 cm。垂直方向上，按 20 cm 间隔将 0～1 m 深度范围分成 5 层；同时，水平方向上以树干为起始点，将水平距离按 20 cm 长度分段。将框架紧贴在土壤剖面上，采用 DSLR-A350 型佳能相机，编号拍摄每个网格内的土壤剖面。拍照过程中使用黑色伞遮挡阳光，减少树叶、树枝等阴影的干扰。

（2）图像处理

采用 R2V 图像处理软件，以制作的框架网格线为参考线，扭正照片，生成正对观察者的 jpg 格式图片。在基于 AutoCAD 平台二次开发的 CASS 6.0 软件中，按照土壤剖面大小，绘制由 200 mm×200 mm 正方形组成的框架，将处理好的照片按编号导入图像处理软件中。在软件中设置 3 个图层，分别点绘图片中细根直径＞3 mm、1～3 mm 和＜1 mm 等 3 种直径的根系。利用软件中的测量工具测量根的直径，与实际土壤剖面上的根系直径比较，误差不超过 0.03 mm。

（3）数据统计方法

利用 AutoCAD 软件中的属性统计功能，分三种直径类型统计出每个网格中根系数量，转换成单位面积的根系数量。网格的位置标记出根系的空间位置，从而获得不同树龄枣林根系的分布数据。对同一土层中各网格获得的根系数量求平均值，获得根系的各个土层的垂直分布数据；将 3 个株距长度分别看作 3 次取样重复，对离树干一定水平距离的整个土层中的根系数量求平均值，得到根系的水平分布数据。数据用 DPS 7.55 统计分析软件进行方差分析，用 Duncan 多重极差检验法判断不同土层深度及不同水平距离 3 种直径类型根系数量的差异显著性。将 3 个株距长度对应位置的细根数量求平均值，在 Surfer 8.0 软件中绘制出细根分布的等值线图。

3.1.2.2 根长、根表面积

为了便捷地获取 2 m 以下土层中的土样，采用土芯法（洛阳铲）进行取样。洛阳铲能借助钻头及钻杆的重力插入土中，不需要转动，直接提升钻杆就能取得土芯，可方便地获取 3 m 以下的深层土芯，较传统旋转下压式根钻省时省力，广泛应用于考古挖掘工作中。采用土芯法取样时，通常认为获取的土芯体积越大越能容纳更多的根系，就越能代表样地的根系分布特征。本试验采用的洛阳铲获得的土芯直径为 $\phi0.16$ m，获取土芯的体积大于传统的旋转式根钻（常用的直径为 $\phi0.09$ m），能更好地代表林地根系分布状况。另外，因洛阳铲具有特殊的结构，提升钻杆时土样不会脱落，较挖掘法获取深层土样减少了开挖的土方量。为了保证深层取样不发生偏移，在地面安置自制的取样架（图 3-4），确保钻杆每次取样均是在同一孔位作垂直方向移动，不发生水平偏移。从地面到细根分布最大深度土层内，以 0.2 m 为土层间隔，获得分段的土壤样品。

使用 1 mm 筛网，在水桶中将土洗掉，再用镊子去除枯枝等杂质；挑出的枣树根系用亚甲基蓝（分子式：$C_{16}H_{18}CIN_3S \cdot 3H_2O$）染色，用吸水纸吸干根系表面的水分后，利用加拿大 Regent 公司生产的洗根根系分析系统 WinRHZIO 的专用扫描仪进行扫描，扫描分辨率设置成 300 dpi。利用根系分析系统软件分析图片，得到按直径分级的根长、根表面积等数据。

3.1.2.3 根干重

将扫描后的根系，在烘箱中杀青 5 min（105 ℃），恒温烘干至恒重（80 ℃，12 h），再用电子天平称重（精度 0.001 g），获得根干重。根干重除以对应土体的体积，得到根干重密度（单位为 g/m^3）。

3.1.2.4 主根最大深度

采用大型挖掘机在沟坡位置开挖 10 m 以上大型剖面，结合冲洗法，调查枣树的主根最大深度。

 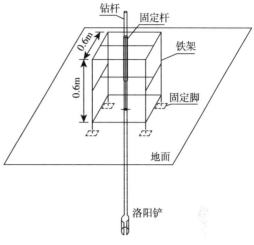

图 3-4 取样装置示意图

由于细根（直径＜2 mm）是水分传输的主要通道，在生态系统中起着重要的作用。因此，把直径＜2 mm 的根系定义为细根，主要通过颜色及形态来辨识枣树的细根。枣树的细根是白色的活根，而野草的根是灰色的，并且闻起来气味不同。死根是皱缩的，易折断且颜色较深。样地选定后，先去除地表杂草和枯枝落叶，然后以 0.2 m 深度作为土层间隔分层取土样，直到连续 2 个土层没有根系出现时，结束取样。土样在现场通过孔径为 1 mm 的筛网进行冲洗。把细根分布最大深度定义为没有根系出现的土层深度，并且把根量计为 0 g。每个取样点、每层的根系样品分别标记当天带回实验室，再用孔径为 1 mm 的筛网冲洗，用镊子去除杂质和死根，然后分拣、装袋、烘干。从取样到开始烘干整个过程历时不超过 8 h。烘干时，先在 105°下杀青 5 min，然后 75°恒温烘干 36 h。用精度为 0.000 1 g 的电子天平称重，获得细根干重。细根干重密度（Fine Root Dry Weight Density，缩写为 FRD）表示单位土芯体积内的细根干重值，用以下公式计算：

$$FRD = W_R/V_S \tag{3-1}$$

$$V_S = H(\pi D^2)/4 \tag{3-2}$$

式中，FRD 为细根干重密度（g·m^{-3}），W_R 为细根干重（g），V_S 为土芯体积（m³），H 为取样深度（0.2 m），D 为土芯直径（0.16 m）。

3.1.2.5 土壤水分

以 0.2 m 作为一个土层深度，在根系取样的同时，将 50 g 左右的没有根系的土样放入铝盒，每个土层重复 2 次，利用烘干法获得土壤含水率，测定不同深度土层的土壤含水率。

地统计又称地质统计，是以区域化变量为基础，研究既具有随机性又具有结构性。地统计学与经典统计学的相同之处在于，它们都是在大量采样的基础上，通过对样本属性值的频率分布或均值、方差关系及其相应规则的分析，确定其空间分布格局与相关关系。区别于经典统计学，地统计学的最大的优势是：地统计学既考虑到样本值的大小，又重视样本空间位置及样本间的距离，这就弥补了经典统计学忽略空间方位的缺陷。地统计学是空间变异性分析的理论基础，它以区域化变量为基础，以半方差函数和 Kriging 插值为工具，其原理及方法见 2.1.2.1。

3.2　坡面位置对枣树根系分布的影响

3.2.1　坡面不同位置细根分布规律

3.2.1.1　坡面枣林细根生物量密度与土壤水分垂直分布

由图 3-5 可知，在垂直方向上，细根生物量密度为先增大后减少，细根主要分布在 0～60 cm 土层，最大值出现在 20～40 cm 土层。从表 3-1 可知，各个土层细根生物量密度变异性均大于 1，达到了强变异性，而且其变异性随深度的增加先增加而后减小，与深层根系相比，表层变异性最大，中间层较小，而随后又有增大的趋势。在垂直方向上，土壤水分变化为先升高后降低，最大值出现在第 60～80 cm 土层，随后即有减小的趋势。而由表 3-1 所知，各个土层土壤水分变异性在 0～1 之间，达到了中等变异性。土壤水分变异性随土壤深度的增加呈增大的趋势。

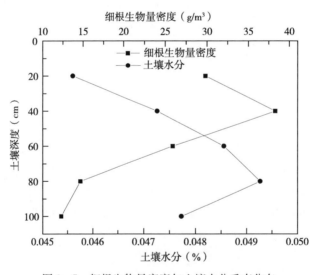

图 3-5　细根生物量密度与土壤水分垂直分布

表 3-1　枣林坡面细根生物量密度与土壤水分统计特征值

	土壤深度	最小值	最大值	均值	中值	标准差	变异系数	偏度	峰度
	0～20	1.16	8.78	4.45	4.39	1.19	0.37	0.318	1.268
	20～40	3.53	8.31	4.7	4.52	9.17	0.51	1.64	3.55
土壤水分	40～60	2.58	8.87	4.84	4.73	9.5	0.50	1.35	3.74
	60～80	3.79	8.28	4.88	4.7	8.15	0.59	1.55	4
	80～100	3.50	7.80	4.81	4.64	8.34	0.57	1.27	2.25

（续）

	土壤深度	最小值	最大值	均值	中值	标准差	变异系数	偏度	峰度
	0～20	3.77	116.04	30.45	26.41	18.76	1.62	1.587	4.079
	20～40	2.83	110.37	36.15	31.13	23.92	1.51	0.951	0.354
细根（直径≤2 mm）	40～60	0.94	81.13	22.89	15.57	20.67	1.12	1.23	0.43
	60～80	0.94	51.89	12.86	11.78	10.73	1.2	1.49	2.33
	80～100	0.94	36.79	11.63	10.93	8.71	1.34	1.1	0.66

3.2.1.2　变异系数分析

通过对不同土层细根生物量密度与其变异系数做相关性分析（图 3-6），发现 0～20 cm、20～40 cm、40～60 cm、60～80 cm、80～100 cm 层细根生物量密度大小与该层细根生物量密度变异系数无相关性，而对不同土层土壤水分与其变异系数做相关性分析发现，土壤水分大小与其该层土壤水分变异系数呈显著相关性。

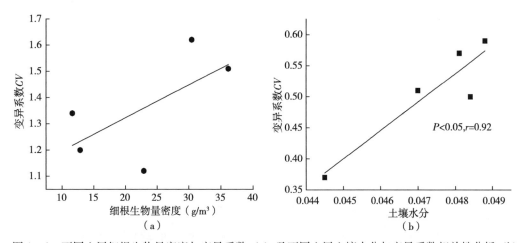

图 3-6　不同土层细根生物量密度与变异系数（a）及不同土层土壤水分与变异系数相关性分析（b）

3.2.1.3　不同位置细根生物量密度分布规律

由图 3-7 所知，树下、株间、行间、中心点 4 个位置细根分布规律差别很大。树下与株间的根系处在水平阶上，其细根生物量密度明显大于坡上的行间与中心点。在垂直方向上，树下在 20～60 cm 细根占 62%，其他层分布相对较少；而株间在 0～40 cm 的细根占 65%，从 40 cm 层往下细根则急剧减少；行间在 0～60 cm 细根占 76%，从上层到下层的减少量相对均匀。树下与株间的细根密度最大值出现在 20～40 cm 层，行间

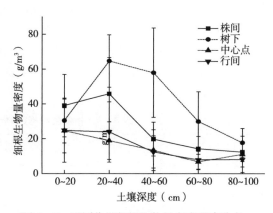

图 3-7　不同位置细根生物量密度垂直分布

与中心点细根密度最大值出现在 0～20 cm 层。株间与树下根系随深度增加变化较大，而行间与中心点细根生物量密度随深度的增大变化较小。

3.2.2 细根生物量密度和土壤水分地统计分析

3.2.2.1 枣林坡面细根生物量密度地统计分析

由表 3-2 所知，不同深度下的细根生物量密度空间分布特征可以分别用指数和球形模型来描述，除了 0～20 cm 层的最佳半方差模型是指数模型外，其他 4 层的最佳半方差模型是球形模型。通过表 3-3 中 $C_0/(C_0+C)$ 的分析，根系生物量的变异性主要是由结构原因引起的。

表 3-2 坡面枣林细根生物量密度的空间半方差模型及参数

方法	土壤深度	数值转换	模型	变程（横向/纵向）(m)	块金值（C_0）	基台值（C_0+C）	$C_0/(C_0+C)$
普通克里格	0～20	log	E	3/2	0.107 8	0.282 4	0.45
	20～40	log	SP	3/2	0	0.649 9	0
	40～60	log	SP	2	0.395 3	0.712 7	0.32
	60～80	log	SP	2	0	0.796 5	0
	80～100	log	SP	2	0.346 1	0.381 1	0.48
协同克里格	0～20	log	E	3/2	0	0.407 6	0
	20～40	log	SP	3/2	0	0.649 9	0
	40～60	log	SP	2	0	1.098 2	0
	60～80	log	SP	2	0	0.796 5	0
	80～100	log	SP	2	0	0.755 3	0

3.2.2.2 协同克里格插值分析

协变分析主要通过分析多因素关联特征，在地统计空间分析中可以有效利用这种相关特征增强建模效果，如协同克里格插值分析。不同于植株地上部分的研究，对于生长在地下的根系，观察、测定、取样难度都很大，这就导致对根系的取样误差较大，同时相邻层细根生物量密度都有显著相关性（表 3-3），因此在对每层细根生物量密度进行克里格插值估计的时候，以相邻层细根生物量密度为辅助变量进行协同克里格差值，且由表 3-5 可知，交叉验证的结果，协同克里格插值效果明显优于普通克里格法。

表 3-3 相邻层细根生物量密度 Person 相关性分析

土壤深度	0～20	20～40	40～60	60～80	80～100
0～20	1				
20～40	0.294**	1			
40～60		0.500**	1		

（续）

土壤深度	0～20	20～40	40～60	60～80	80～100
60～80			0.719**	1	
80～100				0.396**	1

注：** 指显著性水平 0.01，* 指显著性水平 0.05。

3.2.2.3 各向异性效应分析

空间相关特性存在于大部分的地理现象，当两个事物之间的距离越近，两事物越相似，这是地统计分析的基础。但两个事物的空间相关性未必只与两个事物的距离有关系，当空间相关性仅与两点间距离有关时，称两个事物之间的相关性为各向同性。但在实际应用中，大多数情况下，两个事物之间的相关性为各向异性，即两个事物之间的相关性不仅与距离有关，当考虑方向影响时，两个事物之间的相关性某个方向上可能具有更大的相似性，在半变异与协方差分析中，这种现象被称为方向效应。对各向异性的研究非常重要，如果能在地统计分析时，发现两个事物自相关中的方向效应，就可以在半变异或协方差拟合模型中考虑方向效应，并发现事物的规律。

变程表示在某种观测尺度下，空间相关性的作用范围，其大小受观测尺度的限定，其定义是：当半变异函数的取值由初始的块金值达到基台值时采样点的间隔距离。在变程范围内，样点间的距离越小，就越相似，空间相关性就越大。当 $h > R$ 时，区域化变量 $Z(x)$ 的空间相关性不存在，即当某点与已知点的距离大于变程时，该点数据不能用于内插或外推。

空间变异性的各向异性指空间变量在空间各个方向上的变异性不完全相同。各向异性是绝对的，各向同性则是相对的。通过交叉验证精度的比较，坡地上枣林 0～20 cm 与 20～40 cm 土层的细根生物量密度的空间自相关性各向异性强于各向同性，40～60 cm、60～80 cm、80～100 cm 土层的细根生物量密度空间自相关性各向同性强于各向异性。从表 3-4 可知，0～20 cm 与 20～40 cm 土层的横向方向上的变程（主变程）为 3 m，纵向方向上的变程（副变程）为 2 m，而 40～60 cm、60～80 cm、80～100 cm 土层横纵方向上的变程均为 2 m。

表 3-4 坡面枣林细根生物量密度空间分布模型的交叉验证

方法	土壤深度	标准平均值	均方根预测误差	平均标准误差	标准均方根预测误差
普通克里格	0～20	0.006 9	17.698 7	20.435 5	0.945 4
	20～40	−0.046 0	22.963 1	28.566 1	1.128 8
	40～60	0.013 5	23.474 0	35.629 0	0.844 4
	60～80	0.002 8	10.915 7	14.003 0	1.279 9
	80～100	0.045 9	8.707 7	12.607 6	0.715 7
协同克里格	0～20	−0.039 7	18.235 9	19.471 4	1.107 4
	20～40	−0.057 7	20.218 9	25.701 5	1.164 3
	40～60	−0.061 8	17.798 5	24.023 1	1.158 8
	60～80	−0.017 7	7.675 0	9.709 6	0.934 4
	80～100	−0.044 1	8.219 1	11.146 3	1.058 2

3.3 不同立地条件对枣树根系的影响

如图 3-8、图 3-9 所示，在均无灌溉的情况下，坡地与平地枣树根系生物量密度等直线图，整体看来，0～40 cm 土层深度坡地与平地根系较为密集，其根系生物量密度均值都在 600 g/m³ 以上，由于地形差异，其土壤含水量也有所不同，如表 3-5 所示。因而当坡地 20～40 cm 土层深度根系生物量密度大于 0～20 cm 土层深度，平地则正好相反。对于 0～20 cm 土层深度，坡地与平地根系生物量密度均值相差不大，分别为 672 g/m³、667 g/m³ 以上，但坡地分布较平地均匀，平地两树根系交错处生物量密度最大值达到 1 380 g/m³、1 273 g/m³。随着土层深度的增加，20～40 cm 土层深度坡地枣树根系生物量密度均值增加到了 757 g/m³，最大值出现在距树干水平距离 60～80 cm、距采样坡顶 40～60 cm 处，并达到 1 398 g/m³；而距土壤表层 40 cm 处的平地枣树根系最大值则位于树干周围。由此可见，对于同一土层深度，不同地形其根系生物量密度空间分布存在着一定差异；对于平地而言，布设灌溉设备或者对植株施肥时，可根据设备数量、植株树龄在株间或者树干下方选点；而需要在坡地进行布设时，就还得考虑到地形对根系产生的影响，其根系生物量最大值的位置与平地稍有不同，会随着地形坡度的改变而存在差异，这对于坡地布设灌溉设备或者对植株施肥极为重要。对于同一地形不同土层深度进行分析，如图 3-8 所示，坡地上的枣树根系由于地形影响，其空间分布主要是沿坡面向下生长，对于采样剖面中断沿坡面向上在 0～20 cm、20～40 cm 土层中分别聚集了整个土层 67%、65% 的根量，并且根系生物量密度最大的位置也分布在采样剖面中断向上的位置，但每一植株根系沿坡面的具体空间分布还有待进一步调查采样研究。然而，对于平地根系不同土层深度的空间分布则与地形不存在密切关系，如图 3-9 所示，其根系分布只要考虑水肥、树冠等因素，但同一土层平地根系的生物量密度均值在水肥、树龄、树冠等条件相同的情况下可作为坡地根系的参考，如样本所选，在 0～20 cm 土层深度内坡地枣树根系与平地枣树根系生物量密度均值相差幅度不到 1%，20～40 cm 土层深度相差幅度也仅为 2%。

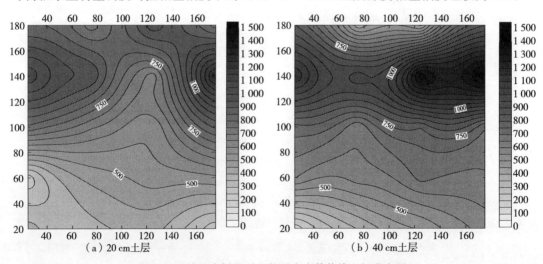

(a) 20 cm土层　　　　　　　(b) 40 cm土层

图 3-8　坡地枣树根系生物量密度等值线空间分布图

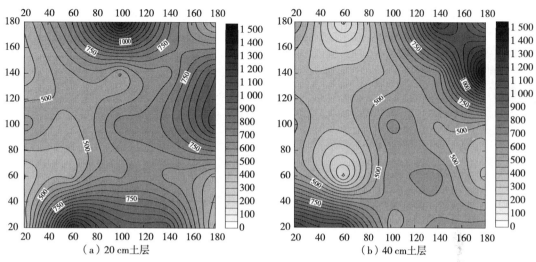

（a）20 cm 土层　　　　　　　（b）40 cm 土层

图 3-9　平地枣树根系生物量密度等值线空间分布图

表 3-5　不同地形土壤含水率与深度的关系

地形	距土壤表层深度（cm）					
	0～20	20～40	40～60	60～80	80～100	均值
平地	9.49	10.04	10.02	11.62	11.75	10.59
坡地	7.18	6.96	7.78	7.87	7.10	7.38

3.4　不同林龄密植枣林根系坡地空间分布

3.4.1　密植枣林根系的垂直分布

3.4.1.1　直径＞3 mm 根系的垂直分布

表 3-6 列出了四种树龄不同深度土层中直径＞3 mm 根系的根量密度和所占整个深度土层根量的百分比率。从表中合计值可以看出：随着树龄的增长，根量密度呈递增趋势。1 年生枣林的根量密度为 9.7 条/m²，量虽少但这说明枣树在栽植后 1 年，根系最大直径已经达到 3 mm。11 年生枣林 0～100 cm 土层中获得的根量密度达到 106.7 条/m²，分别比 1 年生、4 年生、8 年生的枣林高出 1 000％、77.8％和 30.6％。从第 1 年到第 4 年，根量增长幅度为 518.6％；从第 4 年到第 8 年，根量增长幅度为 36.2％；再从第 8 年到第 11 年，根量增长幅度为 30.6％。这说明：枣树生长第 2 年到第 4 年是直径＞3 mm 根系的快速生长时期，第 5 年之后，生长趋于平缓。

对四种树龄的根量密度进行同土层比较。1 年生枣树根量密度接近于 4 年生，甚至与 8 年生枣树也无统计差异，0～20 cm 土层根量占整个土层的 85.7％，为所有土层的最大值；而 4 年生、8 年生、11 年生根系在 20～40 cm 的比重最大，分别达到 31.9％、33.7％、30.5％；这说明 1 年生枣树直径＞3 mm 的根系主要集聚在 0～20 cm 的土层中，第 4 年之后，富集区下移到 20～40 cm 的土层中。40～60 cm 土层中，1 年生的根量密度为 0 条/m²，说明 1 年生枣树直径＞3 mm 的根系垂直方向只延伸到 40 cm。统计显示，40～60 cm 土层中 4 年生、8 年生与 11 年生的根量密度有些差异。但是，60 cm 以下的土层，4 年生、8 年生、11 年生的枣林根量密度没有差异。还能看出，4 年生及以上树龄枣林直径＞3 mm 的根系垂直方向最大深度都达到试验取样深度 100 cm。

表 3-6　四种树龄各土层根量比较（＞3 mm）

土层（cm）	树龄							
	1 年生		4 年生		8 年生		11 年生	
	条/m²	％	条/m²	％	条/m²	％	条/m²	％
0～20	8.3a	85.7	10.0a	16.7	16.7ab	20.4	23.8b	22.3
20～40	1.4a	14.3	19.2b	31.9	27.5bc	33.7	32.5c	30.5
40～60	0.0a	0.0	13.3b	22.2	15.0b	18.4	24.2c	22.7
60～80	0.0a	0.0	10.0b	16.7	12.5b	15.3	13.3b	12.5
80～100	0.0a	0.0	7.5b	12.5	10.0b	12.2	12.8b	12.0
合计	9.7	100.0	60.0	100.0	81.7	100	106.7	100.0

注：表中不同的字母代表同层土壤根量密度均值的差异程度（$P<0.05$）。

从表 3-6 的百分比率能看出，1 年生枣树根系主要集聚在 0～20 cm 土层中（占 85.7％）。4 年生、8 年生、11 年生枣树根系主要集聚在 0～60 cm 土层中，分别集聚了 70.8％、72.5％和 75.5％的根量。说明 4 年生及以上树龄直径＞3 mm 的根系主要分布在 0～60 cm 土层中。

图 3-10 为四种树龄分层根量密度曲线，图中能直观地看出各树龄直径＞3 mm 根系

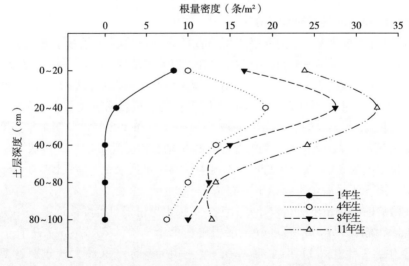

图 3-10　四种树龄根系（直径＞3 mm）的垂直分布

垂直分布情况。曲线的最大值出现在 20～40 cm，数据显示 30％以上的根系分布在该土层。40 cm 以下深度的土层中，曲线陡降，数量大大减少。各土层中根量的比例也能明显地从各土层根量百分比累积图中看出（图 3-11）。

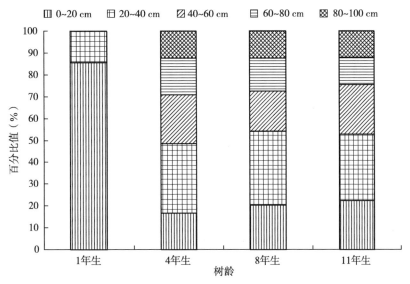

图 3-11　四种树龄各土层根系（直径＞3 mm）百分比累积图

3.4.1.2　直径 1～3 mm 根系的垂直分布

表 3-7 列出了四种树龄不同深度土层中直径 1～3 mm 根系的根量密度和所占整个土层根量的百分比率。从表中合计数可以看出，随着树龄的增长，直径 1～3 mm 根系的根量密度也呈递增趋势，与表 3-7 直径＞3 mm 根系随树龄变化的规律一致。1 年生枣树的根量密度 87.5 条/m²，与 4 年生枣树的根量密度相近（只相差 2.8％），这说明枣树生长第 1 年是直径 1～3 mm 根系的快速生长时期。11 年生枣树 0～100 cm 土层中获得的根量密度达到 218.9 条/m²，分别比 1 年生、4 年生、8 年生的枣树高出 150.2％、143.2％和 64.3％。从第 2 年到第 4 年，根量增长幅度为 2.9％；从第 5 年到第 8 年，根量增长幅度为 48.0％；再从第 9 年到第 11 年，根量增长幅度为 64.3％。

对四种树龄枣树进行同土层根量比较。0～20 cm、20～40 cm 土层中，1 年生的根量密度值超过了 4 年生、8 年生枣树，小于 11 年生枣树，统计上无差异。而在 40～60 cm 的土层中，1 年生枣树的根量密度急剧减少，与其他树龄的根量密度有显著差异。这说明枣树中直径 1～3 mm 的根系在第 1 年生长期发育得特别多。随后，直径 1～3 mm 的根系向更深土层中延伸。第 4 年后，土壤上层的根量密度减少，可能是因为这个土层的部分根系继续生长成直径＞3 mm 的根系、部分根系死亡退化了。

表3-7 四种树龄各土层根量比较（直径1～3 mm）

土层（cm）	树龄							
	1年生		4年生		8年生		11年生	
	条/m²	%	条/m²	%	条/m²	%	条/m²	%
0～20	47.2ab	54.0	20.8a	23.1	35.8a	26.9	71.0b	32.4
20～40	37.5ab	42.9	20.0a	22.2	32.5ab	24.4	62.4b	28.5
40～60	2.8a	3.2	22.5b	25.0	27.3b	20.5	33.1b	15.1
60～80	0.0a	0.0	17.5b	19.4	21.7b	16.3	29.6b	13.5
80～100	0.0a	0.0	9.2b	10.2	15.8b	11.9	22.8b	10.4
合计	87.5	100.0	90.0	100.0	133.2	100.0	218.9	100.0

注：表中不同的字母代表同层土壤根量密度均值的差异程度（$P<0.05$）。

60～80 cm土层中，1年生枣树的根量密度为0 条/m²，说明1年生枣树直径1～3 mm的根系垂直方向只延伸到60 cm，比直径＞3 mm根系在垂直方向增加了20 cm。4年生及以上树龄枣树的根系垂直方向最大深度均达到试验取样深度100 cm。

从表3-7中各土层根量密度的百分比能看出，1年生枣树直径1～3 mm的根系主要集聚在0～20 cm深的土层中（占54.0%）。4年生、8年生、11年生枣树直径1～3 mm的根系主要集聚在0～60 cm土层，分别集聚了70.4%、71.8%和76.1%的根量。各土层中根量所占整个土层的比例从百分比累积图3-13中能更直观地看出。

图3-12显示了直径1～3 mm根系的垂直分布状况，从图中曲线的趋势能看出，1年生枣树的根量密度曲线与4年、8年的曲线有交叉，显示了0～20 cm、20～40 cm土层中1年生枣树的中根量超过了4年生和8年生的枣树。另外，所有曲线均在60 cm深度以下的土层中陡降，数量大大减少。

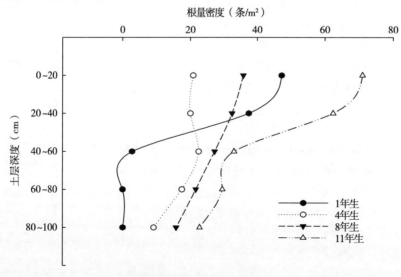

图3-12 四种树龄根系（直径1～3 mm）的垂直分布

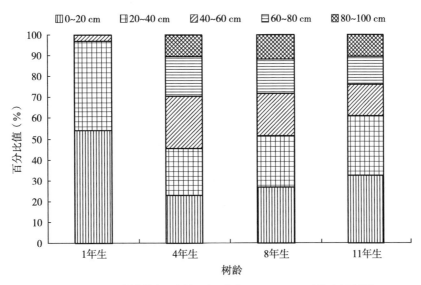

图 3-13 四种树龄各土层根系（直径 1～3 mm）百分比累积图

3.4.1.3 直径<1 mm 根系的垂直分布

表 3-8 列出了四种树龄不同深度土层中直径<1 mm 根系（也叫细根）的根量密度和所占整个土层总根量的百分比率。从表中合计数可以看出，随着树龄的增长，直径<1 mm 的根系数量呈递增趋势，这与表 3-7、表 3-8 中的规律一致。但是细根量随树龄增长的幅度更大，4 年生、8 年生、11 年生枣树的细根数分别是 1 年生的 1.71 倍、2.39 倍、3.37 倍。

对各树龄同层土壤中的细根根量密度比较。0～20 cm、20～40 cm 土层中，1 年生细根根量密度与 4 年生相当，没有统计差异；但与 8 年生、11 年生有显著差异。这说明，枣树细根在第 1 年的生长时期，就能长出大量的细根，枣树细根的生长能力很强。比较 40～60 cm 土层的细根量，4 年生细根量比 1 年生明显增多。这说明，随着树龄的增长，细根向深层土壤中延伸。

0～60 cm 土层中，比较 1 年生、4 年生、8 年生、11 年生的细根量：从第 2 年到第 4 年，细根量增长幅度为 51.8%；从第 5 年到第 8 年，细根量增长幅度为 49.1%；再从第 9 年到第 11 年，细根量增长幅度为 45.1%。这三个时间段细根量的增长幅度相当，这说明从第 1 年到第 11 年，枣树细根一直处于稳步增长的生长时期。

表 3-8 四种树龄各土层根量比较（直径<1 mm）

土层（cm）	树龄							
	1 年生		4 年生		8 年生		11 年生	
	条/m²	%	条/m²	%	条/m²	%	条/m²	%
0～20	711.1a	36.1	842.5a	25.1	1 290.0ab	27.5	2 068.3b	31.2

（续）

土层（cm）	树龄							
	1年生		4年生		8年生		11年生	
	条/m²	%	条/m²	%	条/m²	%	条/m²	%
20～40	652.8a	33.1	850.0a	25.3	1 305.8ab	27.8	1 857.5b	28.0
40～60	298.6a	15.2	831.7b	24.7	1 166.7bc	24.8	1 533.3c	23.1
60～80	177.8a	9.0	620.8b	18.5	622.5b	13.2	730.8b	11.0
80～100	129.2a	6.6	216.7b	6.4	313.3b	6.7	441.7b	6.7
合计	1 969.4	100.0	3 361.7	100.0	4 698.3	100.0	6 631.7	100.0

注：表中不同的字母代表同层土壤根量密度均值的差异程度（$P<0.05$）。

从表3-8还能看出，1年生枣树的根系垂直方向延伸到整个取样区域100 cm，比直径1～3 mm的根系深度增加了40 cm。4年生及以上树龄枣树的细根垂直方向最大深度均达到试验深度100 cm。1年生枣树细根主要集聚在0～40 cm深的土层中（占69.2%）。4年生、8年生、11年生枣树细根主要集聚在0～60 cm土层，分别集聚了75.1%、80.1%和82.3%的根量；更富集于0～40 cm土层中，分别富集了50.4%、55.3%和59.2%。

由图3-14中曲线的变化趋势也能看出：分布在0～60 cm土层中的各树龄细根量曲线，彼此的间距相近。60 cm深度以下的土层中，曲线陡降，数量大大减少。各土层中根量比例从图3-15中能更直观地看出。

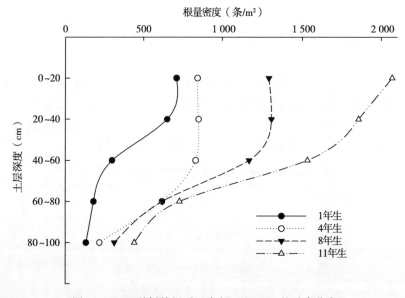

图3-14　四种树龄根系（直径<1 mm）的垂直分布

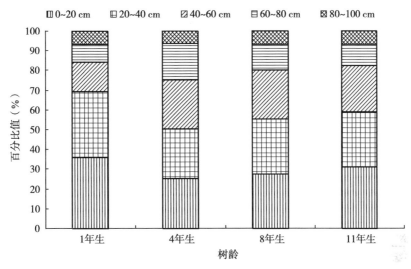

图 3 - 15 四种树龄各土层根系（直径＜1 mm）百分比累积图

3.4.2 密植枣林根系的水平分布

以 40 cm 间距为一段，将 2 m 长的株间水平距离分成 5 段（1 年生枣树株距为 120 cm，分成 3 段）。分段统计各类直径根系的数量，得到能反映枣树根系水平分布的信息。将连续取样的 3 个株间距离分别看成 3 个重复，对 3 个重复求平均值。

3.4.2.1 直径＞3 mm 根系的水平分布

表 3 - 9 列出了四种树龄直径＞3 mm 根系的水平分布数据。随着树龄的增长，根量密度呈增长趋势。1 年生枣树各水平位置的合计数为 97 条/m²，比 4 年生、8 年生、11 年生枣树的根量密度分别少了 83.8％、88.1％、90.9％。

对同龄枣树进行不同水平位置根量密度的比较。1 年生枣树树干周围的根量密度大于株间位置，差异显著；4 年生枣树树干周围的根量与其他位置的根量有显著差异，其他位置根量密度虽有变化，但无统计差异；8 年生枣树树干周围的根量密度显著大于其他位置的根量。从绝对数值来看，株间（80～120 cm）的根量密度比 40～80 cm、120～160 cm 的大；11 年生枣树树干周围的根量密度比其他位置大，只与 40～80 cm 处的根量密度有显著差异。这些说明：树干周围直径＞3 mm 根系的根量密度最大，由于两株树的根系交错，株间部位的根量密度比邻近位置的大。

表 3 - 9 不同树龄株间的根量（直径＞3 mm）

树龄 (年)	从左到右水平距离（cm）											
	0～40		40～80		80～120		120～160		160～200		合计	
	条/m²	%	条/m²	%	条/m²	%	条/m²	%	条/m²	%	条/m²	%
1	41.7a	43.0	22.0b	22.7	33.3ab	34.3	/	/	/	/	97.0	100.0

（续）

树龄 （年）	从左到右水平距离（cm）											
	0～40		40～80		80～120		120～160		160～200		合计	
	条/m²	%	条/m²	%	条/m²	%	条/m²	%	条/m²	%	条/m²	%
4	91.6a	15.3	75.0a	12.5	100.0a	16.7	108.3a	18.1	225.0b	37.5	600.0	100.0
8	208.3a	25.5	125.0b	15.3	141.6b	17.3	133.7b	16.4	208.4a	25.5	817.0	100.0
11	216.7a	20.3	158.3b	14.8	200.0a	18.7	233.3a	21.9	258.4a	24.2	1 066.7	100.0

注：表中不同的字母代表同树龄根量密度均值的差异程度（$P<0.05$）。

图 3-16 为各树龄不同水平位置直径＞3 mm 根系的曲线图，从图中能明显看出，树干周围（0～40 cm、160～200 cm）的数据点位置较高。从树干周围到株间位置，各树龄水平分布规律较一致：树干周围根量密度大、向株间延伸时减小、到株间位置又升高。这个规律也能从各树龄不同水平位置根量的百分比累积图中看出，累积图上部和底部所占空间较大。

由于 1 年生的株距为 120 cm，60 cm 处为株间的位置。数据显示，两株 1 年生枣树直径＞3 mm 根系已经在离树干 60 cm 的位置交错了。

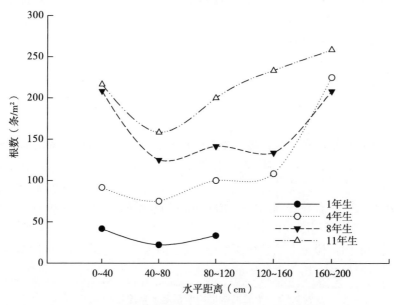

图 3-16 四种树龄根系（直径＞3 mm）的水平分布

3.4.2.2 直径 1～3 mm 根系的水平分布

表 3-10 列出了四种树龄直径 1～3 mm 根系的水平分布数据。从表中的合计数能看出，随着树龄的增长，直径 1～3 mm 的根量密度也呈递增趋势。11 年生根量密度最大为 2 189.9 条/m²，比 1 年生、4 年生、8 年生枣树同直径根系多出 150.3%、143.3%、83.8%。

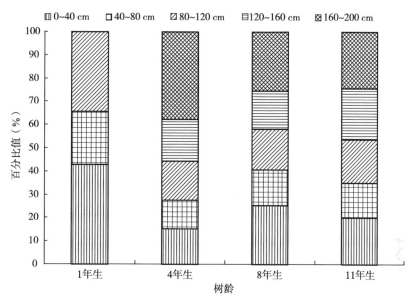

图 3-17　四种树龄各水平位置根量（直径＞3 mm）百分比累积图

对各树龄不同水平位置的根量进行分析。1 年生枣树，树干周围的根量密度与株间有显著差异；4 年生枣树，80～120 cm 位置的根量密度与其他位置有显著差别；8 年生枣树，从数值上看，树干周围的根量密度较大，但各水平位置间的差异不显著；11 年生枣树，树干周围的根量密度与株间的根量密度有显著差异。这些说明，直径 1～3 mm 的根系主要还是分布在树干周围。

表 3-10　不同树龄株间根量（直径 1～3 mm）

树龄（年）	从左到右水平距离（cm）											
	0～40		40～80		80～120		120～160		160～200		合计	
	条/m²	%	条/m²	%	条/m²	%	条/m²	%	条/m²	%	条/m²	%
1	299.9a	34.3	258.3b	29.5	316.6a	36.2	/	/	/	/	874.8	100
4	208.3a	23.1	183.4a	20.4	100b	11.1	158.4ab	17.6	250a	27.8	900.1	100
8	233.3a	19.6	291.7a	24.5	225a	18.9	208.3a	17.5	233.3a	19.6	1 191.6	100
11	463.2a	21.2	438.2ab	20.0	378.8b	17.3	421.5ab	19.2	488.15a	22.3	2 189.9	100

注：表中不同的字母代表同树龄根量密度均值的差异程度（$P < 0.05$）。

图 3-18 为直径 1～3 mm 根系的水平分布曲线。图中曲线位置的高低显示了根量密度的大小。图中显示，1 年生枣树根系曲线与 8 年生有交叉、又位于 4 年生的上方。可以看出，枣树在第 1 年的生长过程中，长出了许多直径为 1～3 mm 的根，随着生长时间的延长，根系垂直向下、水平向外延伸，逐步扩大生长的空间。原先在 0～20 cm、20～40 cm 土层中生长出来的根系有些衰退、有些生长成直径 3 mm 以上的根系。4 年生、8 年

生、11年生的根量密度曲线逐渐升高，波浪起伏，水平间有变化。各水平段的根量百分比例也能从图3-19中直观地看出。

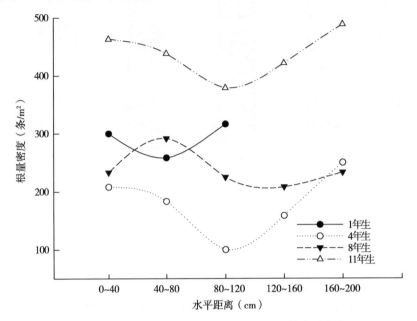

图3-18　四种树龄根系（直径1~3 mm）的水平分布

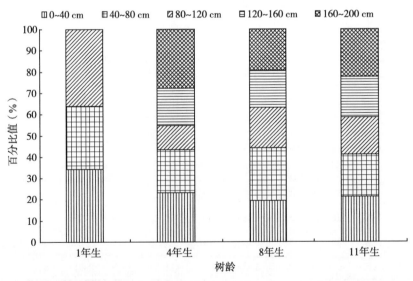

图3-19　四种树龄各水平位置根系（直径1~3 mm）百分比累积图

3.4.2.3　直径<1 mm根系的水平分布

表3-11列出了各树龄直径<1 mm根系（也叫细根）的水平分布数据。从表中合计值能看出，随着树龄的增长，细根的根量密度呈递增趋势。11年生枣树细根的根量密度为52 816.6 条/m²，比1年生、4年生、8年生枣树同直径根系多出168.2%、57.1%、12.4%。

表 3-11 四种树龄株间根量（直径<1 mm）

树龄 （年）	从左到右水平距离（cm）											
	0~40		40~80		80~120		120~160		160~200		合计	
	条/m²	%	条/m²	%	条/m²	%	条/m²	%	条/m²	%	条/m²	%
1	6 775a	34.4	6 261.3a	31.8	6 658.4a	33.8	/	/	/	/	19 694.7	100
4	6 950a	20.7	6 991.6a	20.8	6 800a	20.2	6 858.3a	20.4	6 016.7a	17.9	33 616.6	100
8	8 900a	18.9	9 683.3a	20.6	9 550a	20.3	9 725a	20.7	9 125a	19.4	46 983.3	100
11	10 150a	19.2	10 675a	20.2	10 041.6a	19.0	11 266.6a	21.3	10 683.4a	20.2	52 816.6	100

注：表中不同的字母代表同树龄根量密度均值的差异程度（$P<0.05$）。

分析各树龄根量密度的水平差异发现，所有树龄的不同水平位置直径<1 mm 根系的根量密度无差异。从图 3-20 中也能明显看出 4 条代表不同树龄水平位置根量密度的曲线，虽有起伏，但起伏不大、较为平直。图 3-21 各树龄水平位置根量的百分比数值也较为均衡。

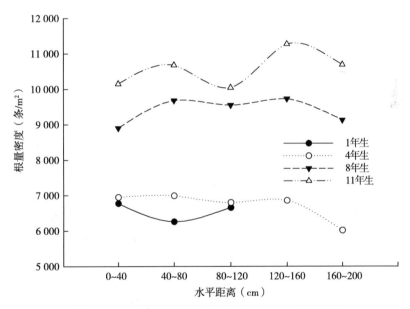

图 3-20 四种树龄根系（直径<1 mm）的水平分布

3.4.3 分层根系的水平差异分析

由于各树龄不同直径的根系主要集聚在 0~60 cm 土层中，因此只对 0~60 cm 土层的根系进行差异分析。以 20 cm 深度分层，将 0~60 cm 土层分成 0~20 cm、20~40 cm、40~60 cm 等 3 个土层，对各土层中不同直径根系数量进行水平方向的差异性分析。

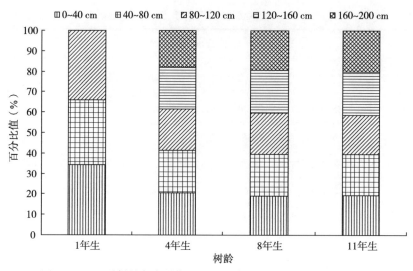

图 3-21 四种树龄各水平位置根系（直径＜1 mm）百分比累积图

3.4.3.1 按 40 cm 间距的差异分析

按 40 cm 间距分段，将 120 cm 株距（1 年生枣林）分成 3 等份、200 cm 株距（4 年生、8 年生、11 年生枣林）分成 5 等份，如示意图 3-22 所示。表 3-12 显示的为 0～20 cm、20～40 cm、40～60 cm 土层根系数量在水平方向方差分析的 P 值。P 值均大于 0.05，这说明，以 40 cm 间距进行水平方向的分段统计，无论树龄大小、无论水平位置，同层土壤的根系数量比较无差异。当然，1 年生枣林根系数量水平方向无差异的前提是：株距为 120 cm。200 cm 株距 1 年生枣林根系的水平差异还得再取样分析。

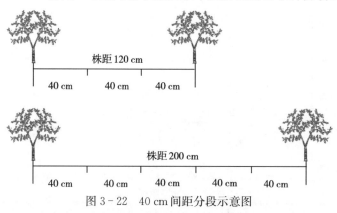

图 3-22 40 cm 间距分段示意图

表 3-12 40 cm 间距水平方向根数方差分析的 P 值

树龄 （年）	土层深度（cm）								
	0～20			20～40			40～60		
	＞3 mm	1～3 mm	＜1 mm	＞3 mm	1～3 mm	＜1 mm	＞3 mm	1～3 mm	＜1 mm
1	0.296	0.226	0.587	0.422	0.329	0.188	无	0.422	0.444

（续）

树龄 （年）	土层深度（cm）								
	0～20			20～40			40～60		
	>3 mm	1～3 mm	<1 mm	>3 mm	1～3 mm	<1 mm	>3 mm	1～3 mm	<1 mm
4	0.429	0.810	0.719	0.102	0.068	0.611	0.664	0.817	0.825
8	0.596	0.189	0.966	0.570	0.510	0.499	0.914	0.824	0.615
11	0.393	0.835	0.478	0.279	0.876	0.252	0.636	0.971	0.356

3.4.3.2 按 20 cm 间距的差异分析

按 20 cm 间距分段，将 120 cm 株距（1 年生枣林）分成 6 等份、200 cm 株距（4 年生、8 年生、11 年生枣林）分成 10 等份，如示意图 3 - 23 所示。表 3 - 13 显示的为 0～20 cm、20～40 cm、40～60 cm 土层根系数量方差分析的 P 值。P 值均大于 0.05，这说明，以 20 cm 间距进行水平方向的分段统计，无论树龄大小、无论水平位置，同层土壤的根系数量比较无差异。当然，1 年生枣林株距为 120 cm 条件下，获得根系数量水平方向无差异的结论。株距 200 cm 的 1 年生枣林根系的水平差异还得再取样分析。

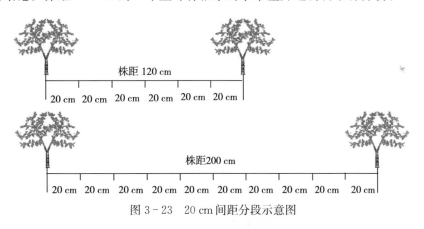

图 3 - 23 20 cm 间距分段示意图

表 3 - 13 20 cm 间距水平方向根数方差分析的 P 值

树龄 （年）	土层深度（cm）								
	0～20			20～40			40～60		
	>3 mm	1～3 mm	<1 mm	>3 mm	1～3 mm	<1 mm	>3 mm	1～3 mm	<1 mm
1	0.785	0.128	0.866	0.458	0.391	0.380	无	0.571	0.613
4	0.680	0.855	0.727	0.124	0.237	0.376	0.165	0.731	0.521
8	0.427	0.271	0.988	0.751	0.703	0.293	0.992	0.679	0.462
11	0.718	0.937	0.590	0.325	0.946	0.440	0.664	0.980	0.323

3.4.4 密植枣林根系的等值线分析

3.4.4.1 直径＞3 mm 根系

图 3-24 至图 3-27 分别为 1 年生、4 年生、8 年生、11 年生枣林中，两株树之间、深度 0~100 cm 土壤剖面中，直径＞3 mm 的根系等值线。等值线图的深浅颜色直观地反映了根系集聚的状况。图 3-24 显示 1 年生枣树直径＞3 mm 根系只分布在 0~40 cm 的土层中。其他树龄枣树根的分布规律是：树干周围、土层上部为富集区，株间富集部位的位置无规律可循。

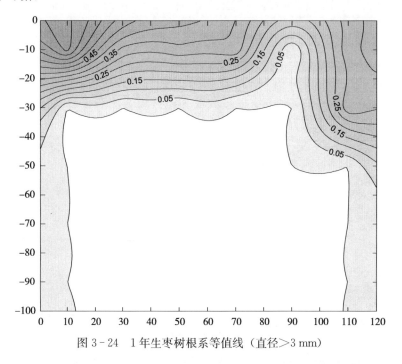

图 3-24　1 年生枣树根系等值线（直径＞3 mm）

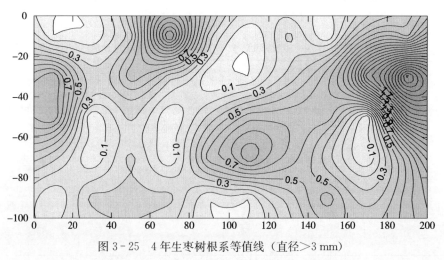

图 3-25　4 年生枣树根系等值线（直径＞3 mm）

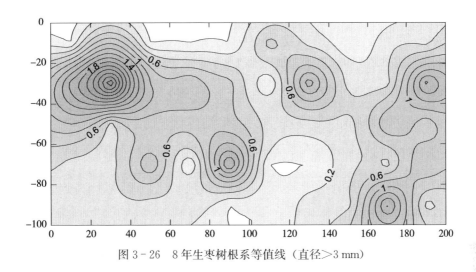

图 3 - 26　8 年生枣树根系等值线（直径＞3 mm）

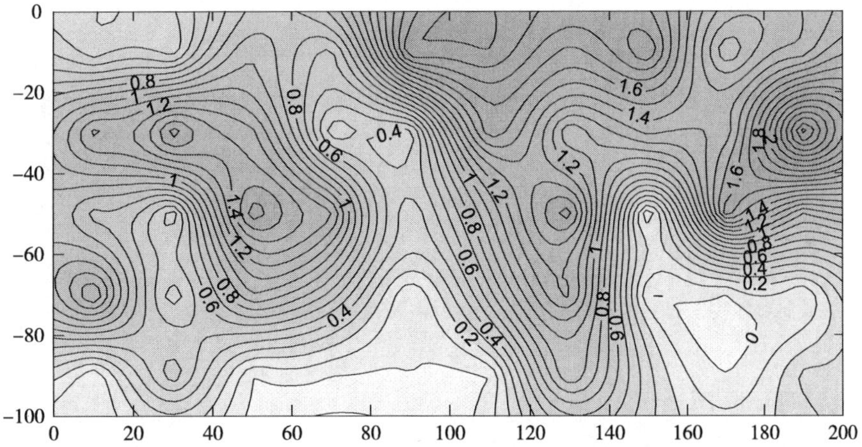

图 3 - 27　11 年生枣树根系等值线（直径＞3 mm）

3.4.4.2　直径 1～3 mm 根系

图 3 - 28 至图 3 - 31 分别为 1 年生、4 年生、8 年生、11 年生枣林中，两株树之间、深度 0～100 cm 土壤剖面中，直径 1～3 mm 的根系等值线。等值线图的深浅颜色直观地反映了根系集聚的状况。图 3 - 28 显示 1 年生枣树直径 1～3 mm 根系只分布在 0～60 cm 的土层中。其他树龄枣林根系分布特征为：树干周围、土层上部为富集区，株间富集部位的位置无规律可循。

3.4.4.3　直径＜1 mm 根系

图 3 - 32 至图 3 - 35 分别为 1 年生、4 年生、8 年生、11 年生枣林中，两株树之间、深度 0～100 cm 土壤剖面中，直径＜1 mm 的根系等值线。等值线图的深浅颜色直观地反映了根系集聚的状况。图 3 - 32 显示 1 年生枣树的细根分布在 0～100 cm 的整个土层中。所有树龄的细根分布有一致的规律：土层上部 0～40 cm 的等值线密集、颜色一致；土层下部的等值线稀疏、颜色较淡。说明四种树龄细根的水平分布均较一致。

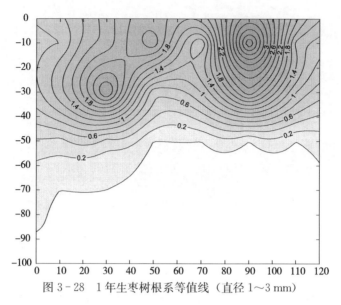

图 3-28 1 年生枣树根系等值线（直径 1～3 mm）

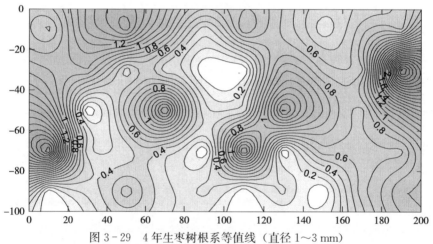

图 3-29 4 年生枣树根系等值线（直径 1～3 mm）

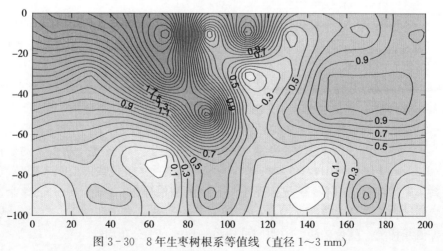

图 3-30 8 年生枣树根系等值线（直径 1～3 mm）

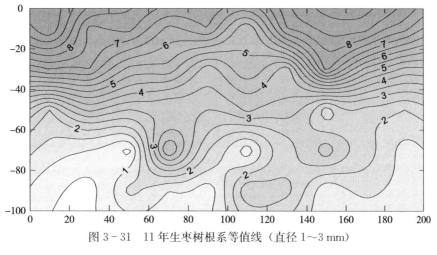

图 3 - 31　11 年生枣树根系等值线（直径 1～3 mm）

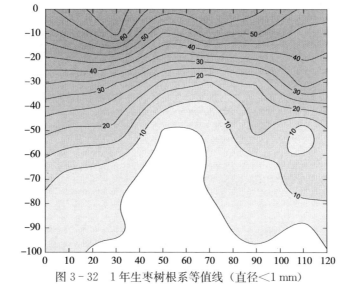

图 3 - 32　1 年生枣树根系等值线（直径＜1 mm）

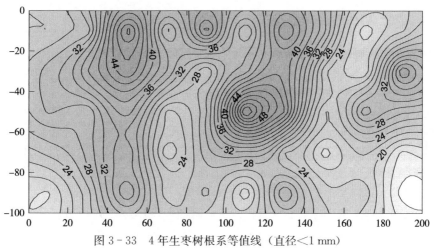

图 3 - 33　4 年生枣树根系等值线（直径＜1 mm）

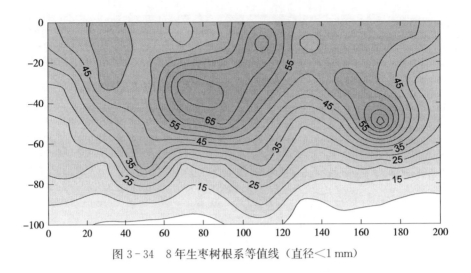

图 3-34　8 年生枣树根系等值线（直径＜1 mm）

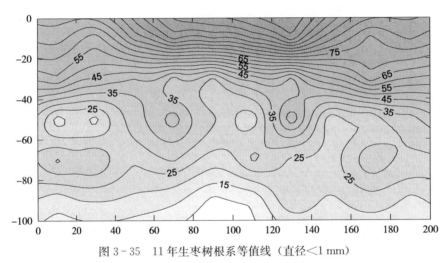

图 3-35　11 年生枣树根系等值线（直径＜1 mm）

3.5　根域水分调控对枣树根系空间分布的影响

3.5.1　鱼鳞坑集水对根系的作用

3.5.1.1　对枣树根系垂直分布的影响

　　表 3-14 列出了四种生长环境状态下分层土壤中枣树直径＜1 mm 根系的根量密度。0～100 cm 取样土层深度中，鱼鳞坑状态下（W3）直径＜1 mm 根系根量密度的合计数为 6 235.0 条/m²，超出自然坡面（W1）13.5%。以 20 cm 为一个土层进行比较，5 个土层中的根量密度差异不显著。状态 W3 中，根量密度的最大值出现在土壤表层（0～20 cm），与自然坡面 W1（根量最大值出现在 20～40 cm）相比较，直径＜1 mm 根系的富集区上移了 20 cm。从图 3-36 W3 与 W1 根系的垂直分布曲线图中能清晰地看出，两条曲线贴合得较紧密，20 cm 以下土层中的根量几乎相等，W3 只是略大于 W1。

表 3-14 枣树直径＜1 mm 根系的垂直分布

土层（cm）	状态							
	W1		W2		W3		W4	
	条/m²	%	条/m²	%	条/m²	%	条/m²	%
0～20	1 772.5a	32.3	3 150.0b	34.4	2 172.5a	34.8	3 706.5b	31.7
20～40	1 842.5a	33.5	3 072.5b	33.5	1 935.5a	31.0	3 543.8b	30.3
40～60	875.0a	15.9	1 322.5a	14.4	937.0a	15.0	2 581.0b	22.0
60～80	640.0a	11.6	822.0a	9.0	682.5a	10.9	1 064.3b	9.1
80～100	365.0a	6.6	797.5b	8.7	507.5ab	8.1	814.0b	7.0
合计	5 495.0	100.0	9 164.5	100.0	6 235.0	100.0	11 709.6	100.0

注：表中不同的字母代表不同的差异程度（$P<0.05$）。

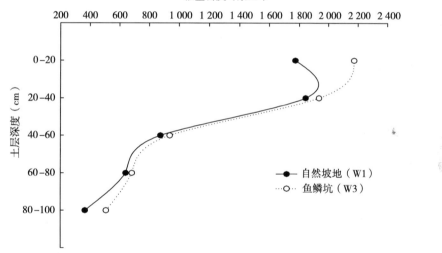

图 3-36 W1 与 W3 根系的垂直分布比较

3.5.1.2 对枣树根系水平分布的影响

表 3-15 列出了四种生长环境水平分段枣树直径＜1 mm 根系的根量密度及百分比值。自然坡面状态 W1 的各水平位置的根量密度有差异，变化趋势为：最大值出现在树干附近（0～20 cm），随着水平向外延伸，根量密度先降低、后在株间位置升高。鱼鳞坑状态 W3 中，鱼鳞坑部位（0～60 cm 范围，表 3-16 中下划线字体显示）聚集了 60.3％的细根，20～40 cm 部位的细根根量密度最大，与鱼鳞坑外的细根量密度有显著差异。

表 3-15 枣树直径＜1 mm 根系的水平分布

状态	0～20 cm		20～40 cm		40～60 cm		60～80 cm		80～100 cm		合计	
	条/m²	%	条/m²	%	条/m²	%	条/m²	%	条/m²	%	条/m²	%
W1	6 887.5a	25.1	5 725b	20.8	4 437.5c	16.2	5 137.5bc	18.7	5 287.5bc	19.2	27 475.0	100

（续）

状态	0～20 cm		20～40 cm		40～60 cm		60～80 cm		80～100 cm		合计	
	条/m²	%	条/m²	%	条/m²	%	条/m²	%	条/m²	%	条/m²	%
W2	6 587.5a	8.9	7 200.0a	11.3	13 335.0b	33.9	14 150.0b	35.9	4 550.0a	9.9	45 822.5	100
W3	7 300.0a	23.4	8 425.0a	27.0	6 212.5ab	19.9	4 512.5b	14.5	4 725.0b	15.2	31 175.0	100
W4	10 998.8a	18.8	17 613.8b	30.1	14 568.8b	24.9	7 523.8a	12.9	7 843.0a	13.4	58 548.0	100

注：表中不同的字母代表不同的差异程度（$P<0.05$）。

从离树干不同水平距离细根根量密度的曲线图（图 3-37）能看出：状态 W1 为下凹曲线，最大值在树干附近，株间部位（80～100 cm）比 40～60 cm 处的值大。状态 W3 曲线在鱼鳞坑部位有个峰值，鱼鳞坑外根量密度比鱼鳞坑内曲线位置低许多。在水平方向 0～60 cm 范围内，W3 曲线明显高于 W1 曲线，而 60～100 cm 范围，W3 曲线甚至低于 W1 曲线。从图 3-36、图 3-37 可以看出，鱼鳞坑状态 W3 比自然坡面 W1 状态的直径 <1 mm 的根量密度总数相差不大，但从水平方向来看，鱼鳞坑部位（0～60 cm）的细根根量密度明显大于自然坡面。这说明细根在鱼鳞坑部位富集。

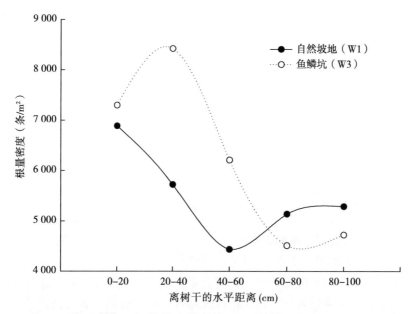

图 3-37　W1 与 W3 根系的水平分布比较

3.5.2　坡地滴灌补水对根系的作用

3.5.2.1　对枣树根系垂直分布的影响

从表 3-14 中比较坡地滴灌状态 W2 与自然坡面状态 W1 的直径 <1 mm 的根量密度，可以看出，0～100 cm 取样土层中，自然坡面实施了滴灌补水措施的生长环境下（W2），细根根量密度合计为 9 164.5 条/m²，超出自然坡面（W1）66.8%、超出鱼鳞坑状态

（W3）47.0%。而且，比较 5 个土层的根量密度，在 0～20 cm、20～40 cm、80～100 cm 这 3 个土层中，W2 与 W1、W2 与 W3 的根量密度有显著差异。状态 W2 中，根量密度最大的土层出现在土壤表层（0～20 cm），与 W1（根量密度最大值出现在 20～40 cm）相比较，细根富集区上移了 20 cm。

与图 3-36 比较，图 3-38 中 W2 的根系垂直分布曲线较 W3 向右偏离 W1，0～20 cm、20～40 cm 这两个土层中，根量密度的偏移较大。这说明，滴灌补水调控措施能促进土壤上层（0～40 cm）直径<1 mm 根系的生长和富集。

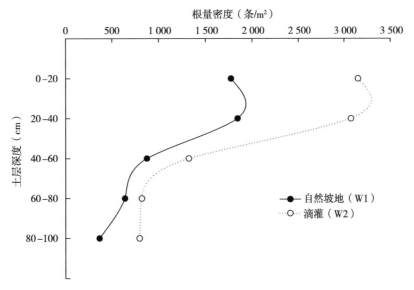

图 3-38　W2 与 W1 根系的垂直分布比较

3.5.2.2　对枣树根系水平分布的影响

从表 3-15 根系水平分段数据中比较滴灌补水调控 W2 与自然坡面 W1 根系的水平分布差异，可以看出，在 0～20 cm、80～100 cm 水平部位，W1 与 W2 的根量密度很接近。而其他段位，滴灌补水调控状态 W2 的值明显高于 W1 处理。特别是在滴灌湿润区部位（40～80 cm），W2 比 W1 的根量密度高出 2 倍多。滴灌湿润区部位（表 3-15 中下划线字体显示）聚集了 69.8% 的细根，与非滴灌湿润区的细根数有显著差异。

从离树干不同水平距离细根数的曲线图（图 3-37）能看出，滴灌补水调控状态 W2 的水平分布曲线具有明显凸起的单峰。峰值出现在滴灌出水口的位置，峰值范围包括了 40～80 cm 的水平范围。这个范围也是滴灌湿润区的水平范围。这说明滴灌补水调控能显著地促进滴灌湿润区范围的细根生长与富集。

比较图 3-37 与图 3-39，W2 的峰值与 W1 的差值明显大于 W3 与 W1 的差值，说明滴灌补水调控比鱼鳞坑集水调控对枣树根系的水平分布影响更大。

3.5.3　鱼鳞坑+滴灌补水对根系的作用

3.5.3.1　对枣树根系垂直分布的影响

从表 3-14 中，比较鱼鳞坑+滴灌状态 W4 与自然坡面状态 W1 的根量密度，能看出

0～100 cm 取样土层中，鱼鳞坑滴灌补水调控措施（W4）下枣树细根的根量密度合计达到 11 709.6 条/m²，明显大于自然坡面状态（W1），是其 2.13 倍。比较 5 个土层的根量密度，发现各土层中状态 W4 的根量密度均显著大于状态 W1。与图 3－36、图 3－38 对比，图 3－40 的根系垂直分布曲线能明显地看出，状态 W4 的曲线比状态 W1 向右有最大的偏移量。

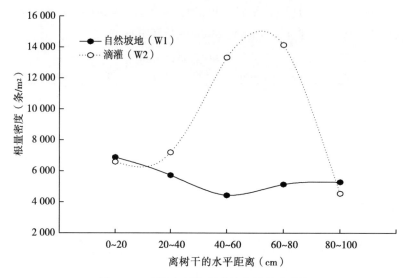

图 3－39　W2 与 W1 根系的水平分布比较

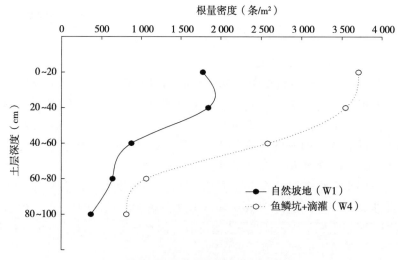

图 3－40　W4 与 W1 根系的垂直分布比较

从表 3－14 和图 3－41 中能看出，鱼鳞坑滴灌补水调控状态 W4 的根量密度总数明显大于鱼鳞坑集水调控状态 W3。而且，在 0～80 cm 土层中，状态 W4 的根量密度与状态 W3 有显著差异。这说明，在鱼鳞坑集水调控的基础上，滴灌补水调控大大促进了细根的生长。而且，促进根系向土壤上层（0～60 cm）富集的作用更大。

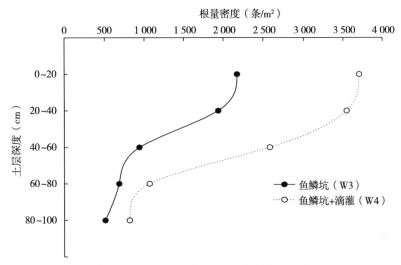

图 3-41 W4 与 W3 根系的垂直分布比较

与图 3-40、图 3-41 比较,图 3-42 中,鱼鳞坑滴灌补水调控状态 W4 与自然坡面滴灌状态 W2 的根系垂直分布曲线互相靠得近一些。表 3-14 的数据显示,状态 W4 与状态 W2 在 40~80 cm 土层中根量密度有差异外,其余土层无差异。特别是在土壤上层(0~40 cm),两种状态的根量接近。这说明,在滴灌补水调控的基础上,鱼鳞坑集水调控对枣树根系的垂直分布有一定的作用,但作用有限。

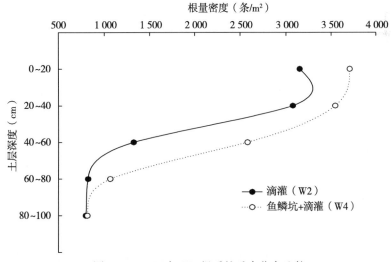

图 3-42 W4 与 W2 根系的垂直分布比较

3.5.3.2 对枣树根系水平分布的影响

图 3-43 为鱼鳞坑滴灌补水调控状态 W4 与自然坡面状态 W1 根系水平分布的对比图。状态 W4 的根量密度曲线明显高于状态 W1。特别是在鱼鳞坑和滴灌叠加的水平部位(20~40 cm),曲线出现了一个峰值。从表 3-15 可以看出,状态 W4 中各水平位置根量密度的合计值为状态 W1 的 2.13 倍,而且鱼鳞坑集水调控与滴灌补水调控效果叠加的部

位（20～40 cm）的根量密度为状态 W1 的 3.3 倍。这说明，鱼鳞坑集水调控措施与滴灌补水调控措施促进根系向土壤湿润区生长，富集的作用效果得到加强。

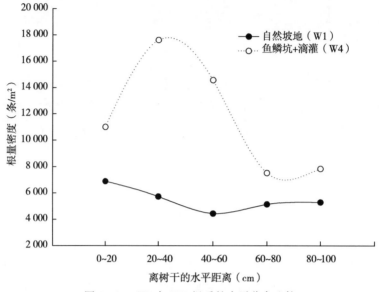

图 3-43　W4 与 W1 根系的水平分布比较

从图 3-44 比较了鱼鳞坑滴灌补水调控状态 W4 与鱼鳞坑集水调控状态 W3 的根系水平分布，能清晰地看出，鱼鳞坑集水调控措施促进了 0～60 cm 部位根的富集，但曲线位置还是远低于具有滴灌补水调控的 W4 曲线。这说明，滴灌补水调控措施比鱼鳞坑集水调控措施对根系水平分布的影响更大。

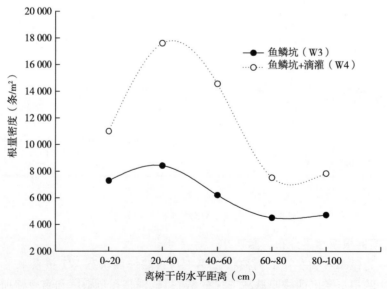

图 3-44　W4 与 W3 根系的水平分布比较

离树干 60 cm 是滴灌补水调控状态 W2 滴灌出水口的位置，离树干 30 cm 是鱼鳞坑滴灌补水调控状态 W4 滴灌出水口的位置。以滴灌出水口为中心，20 cm 范围内为滴灌湿润区的位置。图 4 - 45 可以看出，具有滴灌补水调控的状态 W2 和 W4，其根系水平分布曲线均具有明显凸起的单峰。受滴灌出水口的位置影响，状态 W2 的峰值包括了 40～80 cm 的水平范围。受滴灌出水口和鱼鳞坑集水调控的影响，状态 W4 的峰值包括了 0～60 cm 的水平范围。

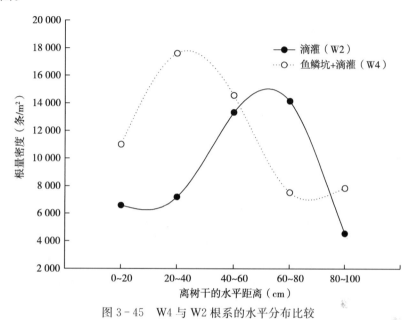

图 3 - 45　W4 与 W2 根系的水平分布比较

3.5.4　根域水分调控下枣树根系数量的等值线分布

根据 20 cm×20 cm 取样框内的实际根数，求得 3 个重复的平均值，绘制等值线图。图 3 - 46为两株枣树之间（株距 200 cm）的土壤剖面中直径＜1 mm 根系的等值线图。状态 W1 的土壤剖面中，细根明显向土壤上层（0～40 cm）聚集，随着土层深度增加，数量递减。

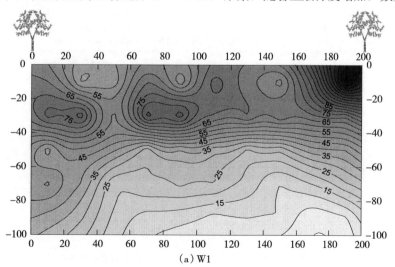

(a) W1

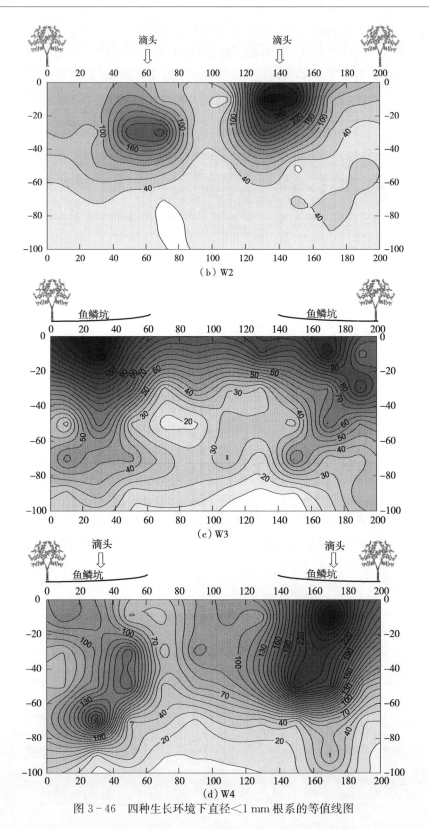

图 3-46　四种生长环境下直径＜1 mm 根系的等值线图

状态 W2 的细根等值线图显示，以滴灌出水口为中心，左右 25～35 cm、向下 0～45 cm 是细根的富集区。状态 W3 的细根也向土壤上层聚集，这与状态 W1 的等值线图相似。但是观察等值线图的颜色变化，能明显看出细根更向鱼鳞坑所在位置（离树干 0～60 cm，也就是图 4-11c 中 0～60 cm 和 140～200 cm 的位置）富集。从等值线图能看出，状态 W2 的细根富集区比状态 W3 的富集区更清晰可见。

状态 W4 的细根等值线图结合了状态 W2 和状态 W3 的特点，细根向土壤上层聚集，鱼鳞坑部位的细根等值线密度更大、颜色更深，滴灌部位形成了富集区。对比状态 W2，富集区的部位向更深层土壤延伸，一直到 60 cm 的土层中。

3.6 枣林细根分布及土壤水分随林龄的变化特征

3.6.1 细根分布随林龄的变化特征

表 3-16 至表 3-19 是 2、4、9、12 年生枣林细根干重密度的统计表。细根干重密度随着土层深度的增加而骤减。2 年生枣林细根干重密度在最上面 3 个土层间有显著差异，4 年生枣林细根干重密度在最上面 4 个土层间有显著差异。

表 3-16　2 年生枣林细根干重密度分布特征（10 个土层）

序号	土层深度（m）	水平位置 FRD（g/m³）					FRD 均值
		1	2	3	4	5	
1	0～0.2	323.91	247.90	241.90	177.90	227.80	243.88±52.53[a]
2	0.2～0.4	201.80	49.30	83.70	182.20	58.40	115.08±71.68[b]
3	0.4～0.6	66.00	91.50	38.00	134.60	135.80	93.18±42.77[bc]
4	0.6～0.8	141.30	18.50	1.00	127.50	104.50	78.56±64.47[c]
5	0.8～1.0	19.90	5.30	1.40	44.90	46.60	23.62±21.35[d]
6	1.0～1.2	4.40	3.20	3.20	102.00	58.00	34.16±44.65[d]
7	1.2～1.4	13.20	3.20	27.50	38.80	11.20	18.78±14.21[d]
8	1.4～1.6	5.10	1.40	0.80	25.10	0.90	6.66±10.46[d]
9	1.6～1.8	4.00	2.60	0	7.90	0.20	3.67±3.22[d]
10	1.8～2.0	3.30	1.20	0	0.50	1.00	1.50±1.24[d]
各水平位置 FRD 均值（g·m⁻³）		78.29[A]	42.41[A]	49.69[A]	84.14[A]	64.44[A]	/

注：表中数值为同一空间位置的细根干重密度均值（$n=3$），小写字母表示各土层中的 FRD 均值显著性差异，大写字母表示各水平位置 FRD 均值的显著性差异（$P<0.05$），下同。

表 3-17　4 年生枣树细根干重密度分布特征（20 个土层）

序号	土层深度（m）	水平位置（g/m³）					FRD 均值
		1	2	3	4	5	
1	0～0.2	349.92	320.24	303.84	131.84	209.84	263.14±90.18[a]
2	0.2～0.4	136.32	203.04	326.00	127.20	136.56	185.82±84.05[b]
3	0.4～0.6	183.04	214.16	155.68	158.64	41.92	150.69±65.18[c]
4	0.6～0.8	183.60	90.72	42.48	68.24	76.48	92.30±53.97[d]
5	0.8～1.0	71.28	192.64	26.40	93.92	61.44	89.14±62.76[d]
6	1.0～1.2	27.52	53.04	45.84	27.28	69.68	44.67±17.98[efg]
7	1.2～1.4	135.04	51.76	42.72	95.28	41.04	73.17±41.03[de]
8	1.4～1.6	89.60	6.32	16.08	53.36	90.16	51.10±39.51[ef]
9	1.6～1.8	9.92	11.92	44.24	50.88	76.32	38.66±28.02[fgh]
10	1.8～2.0	1.12	9.68	14.88	36.08	56.56	23.66±22.46[fghi]
11	2.0～2.2	16.64	6.72	7.28	38.88	50.48	24.0±19.72[ghi]
12	2.2～2.4	23.36	28.88	3.76	66.88	1.44	24.86±26.35[fghi]
13	2.4～2.6	8.96	31.44	22.64	50.40	1.44	22.98±19.26[fghi]
14	2.6～2.8	16.64	3.04	14.88	31.60	1.44	13.52±12.19[ghi]
15	2.8～3.0	0.32	5.92	7.76	12.64	0.16	5.36±5.28[hi]
16	3.0～3.2	0	0.96	6.88	0.24	0.16	2.06±3.23[i]
17	3.2～3.4	0	1.68	4.90	0.56	0.64	1.94±2.03[i]
18	3.4～3.6	0	3.36	0.16	0	0	1.76±2.26[i]
19	3.6～3.8	0	0.64	0.48	0	0	0.56±0.11[i]
20	3.8～4.0	0	0.64	0.24	0	0	0.44±0.28[i]
各水平位置 FRD 均值（g·m⁻³）		83.55[A]	61.84[A]	54.36[A]	61.41[A]	53.87[A]	/

表 3-18　9 年生枣林细根干重密度分布特征（25 个土层）

序号	土层深度（m）	水平位置 FRD（g/m³）					FRD 均值
		1	2	3	4	5	
1	0～0.2	499.76	542.97	334.62	277.79	567.45	444.52±130.13[a]
2	0.2～0.4	322.98	263.37	180.34	210.90	366.54	268.83±76.97[b]
3	0.4～0.6	196.09	123.75	99.60	107.30	180.34	141.42±43.96[c]
4	0.6～0.8	108.72	90.30	61.04	61.47	72.75	78.86±20.49[d]

（续）

序号	土层深度（m）	水平位置 FRD（g/m³）					FRD 均值
		1	2	3	4	5	
5	0.8～1.0	75.00	40.30	50.54	58.30	46.35	54.10±13.39[e]
6	1.0～1.2	44.51	51.40	47.85	41.06	27.19	42.40±9.33[efgh]
7	1.2～1.4	74.36	26.19	20.47	37.29	69.73	45.61±24.93[efg]
8	1.4～1.6	116.38	21.34	24.03	43.59	43.10	49.69±38.70[ef]
9	1.6～1.8	33.30	16.38	14.98	30.65	7.87	20.63±10.88[ghi]
10	1.8～2.0	23.82	30.51	7.44	17.78	27.16	21.34±9.08[ghi]
11	2.0～2.2	13.79	11.16	23.92	24.14	18.32	18.27±5.85[ghi]
12	2.2～2.4	25.94	11.96	21.12	49.79	9.05	23.57±16.16[fghi]
13	2.4～2.6	17.24	20.58	19.94	24.79	6.25	17.76±6.98[ghi]
14	2.6～2.8	7.76	14.84	13.25	27.37	4.42	13.53±8.80[hi]
15	2.8～3.0	36.10	8.74	19.40	18.64	3.53	17.28±12.47[ghi]
16	3.0～3.2	42.24	12.21	9.27	24.28	18.64	21.33±13.06[ghi]
17	3.2～3.4	26.83	7.63	7.76	12.18	17.24	14.33±8.02[hi]
18	3.4～3.6	26.62	6.94	6.68	8.19	28.34	15.35±11.10[hi]
19	3.6～3.8	9.16	5.60	14.33	4.48	11.21	8.96±4.04[i]
20	3.8～4.0	6.36	2.81	18.00	33.60	3.23	12.80±13.16[hi]
21	4.0～4.2	6.90	4.59	15.41	40.65	7.44	15.00±14.91[hi]
22	4.2～4.4	10.78	4.74	7.65	11.80	0.97	7.19±4.45[i]
23	4.4～4.6	6.47	0.22	4.53	7.85	0.00	3.81±3.58[i]
24	4.6～4.8	4.42	2.14	1.74	3.12	0.00	2.29±1.64[i]
25	4.8～5.0	0.75	1.94	3.77	0.00	0.00	1.29±1.60[i]
各水平位置 FRD 均值（g·m⁻³）		69.45[A]	52.90[A]	41.11[A]	47.08[A]	61.48[A]	/

表 3-19　12 年生密植枣树细根干重密度分布特征

序号	土层深度（m）	水平位置 FRD（g/m³）					FRD 均值
		1	2	3	4	5	
1	0.2	567.67	257.67	321.67	294.33	485.08	385.28±134.0[a]
2	0.4	500.33	209.12	274.67	216.67	430.52	319.46±139.59[b]
3	0.6	443.83	163.76	243.78	177.50	389.79	283.73±126.64[b]

（续）

序号	土层深度（m）	水平位置 FRD（g/m³）					FRD 均值
		1	2	3	4	5	
4	0.8	367.37	116.97	202.53	97.67	333.96	223.70±123.01ᶜ
5	1.0	157.45	110.33	101.50	97.70	150.13	123.42±28.22ᵈ
6	1.2	133.27	109.17	157.67	118.67	148.22	133.40±20.08ᵈ
7	1.4	108.75	68.33	133.07	99.00	131.31	108.09±26.58ᵈᵉ
8	1.6	98.23	59.33	93.50	99.11	125.78	95.19±23.71ᵈᵉᶠ
9	1.8	92.97	68.91	112.98	107.63	106.78	97.85±17.79ᵈᵉ
10	2.0	90.67	70.00	82.08	117.23	101.18	92.23±18.06ᵈᵉᶠ
11	2.2	97.00	79.00	88.43	103.84	105.39	94.73±11.06ᵈᵉᶠ
12	2.4	73.43	62.17	50.57	64.10	99.78	70.01±18.52ᵉᶠᵍ
13	2.6	62.00	49.90	70.37	23.33	58.32	52.78±18.03ᶠᵍʰ
14	2.8	52.00	31.13	36.30	50.04	45.86	43.07±9.01ᵍʰ
15	3.0	45.93	20.67	31.73	40.79	39.75	35.77±9.86ᵍʰ
16	3.2	32.43	11.77	27.30	26.33	27.96	25.16±7.84ʰ
17	3.4	24.13	26.70	53.60	15.93	15.01	27.08±15.67ᵍʰ
18	3.6	23.40	22.00 hi	46.90	14.93	28.01	27.05±12.05ᵍʰ
19	3.8	31.00	23.77	22.83	10.25	18.14	21.20±7.66ʰ
20	4.0	30.33	8.07	17.33	7.70	17.11	16.11±9.22ʰ
21	4.2	29.00	4.50	13.33	3.03	15.25	13.02±10.40ʰ
22	4.4	10.77	3.12	9.33	2.67	9.01	6.98±3.79ʰ
23	4.6	10.28	3.33	9.95	3.73	10.11	7.48±3.61ʰ
24	4.8	18.00	10.57	4.30	3.73	15.81	10.48±6.49ʰ
25	5.0	7.13	6.67	8.29	0.19	8.36	6.13±3.40ʰ
各水平位置 FRD 均值（g·m⁻³）		124.30ᴬ	63.88ᴬ	87.56ᴬ	70.48ᴬ	116.66ᴬ	/

　　2年生、4年生、9年生和12年生的枣林内，1 m土层内的细根干重密度分别占总细根干重密度的 89.54%、70.38%、72.62%、57.58%，这说明大多数的细根富集于地表0～1 m土层之内。而且随着林龄的增加，1 m土层内细根干重密度占总细根干重密度的比例减小，细根密集区有下移的趋势。

　　水平方向上，2年生枣林在离树干最近的1号位置和离树干稍远的4号位置细根干重密度较大；4年生枣林在离树干近的1号位置细根干重密度较大，其他位置的细根干重密度较小；2年生和4年生枣林在4株树的中心点5号位置细根干重密度较小，表明枣林地根系尚未形成根网型分布模式，不同水平位置细根干重密度无显著差异。

　　图 3-47 显示了4种林龄枣林细根干重密度总和间差异显著性分析的结果。细根干重

密度随着林龄增长而增加，2 年生、4 年生、9 年生和 12 年生细根干重密度总和分别为 619.1/m³、1 109.84/m³、1 360.14/m³ 和 2 319.41 g/m³，不同林龄枣林细根干重密度总和间有显著差异。

图 3-48 显示了 4 种林龄枣林细根干重密度随土层深度的变化特征。为了便于比较，将图 3-47 中 9 年生枣林细根干重密度随土层深度变化的曲线图再次列出。随着林龄增长，林木对水分和养分的需求增加，根系生长也随之增加，本试验取样所取枣树最大林龄只有 12 年，远低于已有报道枣树的最大林龄（成百上千年）。可以推断，取样枣树还处于生长旺盛期，根系生长也处在旺盛阶段。

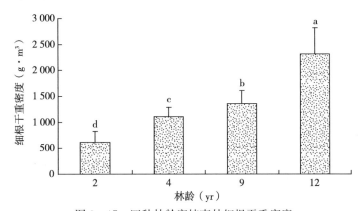

图 3-47　四种林龄密植枣林细根干重密度

注：图中 a、b、c、d 表示不同树龄间细根干重密度总和的显著性差异（$P<0.05$）。

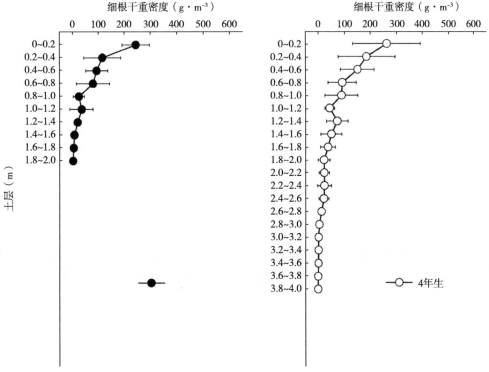

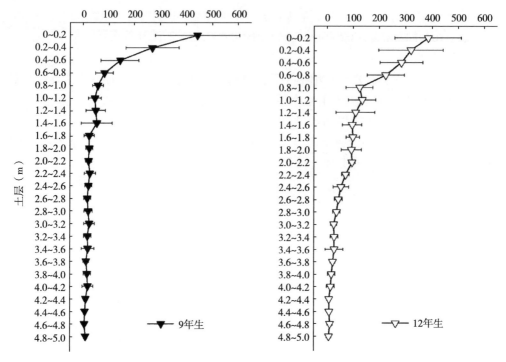

图 3-48　4 种林龄密植枣林细根分布特征

3.6.2　细根分布最大深度随林龄的变化特征

根系剖面生物量法把根系深度定义为占总根系生物量绝大多数比例的根系所处的深度。通常用 D_{95} 和 D_{50} 这两个值描述根系分布的土壤剖面深度，也用于计算每个土层的细根干重密度占整个土层深度的比例及某个特定土层内的累计细根干重密度。D_{95} 表示根系中 95% 的总细根干重密度所对应的土层深度，D_{50} 表示根系中 50% 的总细根干重密度所对应的土层深度。本研究用 D_{95} 和 D_{50} 这两个值来表示密植枣林中细根垂直分布状况。图 3-49 显示了 4 种林龄密植枣林土壤剖面细根分布最大深度及累计细根干重密度随土层深度的变化状况。

研究发现，2 年生枣林细根分布在 0～2 m 土层，细根分布最大深度延伸到 2 m 土层，D_{50} 和 D_{95} 分别出现在 0.2～0.4 m 和 1.0～1.2 m 土层。4 年生枣林细根分布在 0～4 m 土层，细根分布最大深度延伸到 4 m，D_{50} 和 D_{95} 分别出现在 0.4～0.6 m 和 2.2～2.4 m 土层。9 年生和 12 年生枣林细根都分布在 0～5 m 土层，细根分布最大深度都延伸到 5 m，而 D_{50} 分别出现在 0.2～0.4 m 和 0.6～0.8 m 土层，D_{95} 均出现在 3.2～3.4 m 土层。枣林细根起初随着林龄的增加不断向深处延伸，但 9 年后枣林细根不再向深处延伸。9 年生和 12 年生枣林细根分布最大深度基本一致。土壤上层的累计细根干重密度值高于下层，在四种林龄的枣林中，D_{50} 均位于 0～0.8 m 土层，而 D_{95} 随着林龄的增加不断向土层深度延伸。

本研究中，细根富集于上层土壤中（>50% 的细根分布在 0～1 m 土层），四种不同林龄枣林细根干重密度均随着土层深度的增加而骤减。在大多数植物群落中，根长和根量密度随着下扎深度呈指数式减小规律（李唯等，2003）。D_{95} 一般随着林龄的增加而向土层深处延伸，本研究中四种林龄枣林细根干重密度最大值均出现在 0～0.2 m，0～0.2 m 土层

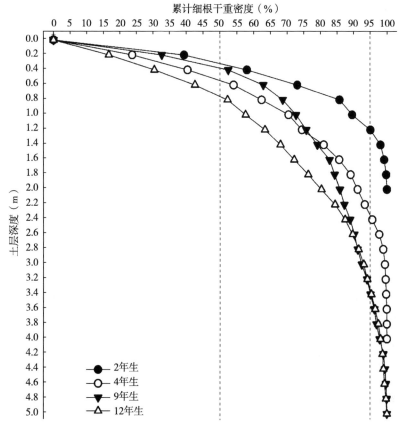

图 3-49　密植枣林累计细根干重密度

的细根干重密度分别占总细根干重密度的 39.4%、23.71%、32.8%、16.6%。这表明枣树细根在 0～0.2 m 土层中吸收水分和养分的能力很强，这与土壤水分和养分的有效性以及微生物活性在表层土壤中最高有关。

　　根系深度通常指根系的最大深度，因为这一指标决定了植物蒸腾时根系从土壤中能获取的最大水量。林木根系一般在生长早期就可以达到其分布空间（垂直方向和水平方向）的最大值。随着林龄的增加，根系密度逐渐增大。尽管林木根系密度随着林龄的增大而增加，但是到一定林龄时就可以达到水平分布和垂直分布的极值，这表明其根系的分布模式已形成。本研究表明细根分布最大深度随着林龄的增加而增加，但幼龄时增加迅速，2 年生枣林细根分布最大深度在 2 m 土层，4 年生枣林细根分布最大深度已达 4 m 深（增长速度为 1 m/yr），而随后 5 年增加缓慢（增长速度为 0.2 m/yr），9 年生枣林细根分布最大深度达 5 m 深，并维持恒定。原因可能是由于枣树已经完成主要的生长阶段，4 年生枣林鲜枣产量已达到 15 000 kg/hm²，在当地降水和枣林滴灌的水量补充条件下，枣林需水量不断得到满足。因此，根系需要不断吸收大量的土壤水分。根系在枣林生长的前 4 年已延伸到 4 m 土层，深层土壤含水率（2 m 以下土层）较低，可以推断出 4 年生枣林已经利用了一部分深层土壤中的水分。尽管从 9 年生枣林的树冠大小、产量水平、细根分布最大深度来看，4 m 的根系深度不能满足 4 年生枣林继续生长、并达到一定产量水平的水分需求。

9 年生枣林产量高达 19 800 kg/hm²，拥有更大的树冠和茎粗，因此需要消耗更多的深层水分来维持枣林的正常生长。9 年生和 12 年生枣林尽管拥有不同的冠幅和直径，却具有同样的细根最大深度，这可能是由于它们类似的修剪树型、产量水平和水分消耗状况而致。由此，可以得出黄土丘陵半干旱区枣林在水分需求和水分供应之间存在动态平衡，而且枣林水分需求和降水之间的水分亏缺是微小的，滴灌弥补了水分亏缺量，细根分布最大深度维持在一个稳定的范围。总之，根系生长是水分动态平衡的反映。枣林生长到 4 年以后，当降水量低于枣林的水分需求时，根系还将继续延伸到更深层的土壤中吸收水分，从而维持枣林的生长。然而在当地气候环境下，枣林水量平衡等方面的试验数据仍较少。

Nepstad et al.（1994）认为生物圈中深根对水文循环具有重要作用，发现亚马逊东部森林的深层土壤中，仅占少于 2% 的总根生物量的深层根系就可维持整个森林旱季的蒸腾量。他们认为一些学者从根系生物量剖面获得的绝大部分根量所处的根系深度可能低估了土壤水分动态的深度。樊小林等（1997）指出在干旱地区，深根性植物可以通过根系的水力提升作用在一定程度上对土壤水分进行再分配，从而改善植物的生存环境。本研究调查了不同林龄枣林细根分布最大深度和 D_{95}，表明 D_{95} 指示的根系深度较细根分布最大深度浅。由此，本研究认为被广泛应用的根系剖面生物量法中的 D_{95} 确实低估了植被深层细根分布最大深度，无形地减小了植被生态水文活动深度，继而低估了对区域气候变化产生的影响。

Kleidon and Heimann（1998）指出在一定土壤质地和气候条件下植被存在一个最优根系深度，使得其生存力和效益最大化。Potter et al.（1993）、Raich et al.（1991）均把根系深度作为决定土壤水库存储量的一个参数。本研究表明，随着林龄增长，9 年生枣林与 12 年生枣林的细根分布最大深度却一致，均为 5 m，D_{95} 均为 3.2～3.4 m。这表明在当地土壤气候条件下，枣林的细根分布深度稳定在 5 m 土层，5 m 土层内储存的土壤水分可满足枣树生长发育需求。黄土丘陵区黄土由黄土母质发育而来，耕作后的表层土壤（0～1 m）通常具有较高的肥力，1 m 以下肥力很低且养分分布较均匀。因此，黄土丘陵区深层土壤中细根可吸收的养分很少，对细根的影响很小。

D_{50} 和 D_{95} 可用来作为制定灌溉制度的有效参数。D_{50} 是主要的根系分布层，由此可用来确定滴灌要达到的土壤湿润深度，即最大湿润锋前沿深度不超过主要根系分布层深度，以确保水分的高效利用。根据 D_{95} 的根系分布土层深度、并结合降水量数据，可以及时地调整灌溉频率，补充林木所需的水分，抑制林木根系向更深层土层延伸。

3.6.3 土壤水分随林龄的变化特征

四种林龄枣林地剖面土壤含水率随土层深度的变化曲线如图 3-50 所示。通常情况下，深层土壤含水率（2 m 以下土层）随着林龄的增长不断降低。2 年生枣林深层土壤含水率均值为 9.16%，4 年生枣林深层土壤含水率均值为 9.63%，9 年生枣林深层土壤含水率均值为 7.71%，12 年生枣林深层土壤含水率均值为 5.95%。

2 年生枣林土壤含水率先随土层深度加深而呈上升趋势（0～2.4 m 土层），再呈下降趋势（2.6～4.4 m 土层），最后又稍微增加（4.6 m 以下土层）。4 年生枣林土壤含水率在 0～2.2 m 土层中不断增加，随后土壤含水率下降（2.4～3.6 m 土层），最后又稍微增加（3.8 m 以下土层）。但 9 年生和 12 年生枣林的剖面土壤含水率变化趋势与 2 年生和 4 年生枣林截然不同，0～2 m 土层土壤含水率随土层深度的增加而下降，随后土壤含水率在一定的深度范围中维持较为恒定的低值区，低值区范围为 1.8～3.6 m，最后在更深层土壤中，土壤含水率又呈上升趋势。9 年生枣林地土壤含水率低值区间的平均值为 5.71%，12 年生枣林地低值区间的平均值为 6.1%，稍大于理论计算出的土壤凋萎系数。

黄土丘陵区降水入渗深度通常不超过 2 m，降水是该区枣林可利用水分的主要来源。上层含水率（0～2 m）主要受降水、植被根系吸水和土壤蒸发等 3 个因素的影响，土壤含水率变化较大，该土层内的土壤含水率值仅反映了取样时土壤水分的状态。而深层（2 m以下）土壤含水率不受降水入渗的影响，其水分消耗的主要途径只有植被根系吸收。所以，一次取样获得的土壤含水率能够反映出土壤水分被植被根系吸收后的状况。图 3-50中 0～2 m 土层各树龄间土壤含水率差异的原因是，2 年生和 4 年生枣林地土壤取样时未降雨，表层土壤较干燥，故表层土壤含水量较低，而 9 年生和 12 年生枣林地土壤取样前有降雨，故表层土壤含水率较高。

土壤水分是影响细根垂直分布的主要因素之一。2 年生枣林细根分布最大深度只有2 m，也就是说，2 m 以下没有细根。但是 2 m 以下土层土壤含水率逐渐下降，很明显土壤水分不可能被枣树细根吸收而消耗。土壤含水率下降的可能原因是由于风积黄土母质发育时，黄土本身比较干燥。4 年生枣林地土壤含水率在 2.4～3.6 m 土层逐渐下降，但其值高于凋萎湿度。这表明枣林已经开始消耗深层土壤水分，但消耗的量较少。9 年生和 12 年生枣林均在 1.8～3.6 m 土层出现土壤含水率低值区，土壤含水率接近于理论计算的土壤凋萎湿度。这表明枣树已经大量吸收深层土壤水分，并且该土层出现了严重的干化现象。

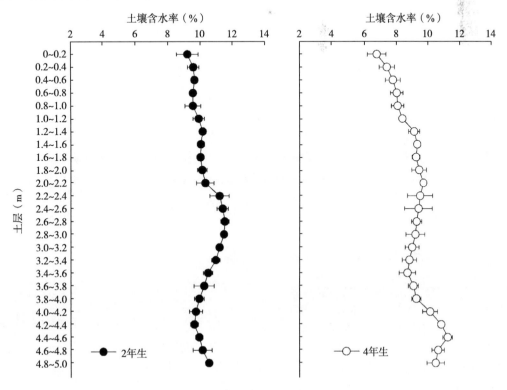

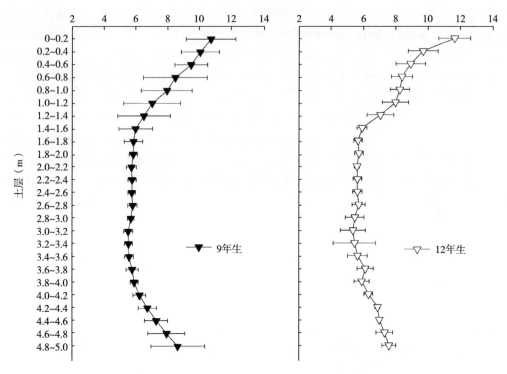

图 3 - 50　四种林龄密植枣林剖面土壤水分变化

Nepstad et al.（1994）报道了由于深层根系吸水而导致深层土壤水分被持续稳定消耗的现象。曹扬等（2006）发现根系对土壤深层水分的影响因根系垂直分布的不同表现出差异，根系对水分的强烈吸收使根系分布下层形成水分含量的低值区域。这种土层的形成，标志着根系对水分吸收利用的程度到了极限。总之，土壤含水率低值区出现在降水入渗最大深度和细根分布最大深度之间的土层。由于枣林水分消耗随着林龄的增长而增加，所以深层土壤含水率也随林龄的增长呈降低趋势。

有研究表明，根系能通过水力再分布作用从土壤表层运移水分到更深层的土层（Burgess，2011）。水力再分布无疑能减缓根系向深层土层延伸的进程，但是本研究中9年生和12年生枣林低值区的土壤含水率略大于凋萎湿度，这表明通过水力再分布运移到深层土壤中的水分少于根系从深层土壤中吸收的水分。但是到目前为止，通过水力再分布运移到深层土层中的水量还需要进一步试验确定。

3.7　滴灌对枣林细根分布及土壤水分的影响

3.7.1　密植滴灌枣林细根空间分布特征

表 3 - 19 为 12 年生密植枣林 5 个不同水平位置上 0～5 m 土层的细根干重密度统计表。垂直方向上，从各土层 FRD 均值可以看出，细根集中分布于土壤上层。0～0.8 m 土层中，细根干重密度总和占整个土层的 52.3%，该土层为根系密集层，D_{50} 出现在 0.6～0.8 m。最上面 5 个土层的细根干重密度有显著差异。

水平方向上，5 个不同水平位置的细根干重密度无显著差异。数值上比较，离树干水平距离最近的 1 号位置（124.30 g/m³）及 4 株树的中心点 5 号位置（116.66 g/m³）的细根干重密度较大。原因可能是林木细根生物量受到了离树干距离的影响，离树干近的位置细根数量较多，而且由于枣林处于密植的种植模式下，邻近枣树根系已经出现了相互交叉的分布状况。

3.7.2　稀植无灌溉枣林细根空间分布特征

表 3-20 为 12 年生稀植枣林 4 个不同水平位置上 0～10 m 土层的细根干重密度统计表。垂直方向上，从各土层 FRD 均值可以看出，根系仍然集中分布于土壤上层。0～0.6 m 土层中，细根干重密度总和占整个土层的 51.8%，该土层为根系密集层，D_{50} 出现在 0.4～0.6 m。细根干重密度在前 4 个土层间有显著差异。

水平方向上，4 个不同水平位置的细根干重密度无显著差异。数值上比较，离树干下坡位的 4 号位置（92.9 g/m³）的细根干重密度较大，而上坡位的 3 号位置细根干重密度较小（69.04 g/m³）。前已述及在干旱条件下，显著性的水分吸收仅发生在根系最密集的土层。因此为了提高林木的抗旱能力，探明根系密集层的分布显得尤为重要。从表 3-20 和表 3-21 可以看出，密植枣林的根系密集层分布在 0～0.8 m 土层，稀植枣林的根系密集层分布在 0～0.6 m 土层。

表 3-20　12 年生稀植枣林细根干重密度分布特征

序号	土层深度（m）	水平位置（g/m³）				FRD 均值
		1	2	3	4	
1	0.2	398.62	425.34	371.12	467.98	415.77±41.25[a]
2	0.4	318.12	328.78	261.23	421.66	332.45±66.46[b]
3	0.6	266.71	273.56	213.33	341.23	273.71±52.45[c]
4	0.8	97.89	115.26	121.89	119.86	113.73±10.91[d]
5	1.0	31.23	30.63	23.25	36.99	30.53±5.63[ikjl]
6	1.2	24.56	26.78	26.45	32.36	27.54±3.36[jklm]
7	1.4	40.89	41.56	38.89	40.68	40.51±1.14[hi]
8	1.6	16.63	23.24	18.68	23.25	20.45±3.33[lmnop]
9	1.8	48.64	59.78	64.25	68.78	60.36±8.64[f]
10	2.0	55.78	55.58	55.42	82.89	62.42±13.65[f]
11	2.2	34.89	38.79	32.48	45.78	37.99±5.81[hij]
12	2.4	9.05	10.01	9.21	12.18	10.11±1.44[opqrs]
13	2.6	18.29	23.04	18.08	25.05	21.12±3.48[lmno]
14	2.8	8.45	9.56	7.1	11.08	9.05±1.69[pqrs]
15	3.0	21.96	22.25	19.78	27.89	22.97±3.46[lmn]
16	3.2	77.54	79.78	75.25	78.76	77.83±1.95[e]
17	3.4	57.32	51.38	52.15	48.52	52.34±3.67[fg]
18	3.6	28.48	32.15	26.28	40.65	31.89±6.32[ikjl]

（续）

序号	土层深度（m）	水平位置（g/m³）				FRD 均值
		1	2	3	4	
19	3.8	9.01	9.45	8.78	11.48	9.68 ± 1.23^{opqrs}
20	4.0	18.15	23.01	19.12	25.11	21.35 ± 3.27^{lmno}
21	4.2	9.45	10.06	9.25	15.78	11.14 ± 3.12^{opqrs}
22	4.4	44.54	41.79	38.23	53.78	44.59 ± 6.65^{gh}
23	4.6	33.49	36.79	32.3	41.69	36.07 ± 4.20^{hijk}
24	4.8	8.08	9.23	8.04	12.45	9.45 ± 2.07^{opqrs}
25	5.0	7.38	9.23	8.01	11.45	9.02 ± 1.79^{pqrs}
26	5.2	18.19	22.01	19.56	25.11	21.22 ± 3.04^{lmno}
27	5.4	18.01	21.87	18.56	23.75	20.55 ± 2.73^{lmnop}
28	5.6	9.19	9.78	8.01	12.78	9.94 ± 2.03^{opqrs}
29	5.8	23.12	27.48	21.05	33.91	26.39 ± 5.68^{klmn}
30	6.0	3.08	4.18	3.12	5.79	4.04 ± 1.27^{rs}
31	6.2	15.62	18.78	15.81	21.51	17.93 ± 2.79^{mnopq}
32	6.4	0.69	0.71	0.56	1.09	0.76 ± 0.23^{s}
33	6.6	5.01	5.65	5.05	5.77	5.37 ± 0.40^{rs}
34	6.8	7.69	6.78	7.78	8.78	7.76 ± 0.82^{qrs}
35	7.0	28.89	27.56	28.95	36.45	30.46 ± 4.04^{ikjl}
36	7.2	1.91	1.76	1.87	2.15	1.92 ± 0.16^{s}
37	7.4	3.89	3.47	3.59	4.56	3.88 ± 0.49^{rs}
38	7.6	1.01	1.03	1.11	1.36	1.13 ± 0.16^{s}
39	7.8	3.13	3.43	3.01	4.21	3.45 ± 0.54^{rs}
40	8.0	0.89	0.89	0.88	1.18	0.96 ± 0.15^{s}
41	8.2	0.836	1.01	0.98	1.55	1.09 ± 0.31^{s}
42	8.4	0.82	0.78	0.54	0.91	0.76 ± 0.16^{s}
43	8.6	0.21	0.17	0.135	0.28	0.20 ± 0.06^{s}
44	8.8	0.094	0.07	0.093	0.14	0.10 ± 0.03^{s}
45	9.0	4.87	3.71	4.21	5.78	4.64 ± 0.89^{rs}
46	9.2	4.89	3.71	3.61	5.56	4.44 ± 0.94^{rs}
47	9.4	1.97	1.89	1.45	2.51	1.96 ± 0.43^{s}
48	9.6	14.08	15.2	15.01	16.43	15.18 ± 0.97^{nopqr}
49	9.8	0.41	0.45	0.38	0.61	0.46 ± 0.10^{s}
50	10.0	2.02	2.56	2.14	3.08	2.45 ± 0.48^{s}
各水平位置 FRD 均值（g·m⁻³）		74.23^{A}	78.88^{A}	69.04^{A}	92.9^{A}	/

3.7.3　滴灌对细根分布与土壤水分的影响

3.7.3.1　对细根分布的影响

图 3－51 为密植滴灌枣林与稀植无灌溉枣林细根干重密度随土层深度的变化曲线

图。从图中可以清晰地看出表 3－19、表 3－20 呈现的规律：无论密植滴灌还是稀植无
灌溉枣林，细根都是集中分布于土壤上层，且随土层深度增加根量骤减。密植滴灌枣
林细根干重密度较稀植无灌溉枣林的高 17.8%，密植滴灌枣林 0～5 m 土层的细根干重
密度总和为 2 319.38 g/m³，稀植无灌溉枣林 0～10 m 土层的细根干重密度总和为
1 969.06 g/m³。密植滴灌与稀植无灌溉枣林细根最大深度与细根干重密度的变化趋势相
反，密植滴灌枣林的细根最大分布深度为 5 m，仅为稀植无灌溉枣林的一半，稀植无灌
溉枣林为 10 m。由于根系深度作为区域植被与环境平衡的表现，因此，本研究认为枣
林细根分布最大深度反映出不同水分管理措施的枣林对黄土丘陵区干旱半干旱气候环
境的不同响应特征。

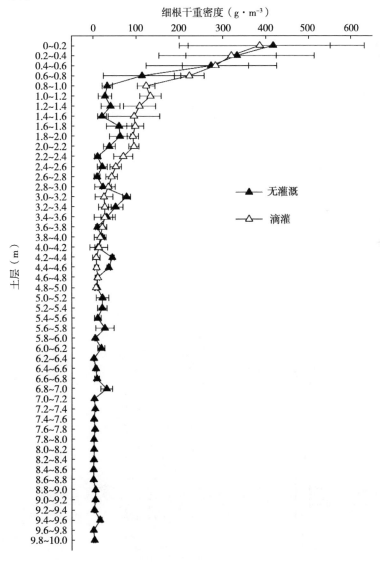

图 3－51　细根干重密度随土层深度的变化曲线

注：图中数值为同一土层不同水平位置的细根干重密度均值，图中误差为标准差。

3.7.3.2 对土壤水分的影响

图 3-52 为密植滴灌枣林与稀植无灌溉枣林土壤含水率随土层深度的变化曲线图。总体而言，密植枣林土壤平均含水率比稀植枣林地高 29.1%，深层土壤含水率比稀植枣林地高 7.7%。密植枣林地 0~10 m 土层土壤含水率均值为 8.52%，稀植枣林地 0~10 m 土层的土壤含水率均值为 6.6%；密植枣林地深层（2~5 m）土壤含水率均值为 7.14%；稀植枣林地深层（2~10 m）土壤含水率为 6.63%。稀植无灌溉枣林土壤含水率低值的土层区间较密植滴灌枣林地下移。密植枣林地土壤含水率低值区间集中分布于 1.8~3.6 m 土层，该区间土壤平均含水率为 6.1%，其中土壤含水率最低值为 5.6%，位于 2.2 m 土层。稀植枣林地土壤含水率低值区间集中分布于 1.8~4.6 m，该区间土壤平均含水率为 5.07%，其中土壤含水率最低值为 4.5%，位于 2.4 m 土层。

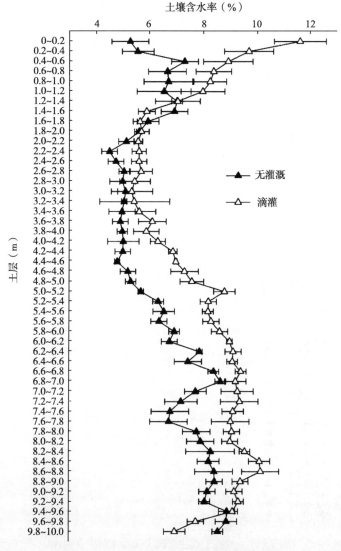

图 3-52 土壤含水率随土层深度的变化曲线

3.7.4　滴灌对细根分布最大深度的影响

本研究发现滴灌枣林比无灌溉枣林产生了更多的细根。此外，滴灌条件下枣林细根分布最大深度仅 5 m，9 年后细根深度不再增加，无灌溉枣林细根分布最大深度延伸到 10 m 土层。这说明，少量的灌溉能减少根系延伸到深层土层的深度。根系生长与分布对土壤中的水分环境十分敏感，土体水量分布状况与根系空间分布极为一致。根系生长随土壤含水量减少相应降低，上部干旱促使根系向深层发育，利用下层土壤中的水量。而通过灌溉人为补充上层土壤中的水量，实际上控制了土体中水量分布，以此调节根系生长及分布空间，最终达到调控果树产量的目的。

由图 3 - 51 可知，12 年生密植枣林细根分布最大深度为 5 m，而 12 年生稀植枣林细根分布最大深度为 10 m，密植枣林的细根分布最大深度仅为稀植枣林的一半。密植枣林地的深层土壤含水率比稀植枣林地高 7.7%，土壤水分低值区的区间较小，产量却较高，充分说明了滴灌对枣林细根分布和土壤水分消耗的调控作用。原因是密植枣林施加了滴灌措施，适时灌溉补充了上层土壤水分，细根可以从土壤上层吸收水分，当土壤上层水分不足时再从深层土壤吸收水分，因而减短了根系分布深度。滴灌可以抑制细根向下延伸，减少深层土壤水分消耗，进一步阻止深层土壤干层的形成。研究表明相当于年降水量（451.6 mm）7.4% 的滴灌水量（33.3 mm）对细根深度和深层土壤水分消耗有巨大影响。根系深度对水量供应很敏感，降水的微小变化能导致根系深度的巨大变化。如果降水量持续减少，深层土壤水分将被过度消耗。在黄土丘陵干旱半干旱区，密植枣林的水分管理至关重要，本研究中通过滴灌施加的水量很少，但在干旱半干旱地区人工林抵御干旱中起到了重要作用，适当的滴灌能够减缓、甚至抑制密植枣林地深层土壤水分的消耗，通过表层供应少量水能确保人工林的可持续发展。

3.8　距树干不同位置处滴灌对枣树根系生长的影响

3.8.1　对根干重密度的影响

3.8.1.1　非湿润区根干重密度

图 3 - 53 为离树干不同距离非湿润区获得的根干重密度（g/m³）柱状图。每个柱形高度代表了在离树干一定距离的土壤中，5 个取样时期获得 0～40 cm 土层中根干重密度的均值。由图可以看出，柱形最高的为离树干 35 cm 处获得的根干重密度（512.5 g/m³），其次为 100 cm 位置（368.6 g/m³）、最小的是 65 cm 位置（288.3 g/m³）。大小排序为 35 cm＞100 cm＞65 cm。这反映出：在没有灌溉影响的枣林中，离树干近的位置，细根富集、生物量最多；随着距离延长，细根生物量减少；但是在两株枣树的中间位置（离树干 100 cm），细根生物量又增多，主要是因为两株枣树的细根在这个位置交错叠加所致。叠加位置的根干重密度比 65 cm 位置的大 27.8%。

图 3 - 54 为不同距离非湿润区根干重密度随取样时间的变化曲线。曲线中的数据点为 0～40 cm 土层中 3 次取样获得根干重密度的平均值。图中曲线的高低显示了不同位置获得根干重密度的大小。可以看出，35 cm 位置的曲线处在图中最高的位置，而且，每次取

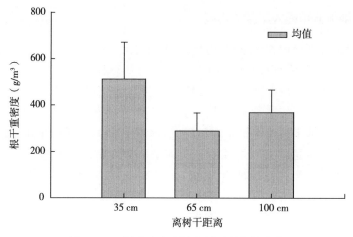

图 3-53　根干重密度随离树干距离的变化

样的值均最高，比 100 cm 位置的高出 3.2%～53.2%，比 65 cm 位置的高出 42.9%～116.7%。这与图 3-53 各位置根干重密度的平均值规律一致。

从图 3-54 的曲线变化趋势还能看出：7 月 17 日到 8 月 16 日期间，分别从不同距离获得的根干重密度均随取样时间呈增长趋势；8 月 26 日获得的根干重密度较 8 月 16 日减少。这主要是温度降低、根系停止生长的原因。

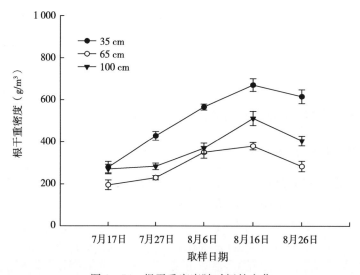

图 3-54　根干重密度随时间的变化

3.8.1.2　滴灌湿润区根干重密度

（1）离树干 35 cm 处滴灌

图 3-55 为离树干 35 cm 的位置进行滴灌，获得滴灌湿润区（35 cm）与非湿润区（65 cm、100 cm）的根干重密度（g/m³）柱状图。每个柱形高度代表的意义与图 5-1 相同。由图 3-55 可以看出，柱形最高的为离树干 35 cm 处获得的根干重密度（657.2 g/m³），其次为 100 cm 位置（368.6 g/m³）、最小的是 65 cm 位置（288.3 g/m³）。大小排序还是为

35 cm＞100 cm＞65 cm。这反映了：35 cm 位置增加灌溉后，在原本细根生物量大的基础上（与图 3-53 比较），细根又增加了 28.3%；随着距离延长，细根生物量减少；但是在两株枣树的中间位置（离树干 100 cm），细根生物量又增多。

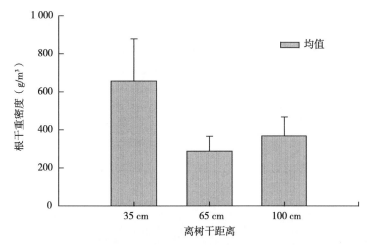

图 3-55　根干重密度随离树干距离的变化

图 3-56 为滴灌湿润区（35 cm）与非湿润区（65 cm、100 cm）的根干重密度随取样时间的变化曲线。曲线中数据点代表的意义与图 3-54 一样。图中曲线的高低显示：35 cm 的曲线处在图中最高的位置，比图 3-53 中 35 cm 的曲线位置向上拉高了许多。这样比100 cm 位置的高出 48.2%～92.0%，比 65 cm 位置的高出 70.6%～169.1%。这与图 3-55 各位置根干重密度的平均值规律一致。

当然，图 3-56 的曲线变化趋势还能看出与图 3-54 一致的趋势：7 月 17 日到 8 月16 日期间，根系干重密度均随取样时间呈增长趋势；8 月 26 日获得的根干重密度较 8 月16 日减少。

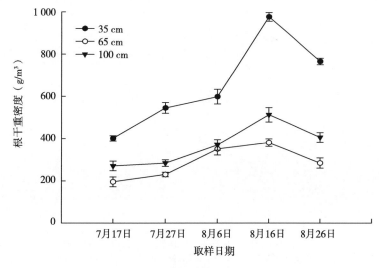

图 3-56　根干重密度随取样时间的变化

（2）离树干 65 cm 处滴灌

图 3-57 为离树干 65 cm 位置进行滴灌，获得滴灌湿润区（65 cm）与非湿润区（35 cm、100 cm）根干重密度（g/m³）柱状图。每个柱形高度代表的意义与图 3-53 一样。由图 3-57 可看出，柱形最高的还是离树干 35 cm 处获得的根干重密度（512.5 g/m³），其次为 65 cm 位置（458.0 g/m³）、最小的是 100 cm 位置（368.6 g/m³）。大小排序变成 35 cm＞65 cm＞100 cm。这反映了：65 cm 位置增加灌溉后，细根比原来不灌溉的情况增加了58.9％（与图 5-53 比较）；但还是比离树干 35 cm 位置的细根生物量少 10.6％；却超过了两株枣树的中间位置（离树干 100 cm）的细根生物量，增加了 24.3％。

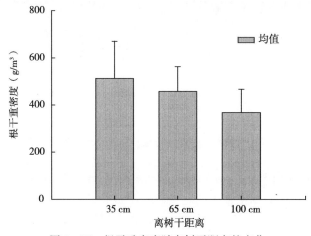

图 3-57 根干重密度随离树干距离的变化

图 3-58 为滴灌湿润区（65 cm）与非湿润区（35 cm、100 cm）的根干重密度随取样时间的变化曲线。曲线中数据点代表的意义与图 3-54 一样。图中曲线的高低显示：35 cm 的曲线处在图中最高的位置；65 cm 滴灌处的曲线位于另外两条曲线的中部，高出了 100 cm 的曲线，高出 14.6％～39.7％。这与图 3-7 各位置根干重密度的平均值规律一致。

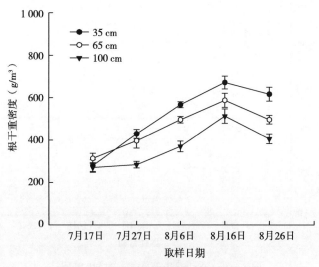

图 3-58 根干重密度随取样时间的变化

　　当然，图 3-58 曲线与图 3-54、图 3-56 一致：7 月 17 日到 8 月 16 日期间，根干重密度均随取样时间呈增长趋势；8 月 26 日获得的根干重密度较 8 月 16 日减少。

　　（3）离树干 100 cm 处滴灌

　　图 3-59 为离树干 100 cm 的位置进行滴灌，获得滴灌湿润区（100 cm）与非湿润区（35 cm、65 cm）的根干重密度（g/m³）柱状图。每个柱形高度代表的意义与图 3-53 一样。由图可以看出，柱形最高的还是离树干 35 cm 处获得的根干重密度（512.5 g/m³），其次为 100 cm 位置（500.8 g/m³）、最小的是 65 cm 位置（288.3 g/m³）。大小排序变成 35 cm＞100 cm＞65 cm。这反映了：100 cm 位置增加灌溉后，细根比原来不灌溉的情况增加了 35.9％（与图 3-53 比较）；接近离树干 35 cm 位置的细根生物量，只少了 2.3％；比 65 cm 位置的细根生物量多 73.7％。

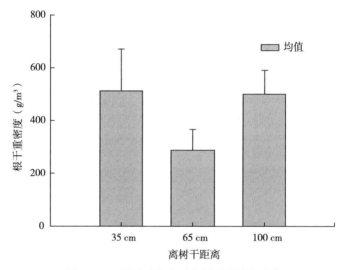

图 3-59　根干重密度随离树干距离的变化

　　图 3-60 为滴灌湿润区（100 cm）与非湿润区（35 cm、65 cm）根干重密度随取样时间的变化曲线。曲线中数据点代表的意义与图 3-54 一样。图中曲线的高低显示：35 cm 的曲线处在图中最高的位置；100 cm 的曲线与 35 cm 的曲线交错，比 65 cm 的曲线高出 51.5％～100.3％。这与图 7 各位置根干重密度的平均值规律一致。

　　当然，图 3-60 的曲线也具有这样的趋势：7 月 17 日到 8 月 16 日期间，根干重密度均随取样时间呈增长趋势；8 月 26 日获得的根干重密度较 8 月 16 日减少。

　　（4）3 个位置均滴灌

　　图 3-61 为滴灌湿润区的根干重密度（g/m³）柱状图。每个柱形高度的代表意义与图 3-53 一样。由图 3-61 可以看出，柱形最高的还是离树干 35 cm 处获得的根干重密度（657.2 g/m³），其次为 100 cm 位置（500.8 g/m³）、最小的是 65 cm 位置（458.0 g/m³）。大小排序变成 35 cm＞100 cm＞65 cm。离树干 35 cm 位置的细根生物量，比 100 cm 的多出 31.2％；比 65 cm 位置的多 43.5％。这个规律与图 3-53 的一致，这反映了：无论离树干的远近位置，增加灌溉后，细根比原来不灌溉的情况均增加，分别增加了 28.3％、58.8％和 35.9％（与图 3-53 比较）。

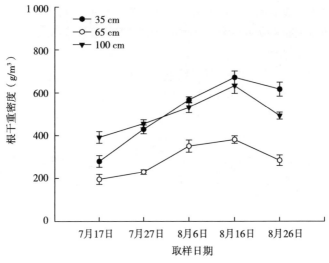

图 3-60 根干重密度随取样时间的变化

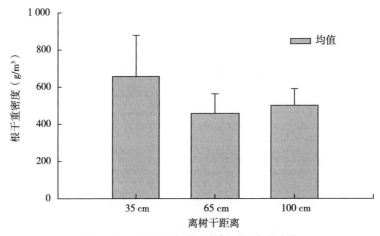

图 3-61 根干重密度随离树干距离的变化

图 3-62 为滴灌湿润区的根干重密度随取样时间的变化曲线。曲线中数据点代表的意义与图 3-54 一样。图中曲线的高低显示：35 cm 的曲线处在图中最高的位置；比 100 cm 的多出 2.5%~55.3%；比 65 cm 位置的多 20.7%~66.1%。这与图 3-61 各位置根干重密度的平均值规律一致。

当然，图 3-62 中 7 月 17 日到 8 月 16 日期间，根干重密度均随取样时间呈增长趋势；8 月 26 日获得的根干重密度较 8 月 16 日减少。

3.8.2 对根长的影响

3.8.2.1 非湿润区根长

图 3-63 为离树干不同距离非湿润区获得的根长（cm）柱状图。每个柱形高度代表了在离树干一定距离的土壤中，5 个取样时期获得 0~40 cm 土层中根长的均值。由图可以看出，柱形最高的为离树干 35 cm 处获得的根长（2 099.4 cm），其次为 100 cm 位

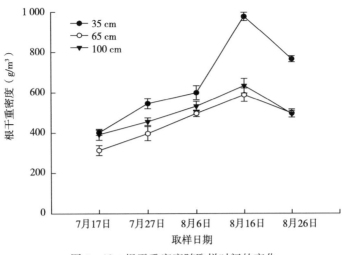

图 3-62 　 根干重密度随取样时间的变化

置 (1 748.3 cm)、最小的是 65 cm 位置 (1 664.4 cm)。大小排序为 35 cm>100 cm>
65 cm。这反映了在没有灌溉影响的枣林中,离树干近的位置,细根富集、生物量最多;
随着距离延长,细根生物量减少;但是在两株枣树的中间位置(离树干 100 cm),细根生
物量又增多,主要是因为两株枣树的细根在这个位置交错叠加所致。叠加位置的根长比
65 cm 位置的大 5.0%。

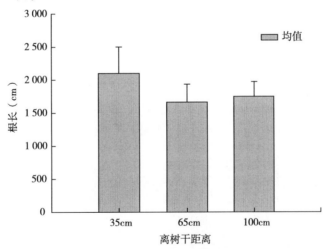

图 3-63 　 根长随离树干距离的变化

图 3-64 为不同距离非湿润区根长随取样时间的变化曲线。曲线中的数据点为 0~
40 cm 土层中 3 次取样获得根长的平均值。图中曲线的高低显示了不同位置获得根长的大
小。可以看出,35 cm 位置的曲线处在图中最高的位置,而且,每次取样的值均最高,比
100 cm 位置的高出 10.3%~81.9%,比 65 cm 位置的高出 13.0%~33.7%。这与图 3-
63 各位置根干重密度的平均值规律一致。

比较图 3-53 和图 3-63 能看出,非湿润区离树干 3 个位置的根长与根干重密度具有
相似的变化规律。大小排序都是 35 cm>100 cm>65 cm。

由图 3-64 的曲线变化趋势还能看出：7 月 17 日到 8 月 16 日期间，分别从不同距离获得的根长均随取样时间呈增长趋势；8 月 26 日获得的根长较 8 月 16 日减少。

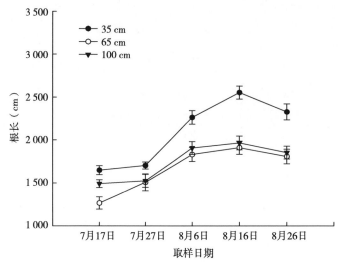

图 3-64　根长随取样时间的变化

3.8.2.2　滴灌湿润区根长

（1）离树干 35 cm 处滴灌

图 3-65 为离树干 35 cm 的位置进行滴灌，获得滴灌湿润区（35 cm）与非湿润区（65 cm、100 cm）的根长（cm）柱状图。每个柱形高度代表的意义与图 3-63 一样。由图 3-65 可以看出，柱形最高的为离树干 35 cm 处获得的根长（2 722.9 cm），其次为 100 cm 位置（1 748.3 cm）、最小的是 65 cm 位置（1 664.4 cm）。大小排序还是为 35 cm＞100 cm＞65 cm。这反映了：35 cm 位置增加灌溉后，在原本细根生物量大的基础上（与图 3-63 比较），细根又增加了 29.7％；随着距离延长，细根生物量减少，但是在两株枣树的中间位置（离树干 100 cm），细根生物量又增多。

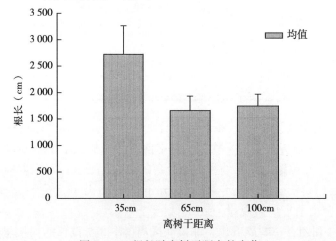

图 3-65　根长随离树干距离的变化

图 3-66 为滴灌湿润区（35 cm）与非湿润区（65 cm、100 cm）的根长随取样时间的变化曲线。曲线中数据点代表的意义与图 3-63 一样。图中曲线的高低显示：35 cm 的曲线处在图中最高的位置，比图 3-63 中 35 cm 的曲线位置向上拉高了许多。这样比 100 cm 位置的高出 39.8%～72.1%，比 65 cm 位置的高出 49.9%～77.2%。这与图 3-65 各位置根长的平均值规律一致。

由图 3-66 的曲线变化趋势也能看出与图 3-63 一致的趋势：7 月 17 日到 8 月 16 日期间，根长均随取样时间呈增长趋势；8 月 26 日获得的根长较 8 月 16 日减少。

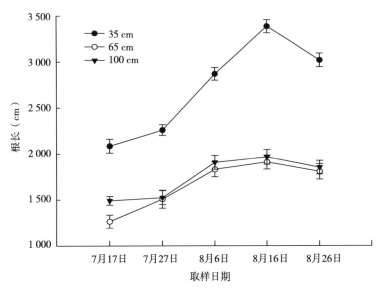

图 3-66　根长随取样时间的变化

（2）离树干 65 cm 处滴灌

图 3-67 为离树干 65 cm 的位置进行滴灌，获得滴灌湿润区（65 cm）与非湿润区（35 cm、100 cm）的根长（cm）柱状图。每个柱形高度代表的意义与图 3-63 一样。由图 3-67 可以看出，柱形最高的还是离树干 35 cm 处获得的根长（2 099.4 cm），其次为 65 cm 位置（2 099.1 cm）、最小的是 100 cm 位置（1 748.3 cm）。大小排序变成 35 cm≥65 cm＞100 cm。这反映了：65 cm 位置增加灌溉后，细根比原来不灌溉的情况增加了 26.1%（与图 3-63 比较）；与离树干 35 cm 位置的细根生物量相当；却超过了两株枣树的中间位置（离树干 100 cm）的细根生物量，增加了 20.1%。

图 3-68 为滴灌湿润区（65 cm）与非湿润区（35 cm、100 cm）的根长随取样时间的变化曲线。曲线中数据点代表的意义与图 3-63 一样。图中曲线的高低显示：35 cm 的曲线处在图中较高的位置；65 cm 滴灌处的曲线与 35 cm 的曲线交错，除第 1 次取样比 100 cm 曲线的小，其后随灌水时间的延长，均超过了 100 cm 的曲线。7 月 17 日后比 100 cm 的曲线高出 9.3%～47.3%。

图 3-68 的曲线也具有与图 3-63、图 3-66 一致的趋势：7 月 17 日到 8 月 16 日期间，根长均随取样时间呈增长趋势；8 月 26 日获得的根长较 8 月 16 日减少。

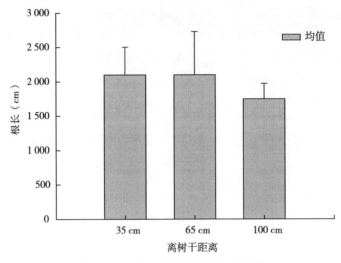

图 3-67　根长随离树干距离的变化

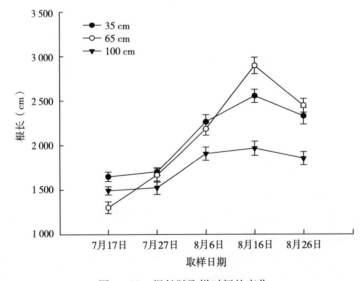

图 3-68　根长随取样时间的变化

（3）离树干 100 cm 处滴灌

图 3-69 为离树干 100 cm 的位置进行滴灌，获得滴灌湿润区（100 cm）与非湿润区（35 cm、65 cm）的根长（cm）柱状图。每个柱形高度代表的意义与图 3-63 一样。由图 3-69 可以看出，柱形最高的还是离树干 100 cm 处获得的根长（2 343.1 cm），其次为 35 cm 位置（2 099.4 cm）、最小的是 65 cm 位置（1 664.4 cm）。大小排序变成 100 cm＞35 cm＞65 cm。这反映了：100 cm 位置增加灌溉后，细根比原来不灌溉的情况增加了 34.0%（与图 3-53 比较）；超过离树干 35 cm 位置的细根生物量，多了 11.6%；比 65 cm 位置的细根生物量多 40.8%。

图 3-70 为滴灌湿润区（100 cm）与非湿润区（35 cm、65 cm）的根长随取样时间的变化曲线。曲线中数据点代表的意义与图 3-63 一样。图中曲线的高低显示：100 cm 的

曲线处在图中最高的位置，比 35 cm 的曲线高出 6%～26.6%，比 65 cm 的曲线高出 19.8%～63.1%。当然，图 3-70 的曲线也具有这样的趋势：7 月 17 日到 8 月 16 日期间，根长均随取样时间呈增长趋势；8 月 26 日获得的根长较 8 月 16 日减少。

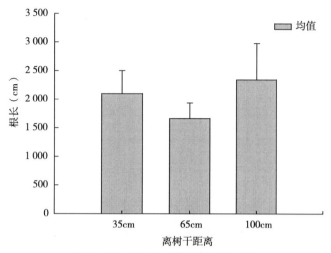

图 3-69　根长随离树干距离的变化

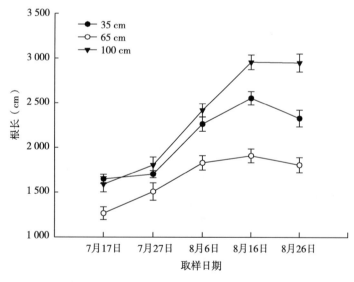

图 3-70　根长随取样时间的变化

（4）3 个位置均滴灌

图 3-71 为滴灌湿润区的根长（cm）柱状图。每个柱形高度的代表意义与图 3-63 一样。由图 3-71 可以看出，柱形最高的还是离树干 35 cm 处获得的根长（2 722.9 cm），其次为 100 cm 位置（2 343.1 cm）、最小的是 65 cm 位置（2 099.1 cm）。大小排序变成 35 cm ＞100 cm＞65 cm。离树干 35 cm 位置的细根生物量，比 100 cm 的多出 16.2%；比 65 cm 位置的多 29.7%。这个规律与图 3-63 的一致，这反映了：无论离树干的远近位置，增加灌溉后，细根比原来不灌溉的情况均增加，分别增加了 29.7%、26.1% 和 34.0%（与

图 3 - 63 比较）。

图 3 - 72 为滴灌湿润区的根长随取样时间的变化曲线。曲线中数据点代表的意义与图 3 - 63 一样。图中曲线的高低显示：35 cm 的曲线处在图中最高的位置；比 100 cm 的多出 2.3%～31.3%；比 65 cm 位置的多 16.9%～60.1%。这与图 3 - 71 各位置根长的平均值规律一致。

图 3 - 72 的曲线也具有这样的趋势：7 月 17 日到 8 月 16 日期间，根长均随取样时间呈增长趋势；8 月 26 日获得的根长较 8 月 16 日减少。

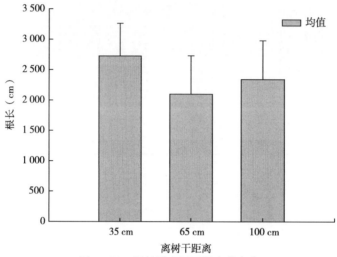

图 3 - 71　根长随离树干距离的变化

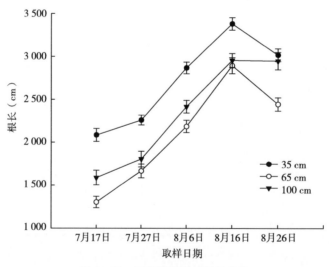

图 3 - 72　根长随取样时间的变化

3.8.3　对根表面积的影响

3.8.3.1　非湿润区根表面积

图 3 - 73 为离树干不同距离非湿润区获得的根表面积（cm²）柱状图。每个柱形高度代表了在离树干一定距离的土壤中，5 个取样时期获得 0～40 cm 土层中根表面积的均值。

由该图可以看出，柱形最高的为离树干 35 cm 处获得的根表面积（256.1 cm²），其次为
100 cm 位置（201.2 cm²）、最小的是 65 cm 位置（155.2 cm²）。大小排序为 35 cm>100 cm>
65 cm。这反映了在没有灌溉影响的枣林中，离树干近的位置，细根富集、生物量最多；
随着距离延长，细根生物量减少；但是在两株枣树的中间位置（离树干 100 cm），细根生
物量又增多，主要是因为两株枣树的细根在这个位置交错叠加所致。叠加位置的根表面积
比 65 cm 位置的大 29.7%。

图 3-74 为不同距离非湿润区根表面积随取样时间的变化曲线。曲线中的数据点为
0~40 cm 土层中 3 次取样获得根表面积的平均值。图中曲线的高低显示了不同位置获得根
表面积的大小。可以看出，35 cm 位置的曲线处在图中最高的位置，而且每次取样的值均
最高，比 100 cm 位置的高出 9.4%~55.9%，比 65 cm 位置的高出 30.7%~97.1%。这
与图 3-73 各位置根表面积的平均值规律一致。

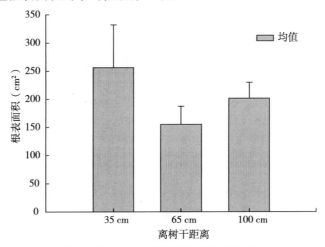

图 3-73　根表面积随离树干距离的变化

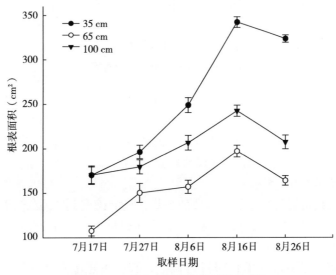

图 3-74　根表面积随取样时间的变化

比较图 3-73 和图 3-53、图 3-63 能看出，非湿润区离树干 3 个位置的根表面积与根长具有相似的变化规律。大小排序都是 35 cm＞100 cm＞65 cm。

从图 3-74 的曲线变化趋势还能看出：7 月 17 日到 8 月 16 日期间，分别从不同距离获得的根表面积均随取样时间呈增长趋势；8 月 26 日获得的根表面积较 8 月 16 日减少。

3.8.3.2 滴灌湿润区根表面积

（1）离树干 35 cm 处滴灌

图 3-75 为离树干 35 cm 的位置进行滴灌，获得滴灌湿润区（35 cm）与非湿润区（65 cm、100 cm）的根表面积（cm²）柱状图。每个柱形高度代表的意义与图 3-73 一样。由图 3-75 可以看出，柱形最高的为离树干 35 cm 处获得的根表面积（270.0 cm²），其次为 100 cm 位置（201.2 cm²）、最小的是 65 cm 位置（155.2 cm²）。大小排序还是为 35 cm＞100 cm＞65 cm。这反映了：35 cm 位置增加灌溉后，在原本细根生物量大的基础上（与图 5-1 比较），细根又增加了 54.0%；随着距离延长，细根生物量减少；但是在两株枣树的中间位置（离树干 100 cm），细根生物量又增多。

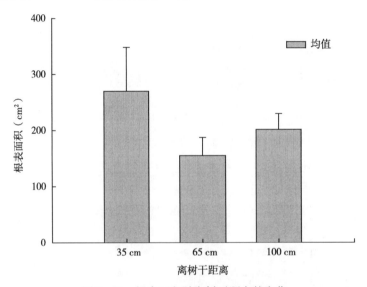

图 3-75　根表面积随离树干距离的变化

图 3-76 为滴灌湿润区（35 cm）与非湿润区（65 cm、100 cm）的根表面积随取样时间的变化曲线。曲线中数据点代表的意义与图 3-74 一样。图中曲线的高低显示：35 cm 的曲线处在图中最高的位置，比图 1 中 35 cm 的曲线位置向上拉高了许多。这样比 100 cm 位置的高出 48.2%～66.6%，比 65 cm 位置的高出 33.7%～110.7%。这与图 3-75 各位置根表面积的平均值规律一致。

图 3-76 的曲线也有与图 3-74 一致的趋势：7 月 17 日到 8 月 16 日期间，根表面积均随取样时间呈增长趋势；8 月 26 日获得的根表面积较 8 月 16 日减少。

（2）离树干 65 cm 处滴灌

图 3-77 为离树干 65 cm 的位置进行滴灌，获得滴灌湿润区（65 cm）与非湿润区（35 cm、100 cm）根表面积（cm²）柱状图。每个柱形高度代表的意义与图 3-73 一样。

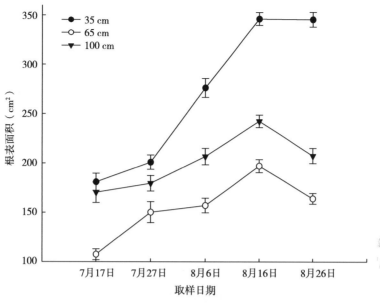

图 3-76 根表面积随取样时间的变化

由图 3-77 可以看出，柱形最高的还是离树干 35 cm 处获得的根表面积（256.1 cm²），其次为 100 cm 位置（201.2 cm²）、最小的是 65 cm 位置（199.3 cm²）。大小排序为 35 cm＞100 cm≥65 cm。这反映了：65 cm 位置增加灌溉后，细根比原来不灌溉的情况增加了28.5％（与图 3-73 比较）；但还是比离树干 35 cm 位置的细根生物量少 22.2％，比两株枣树的中间位置（离树干 100 cm）的细根生物量少 0.9％。

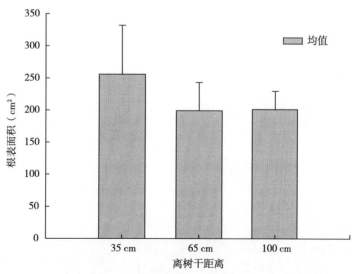

图 3-77 根表面积随离树干距离的变化

图 3-78 为滴灌湿润区（65 cm）与非湿润区（35 cm、100 cm）的根表面积随取样时间的变化曲线。曲线中数据点代表的意义与图 3-74 一样。图中曲线的高低显示：35 cm 的曲线处在图中最高的位置；65 cm 滴灌处的曲线与 100 cm 的曲线交错。这与图 3-77 各

位置根表面积的平均值规律一致。

当然，图3-78的曲线也具有与图3-74、图3-76一致的趋势：7月17日到8月16日期间，根表面积均随取样时间呈增长趋势；8月26日获得的根表面积较8月16日减少。

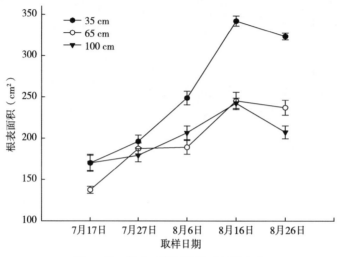

图3-78　根表面积随取样时间的变化

（3）离树干100 cm处滴灌

图3-79为离树干100 cm的位置进行滴灌，获得滴灌湿润区（100 cm）与非湿润区（35 cm、65 cm）的根表面积（cm²）柱状图。每个柱形高度代表的意义与图3-73一样。由图3-79可以看出，柱形最高的还是离树干35 cm处获得的根表面积（256.1 cm²），其次为100 cm位置（230.6 cm²）、最小的是65 cm位置（155.2 cm²）。大小排序变成35 cm＞100 cm＞65 cm。这反映了：100 cm位置增加灌溉后，细根比原来不灌溉的情况增加了14.6%（与图3-73比较）；接近离树干35 cm位置的细根生物量，少了10.0%；比65 cm位置的细根生物量多48.6%。

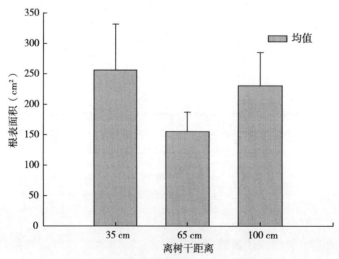

图3-79　根表面积随离树干距离的变化

图 3-80 为滴灌湿润区（100 cm）与非湿润区（35 cm、65 cm）的根表面积随取样时间的变化曲线。曲线中数据点代表的意义与图 3-74 一样。图中曲线的高低显示：35 cm 的曲线处在图中最高的位置；100 cm 的曲线位于中间，比 65 cm 的曲线高出 29.3%～66.1%。这与图 3-79 各位置根表面积的平均值规律一致。

当然，图 3-80 的曲线也具有这样的趋势：7 月 17 日到 8 月 16 日期间，根表面积均随取样时间呈增长趋势；8 月 26 日获得的根表面积较 8 月 16 日减少。

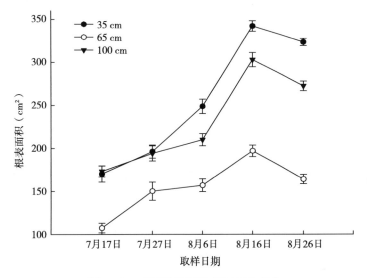

图 3-80　根表面积随取样时间的变化

（4）3 个位置均滴灌

图 3-81 为滴灌湿润区的根表面积（cm²）柱状图。每个柱形高度代表的意义与图 3-73 一样。由图 3-81 可以看出，柱形最高的还是离树干 35 cm 处获得的根表面积（270.0 cm²），其次为 100 cm 位置（230.6 cm²）、最小的是 65 cm 位置（199.3 cm²）。大小排序变成 35 cm＞100 cm＞65 cm。离树干 35 cm 位置的细根生物量，比 100 cm 的多出 17.1%；比 65 cm 位置的多 35.4%。这个规律与图 3-73 的一致，这反映了：无论离树干的远近位置，增加灌溉后，细根比原来不灌溉的情况均增加，分别增加了 5.4%、28.5% 和 14.6%（与图 3-73 比较）。

图 3-82 为滴灌湿润区的根表面积随取样时间的变化曲线。曲线中数据点代表的意义与图 3-74 一样。图中曲线的高低显示：35 cm 的曲线处在图中最高的位置；比 100 cm 的多出 3.3%～83.6%；比 65 cm 位置的多 7.1%～46%。这与图 3-81 各位置根表面积的平均值规律一致。

当然，图 3-82 的曲线也具有这样的趋势：7 月 17 日到 8 月 16 日期间，根表面积均随取样时间呈增长趋势；8 月 26 日获得的根表面积较 8 月 16 日减少。

3.8.4　滴灌湿润区与非湿润区根系生长区比较

将离树干 3 个距离获得的滴灌湿润区和非湿润区的数据求平均值，获得滴灌湿润区与非湿润区随取样时间的变化规律。

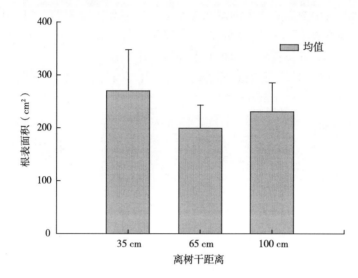

图 3-81　根表面积随离树干距离的变化

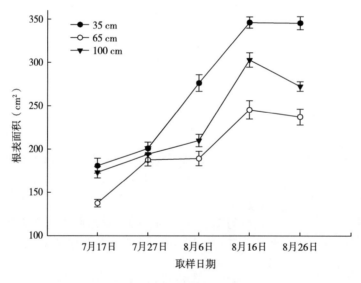

图 3-82　根表面积随取样时间的变化

3.8.4.1　根干重密度比较

图 3-83 为滴灌湿润区与非湿润区、3 个距离获得根干重密度（g/m³）的均值随取样时间的变化曲线。从曲线中能明显看出，每次取样滴灌湿润区中的根干重密度均大于非湿润区，超出的幅度为 26.3%～48.4% 之间。两条曲线呈现一致的规律，从 7 月 17 日至 8 月 16 日呈增加趋势，之后减小。

3.8.4.2　根长比较

图 3-84 为滴灌湿润区与非湿润区、3 个距离获得根长（cm）的均值随取样时间的变

化曲线。从曲线中能明显看出，每次取样滴灌湿润区中的根长大于非湿润区，增长的幅度为 12.9%～43.6%。两条曲线呈现一致的规律，从 7 月 17 日—8 月 16 日呈增加趋势，之后减小。

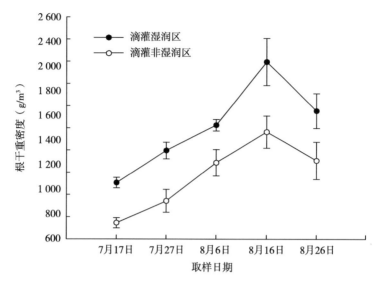

图 3-83　根干重密度随取样时间的变化

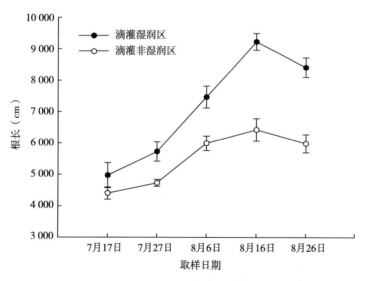

图 3-84　根长随取样时间的变化

3.8.4.3　根表面积比较

图 3-85 为滴灌湿润区与非湿润区、3 个距离获得根表面积（cm²）的均值随取样时间的变化曲线。从曲线中能明显看出，每次取样，滴灌湿润区中的根表面积均大于非湿润区，增长的幅度为 9.8%～23.1%。两条曲线呈现一致的规律，从 7 月 17 日—8 月 16 日呈增加趋势，之后减小。

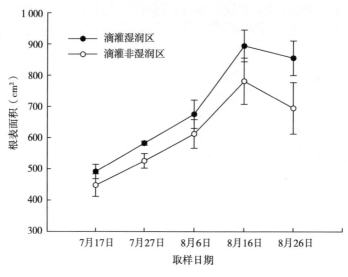

图 3-85　根表面积随取样时间的变化

3.9　小结

（1）在垂直方向上，细根主要分布在 0～60 cm，最大值出现在 20～40 cm。树下、株间、行间、中心点 4 个位置细根分布规律差别很大。树下与株间的细根密度最大值出现在 20～40 cm 层，行间与中心点细根密度最大值出现在 0～20 cm 层。不同土层细根生物量密度变异性均大于 1，达到了强变异性，而且其变异性随深度的增加先增加而后减小。各个土层土壤水分变异性在 0～1 之间，达到中等变异性，土壤水分变异性随土壤深度的增加呈增大的趋势。不同土层细根生物量密度大小与其变异系数无相关性，而土壤水分大小与其变异系数呈显著相关性。

（2）不同深度下的细根生物量密度空间分布特征可以分别用指数和球形模型来描述，除了 0～20 cm 层的最佳半方差模型是指数模型，其他 4 层的最佳半方差模型是球形模型。坡地上枣林 0～20 cm 与 20～40 cm 层的细根生物量密度的空间自相关性表现出各向异性，40～60 cm、60～80 cm、80～100 cm 土层的细根生物量密度空间自相关性表现出各向同性。0～20 cm 与 20～40 cm 土层的细根生物量密度横向方向上的变程为 3 m，纵向方向上的变程为 2 m，而 40～60 cm、60～80 cm、80～100 cm 土层在横纵方向上的变程均为 2 m。

（3）0～40 cm 土层深度内坡地与平地根系较为密集，其根系生物量密度均值都在 600 g/m³ 以上；对于同一土层深度，不同地形的根系生物量密度空间分布存在着一定的差异，坡地 20～40 cm 土层深度根系生物量密度大于 0～20 cm 土层深度，而平地正好相反。对于 20 cm 土层深度，坡地与平地根系生物量密度相差不大，但坡地分布较平地均匀，而平地两树根系交错处生物量密度最大值可达到 1 380 g/m³ 和 1 273 g/m³。20～40 cm 土层深度坡地枣树根系生物量密度均值增加至 757 g/m³，且最大值出现在距树干水平距离 60～80 cm 处达 1 398 g/cm³；而平地枣树根系最大值则位于树干周围。此外坡地上的枣树根系的空间分布主要是沿坡面向下生长，在采样剖面中段沿坡面向上的 0～20 cm、20～40 cm 土层中分别聚集了整个土层 67%、65% 的根量，并且根系生物量密度最大的位置也分布在采样剖面中段向上的位置。而平地根系在不同土层深度的空间分布与地形则不存在密切关系。

（4）1 年生、4 年生、8 年生、11 年生枣林中直径＞3 mm 的根量密度分别为 9.7 条/m²、60.0 条/m²、81.7 条/m²、106.7 条/m²；枣树生长第 2 年到第 4 年是直径＞3 mm 根系的快速生长时期，第 5 年之后，生长趋于平缓。1 年生、4 年生、8 年生、11 年生枣林中直径 1～3 mm 的根量密度分别为 87.5 条/m²、90.0 条/m²、133.2 条/m²、218.9 条/m²；枣树生长第 1 年是直径 1～3 mm 根系的快速生长时期。1 年生、4 年生、8 年生、11 年生枣林中直径＜1 mm 的根量密度分别为 1 969.4 条/m²、3 361.7 条/m²、4 698.3 条/m²、6 631.7 条/m²。枣树生长第 1 年到第 11 年，直径＜1 mm 根系一直以 48% 的幅度增长，处于稳步增长的生长时期。

（5）直径＞3 mm 根系的垂直分布规律：1 年生枣林根系主要分布在 0～20 cm 土层中（占 85.7%）。4 年生以及以上树龄根系主要分布在 0～60 cm 土层中，该土层分别集聚了 4 年生、8 年生、11 年生枣林 70.8%、72.5% 和 75.5% 的根量。直径 1～3 mm 根系的垂直分布规律：1 年生枣林根系主要集聚在 0～20 cm 土层中（占 54.0%）。4 年生、8 年生、11 年生枣林根系主要分布在 0～60 cm 土层中，该土层分别集聚了 4 年生、8 年生、11 年生枣林 70.4%、71.8% 和 76.1% 的根量。直径＜1 mm 根系的垂直分布规律：1 年生枣林根系主要分布在 0～40 cm 土层中（占 69.2%）。4 年生、8 年生、11 年生枣林根系主要分布在 0～60 cm 土层中，该土层分别集聚了 4 年生、8 年生、11 年生枣林 75.1%、80.1% 和 82.3% 的根量；更富集于 0～40 cm 土层中，分别富集了 50.4%、55.3% 和 59.2% 的根量。

（6）0～100 cm 土层中，1 年生枣林（株距 120 cm）及 4 年以上树龄（株距 200 cm），直径＞3 mm、1～3 mm 的根量密度水平分布差异显著，但直径＜1 mm 的根量密度水平分布无差异。但同一土层中（0～20 cm，20～40 cm，40～60 cm），无论树龄大小及水平位置，不同直径根系的根量密度都无差异。无论在 0～100 cm 土层中、还是同一土层中（0～20 cm，20～40 cm，40～60 cm），株距为 120 cm 的 1 年生枣林，直径＜1 mm 根系的根量密度水平分布无差异；株距为 200 cm 的 4 年生、8 年生、11 年生枣林，根量密度水平分布也无差异。

（7）黄土高原丘陵半干旱区密植枣林中 60% 细根分布在 0～40 cm 的土层中，80% 的根系分布在 0～60 cm 的土层中。枣树细根量受滴灌、鱼鳞坑等水分调控措施的影响，60% 的细根在滴灌湿润区和鱼鳞坑部位富集。不同状况影响下，枣树根量密度大小的排序为 W4＞W2＞W3＞W1。鱼鳞坑内生长的枣树较自然生长的枣树根系明显 1 m 层内的根系量增加，主根长度较自然坡面的枣树根系深度减少约 3 m，说明鱼鳞坑增加了雨水积蓄，使得上层土壤能提供更多水分，枣树可以在 5 m 层内获得正常生长的水分。滴灌可以促进根系的生长。在自然坡面滴灌发现，滴灌位置的下方可以生成大量细根，细根增加范围与湿润体一致，主根长度较自然坡面的枣树根系深度减少约 4 m 多，基本与鱼鳞坑滴灌条件下的接近。在鱼鳞坑内滴灌时，主根长度较自然坡面的枣树根系深度减少约 4 m 多，较无滴灌减少 1 m 多，也再次说明增加表层土壤水分可以减少主根的深度。总之，较好的表层土壤水分条件增加了表层中的细根量，增加的细根吸收的水分使得枣树主根无需往土壤深处寻找水源，因而减少了主根的深度。

（8）细根干重密度随土层深度的增加而骤减，随林龄的增长而增大。同林龄枣林不同水平位置细根干重密度均值间无显著差异，不同林龄枣林细根干重密度总和间有显著差异。细根分布最大深度随着林龄的增长而增加，在前 4 年增加得较快，而在以后 5 年增加缓慢，9 年生和 12 年生枣林细根最大深度都为 5 m，9 年以后细根最大深度维持稳定，不再增加。由于细根不断地向深层土层吸水，导致降水入渗最大深度以下土层中的水分不断被消耗直至接近土壤凋萎湿度，形成一段近乎垂直线的土壤水分低值区。枣林土壤水分低值区位于降水入渗最大深度和细根分布最大深度之间。

（9）滴灌密植枣林细根分布最大深度为 5 m，无灌溉稀植枣林为 10 m。滴灌密植枣林 0～10 m 土层平均土壤含水率为 8.52%，而无灌溉稀植枣林土壤含水率仅为 6.6%，密植枣林地的深层土壤含水率比稀植枣林地高 7.7%，密植枣林由于有滴灌措施，土壤含水率高于稀植枣林。滴灌密植枣林土壤含水率低值区间集中分布于 1.8～3.6 m 土层，而无灌溉稀植枣林集中分布于 1.8～4.6 m，滴灌密植枣林土壤水分低值区的土层范围较无灌溉稀植枣林上移。表层水分供应状况显著影响了细根分布最大深度，林木根系可以根据表层水分供应状况合理调整扎根深度。相当于年降水量（451.6 mm）7.4%的滴灌水量（33.3 mm）对根系深度和深层土壤水分消耗有巨大影响。虽然现有枣林出现了土壤干层，但理论上滴灌可以减少深层土壤水分的消耗、抑制黄土丘陵半干旱区人工经济林利用性土壤干层的形成，一定量的灌溉可以维持林地的可持续发展。

（10）在非滴灌湿润区土壤中，获得密植枣树直径＜1 mm 根系的生物量 3 个指标的大小排序均为 35 cm＞100 cm＞65 cm。根干重密度分别为 512.5 g/m³、368.6 g/m³ 和 288.3 g/m³；根长分别为 2 099.4 cm、1 748.3 cm 和 1 664.4 cm；根表面积分别为 256.1 cm²、201.2 cm² 和 155.2 cm²。与非滴灌湿润区对比，距离树干 35 cm、65 cm 和 100 cm 位置进行滴灌补水调控，获得密植枣树根干重密度的增量分别为 28.3%、58.8% 和 35.9%；根长增量分别为 29.7%、26.1% 和 34.0%；根表面积增量分别为 5.4%、28.5%和 14.6%。从这 3 个指标可以看出，滴灌能够促进密植枣树细根生物量的生长，密植枣林中不同位置滴灌都能够促进细根生物量的生长。

总之，滴灌、鱼鳞坑等水分调控措施能够增加枣林表层根系的生长，缩短根系的最大深度，从而减少了消耗枣林深层土壤水分的可能，缓解了密植枣林土壤干化的深度和程度，为可持续经营提供了保障。

第4章 裸露地表下的干化土壤水分运移特征

土壤干化防治与修复是黄土高原生态建设与水土保持学科关心的热点问题。黄土高原区地下水埋藏较深，且不具备灌溉条件，降雨是干化土壤水分补给的最主要来源。近年来关于自然降雨在土壤中的运移特征研究大多集中在表层 3 m 以内。然而，密植枣林地土壤耗水深度已超过 5 m，而且随着林龄增加不断加深。因此表层土壤水分运移特征对于反映自然降雨条件下的深层干化土壤水分修复特性存在一定的局限性。本章设计了野外 10 m 大型土柱观测试验，分析裸露地表状况下的降雨分布特征，探讨独立、间歇、单次不同降雨类型（小、中和大雨）、累积入渗及迁移规律，并选用 HYDRUS-1D 模型，模拟了典型降雨下干化土壤水分的运动和分布特征。结果表明：①间歇降雨较独立降雨具有更强的入渗、迁移规律，间歇降雨中数次降雨交互对土壤水分的入渗、迁移产生促进作用。相同降水量下，其入渗深度较独立降雨可提高 100%～160%；迁移深度可提高 91%～197%。深层土壤水分的入渗是多年累积降雨共同作用的结果，2015—2018 年土壤水分累积入渗深度分别为 300 cm、400 cm、700 cm、900 cm。②单次降水量为 5.2（小雨）、15.8（中雨）、33.6（大雨）mm 时，降雨影响深度分别为 0.3 m、0.6 m、1.4 m。水分循环主要在 0.8 m 以内的蒸发带。土壤水分的垂直输送具有滞后性，湿润锋以"波浪"的形式推进。③HYDRUS-1D 模型能较好模拟不同雨强下土柱土壤水分分布和运动特征。研究结果对合理充分利用降雨资源，促进当地干化土壤后期恢复，认识自然降雨的生态效应具有重要的理论和实践意义。

4.1 研究方法

4.1.1 试验方案

试验土柱建造在山坡中部的水平梯田，直径 80 cm，深 10 m，如图 4-1 所示。土柱采用开挖后回填，开挖时按照之前测定的土壤质地层次分三层开挖，并将三层土壤分别堆放保存，以保证回填时按原来的土壤质地层次分层回填。土壤回填前用厚约 1 mm 的大棚塑料膜铺设在土柱井壁，使柱体土壤与外界土壤隔离，避免土柱内外水分交流扩散。回填时，一方面按照之前测得的土壤质地分层回填，逐层压实；另一方面重点控制回填土的土壤容重 [(1.29±0.05) g·cm⁻³] 和含水量（7%左右），从而最大限度地模拟旱作枣林地干化土壤。

以土壤含水量低于田间持水量 30% 定为土壤干层的含水量定量指标（王力等，2000），研究区主要林种是退耕还林工程形成的大面积山地枣林，因此本试验土柱是模拟枣林地干化土壤。汪星（2015）等通过对本研究区枣林地土壤水分特性研究指出，12a 枣林大致在 0～540 cm 深度范围内形成土壤干层。其中 0～200 cm 土层水分活跃，具体表现为春季土壤含水量最低，平均土壤含水量约为 5%，之后随降水量的增多呈增加趋势，至

10月份达到最大，平均土壤含水量大致达 13.5%，因此该层土壤受降雨影响明显，土壤水分易于恢复。而 200～540 cm 土层为低水分区，土壤含水量仅为 7% 左右，枣林平均每年消耗减少该层次土壤水分 10.76 mm，土壤干化严重。为了使研究结果更具有代表性，本试验选取 12a 枣林地 0～600 cm 土层剖面在一个水文周年内的水分平均值作为土壤干层的真实水平，见图 4-2。

图 4-1　野外土柱布设情况

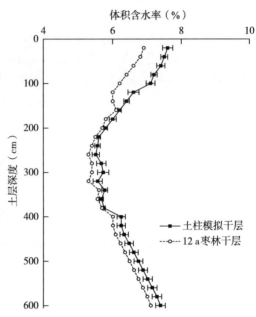

图 4-2　土柱模拟干层与 12a 枣林真实干层土壤水分比较

试验土柱回填后 130 天，对比土柱模拟干层水分（y）与 12a 枣林干层水分（x），如图 4-2，并对其进行回归分析，结果发现二者呈线性相关：$y = 1.180\ 4x - 0.773\ 8(RE = 5.37\%, R^2 = 0.91)$，方程拟合的效果较好。土壤水分的主要差异出现在 0～160 cm 土层，原因是 12a 枣林受树冠截留和自身耗水影响较大，土柱则无地表植物耗水，因此该层次内降雨对土柱土壤水分增加较大。这在一定程度上也反映了土柱模拟土壤干层的可靠性。土柱的修建为研究土壤水分在自然条件下的修复提供了与外界相隔离的环境。土柱地表裸露，土柱内无根系，无作物种植，不产生冠层截留。

4.1.2　指标测定及计算

（1）土壤水分

对于裸地处理的土柱土壤水分采用 CS650 - CR1000 自动监测系统进行测定，每 30 min 测定一次。CS650 - CR1000 自动监测系统的工作原理是通过测量土壤的介电常数得到土壤的体积含水量。探头可测定含水量范围：5%～50%，精密度：<0.05%，测定容积：7 800 cm³。考虑到水分下渗后上部土层的土壤含水量变化较下部土层大，故探头按照上密下疏的原则布置。从地面以下 0.1 m 开始，1 m 内间距 0.1 m，1～3 m 间距 0.2 m，3～6 m 间距 0.5 m，6～10 m 间距 1 m，共计埋设 30 个水分探头，布置如图 4-3

（白盛元等，2016）。在土柱外侧安装 CR1000 数据采集器，与柱体内的 30 个水分探头相连（如图 4-1），以定时记录各探头数据，频率为 30 min/次。

　　为保证自动监测系统数据的可靠性，分别采用烘干法和中子水分仪进行校核验证。在 30 个探头埋设深度采取土样，用烘干法测得土壤水分（x），对自动监测系统的数据（y）可靠性进行检验，两种方法的拟合方程为：$y = 1.039x - 1.901(RE = 0.63\%, R^2 = 0.988)$，因此土壤水分传感器测得的数据可以反映真实情况，试验中土柱土壤水分数据均采用自动监测系统标定后测得数据。在土柱中埋设 10 m 中子管（图 4-3），利用中子水分仪对 CS650-CR1000 土壤水分自动监测系统定期进行校正，保证后续试验过程中数据的可靠性。

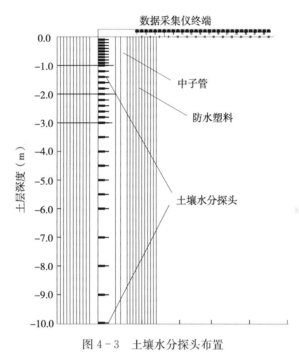

图 4-3　土壤水分探头布置

　　（2）气象因子

　　试验地设有 BLJW-4 小型气象站，监测指标包括气温（T，℃）、降水量（P，mm）、相对湿度（RH，%）、土壤热通量（G，W/m²）、总辐射（R，W/m²）、太阳净辐射（Rn，W/m²）和风速（V，m/s），监测时间步长为 30 min。本书涉及的气象数据均由小型气象站采集，以下各章对气象因子不再叙述。

4.2　不同降雨类型下干化土壤水分入渗及运移规律

4.2.1　降雨分布特征

4.2.1.1　年际分布特征

　　黄土丘陵区属于中温带半干旱性气候，各年降水分配不均，具有明显的年际变化特征。图 4-4 为 1985—2016 年米脂县年降水量分布状况，年降水量变化较大，其中年最大降水量出现在 2013 年，为 633.7 mm，年最小降水量出现在 1999 年，为 268.3 mm，变幅达 57.7%。研究区 32 年内平均降水量为 451.6 mm，接近当地多年平均降水量。

依据国内较常采用的降水年型划分标准，对研究区 1985—2016 年 32 年水文年类型进行划分，其中枯水年年数占比达 46.9%，而丰水年和平水年年数比例分别为 28.1%、25.0%，如表 4-1。这个结果也印证了黄土丘陵区总体降水偏少，容易促发土壤干层等生态现象。

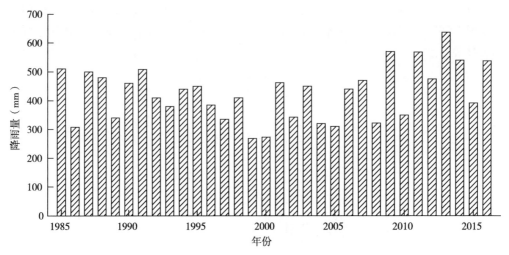

图 4-4 1985—2016 年米脂降水量逐年变化分布状况

表 4-1 1985—2016 年降水年型划分

	年份	年数	占总年数的百分比
丰水年	1985、1987、1988、1991、2009、2011、2013、2014、2016	9	28.1%
平水年	1990、1994、1995、2001、2003、2006、2007、2012	8	25.0%
枯水年	1986、1989、1992、1993、1996、1997、1998、1999、2000、2002、2004、2005、2008、2010、2015	15	46.9%

4.2.1.2 月际分布特征

以多年平均月降水量（x）为标准，对研究区 2014 年 7 月—2015 年 6 月降水量（y）进行相关性分析，结果二者呈线性相关：$y = 1.050\,1x - 1.196\,1$（$R^2 = 0.87$），因此选取 2014 年 7 月—2015 年 6 月为该区域典型水文周年，进行年内逐月降雨变化的特征分析，如图 4-5。

图 4-5 显示，总体上该区域降水可以分为 4 个阶段：7—9 月为降雨丰沛阶段，10—11 月为降水过渡逐渐减少阶段，12 月至来年 3 月为降水匮乏阶段，4—6 月为降水过渡逐渐增加阶段。其中 7—9 月降雨最多，雨量最大达 292.4 mm，为该年降水总量的 65%。进入 10—11 月秋末冬初阶段，随着温度的降低降水逐渐减少，降水量较之前开始有所减小，如 10 月的降水量为 17.0 mm，较 9 月减少了 80.8 mm，至 11 月再次减少，仅为

13.8 mm。12 月至来年 3 月处于冬季，降水极度匮乏，降水量也降至最低，该阶段内的降水量仅为 14.4 mm，为年降水总量的 3.2%。而 4—6 月处于春季，随着温度的回升降水也开始增多，3 个月的月降水量分别为 28.0 mm、39.4 mm、42.6 mm，雨量渐次增加。

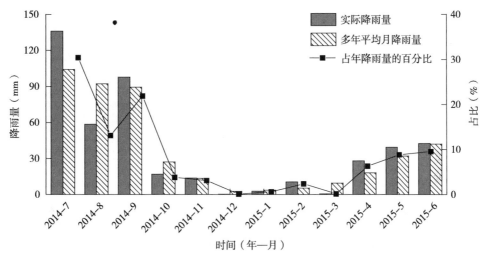

图 4 - 5　米脂县典型水文年内月降水量变化分布状况

4.2.2　独立降雨下土壤水分入渗及迁移

独立降雨是指一次降雨发生后其入渗深度范围内的土壤水分又恢复到之前水平的单次降雨。依据中国气象局资料：日降水量在 10.0 mm 以下的降雨为小雨，10.0~24.9 mm 为中雨，25.0~49.9 mm 为大雨（李萍等，2013）。选择试验期间最符合三种雨型的独立降雨 6 次（大、中、小雨各两次）分别代表不同的降雨状况，如表 4 - 2 所示，并将这 6 次典型降雨入渗过程和迁移过程的土壤剖面水分变化表示在图 4 - 6 中。

表 4 - 2　典型独立降雨数据统计

降雨编号	降雨时间	降水量 (mm)	降雨历时 (h)	降雨强度 (mm·h⁻¹)	初始土壤含水率 (10 cm 处) (%)	雨型
1	2014/09/16 05：00— 2014/09/16 14：00	33.6	9.0	3.73	19.6	大雨
2	2015/09/09 00：00— 2015/09/09 13：00	31.4	13.0	2.42	17.0	大雨
3	2015/09/17 16：00— 2015/09/17 22：00	20.0	6.0	3.33	17.0	中雨
4	2015/09/03 22：30— 2015/09/04 08：30	19.0	9.0	2.11	16.1	中雨
5	2014/09/23 07：30— 2014/09/23 10：00	4.6	2.5	1.84	20.7	小雨

（续）

降雨编号	降雨时间	降水量 （mm）	降雨历时 （h）	降雨强度 （mm·h⁻¹）	初始土壤含水率 （10 cm 处）（%）	雨型
6	2014/08/17 22：00— 2014/08/18 01：00	5.2	3.0	1.73	16.3	小雨

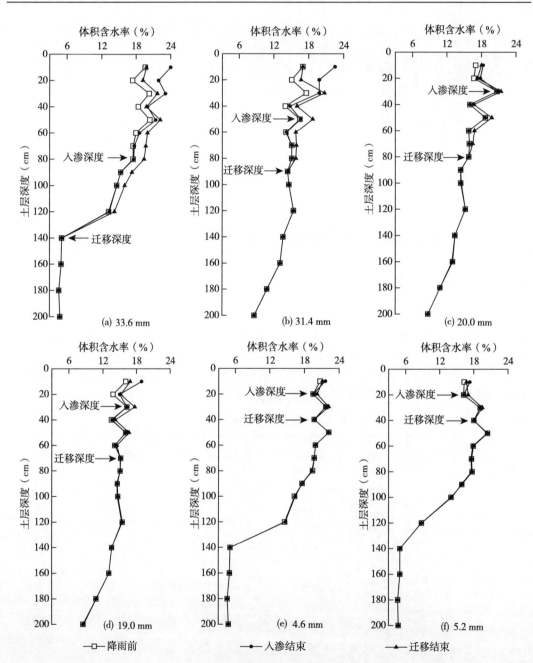

图 4-6 典型独立降雨下土壤剖面水分变化

由图 4-6 可以看出，降水量为 33.6 mm、31.4 mm、20.0 mm、19.0 mm、4.6 mm、5.2 mm 的 6 次降雨的入渗深度依次为 80 cm、50 cm、30 cm、30 cm、20 cm、20 cm。降雨结束时，上、下层土壤含水率差别较大，在土壤垂向方向上形成了较大的重力势梯度和基质势梯度，水分继续向下迁移，至湿润锋运移停止，水分迁移深度达到最大，6 次降雨的最大迁移深度依次达 140 cm、90 cm、80 cm、70 cm、40 cm、40 cm。图 4-7 表示出这 6 次典型降雨入渗深度及迁移深度随降水量的变化趋势，很明显，水分的入渗深度与迁移深度随降水量增加而逐渐增大。统计米脂县近 16 年（2000—2015 年）的降雨状况，平均每年发生大雨 3 次，中雨 20 次，小雨 48 次，因此当地年内降雨影响深度约 3 次大致可达 90～140 cm，20 次达 70～80 cm，48 次达 40 cm。

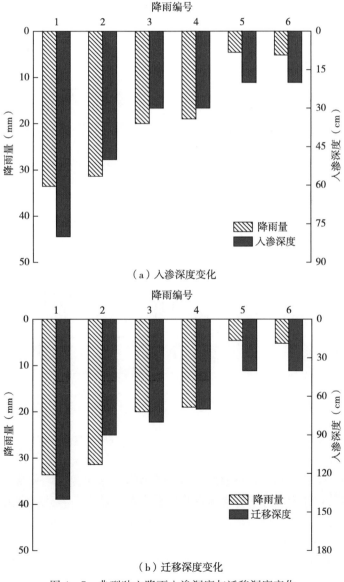

图 4-7　典型独立降雨入渗深度与迁移深度变化

结合表 4-2 及图 4-6，分别对相同雨型的降雨进行分析。两次大雨（降雨编号 1、2）雨量分别为 33.6 mm、31.4 mm，数值接近，而其入渗深度分别为 80 cm 和 50 cm，相差 30 cm，迁移深度分别为 140 cm 和 90 cm，相差 50 cm（图 4-6a、b）。两次中雨（降雨编号 3、4）雨量分别为 20.0 mm、19.0 mm，入渗深度均为 30 cm，迁移深度分别为 80 cm 和 70 cm，相差 10 cm（图 4-6c、d）。两次小雨（降雨编号 5、6）雨量分别为 4.6 mm 和 5.2 mm，入渗深度均为 20 cm，迁移深度均为 40 cm（图 4-6e、f）。可以发现，降水量一定时，两次降雨的入渗深度与迁移深度仍存在较大差别，所以独立降雨的入渗与迁移还受其他因素影响，如降雨强度、初始土壤含水率、温度、辐射、风速等。图 4-8 表示出 2014 年 8 月—2015 年 12 月间研究区气象因子的变化状况，该期间内累计发生降雨 286 次，总降水量达 589.2 mm。总体上，降雨与温度的变化趋势较为吻合，二者的峰值均出现在 7~9 月，谷值均集中于 12 月至次年 2 月；而风速与相对湿度呈一定的负相关，相对湿度变化范围介于 13.35%~97.8%，风速变化范围在 0.06~1.82 m/s。气象因子的不同变化，都会对水分的入渗、迁移深度产生不同程度的影响。

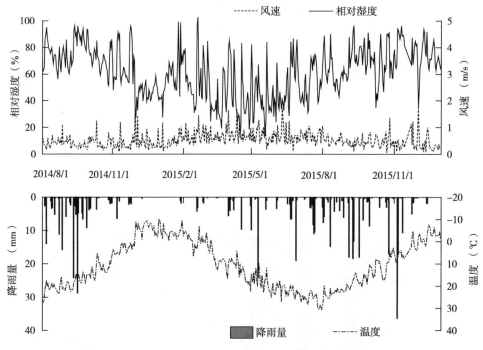

图 4-8　2014 年 8 月—2015 年 12 月研究区气象状况

有研究认为，在低于入渗容量的范围内，降雨强度越大，入渗量越多，本试验结果与此观点一致。但是，我们认为初始土壤含水率对入渗与迁移影响更加明显，这是因为高含水量一方面更容易使土壤达到饱和，另一方面增强了土壤中的气体效应，更有助于湿润锋向下运移。6 次降雨的初始土壤含水率顺序为：降雨 1（19.6%）>降雨 2（17.0%）、降雨 3（17.0%）>降雨 4（16.1%）、降雨 5（20.7%）>降雨 6（16.3%），这与上述降雨的入渗深度及迁移深度的顺序十分一致。需要说明的是，本试验土壤水分探针布设的最小步长为 10 cm，对于变化差值小于 10 cm 的深度我们无法判读，如两次小雨（降雨编号 5、6），其入渗深度与迁移深度很有可能由于降雨强度及初始土壤含水率的差异导致不同，但由于差值小于 10 cm，试验读取的结果为入渗深度相同（20 cm），迁移深度也相同（40 cm）。总体来看，独立降雨的入渗和迁移深度不仅受降水量影响明显，还与降雨强度及初始土壤含水率有关，降水量一定的情况下，降雨强度越大，初始土壤含水率越高，水分的入渗深度和迁移深度也越大。

4.2.3　间歇降雨下土壤水分入渗及迁移

间歇降雨是指一次降雨发生后其入渗深度范围内的土壤水分未恢复至降雨之前的初始水平时又发生了新的降雨，即包含两次以上的连续降雨。间歇降雨中土壤水分的入渗、迁移交替进行，前次降雨为后次降雨储存了水量，后次降雨在前次降雨的基础上产生新的入渗和迁移，因此一组间歇降雨中后续降雨的初始土壤含水率总是高于前一次。根据气象系统监测数据，选取最为典型的包含 4 次降雨的一组间歇降雨进行分析（2015 年 9 月），如表 4 - 3 所示，并将降雨前及逐次降雨下水分入渗和迁移过程的土壤剖面体积含水率变化表示如图 4 - 9。

表 4 - 3　典型间歇降雨数据统计

降雨编号	降雨时间	降水量（mm）	降雨历时（h）	初始土壤含水率（10 cm 处）（%）
1	2015/09/08 22：30—2015/09/09 13：30	18.8	15.0	16.9
2	2015/09/10 02：00—2015/09/10 08：00	5.8	6.0	20.97
3	2015/09/10 10：30—2015/09/10 17：00	7.0	6.5	21.7
4	2015/09/11 03：30—2015/09/11 06：30	3.0	3.0	21.9

图 4 - 9（a）显示，4 次降雨的雨量依次为 18.8 mm、5.8 mm、7.0 mm、3.0 mm，其引发的入渗深度依次为 20 cm、40 cm、50 cm、10 cm。图 4 - 10（a）表示出了间歇降雨下入渗深度与降水量的变化情况。很明显，与独立降雨入渗规律不同，其入渗深度较同等独立降水量大致提高了 100%～160%。为了更直观地反映间歇降雨下的入渗规律，本研究通过观察单位雨量引发的入渗深度（即入渗速率）变化情况进行分析。4 次降雨的入渗速率依次为：降雨 1 为 1.06 cm/mm，降雨 2 为 6.90 cm/mm，降雨 3 为 7.14 cm/mm，降雨 4 为 3.33 cm/mm。可以看出，降雨 1 的雨量最大而入渗速率最小，后续的降雨 2、降雨 3、降雨 4 则遵循雨量小、入渗速率大的规律。这是因为前次降雨提高了土壤含水率，使之更接近于饱和含水率，增强了土壤中的气体效应，进而不断促进后续降雨的入渗，入渗深度逐渐加深。该原理与独立降雨中初始土壤含水率的影响机制类似，也更突出了间歇降雨中前次降雨的作用。

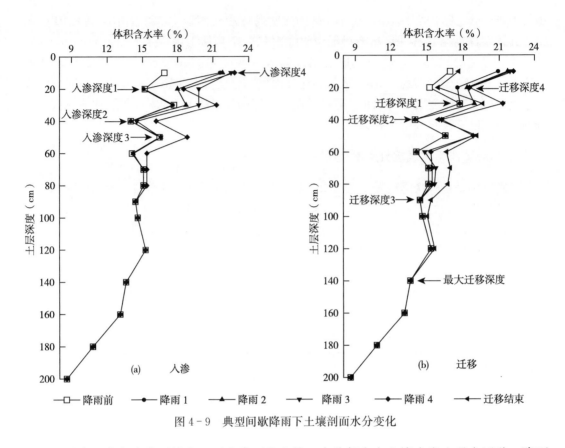

图4-9 典型间歇降雨下土壤剖面水分变化

间歇降雨中每次降雨结束至下次降雨发生前，水分都会在土壤内发生垂向迁移，降雨前及4次降雨后水分迁移过程的土壤剖面水分变化如图4-9（b）所示，降雨1、2、3、4的迁移深度依次为30cm、40cm、90cm、20cm。可以发现，降雨1雨量为18.8mm，与独立降雨中降雨4的雨量基本相同，而迁移深度却仅为30cm，这是因为降雨1的迁移过程正在进行时降雨2发生，因此30cm为其瞬时迁移深度，并非最终迁移深度，同样降雨2、3均为瞬时迁移深度。新的降雨一方面使降雨1入渗深度范围内的土壤水分进一步增大，另一方面湿润锋运移深度继续增加，形成新的入渗深度。降雨1为降雨2储存了水量，在降雨1的影响下，降雨2入渗结束后，水分的迁移湿润锋继续向下运移，当其运移至40cm时，降雨3发生。与降雨2类似，降雨3形成新的入渗深度，且在降雨1、2储存水量的基础上，湿润锋持续向下运移，至降雨4发生时，迁移深度已达90cm。而降雨4由于雨量过小，在迁移历时内其最终迁移深度仅为20cm，但20cm深度范围内土壤水分的再次增加可以有效缓解蒸发作用对下部土壤水分运移的影响，因此对下部土壤水分的迁移仍起促进作用。至降雨4结束后的第16d，降雨3的水分迁移过程结束，迁移深度达到最大，为140cm。图4-10（b）表示出了间歇降雨下迁移深度的变化趋势，其较同等独立降水量下的迁移深度大致提高91%～197%。由此可知，间歇降雨的水分迁移过程是在几次降雨的综合交互作用下持续进行的，前次降雨为后次降雨的迁移过程储存了水量，后次降雨一方面再次提高上部土层含水量，另一方面提供更多的水分继续向下运移，进而不断促进水分迁移深度的增加。这也说明间歇性降雨更有利于促进黄土丘陵区林地干化土壤的修复，修复深度较同等独立降雨更深。

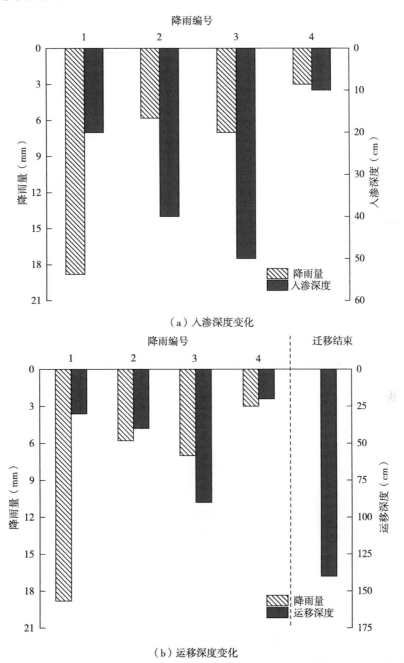

图 4-10 典型间歇降雨入渗深度与运移深度变化

4.2.4 不同降雨强度下土壤水分入渗及迁移

天然状态下土壤水分入渗深度与立地条件（土壤质地和结构等）、降雨强度以及降水量有关。在易变的环境中（立地条件确定），天然状态下土壤水分入渗取决于降雨强度和降雨历时。通过对不同时间段剖面土壤水分状况的观测和分析，可以确定一定时期内土壤入渗深度。降雨过后，在土壤剖面的上土层易形成"高含水"土层。这个"高含水"土层的土壤水分运动表现为两种相反方向的变化：一方面由于表土蒸发使该土层的土壤含水量逐步下降；另一方面，在"高含水"土层的下部分（湿润锋前沿），土壤含水量和水势较高，而下部相邻的较深土层土壤含水量和水势较低，水势差引起土壤水分的下移，使较深层次土壤含水量逐渐升高，湿润锋下移，入渗深度增加。依据中国气象局资料：日降水量在 10.0 mm 以下称为小雨，10.0～24.9 mm 为中雨，25.0～49.9 mm 为大雨。试验选取了能代表三种不同强度的单次降雨进行了分析，数据来源于试验地小型气象站，分别为 8 月 17 日降水量为 5.2 mm，8 月 27 日为 15.8 mm，9 月 16—17 日为 33.6 mm。土壤水分数据来源于自动监测系统，8 月 17 日的小雨持续了约 1 个小时，土壤水分数据表示如图 4-11（c），表层 10 cm 土层处水分从 16.3% 上升到了最大 17.2%，之后开始降低，0.2 m 处水分波动幅度仅有 0.2%，0.3 m 处有微弱变化，以下未发生变化，说明小雨只能引起表层土壤水分的短暂上升，而在地表空气流动或日照下迅速散失。8 月 27 日的中雨从下午 17：30 开始持续了约 2 个半小时，自动监测装置记录的每天早上 10：00 数据表示如图 4-11（a），降雨后第二天，0.2 m 内土层水分快速上升，0.3～0.4 m 在缓慢增长，0.5 m 以下保持平衡。48 小时后，表层水分由于蒸发作用，呈直线下降，而此时 0.6 m 水分才开始缓慢增加，并在 120 h 后达到最大值 17.7%，较降雨前增加了 0.3%，0.7 m 以下水分未发生变化，可见此次中雨影响深度达到了 0.6 m。9 月 16、17 日连续两天降了一场大雨，由于此次雨后第 8 天再次出现降雨天气，为避免受到影响，选取了 8 天的试验数据进行分析，表示如图 4-11（b）。此次降雨前读取的数据显示 0.4 m 处水分最高达到了 18.4%，这是由于本次降雨前的一段时间内无有效降雨，气温较高，表层土壤水通过蒸发排泄作用散失，可见此时蒸发作用层在 0.4 m 左右，而 0.4 m 以下水分按照深度呈递减趋势。图 4-11（b）中降雨过后，影响范围内土体含水率骤升，越向深部越缓，第二天 0.2 m 处含水率增加值达到了 4.6%，0.4～0.6 m 范围有明显的上升趋势，0.8 m 处有微弱上升，而 0.8 m 以下几乎不变。随着时间的推移，在蒸发及入渗的共同作用下发散型零通量面快速形成，零通量面以上水分向上移动，以下水分向下移动，表现为雨后第三天 0.4 m 深度处水分减小，而 0.6 m 处仍在缓慢上升，说明此时零通量面处于 0.4～0.6 m，随着零通量面的下移，入渗深度不断增加，在雨后第五天 1.2 m 处水分开始微弱上升，1.4 m 以下几乎没有变化，而在雨后的第 8 天 1.2 m 处土壤水分较降雨前增加了 1.3%，且还有可能继续下渗。

4.2.5　累积降雨入渗与干化土壤水分修复

4.2.5.1　累积降雨入渗深度

图 4-12 为 2015 年 1 月至 2018 年 3 月间各月 0～10 m 土壤平均含水率状况，可以看出试验期间年内土壤含水率最高阶段均出现在 11 月，因此选取试验初期（2014 年 8 月）和每年 11 月 0～1 000 cm 深度各土层土壤含水率，并作土壤水分剖面分布曲线（图 4-13），根据剖面土壤水分图分析累积降雨入渗深度与裸地深层土壤水分恢复情况。

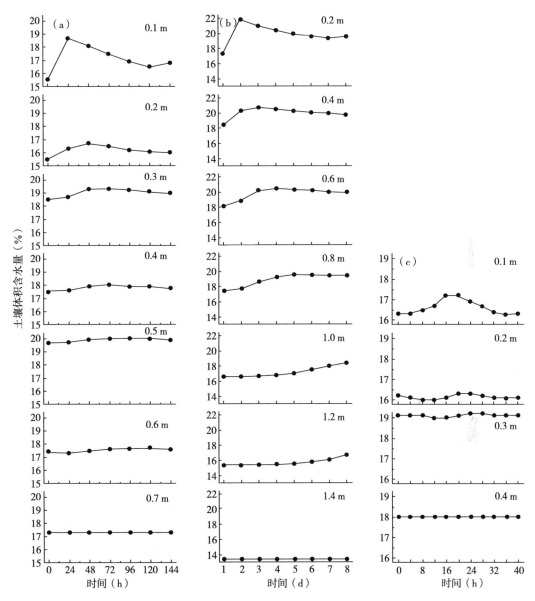

图 4-11　典型降雨土壤水分变化

注：a 为中雨，b 为大雨，c 为小雨。

从图 4-13 可以看出，2014—2018 年，土壤水分的入渗深度依次为 180 cm、300 cm、400 cm 和 700 cm，至 2018 年底，土壤水分已经入渗到 900 cm，表明深层的土壤水分入渗运动是多年累积降雨的结果。土壤水分的变异系数（CV）反映了各土层土壤水分运动的活跃程度及土壤水分含量的离散程度，土壤水分变异系数越大，表明该层土壤水分运动越活跃，或土壤水分有突然升高现象。从图 4-14 可以看出，随着土层深度的加深，土壤水分变异系数均呈现出先减少后增大再减小的"S"型垂直变化规律。浅层土壤含水量受降水量、蒸发量影响而变化，越接近地表，这种影响就越明显（宁婷等，2015）。试验期间，

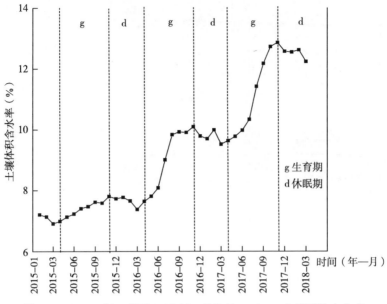

图 4-12 2015 年 1 月至 2018 年 3 月各月 0～10 m 土壤平均水分率

土壤水分平均变异系数为 14.37%，据此为标准，将多年平均变异系数分层，并参考蒸发影响程度的大小，最终将土壤剖面分为：0～60 cm 为蒸发层，60～160 cm 为蒸发入渗混合层，160 cm 以下为入渗层。从整体来看，平水年的剖面土壤水分变异系数低于丰水年，这是因为丰水年充足且频繁的降雨增加了对深层土壤水分有效补给的效率，使得整体土壤水分变异系数明显增加，这与已有研究结果一致（邹文秀等，2009）。

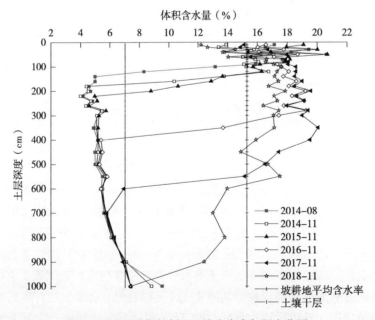

图 4-13 试验期间剖面土壤含水率年际变化图

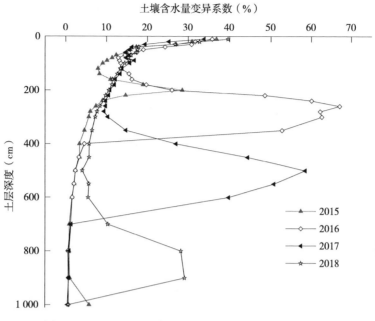

图 4 - 14　2015—2018 年土壤含水量变异系数的垂直变化

4.2.5.2　年尺度土壤水分恢复

在黄土高原丘陵区，土壤干层一般位于多年平均降雨入渗深度以下（邵明安等，2016）。因此本研究中土壤水分完全恢复是指 1.2 m 以下土壤水分含水率大于生长阻滞含水率，研究区该值为 15.21%，与试验区附近的坡耕地土壤平均含水率（15.26%）相近。试验期间如果土壤水分在 7.02%～15.21% 范围内，则采用土壤水分亏缺度（张文飞等，2017）来评价土壤恢复状况，表 4 - 4 为研究区土壤干化水分状况评价指标。

表 4 - 4　研究区土壤干化水分状况评价指标

亏缺状况	水分亏缺度（%）	土壤含水率（%）
轻度亏缺	0～<25	>11.41～15.21
中度偏轻亏缺	25～<30	>10.65～11.41
中度亏缺	30～<45	>8.36～10.65
中度偏重亏缺	45～<50	>7.61～8.36
重度亏缺	50～53.8	7.02～7.61

从图 4 - 13 可看出，试验初期，土壤干层分布在 140～900 cm 土层，干层厚度为 760 cm，干层平均土壤水率为 5.49%。2014—2017 年末，对应的干层厚度依次减少为 720 cm、680 cm、500 cm 和 300 cm，相应的干层平均含水率依次增加为 5.58%、5.73%、6.27%

和 7.01%，至 2018 年底，0~1 000 cm 各层土壤水分含量均大于 7.02%。2015 年为平水年，土壤水分补给量仅为 74.6 mm，与 2014 年相比，140~240 cm 土层土壤水分有小幅增加，但未达到完全恢复水平。2016—2018 年均为丰水年，土壤水分大幅度增加，2016—2018 年，以土壤水分完全恢复为目标的恢复层厚度分别为 300 cm、500 cm 和 550 cm。2014—2018 年，土壤水分亏缺区域土层分别为 120~160 cm、120~200 cm、300~350 cm、500~550 cm 和 550~900 cm，对应的平均土壤含水量为 12.06%、11.49%、13.69%、15.15% 和 13.20%，均为土壤水分轻度亏缺。2015—2018 年平均降雨为 545.25 mm，至 2018 年底，土壤水分累积恢复度为 87.07%，年均土壤水分恢复度为 21.77%，按照已有恢复速度，0~1 000 cm 土层完全恢复仅需 483.0 mm 降雨。但随着干化土壤恢复深度的加深，恢复速度在缓慢增加，与之对应的所需降水量在减小。试验区多年平均降雨为 451.6 mm，土壤水分完全恢复还需要 1 年时间。

4.2.5.3 累积降水量与入渗深度的关系

降雨对土壤水分的有效补给主要体现为各深度土层含水量变化，即各深度土层土壤水库中储水量的变化。本研究将 0~10 m 土柱土层平均分为 10 层，每层 1 m，分别观察各层土壤每月储水量变化动态，如图 4-15 所示。不难看出，0~1 m 土层储水量一直保持较高状态，变化范围为 130.31~205.18 mm，月平均储水量为 161.02 mm；1~2 m 土层储水量则为初期很低（55.13 mm），后持续增长，直到 2016 年 8 月，迎来第一个峰值（215.00 mm），之后在 144.20~215.00 mm 范围内变化；2 m 以下每米土壤储水量变化相似，均为初始储水量很低（95.50 mm 以下），且在较长时间内变化范围都较小，随着土层深度的加深，土壤储水量开始明显增加的时间及达到第一个峰值的时间越晚。2~3 m、3~4 m、4~5 m、5~6 m、6~7 m、7~8 m、8~9 m 土层储水量开始明显增加的时间分别为 2016 年 7 月、2016 年 8 月、2017 年 3 月、2017 年 10 月、2017 年 12 月、2018 年 3 月、2018 年 8 月，对应达到第一个峰值时间分别为 2016 年 9 月、2017 年 10 月、2017 年 10 月、2017 年 12 月、2018 年 3 月、2018 年 5 月，8~9 m 土壤储水量在试验期末一直处于增加状态，达到峰值时间不明确。从图中还可以看出，2 m 以下各土层，除 3~5 m 外，其余各土层从开始明显增加到第一个峰值的时间有缩短的趋势，通常情况下在两个月时间内即可达到，表明在深层土壤水分较小的情况下，运移到该土层的水分以蓄积为主，在达到一定值后，向下运移开始占主导地位，在降雨充足的情况下，此蓄积过程所需时间较短。达到第一个峰值后，土壤储水量均在较小范围内变化，变化周期约为 1 年。至试验末期，土壤水分已运移至 9 m 处。

为进一步量化累积降水量（x，mm）的多少对入渗深度（Z，m）的影响，选取 4a 内由浅到深各土层土壤水分第一次连续增加的时刻，并将入渗深度与累积降水量相对应。对两变量做回归分析，发现两者呈指数正相关关系，关系式为：$Z = 1.298\,3e^{0.000\,9x}$（$R^2 = 0.952\,9$）。结合图 4-15 中相邻土层储水量达到第一次峰值的时间间隔，表现为随着深度的增加，时间间隔有缩短的趋势。这些都表明随着累积降雨的增加，土壤水分在深层土壤中的入渗速度会缓慢增加，累积降水量对深层土壤水分的变化起重要作用。

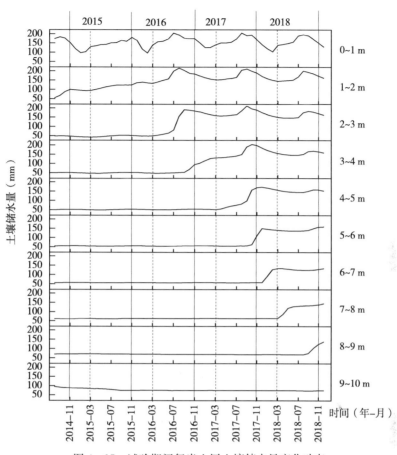

图 4-15　试验期间每米土层土壤储水量变化动态

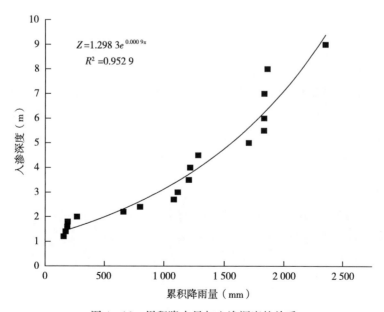

图 4-16　累积降水量与入渗深度的关系

4.3　基于 HYDRUS‐1D 模型的典型雨强入渗模拟

近年来，利用计算机技术进行土壤水分动态方程的求解成为主流（Peter J. Shouse et al.，2011）。目前已有一些比较成熟的软件可以进行不同条件下的土壤水分动态方程的求解，HYDRUS 就是其中之一，它是由美国盐分实验室与加利福尼亚大学联合研制开发，主要用于数值模拟变饱和度地下水流、根系吸水及溶质运移、气和热运移等。模型提供了多种常用的描述土壤水分运动参数、根系吸水、根系分布、蒸散发等土壤性质和过程的模型，模拟土壤水分运动参数可供选择的有 VanGenuchten 模型、Brooks‐Corey 模型等（Maziar M. Kandelous and Jiří Šimůnek，2010），蒸散发可供选择的计算公式有 Pemnan‐Montheith 公式、Hargreaves 公式等，根系吸水可供选择的模型有 Feddes 模型、VanGenuchten 模型等。HYDRUS 同时提供了多种边界条件，几乎涵盖了所有模拟情景，模型还提供了类似 CAD 的工程作图模块，可以描述较为复杂的地形条件（Jiang，2010）。HYDRUS 应用广泛，模拟结果可靠，可供参阅和借鉴的应用实例较多，可用性强。

4.3.1　模型参数确定及验证

4.3.1.1　水分运动方程

HYDRUS‐1D 采用修正的 Richards 方程描述土壤水分运动：

$$\frac{\partial \theta}{\partial t} = \frac{\partial}{\partial z}\left[K(\theta)\right]\frac{\partial h}{\partial z} - K(\theta) \tag{4-1}$$

式中，$\theta(\text{cm}^3/\text{cm}^3)$ 为土壤体积含水量；$h(\text{cm})$ 为土壤基质势；t 是入渗时间，可以根据模拟的需要，选择多种时间单位，常用的为天（d）；$K(h)(\text{cm/d})$ 为非饱和导水率；$S[\text{cm}^3/(\text{cm}^3 \cdot \text{d})]$ 为根系吸水情况的源汇项，土柱内无根系，因此为 0；z 为垂直坐标，地表为原点，向下为正，cm。

求解上述方程，主要确定土壤水分特征曲线参数、边界条件和初始条件。

4.3.1.2　土壤水分特征曲线基本参数土壤水分特征曲线基本参数

土壤水分运移的参数 θ_r，θ_s，α，n，K_s 通过土壤水分特征曲线得到。目前描述土壤水分特征曲线的模型主要有 Gardner‐Russo、Brooks‐Corey、Campbell 和 VanGenuchten 模型。根据已有研究，VanGenuchten 在非饱和区能很好模拟水势与含水量的关系，拟合度较高。所以本书选用 VanGenuchten 模型拟合土壤水分特征曲线参数。VanGenuchten 模型具体形式为：

$$\theta(h) = \begin{cases} \theta_r + \dfrac{\theta_s - \theta_r}{[1+\alpha|h|^n]^m}, & h < 0 \\ \theta_s, & h \geqslant 0 \end{cases} \tag{4-2}$$

$$K(h) = K_s S_e^l\left[1 - (1 - S_e^{\frac{1}{m}})^m\right]^2 \tag{4-3}$$

$$S_e = (\theta - \theta_r)/(\theta_s - \theta_r) \tag{4-4}$$

$$m = 1 - \frac{1}{n}, \quad n > 1 \tag{4-5}$$

式中，$\theta(h)$ 为土壤体积含水量随土壤水势的变化（cm^3/cm^3）；h 为土壤压力水头（cm）；θ_r 和 θ_s 分别代表土壤的残余体积含水量和饱和体积含水量（cm^3/cm^3）；θ 为土壤体积含水量（cm^3/cm^3）；α、m 和 n 为经验拟合参数；l 为土壤空隙连通性参数，通常取 0.5；K_s 为土壤饱和导水率（m/d）；$K(h)$ 为土壤非饱和导水率（m/d）；S_e 为土壤有效含水量（cm^3/cm^3）。

试验区土壤分为 3 层，土壤水分特征曲线测定采用日立 CR22G II 型离心机，压力分别为 0.1 bar、0.3 bar、0.5 bar、0.7 bar、1 bar、2 bar、3 bar、5 bar、9 bar 和 15 bar。土壤饱和导水率采用定水头法测量。

土壤水分特征曲线基本参数如表 4-5 所示。

表 4-5　各土层土壤水分特征曲线基本参数

土层（cm）	θ_r（cm^3/cm^3）	θ_s（cm^3/cm^3）	α（1/m）	n	l	K_s（m/d）
0～200	0.042	0.387 6	2.35	1.396 3	0.5	0.763
200～300	0.044 1	0.452 8	2.35	1.427 3	0.5	0.352
300～500	0.051	0.463	2.35	1.44	0.5	0.41

4.3.1.3　模型初始和边界条件

模型选择水分运移模块，模型模拟深度为 0～300 cm，根据土壤性质分为 2 层（0～200 cm，200～300 cm），将一维土壤剖面平均分为 16 个节点，节点间距为 20 cm。如图4-17所示。

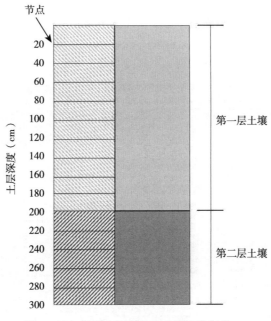

图 4-17　模型空间离散和土壤性质划分

本书模拟时间以 d 为单位，模拟时间为 2014 年 6 月 22 日至 2014 年 10 月 22 日，共 122 d，初始迭代时间为 0，最小迭代时间为 0.001 d，最大迭代时间为 5 d，迭代方案如图 4-18 所示。模型上边界条件为可积水的大气边界（Atmospheric boundary condition with surface layer），黄土高原地下水埋深达 60 m，所以模型下边界为自由排水边界（Freed rainage）。

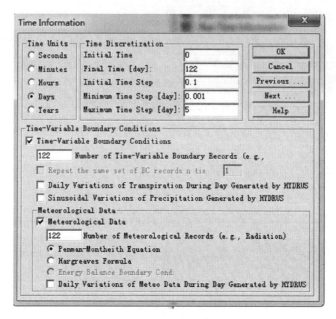

图 4-18 模型时间迭代方案

在试验期内逐日输入上边界值，本书把上边界设置为可积水的大气边界，潜在蒸发量利用 Penman-Monteith 公式计算，因此需要输入逐日的降水、大气净辐射、最高气温、最低气温、空气湿度、风速数等数据。

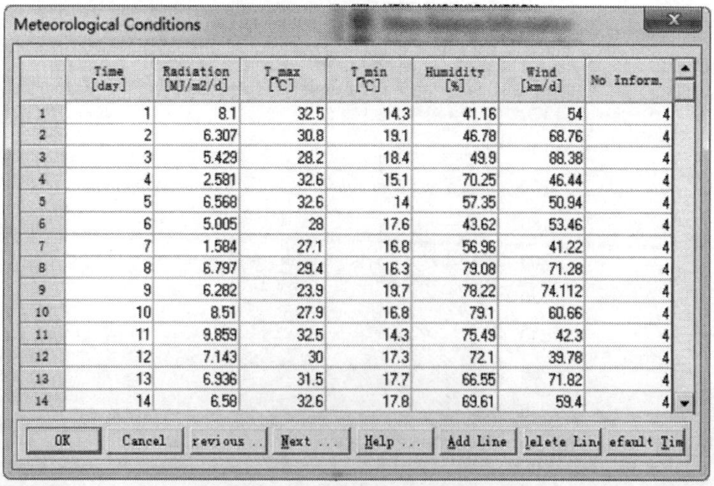

	Time [day]	Radiation [MJ/m2/d]	T_max [°C]	T_min [°C]	Humidity [%]	Wind [km/d]	No Inform.
1	1	8.1	32.5	14.3	41.16	54	4
2	2	6.307	30.8	19.1	46.78	68.76	4
3	3	5.429	28.2	18.4	49.9	88.38	4
4	4	2.581	32.6	15.1	70.25	46.44	4
5	5	6.568	32.6	14	57.35	50.94	4
6	6	5.005	28	17.6	43.62	53.46	4
7	7	1.584	27.1	16.8	56.96	41.22	4
8	8	6.797	29.4	16.3	79.09	71.28	4
9	9	6.282	23.9	19.7	78.22	74.112	4
10	10	8.51	27.9	16.8	79.1	60.66	4
11	11	9.859	32.5	14.3	75.49	42.3	4
12	12	7.143	30	17.3	72.1	39.78	4
13	13	6.936	31.5	17.7	66.55	71.82	4
14	14	6.58	32.6	17.8	69.61	59.4	4

图 4-19 气象边界条件输入

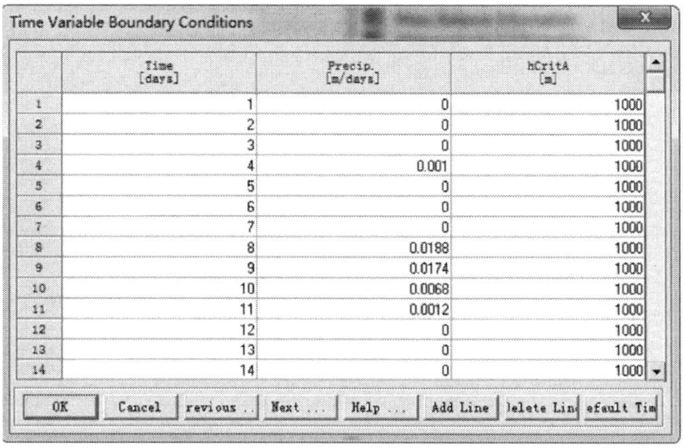

	Time [days]	Precip. [m/days]	hCritA [m]
1	1	0	1000
2	2	0	1000
3	3	0	1000
4	4	0.001	1000
5	5	0	1000
6	6	0	1000
7	7	0	1000
8	8	0.0188	1000
9	9	0.0174	1000
10	10	0.0068	1000
11	11	0.0012	1000
12	12	0	1000
13	13	0	1000
14	14	0	1000

图 4-20　上边界降雨条件输入

还有一个需要输入的数据是最小压力水头值，即地面土壤达到最干燥状态时的压力水头。从理论上讲，当土壤十分干燥时，吸力很大，而液态孔隙水的压强很小，与空气湿度保持平衡关系，因此有

$$H_r = \exp\left[-\frac{h_A Mg}{RT}\right] \tag{4-6}$$

$$h_A = -\frac{RT}{Mg}\ln(H_r) \tag{4-7}$$

式中，H_r 为空气绝对湿度，h_A 为最小压力水头，RT / Mg 为空气的摩尔气体常数。虽然空气湿度可以通过气象站测得，但这里公式中所输入的是近地面的空气湿度。一般情况下，取饱和水汽湿度是可取的，因为 2 cm 深度以下土壤空气的湿度往往都是饱和的，只不过随温度发生变化。因此，可以根据近地面气温的变化来推算地表土壤的空气湿度（饱和水汽湿度），再换算成压力水头。由于本试验只涉及土壤蒸发，因此这个数值选取为 10^3 m，该值只会对土壤蒸发起作用。

4.3.1.4　模型的验证模型的验证

为验证模型模拟精度，通过利用相对误差（RE）和决定系数（R^2）两个指标对试验结果进行对比分析，以此来验证模型模拟的合理性及模拟过程中各参数及条件的准确性。决定系数 R^2 反映实测值与模拟值变化过程的符合程度，相对误差 RE 反映实测值与模拟值总量之间的相对误差。其中 RE 和 R^2 的计算公式如下式。

$$RE = \left|1 - \frac{\sum_{i=1}^{n} I(s)_i}{\sum_{i=1}^{n} I(o)_i}\right| \tag{4-8}$$

$$R^2 = 1 - \frac{\sum_{i=1}^{n} (I(s)_i - I(o)_i)^2}{\sum_{i=1}^{n} (I(o)_i - I(o))^2} \tag{4-9}$$

式中，$I(o)_i$ 和 $I(s)_i$ 为分别实测和模拟的土壤水分值，$I(o)$ 为 ($I(o)_i$ (i =1，…，n) 的平均值。

模型验证数据也采用 2014 年 6 月 22 日至 2014 年 10 月 22 日实测土壤水分，采用实测土柱土壤参数，以上述模型进行土壤水分的模拟，将不同土层土壤含水量的实测值和模拟值进行对比分析。采用相对误差 RE 和决定系数 R^2 综合评价模拟效果。不同深度土壤水分含量模拟值与实测值随时间变化如图 4-21。

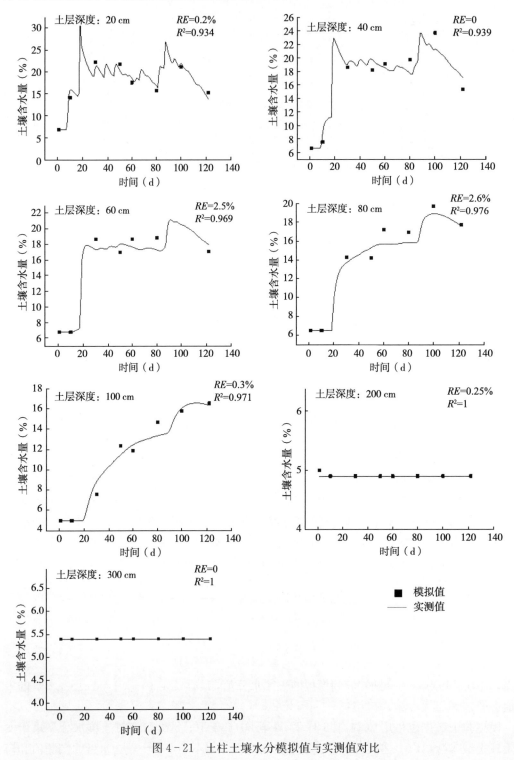

图 4-21　土柱土壤水分模拟值与实测值对比

由图中可以看出，模拟值和实测值总体趋势一致，相对误差除 60 cm、80 cm 处，均小于 0.5%，决定系数 R^2 均在 0.9 以上，说明模型具有较高的模拟精度。60 cm 和 80 cm 处模拟效果较其他土层差，其原因是多方面的。第一，模拟中对土壤水分进行了假定，假设土质均匀且各向同性，忽略了土壤水分运动的滞后效应及温度对土壤水分的影响，而且土柱土壤为回填土，随着时间的增加，土体沉降，土壤物理参数会发生变化。第二，由于模型所采用土壤水分运动参数实测数据为 100 cm 处的，模型中将 200 cm 以内土壤水分运动参数看成一致的，但实际上基质势与土壤水分含量关系复杂，随深度的增加参数是不同的，模型求解所采用的土壤水分运动参数和饱和导水率等参数只能近似反映基质势与土壤含水量的关系，从而使得模拟值产生了一定的误差。第三，对土壤水分运动模型求解时所采用的方法为有限差分法，而有限差分法是以差商近似替代微商，将描述土壤水分运动的偏微分方程转化成差分方程，直接求解的代数方程组。在该过程中，时间步长选取和空间网格划分会对模拟结果产生一定的影响。

综上所述，模型中模拟参数的确定和试验过程的精度控制有待进一步提高，但总体上模拟值与实测值基本吻合，可以反映土壤水分随时间的变化规律，所建模型能较好地反映土柱土壤水分运移规律。

4.3.2　模型应用

4.3.2.1　土柱蒸发模拟土柱蒸发模拟

降雨过后，土柱中土壤水的再分配过程主要受蒸发作用的影响。通过输入净辐射量、最高最低气温、空气湿度、风速、降水量等指标，HYDRUS－1D 模拟了 2014 年 6 月 22 日—2014 年 10 月 22 日间土柱的蒸发量，如图 4－22 所示。由图可知，土壤的蒸发量在 1～2.5 mm/d 范围内波动，122 d 内的累积蒸发量为 218.95 mm，而同期降水量为 341.2 mm，湿润指数为 1.56，陕北地区位于干旱半干旱地区，湿润指数在 0.5 以下，而这一指数大小位于湿润气候区范围内。模拟结果表明，黄土高原区降雨时间分布极不均匀，在 6—10 月降雨集中的时段内，土壤可获得较大的补给。模拟初期即 6 月，蒸发量较高超过 2.2 mm/d，可能与这一时段的气温较高有关，6 月底当地平均最高气温超过了 30 ℃，在 6 月底 7 月初试验地降了一场超过 30 mm 的雨，图中也可以看出蒸发量急剧下降，从初始的最高 2.2 mm/d 快速地下降到了 1.4 mm/d 的水平，在之后的 60 多天内，蒸发量一直处于较低水平，这一时段降水量集中，连续出现多场次较大降雨，气温较低，辐射量较小。在图中模拟时间 70 天左右，蒸发量出现了一个峰值，达到了 2.5 mm/d，这与此时的降水量减少同时仍处于高气温有关。随后气温逐渐下降，降水量逐渐减小，蒸发量逐渐降低。而在模拟时间 110 天蒸发量再次达到最大值，分析可能是此时天气晴朗，大气反辐射较低、地面净辐射高，从而引起蒸发量的较大波动。

4.3.2.2　典型小雨入渗模拟典型小雨入渗模拟

利用土柱模拟参数计算 5.2 mm 降水量下的土壤水分动态，模型输入的上边界条件为可积水的大气边界，输入上边界的降雨为实际降雨，上边界输入气象参数，其他参数不变。计算 2014 年 8 月 17 日 21：30—2014 年 8 月 18 日 7：30 的此次小雨各层土壤水分变化如图 4－23 所示。

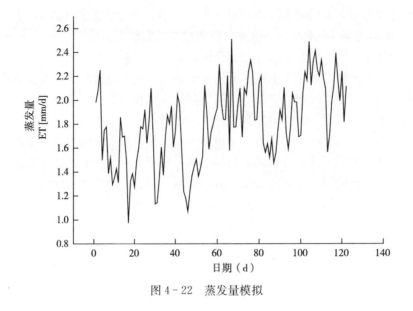

图 4 - 22　蒸发量模拟

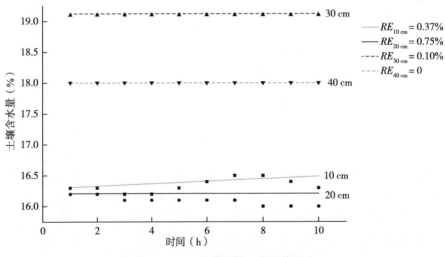

图 4 - 23　小雨模拟值与实测值对比

从图中可以看出，模拟值与实测值在 30 cm 和 40 cm 深度相对误差最小，而 10 cm 和 20 cm 深度误差较大，而且随着时间的增加，表层土壤水分模拟值与实测值离散程度增大，模拟值显示 10 h 内表层 10 cm 土壤水分持续增加，这显然是有违实际的。第一，5.2 mm 的降水量下，表层 10 cm 土壤含水量最大只增加了 0.9%，数据变动范围较小，使得误差极易扩大化。第二，气象参数来源于小型气象站，该气象站所测气象资料为半小时平均值，因此与实际值存在一定的误差，在时长为 10 h 的模拟过程中，数据量较小易造成相对误差扩大。第三，30 cm 和 40 cm 土壤水分模拟值与实测值相对误差较小，而且在模拟过程中土壤水分保持不变，表明小雨仅能使表层 10 cm 土层土壤水分产生变化。

总体上讲，小雨条件下模拟结果存在较大误差，不能很好地反映出表层土壤含水量的变化趋势，而且存在较大误差。

4.3.2.3　典型中雨入渗模拟

在 15.8 mm 降雨条件下，土柱实测值和模拟值对比如图 4 - 24 所示。由于此次降雨持续时间为 2 h，因此土柱有积水出现，模拟过程中土柱上边界条件为可积水大气边界。各土层相对误差最大值为 0.44%，最小值为 0.07%，表层 10、30 cm 土层 R^2 均超过 0.9，而以下土层较小，总体上看模拟结果基本能反映出各土层土壤水分变化规律。

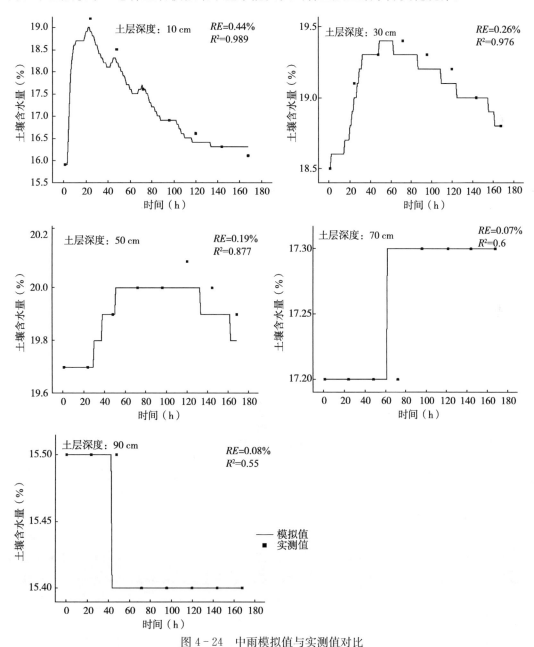

图 4 - 24　中雨模拟值与实测值对比

从模拟效果上看，表层土壤含水量实测值大于模拟值，这是由于本试验的土柱表层设置有混凝土井圈，该井圈高出地面 10 cm，阻挡了风的作用，减小了蒸发作用，而模拟过程中，气象因素输入为近地面风速，因此模拟值略小于实测值。图中显示 30 cm、50 cm 土层在模拟的前段时间内模拟值与真实值一致，而在模拟后期模拟值小于真实值，这可能与所取的土壤水分特征曲线基本参数有关，本试验土柱为回填土，在填埋过程中可能会产生土壤分布不均，密实度有差异，而模型中假设土壤分布各向同性，导致模拟结果与实测值产生一定的差异。

4.3.2.4　典型大雨入渗模拟

典型大雨模拟的是 2014 年 7 月 2 日的一场大雨，该场大雨前后较长的时间内均无降雨发生，降水量为 40.2 mm。使用 HYDRUS-1D 模拟了降雨后 6 天内土壤水分动态变化过程，并与每隔 20 h 自动监测系统记录的实测值对比如图 4-25。由图中可以看出，各土层模拟值与实测值的变化趋势表现出了较好的一致性，尤其是表层 10 cm、30 cm 土层，两者的决定系数均达到了 0.99，具有很高的相似性，但相对误差要高于其他土层，分析可能是该场降雨较强，短时间内土壤水分即出现剧烈变化，而自动监测系统所测值为 0.5 h 内的平均值，这就导致了较小时间尺度上实测土壤水分出现误差可能会出现一定的误差，由图中 10 cm 土层对比图也可以看出，20 h 时实测值相对于模拟值出现了跳跃，两者土壤含水量差超过了 1%，这就导致了相对误差的扩大化。50 cm 以下土层相对误差均不超过 1%，实测值土壤含水量较模拟土壤含水量上下波动小于 0.2%，表明了模型模拟深层土壤水分动态变化具有很高的准确性。

因此，该模型完全可以适用于对大雨的模拟，其微小的误差对于较高的土壤含水量来说可以忽略不计，模拟结果具有很高的准确度。

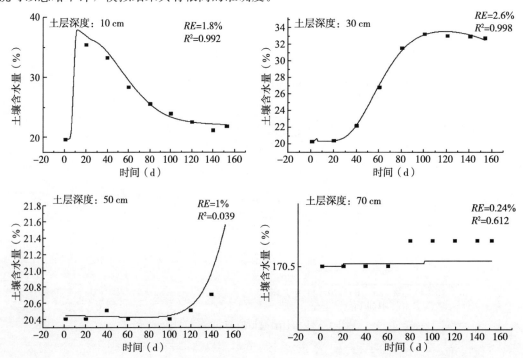

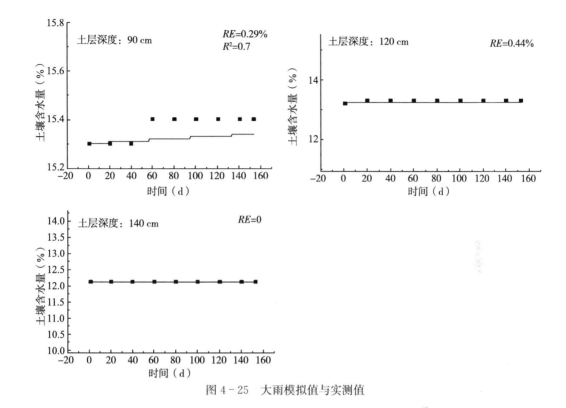

图 4 - 25　大雨模拟值与实测值

4.4　小结

（1）独立降雨与间歇降雨下的土壤水分入渗、迁移规律不同。独立降雨条件下，土壤水分的入渗、迁移深度除了受降水量、气象因子等影响明显外，还与降雨强度、初始土壤含水率有关，降雨强度越大、初始土壤含水率越高，水分的入渗深度及迁移深度也越大；间歇降雨较独立降雨具有更强的入渗、迁移规律，间歇降雨中前次降雨为后次降雨提高了土壤含水率，后次降雨在前次降雨的基础上发生，几次降雨交互对土壤水分的入渗、迁移产生促进作用。相同降水量下，其入渗深度较独立降雨可提高 100%～160%；迁移深度可提高 91%～197%。2015—2018 年土壤水分累积入渗深度分别为 300 cm、400 cm、700 cm、900 cm。深层土壤水分的入渗是多年累积降雨共同作用的结果。

（2）单次降水量为 5.2（小雨）、15.8（中雨）、33.6（大雨）mm 时，降雨影响深度分别为 0.3 m、0.6 m、1.4 m。水分循环主要在 0.8 m 以内的蒸发带，该层土壤水分易被蒸发，0.8 m 以下随着深度增加，土体含水率变化逐渐滞后，增幅逐渐减小。土壤水分的垂直输送具有滞后性，湿润锋以"波浪"的形式推进，一次降雨产生一个湿润锋，后一湿润锋推动前一湿润锋不断下移。

（3）HYDRUS - 1D 模型能较好模拟不同雨强下土柱土壤水分分布和运动特征。典型小雨下，表层 10 cm 土层土壤水分实测值较模拟值偏小；典型中雨下，各土层相对误差最大值为 0.59%；典型大雨下，模型模拟结果与实测结果具有相同的规律性，典型大雨的模拟值与实测值表层的变化规律一致，深层相对误差均不超过 1%，土壤含水量差不超过 0.2%，建立的模型适用于对土柱土壤水分的模拟。模拟多年降雨入渗结果表明，80 cm 内土层土壤含水量与年降水量变化规律一致，易受环境因素影响。受入渗滞后性的影响，100 cm 处土壤含水量在 1996—2000 年的变化趋势总是比降水量晚一年，前一年降雨对土壤水分的影响会在第二年表现出来。连续的丰水年能使深层土壤获得较大的水分补给。最大入渗深度呈阶梯状快速增加是由于多年降雨反复推动的结果，其变化趋势与降水量大小无关，但增加速率受降水量影响，而且表现出滞后性，模拟结束时最大入渗深度达到了 400 cm。

第 5 章　露水对干化土壤枣林的作用

　　露水是陆地生态系统中经常被忽视的地表水平衡的组成成分（Gerlein‐Safdi et al.，2018），在干旱半干旱地区，自然水资源短缺，露水成为重要的水资源，甚至是极端干旱地区植物的唯一液态水源，降落在植物冠层上的露水，作为植物叶片补充性水源，可以被叶片角质层、叶毛、叶片气孔、水孔蛋白来吸收（Berry et al.，2018；Fernandez et al.，2017），被植物叶片吸收利用率远远高于降水（Zhang et al.，2010），吸收水量最大约 90%（Kim and Lee，2011）。叶片吸收的水分可以增加叶水势（Limm et al.，2009），减少生态系统的水量损失，改变生态系统的水量平衡，同时维持二氧化碳吸收，提高水分利用效率（Dawson and Goldsmith，2018；Gerlein‐Safdi et al.，2018）。露水研究已成为植物生理、生态、气象、农业等领域的热点问题（Groh et al.，2018）。

　　黄土高原半干旱区陆地水分过程具有易变性，影响区域对陆地热交换和生理生态过程的快速响应。近年来国家节水灌溉杨凌工程技术研究中心在深入研究半干旱黄土丘陵区枣林旱作技术过程中，科研人员对黄土丘陵区枣林的蒸发、蒸腾耗水机理和调控措施进行大量研究（Liu et al.，2013，Chen et al.，2014，Chen et al.，2015，Chen et al.，2016，Nie et al.，2017，Ma et al.，2019）的同时，还针对干化土壤枣林露水进行了多年连续试验，研究发现：①在米脂县每年露水平均量达 60.89 mm，相当于当地多年平均降水量的 13.53%，是陆地水文循环中不可缺少的水源；②露水由累积和蒸发阶段组成，主要发生在 19：00—7：00，具有降雨所不及的频发性和稳定性；③与无露水日的夜间蒸腾（18：00—6：00）相比，露水可以降低枣树的夜间蒸腾，使根系层（5～100 cm）土壤储水量变化量增加，但对土壤蒸发无影响；④在枣树全生育期，露水对蒸腾及蒸散量的贡献分别可达 0.258 和 0.149。可见，黄土丘陵露水对干化土壤枣林具有积极的生态效应，是枣林水分的重要补充源和区域水文循环不可忽略的重要组成部分。

5.1　研究方法

5.1.1　试验方案

　　监测对象为矮化枣树，树体的株行距为 2 m×3 m，选取树体长势和冠层大体一致的枣树 3 株，在枣树生育期每隔 20 d 对监测的枣树进行修剪，使树体高度控制在 2.2 m±0.12 m。试验于 2017/5/1—2017/10/7 和 2018/5/4—2018/10/15 枣树的生育期内进行，枣树各生育阶段起止日期见表 5‐1。

表 5-1　枣树生育期内各生育阶段起止日期

		萌芽展叶期	开花坐果期	果实膨大期	果实成熟期
		Stage 1	Stage 2	Stage 3	Stage 4
2017	Date	5.1~6.4	6.5~7.8	7.9~9.13	9.14~10.7
	DOY	121~155	156~189	190~256	257~280
2018	Date	5.4~6.1	6.2~7.12	7.13~9.20	9.21~10.15
	DOY	124~152	153~193	194~263	264~288

注：表中 DOY 为年积日（day of year）。

黄土高原地区除露水外，还存在雾水、土壤吸附水、土壤凝结水等非降雨性水分（Zhang et al.，2015），目前对露水尚无明确定义，本章根据露水降落的对象不同，把降落在植物冠层上的露水称为冠层露水，凝结在地表的露水定义为土壤凝结水。同时对雾水、冠层露水、土壤凝结水和土壤吸附水分别进行了具体定义（见 5.1.1.1，5.1.1.2，5.1.1.3，5.1.1.4），通过将冠层露水与雾水、土壤凝结水和土壤吸附水对比分析来明确冠层露水在干化土壤枣林中的作用。

5.1.1.1　雾水

雾水为空气湿度达到饱和时，空气中的水汽以小液滴的形式悬浮在大气中，可以通过沉降和截获落到物体表面（Agam and Berliner，2006）。试验地在枣树生育期的相对湿度（RH）小于 100%（图 5-1a），无雾水存在。

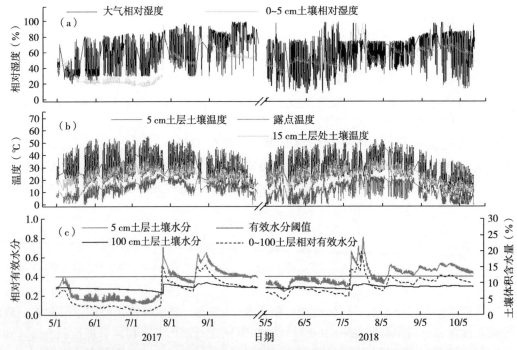

图 5-1　枣林在 2017 和 2018 年生育期 30 min 尺度上大气相对湿度和 0～5 cm 土层土壤相对湿度（a），5、15 cm 土层土壤温度及大气露点温度（b），5、100 cm 土层土壤水分及 0～100 cm 土层土壤水分有效性系数（c）

5.1.1.2　冠层露水

在选取的 3 株枣树冠层顶部各放置高分辨率且无需校准的电介质式叶片湿度传感器 Dielectric Leaf Wetness Sensor（LWS，Decagon Devices，Pullman，WA，USA）监测枣树冠层露水，数据由 Em50 Data Logger（Decagon Devices，Pullman，WA，USA）每隔 30 min 自动采集一次，冠层露水强度（I_i）可由 EM50 记录的 raw voltage counts 根据函数关系进行转换，具体校核过程见 Jia et al.（2019）。对于露水量而言，目前尚无明确定义（Tomaszkiewicz et al.，2015），本研究根据 Zangvil（1996）提出的方法，规定一日内 I_i 的最大值 I_{imax} 为该日内冠层露水的累积强度，日冠层露水量采用 Kabela et al.（2009）的公式计算，其式如下：

$$CD_d = I_{imax} \times (2 \times LAI_i) \tag{5-1}$$

式中，CD_d 为计算的日冠层露水量（mm/d）；I_{imax} 为露水累积强度（mm/d）；LAI_i 为 i 时段叶面积指数；2 为植物叶片正反两面的系数。

露水和降雨一般不会同时发生，但当小降雨出现时，LWS 也会把降水量作为露水记录，为了排除降雨的干扰，结合气象站记录降雨数据，剔除降雨过程中 LWS 测量数据，仅分析无雨日的露水数据。

5.1.1.3　土壤凝结水

中国干旱半干旱地区土壤凝结水主要发生在 0～5 cm 土层内，当 0～5 cm 土层土壤温度在 i 时刻低于同期的露点温度时，0～5 cm 土层土壤含水量的变化量为 i 时土壤凝结水（SC_i），日土壤凝结水（SC_d）为 1 天内各时刻土壤凝结水的和（Hao et al.，2012）。5 cm 土层土壤温度低于露点温度天数在 2017 年和 2018 年分别仅占总监测天数的 3.5% 和 6.6%（图 5-1b），但该时间内土壤含水率始终维持在某一值，不随时间发生变化，如 2017 年 9 月 22 日土壤含水率保持在 12.44% 不变（图 5-1b），从而土壤含水量的变化量为 0，即土壤凝结水为 0。因此，试验期内不存在土壤凝结水。

$$SC_i = 10\,h(\theta_i - \theta_{i-1}) \tag{5-2}$$

$$SC_d = \sum_{i=0}^{n} SC_i \tag{5-3}$$

式中，SC_i 为 i 时刻的土壤凝结水（mm）；SC_d 为土壤日凝结量（mm）；h 为土层深度（cm），本研究为 5 cm；θ_i 与 θ_{i-1} 分别为 i 和 $i-1$ 时刻的土壤体积含水率（cm³/cm³）；n 为 1 日内土壤凝结水发生的次数。

5.1.1.4　土壤吸附水

当土壤温度高于同期的露点温度时，土壤中的相对湿度低于大气湿度时，土壤直接从大气中吸收水汽形成土壤吸附水（Agam and Berliner，2006），此外，深层土壤中的水汽也可通过土壤孔隙被表层土壤吸附。已有研究表明，0～5 cm 土层是液态水通量与水汽通量转化的主要场所（Zeng et al.，2009），温度梯度是土壤中水汽运移的主要驱动力，深层土壤温度（5～15 cm）大于浅层土壤温度（0～1 cm），土壤中的水汽通量在温度梯度的作用下从深层土壤向浅层土壤运移，水汽分子向表层土壤聚集，而被浅层土壤所吸附。浅层土壤温度大于深层土壤温度，土壤中的水汽通量在温度梯度的作用下从浅层土壤向深层土壤运移（Hirotaka Saito et al.，2006）。本研究规定 5 cm 土层中 i 时刻的土壤温度小于

15 cm 土层中 i 时刻土壤温度时，5 cm 土层土壤含水量的变化量即为 i 时土壤吸附水速率（$WVAS_i$），日土壤吸附水量（$WVAS_d$）为 1 天内各时刻土壤吸附水速率的和。

$$WVAS_i = 10\, h(\theta_i - \theta_{i-1}) \tag{5-4}$$

$$WVAS_d = \sum_{i=0}^{n} WVAS_i \tag{5-5}$$

式中，$WVAS_i$ 为 i 时刻的土壤吸附水速率（mm/h）；i 为监测时刻，本研究监测时间步长为 30 min；$WVAS_d$ 为土壤日吸附水量（mm/d）；h 为土层深度（cm），本研究为 5 cm；θ_i 与 θ_{i-1} 分别为 i 和 $i-1$ 时刻的土壤体积含水率（cm³/cm³）；n 为 1 日内土壤吸附水发生的次数。

5.1.2 指标测定及计算

（1）叶面积指数及叶面积

采用基于冠层孔隙度分析的 Winscanopy 叶面积指数仪（Regent instruments Inc.，Canada）测定 2017 年和 2018 年枣树生育期叶面积指数 LAI（图 5-2），步长为 10 d。为了获取 LAI 的日动态，利用 Logistic 生长函数对 LAI 变化进行了拟合，效果良好：2017 年叶面积指数拟合方程为 $LAI = \dfrac{2.87}{1 + \text{EXP}(-0.045(DOY - 152.71))}$（$R^2 = 0.95$），2018 年叶面积指数拟合方程为 $LAI = \dfrac{2.79}{1 + \text{EXP}(-0.050(DOY - 146.26))}$（$R^2 = 0.98$），叶面积（$LA$）通过 LAI 与冠层投影面积相乘获得。利用生长函数对生育期 LA 动态进行拟合，根据该拟合公式可插值计算出树体每日叶面积，2017 年叶面积与年积日拟合方程为 $LA = \dfrac{4.76}{1 + \text{EXP}(-0.052(DOY - 158.74))}$（$R^2 = 0.97$），2018 年叶面积与年积日拟合方程为 $LA = \dfrac{4.08}{1 + \text{EXP}(-0.060(DOY - 154.73))}$（$R^2 = 0.95$）。

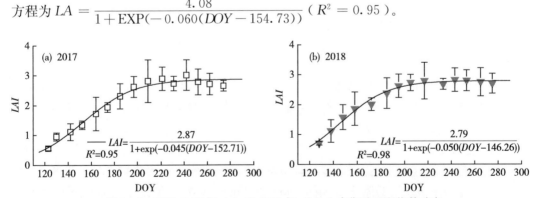

图 5-2　枣林 2017 年（a）和 2018 年（b）生育期叶面积指数动态

（2）土壤水分及温度

试验期间，用美国 DECAGON 公司生产的 GS3 测定 5 cm、15 cm 和 100 cm 土层的土壤体积含水量和温度（图 5-1b, c）。由于土壤水分状况与植物气孔开闭关联密切，它必然会对液流产生影响（Oren and Pataki，2001），为此本研究依据土壤水分有效性系数（θ_e）公式（Black，1979）计算枣林土壤水分有效性系数，并根据 Chen et al.（2014）

确定的黄土丘陵枣林 θ_e 阈值（0.4）来对土壤水分条件进行划分。即 $\theta_e < 0.4$ 和 $\theta_e > 0.4$ 将土壤水分划分为水分胁迫和无水分胁迫两种条件。根系是植物获取水分的主要途径，Ma et al.（2012）的研究表明陕北黄土高原地区矮化密植枣树细根在 0～1 m 土层内干重占 83%，故本研究中只采用 0～1 m 以内平均土壤含水量来计算 θ_e。土壤相对湿度是判定土壤吸附水发生的指标，采用 Hao et al.（2012）提出的公式进行计算。

（3）蒸腾

在选取的 3 株枣树干北侧，距离地表 40 cm 处各安装一组热扩散式探针（Thermal Diffuse Probe，TDP），针长 20 mm，直径 2 mm，为防止太阳辐射和周围温度产生的影响，用锡箔纸包裹住探针位置上下 20 cm 范围的树干。利用 CR1000 数据采集器每 30 min 收集一次瞬时树干液流速率，并结合测定的树干导水面积（边材面积）测定树体的蒸腾量。根据能量守恒原理，利用探针间的温度差计算液流通量密度 J_s（Granier，1987）：

$$J_s = 119 \left(\frac{\Delta T_m - \Delta T}{\Delta T} \right)^{1.231} \tag{5-6}$$

式中，J_s 是液流通量密度（$\mathrm{gm^{-2}s^{-1}}$），ΔT 是加热探针与非加热探针之间的温度差（℃），ΔT_m 是零液流时的温差（℃）。

$$SF = K \times J_s \times A_s \tag{5-7}$$

$$T_g = K \times J_s \times \frac{A_s}{A_g} \tag{5-8}$$

式中，A_s 是边材面积（$\mathrm{cm^2}$）；A_g 是平摊到每棵树的地面面积（按种植密度计算，为株行距的乘积 2 m×3 m=6 $\mathrm{m^2}$）；K 是单位换算系数，等于 86.4；T_g 表示枣园单位地面蒸腾速率（mm/d），将树体蒸腾量平摊到地面；K 是单位换算系数；SF 是液流速率（kg/d）。

叶面积显著影响液流（Granier et al.，2000），叶面积和土壤水分的变化使得枣树液流与气象因子之间的关系混乱模糊，利用测定的树干液流除以同期的叶面积作为相对液流（SF_R），SF_R 也是单位叶面积蒸腾速率（Du et al.，2011），它能够准确地揭示枣树在干旱半干旱地区的耗水规律和自身调节策略（Chen et al.，2014），为了探明结露对枣树蒸腾影响情况，我们借助 SF_R，对比结露与否时期枣树蒸腾变化趋势。

（4）蒸发

Chen et al.（2015）基于 Bayesian 法，借助该研究区域实测枣林的蒸腾和蒸发数据对 Shuttleworth-Wallace 进行了校核和检验，结果发现 Shuttleworth-Wallace 模型能够准确地模拟枣林时尺度蒸发蒸腾量，因此本章采用已率定的 Shuttleworth-Wallace 模型来估算枣林蒸发蒸腾量，枣林蒸发量为 Shuttleworth-Wallace 模型估算的枣林蒸发蒸腾量减去测定的枣树蒸腾量。

（5）露点温度

露点温度是判定结露的指标，当物体表面温度低于露点温度时在物体表面会形成露水，计算公式如下（Lawrence，2005）。

$$T_d = \frac{b \left[\ln(RH) + \dfrac{aT}{b+T} \right]}{a - \left[\ln(RH) + \dfrac{aT}{b+T} \right]} \tag{5-9}$$

式中，T_d 为露点温度（℃）；a、b 为常数，分别为 17.625 和 243.04；T 为大气平均温度（℃）；RH 为大气平均相对湿度（%）。

（6）饱和水汽压差

饱和水汽压差是饱和水汽压与空气中的实际水汽压之间的差值，它表示的是实际空气距离水汽饱和状态的程度，影响露水和蒸腾的关键因子，计算公式如下：

$$VPD = 0.611 \times (1 - RH) \times e^{\frac{12.27 \times T}{T + 278.8}} \tag{5-10}$$

式中：VPD 为饱和水汽压差（kPa）；RH 为空气相对湿度（%）；T 为空气温度（℃）。

5.2 露水及土壤吸附水持续时间

图 5-3 为枣林各生育期冠层露水（CD）和土壤吸附水（$WVAS$）发生天数和持续时间。图 5-3 表明，枣林在 2017 年和 2018 年全生育期内，CD 发生天数低于 $WVAS$ 发生天数，CD 发生的天数分别为 97 d 和 118 d，占总生育期天数的 61.0% 和 72.0%，同期 $WVAS$ 发生天数分别为 107 d 和 125 d，占总生育期天数的 68.6% 和 77.6%。CD 和 $WVAS$ 在各生育期内发生的天数随生育期而变化，二者在 Stage3 达最大，分别为 46 d、53 d（2017 年）和 52 d、51 d（2018 年），占果实膨大期天数的 69.7%、75.4%（2017 年）和 80.3%、73.9%（2018 年）。此外，$WVAS$ 在 2017 年和 2018 年 Stage1 发生天数较同期 CD 多发生 4 d 和 3 d。

CD 持续时间在 2017 年和 2018 年 Stage1 和 Stage2 相差 1.10 h 和 0.74 h，无差异；在 2017 年和 2018 年 Stage4 达最大，均值分别为 10.44 h 和 11.71 h，显著高于其他 3 个生育期 CD 持续时间（$P<0.05$）。$WVAS$ 持续时间在 2017 年和 2018 年 Stage2 最小，均值分别为 0.95 h 和 0.80 h，显著低于其他 3 个生育期持续时间（$P<0.05$），其他 3 个生育期 $WVAS$ 持续时间变化范围为 1.75～2.57 h。CD 持续时间在各生育期均显著高于 $WVAS$（$P<0.05$），在 Stage1、Stage2、Stage3 和 Stage4 分别高 2.09、4.35、4.99、8.08 h（2017 年）和 3.45、3.67、7.75、9.14 h（2018 年）。

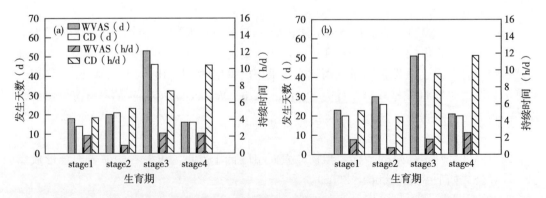

图 5-3 枣林在 2017 年（a）和 2018 年（b）萌芽展叶期（Stage1）、开花坐果期（Stage2）、果实膨大期（Stage3）和果实成熟期（Stage4）冠层露水（CD）和 5 cm 土层土壤吸附水（$WVAS$）发生日数及持续时间

5.3 露水量及土壤吸附水量

5.3.1 露水强度和土壤吸附水速率日动态

冠层露水强度（I_i）的日动态由露水的累积和蒸发阶段组成（Hanisch et al.，2015）（图 5 - 4），露水在累积阶段伴随时间而增加，蒸发阶段伴随着时间而减小，直至累积的露水完全被蒸发，但露水也可能在任一时刻停止凝结或蒸发，造成非连续性累积和蒸发过程，如露水在 2017 年 Stage2（图 5 - 4b）1：30—3：30 时出现累积小于蒸发现象，造成露水非连续性累积，形成露水在局部时段波动现象。CD 在 stage1 累积起始时间在 20：30 以后，较其他 3 个生育期分别晚 1~2、2~2.5、2.5~3 h；CD 累积在 Stage1、Stage2、Stage3 和 Stage4 结束时间为 5：00—6：30，4 个生育期 I_i 在该时段达到最大，分别为 0.013 9 mm/h、0.067 8 mm/h、0.089 7 mm/h、0.070 7 mm/h（2017 年）和 0.051 4 mm/h、0.038 3 mm/h、0.094 3 mm/h、0.094 3 mm/h（2018 年），I_i 在 2017 年和 2018 年 Stage3 和 Stage4 无显著差异，但显著高于 Stage1 和 Stage2（$P < 0.05$）。冠层露水累积阶段主要发生在 Stage1 的 3：00—6：00，Stage2 的 1：00—6：00，Stage3 的 22：30—6：00，Stage4 的 19：00—7：00，该时段内 CD 发生频率分别高达 64.0%、55.6%、88.6% 和 85%（图 5 - 5），在该时段内大气压力大于冠层压力，使水汽向冠层运移，促使叶片表面压力达到饱和而形成露水，同时也使植物叶片气孔增大，促使叶片吸收露水和二氧化碳进入叶片细胞内（Ben - Asher et al.，2010）。CD 在 4 个生育期内蒸发历时较短，主要发生在 6：00—9：00（图 5 - 4），9：00 后发生的最大频率仅为 20%（图 5 - 5）。

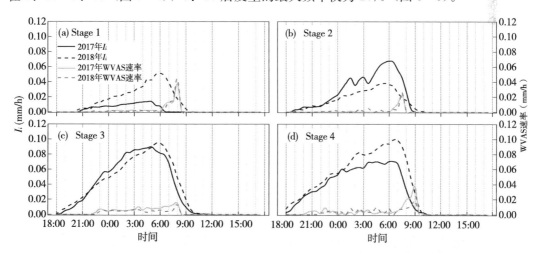

图 5 - 4 枣林在 2017 年和 2018 年萌芽展叶期（Stage1，a）、开花坐果期（Stage2，b）、
果实膨大期（Stage3，c）和果实成熟期（Stage4，d）冠层露水强度（I_i）及
5 cm 土层土壤吸附水（WVAS）速率日动态，冠层露水强度和土壤吸附水速率
为 1 个生育期内 24 h 上的均值

WVAS 速率和发生频率在 4 个生育期的 21：00—6：00 低于 6：30—9：00（图 5 - 5）。WVAS 速率和发生频率在 21：00—6：00 变化平缓，WVAS 速率在 2017 年和 2018 年 4

个生育期的该时间段内的变化范围分别为 0.001 2—0.002 4 mm/h、0.000 7—0.004 8 mm/h、0.002 6—0.015 1 mm/h 和 0.001 5—0.009 3 mm/h，约为 I_i 的 0.1 倍，WVAS 发生频率在 4 个生育期的该时间段内的变化范围分别为 3.45%～8.00%、2.78%～16.67%、7.81%～40.91% 和 5%～32%；WVAS 速率和发生频率在 6：30—9：00 升高，是 WVAS 的主要发生时段，WVAS 速率在 4 个生育期的 6：30—9：00 内的变化范围分别为 0.003 6～0.043 7 mm/h、0.003 3～0.025 7 mm/h、0.002 5～0.013 3 mm/h 和 0.003 3～0.037 3 mm/h，WVAS 发生频率在 4 个生育期的 6：30—9：00 的变化范围分别为 12%～76%、11.11%～62.96%、10.94%～39.09% 和 10%～80%，这与已有的研究结果相一致（Liu et al.，2018），但吸附速率低于 Verhoef et al.（2006）的 0.02～0.10 mm/h，吸附速率最大值高于 Zhang et al.（2015）的 0.02 mm/h。此外，WVAS 速率在 2017 年和 2018 年在 4 个生育期内无显著差异。

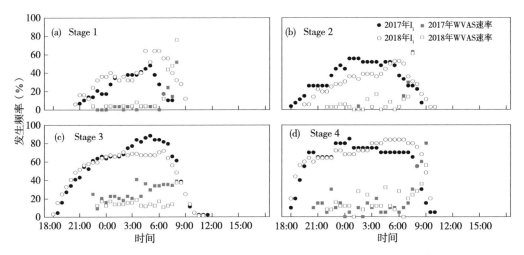

图 5-5　2017 年和 2018 年枣林在萌芽展业期（Stage1）、开花坐果期（Stage2）、果实膨大期（Stage3）和果实成熟期（Stage4）冠层露水强度（I_i）及 5 cm 土层土壤吸附水（WVAS）发生频率，发生频率为记录时段内冠层露水或土壤吸附水发生的次数与总记录次数的比值

5.3.2 日露水量和土壤吸附量

图 5-6 为枣树不同生育期的露水量和土壤吸附水量。冠层日露水量（CD_d）在 2017 年和 2018 年全生育期均值分别为 0.632 和 0.519 mm/d；在 Stage1 日均值分别为 0.082 和 0.198 mm/d，显著低于其他 3 个生育期（$P<0.05$）；在 2017 年 Stage3 和 2018 年 Stage4 日均值达最大，分别为 0.884 mm/d 和 0.755 mm/d。土壤吸附水量（$WVAS_d$）在 2017 年和 2018 年全生育期均值分别为 0.137 mm/d 和 0.113 mm/d，显著小于 CD_d（$P<0.05$）；$WVAS_d$ 在 2017 年和 2018 年 Stage1 达最大，均值分别为 0.190 mm/d 和 0.174 mm/d；在 Stage2 日均值分别为 0.073 mm/d 和 0.058 mm/d，显著低于其他 3 个生育期（$P<0.05$）。Kidron（2000）的研究结果表明凝结水（露水或土壤吸附水）大于

0.03 mm 即能够被微生物利用，黄土丘陵半干旱区枣林在 2017 年大于 0.03 mm 的土壤吸附水和露水发生天数为 102 d 和 95 d，占总发生天数的 95.33％和 98.95％；在 2018 年为 107 d 和 117 d，占总监测天数的 84.25％和 98.32％。此外，根据 Kabela et al.（2009）对露水量等级定义，重度露水量（露水量大于 0.2 mm）在 2017 年和 2018 年发生的频率为 69.38 和 76.92％。

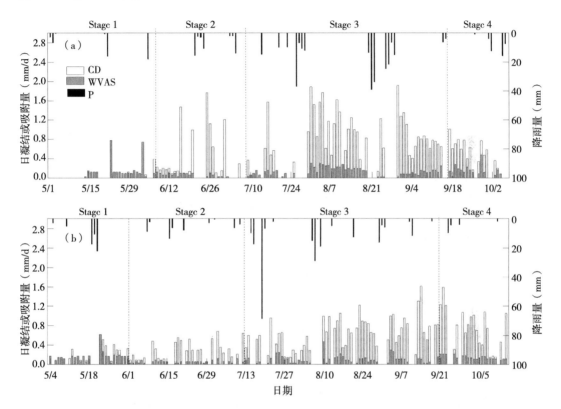

图 5 - 6 枣林在 2017 年（a）和 2018 年（b）萌芽展叶期（Stage1）、开花坐果期（Stage2）、果实膨大期（Stage3）和果实成熟期（Stage4）冠层日露水量（CD）、5 cm 土层土壤吸附水量（WVAS）及同期降水量（P）

5.4 露水及土壤吸附水生态效应

5.4.1 蒸腾对露水的响应

蒸腾是树木消耗水分的主要途径，也是植物水分生理研究的核心（Wullschleger et al.，1998），几乎所有的植物会在夜间开启气孔并且有蒸腾失水（Zeppel et al.，2014）。干旱半干旱地区植物可利用叶片直接获取冠层的露水，或借助根系从土壤中吸取水分来维持自身的生长和蒸腾耗水（Limm and Dawson，2010），然而，图 5 - 1c 显示试验区可被枣树根系利用的有效土壤水分不足（$\theta_e < 0.4$），生育期根系层（0～100 cm 土层）土壤储水量的变化量仅为 29.64 mm（2017 年）和 23.36 mm（2018 年），土壤水分亏

缺日数占枣树整个生育期的 90.97%（2017 年）和 86.62%（2018 年），枣树根系从土壤中获取水分有限。为了探讨枣树在土壤水分胁迫条件下冠层露水对蒸腾的影响情况，需绘制枣树各生育期土壤水分胁迫条件下有露水和无露水发生情况下的相对液流 SF_R（图 5-7），考虑到在枣树的 Stage4 无露日仅为 4 d，无露日的液流数据相对较少，不能够准确描述无露日蒸腾动态，因此，仅分析枣树 Stage1、Stage2 和 Stage3 生育期有无露水情况下的 SF_R。图 5-7 显示，有露日 SF_R 在枣树 Stage1、Stage2 和 Stage3 阶段的 18:00～次日 6:00，均高于无露日 SF_R。此外，值得特别注意的是，在 2018 年的 Stage1 和 2017 年的 Stage3 阶段，有露日 SF_R 在全天内均低于无露日 SF_R。

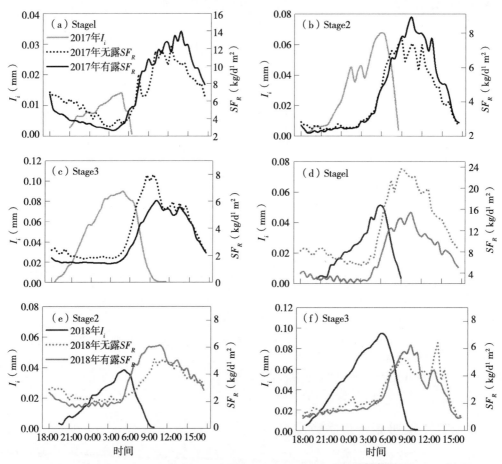

图 5-7　枣林在 2017 年（a、b、c）和 2018 年（d、e、f）萌芽展叶期（Stage1）、开花坐
　　　　果期（Stage2）、果实膨大期（Stage3）有露日和无露日相对液流（SF_R）的日动
　　　　态，SF_R 为各生育期 24 h 均值

为了阐明有露日 SF_R 降低的机理，我们分析与有露日和无露日对应的半小时尺度饱和水汽压差（VPD，图 5-8 a～c）和太阳辐射（R_s，图 5-8 d～f），选择这两种参数的主要原因是 VPD 对树体蒸腾量的贡献约占三分之二，而辐射 R_s 对蒸腾的贡献占三分之一左右（Du et al.，2011），根据图 5-8（d、e、f）中 R_s（R_s～0 W/m²），将 1 d 中的夜间

划分为 18：00 至次日 6：00，结合图 5－4，18：00 至次日 6：00 时段为露水的累积阶段，是露水形成阶段也是频发阶段，是影响蒸腾的阶段，我们着重分析露水累积阶段对夜间液流的影响。

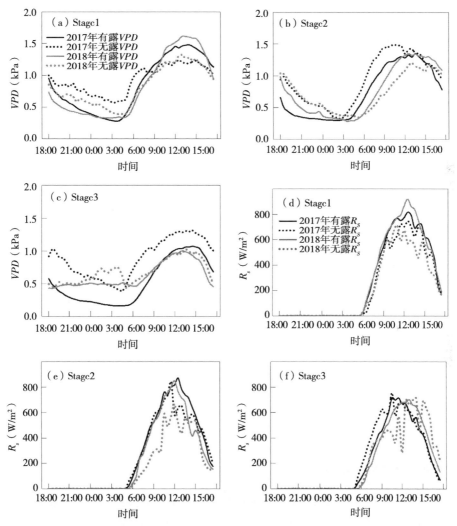

图 5－8　枣林在 2017 年和 2018 年萌芽展叶期（Stage1）、开花坐果期（Stage2）、果实膨大期（Stage3）有露日和无露日对应的饱和水汽压差（VPD），太阳辐射（R_s）的日动态，VPD 和 R_s 为各生育期 24 h 均值

已有研究表明水分胁迫条件下影响枣树时尺度 SF_R 的 VPD 和 R_s 临界值为 1.5 kPa 和 650 W/m²，当 $VPD<1.5$ kPa 或 $R_s<650$ W/m² 时，SF_R 随 VPD 或 R_s 升高近线性增加（Chen et al.，2014）。在枣树 Stage1、Stage2 和 Stage3 生育期夜间（18：00 至次日 6：00），$VPD<1.5$ kPa，有露日的 VPD 在 3 个生育期均低于无露日 VPD 0.04～0.36 kPa、0.02～0.48 kPa 和 0.06～0.55 kPa（图 5－8a、b、c），导致有露日 SF_R 在该时段低于无露日 SF_R。尽管在 2018 年的 Stage1 和 2017 年的 Stage3 阶段，有露日 SF_R 在

全天内均低于无露日 SF_R，但 2018 年的 Stage1 和 2017 年的 Stage3 阶段露水存在于 18：00 至次日 10：00（图 5 - 4a、c），露水持续时间均值分别为 5.20 h（图 5 - 3b）和 7.38 h（图 5 - 3a），在该时段内，SF_R 受露水的影响。当 10：00 后露水完全蒸发，SF_R 不再受露水的影响，只受 VPD 和 R_s 的影响。在 2018 年 Stage1 阶段，有露日 VPD 和 R_s 在 9：00—15：00 高于无露日 VPD 和 R_s（图 5 - 8a、d），且均超过临界值，加之根系层土壤水分不足（$\theta_e < 0.4$，图 5 - 1c），枣树会及时调节部分气孔关闭避免过度失水使 SF_R 降低（Chen，2018），出现有露日 SF_R 在全天内均低于无露日 SF_R 现象（图 5 - 7 d）。在 2017 年 Stage3 阶段，有露日和无露日 VPD 在 6：00—18：00 低于临界值，有露日 VPD 较无露日低 0.20～0.55 kPa（图 5 - 8c），尽管有露日和无露日在 10：30—12：00 的 R_s 均大于 650 W/m²，但有露日 R_s 低于无露日时长达 9 h，即有露日低的 VPD 和 R_s 抑制了 SF_R，出现有露日 SF_R 在全天内均低于无露日 SF_R 现象（图 5 - 7c）。

土壤水力再分配作为一种重要的生态过程，是干旱生境条件下植物内在的一种生存机制（Zeppel et al.，2014），水力再分配以土壤含水量的变化形式体现，有露日枣树根系层（5～100 cm）土壤储水量夜间变化量较无露日在 3 个生育期均高 0.144～3.483 mm（表 5 - 2），植物叶片上存在的露水能降低夜间蒸腾（E_n）和树干木质部补水量（R_e），弱化了 E_n 和 R_e 对水力再分配的抑制作用，促使水分经由植物根系从土壤湿层向干层运移，进而改善土壤水分有效性和根系活性，影响着植物水分生理（Bauerle et al.，2008）。

表 5 - 2　枣树夜间有露和无露 5～100 cm 土层土壤储水量变化量

储水量		Stage1		Stage2		Stage3	
		2017	2018	2017	2018	2017	2018
有露	Δ_{swc} 在 5～100 cm 土层（mm）	0.717	0.380	0.274	0.475	−0.543	−0.027 4
无露	Δ_{swc} 在 5～100 cm 土层（mm）	−2.766	−0.023 5	0.130	−2.054	−3.477	−0.216

注：土壤储水量变化量为 Δ_{swc}，为排除 0～5 cm 土层土壤吸附水对土壤含水量的影响，采用 5～100 cm 土层土壤储水量在 6：00 和 18：00 差值表示为夜间土壤储水量的变化量，用 Δ_{swc} 表示。

5.4.2　蒸发对土壤吸附水的响应

有和无 $WVAS$ 发生的蒸发（E）日动态见图 5 - 9，有和无 $WVAS$ 发生的 E 大小关系在不同年际和生育阶段表现不同。在 21：00—次日 6：00 $WVAS$ 发生时段（图 5 - 4、图 5 - 5）内，2017 年 Stage1 和 Stage2 有 $WVAS$ 发生的蒸发累积量较无 $WVAS$ 发生的蒸发累积量大 0.026 mm/h 和 0.025 mm/h（图 5 - 4a、b），但 2018 年 Stage1 和 Stage2 无 $WVAS$ 发生的蒸发累积量比有 $WVAS$ 发生的蒸发累积量多 0.103 mm/h 和 0.004 mm/h（图 5 - 6a、b）。在 4 个生育期的 6：30—9：00 时段（图 5 - 4、图 5 - 5）内，是 $WVAS$ 发生主要时段，2017 年有 $WVAS$ 发生的蒸发累积量较无 $WVAS$ 发生的蒸发累积量分别大 0.002 mm/h、0.022 mm/h、−0.169 mm/h 和 0.007 mm/h，2018 年有 $WVAS$ 发生的蒸发累积量较无 $WVAS$ 发生的蒸发累积量分别小 0.043 mm/h、0.024 mm/h、0.051 mm/h 和 0.008 mm/h。尽管 $WVAS$ 发生天数占总生育期天数的 68.6% 和 77.6%，但其持续时间仅为 0.80～2.57 h（图 5 - 3），不足以影响 E，对 E 的影响主要由土壤水分、土壤温度、大

气蒸发能力、叶面积指数等因子造成（Merlin et al.，2018）。

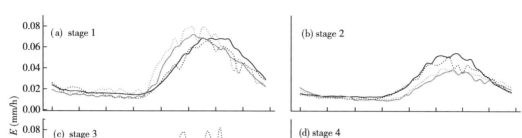

图 5-9　枣林在 2017 年和 2018 年萌芽展叶期（Stage1）、开花坐果期（Stage2）、果
实膨大期（Stage3）和果实成熟期（Stage4）土壤吸附水发生日（WVAS）
和无土壤吸附水发生日对应蒸发（E）的日动态，蒸发为各生育期 24 h 均值

5.4.3　露水及土壤吸附水量对水资源贡献

枣树各生育期 CD 和 WVAS 对蒸腾量（T）、蒸发量（E）贡献见表 5-3。表 5-3 显示，WVAS 在 Stage1 阶段占非降雨水分的比值最大，在 2017 年和 2018 年分别为 0.740 和 0.507。CD 在 Stage2、Stage3 和 Stage4 阶段占非降雨水分（CD＋WVAS）的比值分别为 0.870、0.849、0.774（2017 年）和 0.823、0.864、0.833（2018 年）。CD 在整个生育期占非降雨水分的 80.6％和 81.21％，CD 是非降雨水分的最主要组成部分。枣林在 2017 年和 2018 年全生育期的 CD 为 60.63 mm 和 61.21 mm，占同期降水量的 15.18％和 17.06％，低于 19％的半干旱沿海区（Hanisch et al.，2015）和 50％的干旱沙漠区（Hao et al.，2012）；同期 WVAS 为 14.6 mm 和 14.15 mm，占降水量的 3.65％和 3.94％。2017 年和 2018 年枣树全生育期内普通降雨的天数为 34 d、35 d，发生频率为 21.38％和 21.34％，小于 CD 发生频率。虽然 CD 小于降水量，但可以频繁发生，说明枣林露水具有降雨所不及的普遍性。CD 在 2017 年和 2018 年枣树全生育期内的变异系数为 94.05％和 59.20％，WVAS 的变异系数为 87.96％和 51.63％，降水量的变异系数为 266.20％和 321.03％，CD 和降水量的变异系数在 2017 年和 2018 年枣树各生育期的比值分别为 0.17～0.49 和 0.11～0.28，WVAS 和降水量的变异系数在 2017 年和 2018 年枣树各生育期的比值分别为 0.23～0.35 和 0.17～0.34。说明枣林露水和土壤吸附水无论在枣树的整个生育期还是在各生育期内，其变异系数要小于降水量，显示出稳定性的特点。

在枣树各生育阶段，CD 对 T 的贡献（CD/T）主要在 Stage3 和 Stage4 阶段，贡献率最大可达 0.314（2017 年）和 0.539（2018 年），WVAS 对 E 的贡献（WVAS/E）主要在 Stage4 阶段，贡献率最大可达 0.261（2018 年），非降雨水分对 ET 的贡献（［CD＋WVAS）/ET］主要在 Stage3 和 Stage4 阶段，贡献率最大可达 0.233（2017 年）和

0.449（2018 年）。Stage1 和 Stage2 阶段是枣树需水关键阶段，但在 Stage1 和 Stage2 阶段，非降雨水分贡献为 0.052～0.107，降水量仅占生育期总降水量的 6.56%～16.92%（表 5-3），根区土壤有效土壤水分严重不足，θ_e 为 0.045～0.282，出现亏缺现象（图 5-1c），土壤水分亏缺会影响土壤水分运移，阻碍降水入渗补给，弱化"土壤水库"功能，导致土壤质量和土壤生产能力降低，进而影响植被的水土保持、水文调节、水源涵养等生态系统服务功能（Chen et al.，2007）。

表 5-3　2017 和 2018 年枣树各生育期冠层露水量、土壤吸附水量、
蒸腾量和蒸发量及凝结水对蒸发量、蒸腾量的贡献

| 年 | 生育期 | 输入项 | | | | 输出项 | | | CD/T | $WVAS/E$ | $(CD+WVAS)/ET$ |
		P (mm)	CD (mm)	$WVAS$ (mm)	$CD+WVAS$ (mm)	T (mm)	E (mm)	ET (mm)			
	Stage1	26.2	1.145	3.257	4.402	42.249	42.050	84.299	0.027	0.077	0.052
	Stage2	67.6	9.732	1.453	11.185	70.506	49.958	120.464	0.138	0.029	0.093
2017	Stage3	255.1	40.670	7.225	47.895	129.320	76.166	205.486	0.314	0.095	0.233
	Stage4	50.6	9.080	2.656	11.736	36.404	10.160	46.564	0.249	0.261	0.252
	Total	399.5	60.627	14.591	75.218	278.479	178.335	456.813	0.218	0.082	0.165
	Stage1	58.4	3.906	4.009	7.915	33.095	41.015	74.110	0.118	0.098	0.107
	Stage2	52.35	8.098	1.740	9.838	67.389	55.610	122.999	0.120	0.031	0.080
2018	Stage3	227.8	34.064	5.371	39.435	108.578	64.104	172.682	0.314	0.084	0.228
	Stage4	20.2	15.090	3.031	18.121	28.008	12.311	40.319	0.539	0.246	0.449
	Total	358.8	61.158	14.151	75.309	237.071	173.039	410.110	0.258	0.082	0.184

注：CD 为枣树冠层露水量，$WVAS$ 为土壤吸附水量，T 为枣树蒸腾量，E 为土壤蒸发量，Stage1 为枣树萌芽展叶期，Stage2 为枣树开花坐果期，Stage3 为枣树果实膨大期，Stage4 为枣树果实成熟期。

修剪是抑制植物蒸腾的一种农艺措施，本研究中虽然通过修剪二次枝以缩小树冠尺寸来达到控制树体抑制蒸腾的目的，该效果是短暂的（Hipps and Atkinson，2014）。已有研究表明重度修剪可以降低蒸腾量，增加土壤水分，提高土壤水分利用效率（Forrester et al.，2013），Chen et al.（2016）对黄土高原雨养枣园进行了主枝修剪（重度修剪），结果发现主枝修剪措施缓解枣林 0～3 m 土层土壤水分亏缺程度，抑制了单株树体蒸腾耗水量，增加了冠层导度对 VPD 的敏感性，降低了枣树干旱情况下发生栓塞的风险，但重度修剪使光透过冠层顶部，在冠下重新聚集，增加了枣园生育期棵间土壤蒸发量。覆盖技术作为抑制土壤蒸发的有效措施，覆盖与修剪技术相结合也被应用于旱作枣林中，但不同的覆盖处理对抑制蒸发和增加土壤水分的效果不同（Tomaszkiewicz et al.，2017），重度修剪对冠层结构的改变会引起光合和蒸腾等生理活动的变化，进而影响冠层微气象，冠层微气象又反过来影响生理活动（Beis and Patakas，2015），重度修剪和覆盖技术能不能降低 T 和 E，促进 CD 和 $WVAS$ 或 SC（土壤凝结水）的大量形成？进而增加 CD/T、$WVAS/E$ 和（$CD+$

WVAS）/ET 值，特别是 Stage1 和 Stage2 阶段？还需进行下一步试验研究。

在长期的水量平衡计算中，非降雨水分往往被忽略，事实上非降雨水分在大时间尺度上（半年或年）是水量平衡方程的重要组成部分（Lekouch et al.，2012），在整个生育期，2017 年和 2018 年枣林耗水量（ET）较同期降水量多 57.3 mm 和 51.3 mm，这就意味着降水量无法满足枣林耗水量，如果将非降雨水分作为水资源输入项的一部分，则2017 年和 2018 年枣林水资源输入项（P＋CD＋WVAS）较同期水资源输出项（ET）多 17.905 mm 和 23.999 mm。CD 对 T 的贡献（CD/T）为 0.218（2017 年）和 0.258（2018 年），WVAS 对 E 的贡献（WVAS/E）非常小，仅为 0.082，非降雨水分对 ET 的贡献 ［（CD＋WVAS）/ET］可达 0.165（2017 年）和 0.184（2018 年），高于湿润区稻田（Liu et al.，2018）和半干旱区荒漠生态系统（Malek et al.，1999）非降雨水分对 ET 的贡献。因此，黄土丘陵区非降雨水分是枣林水分的重要补充源，是区域水文循环不可忽略的主要组成部分。

5.5　小结

（1）黄土丘陵区枣林全生育期冠层露水量约占非降雨水分（露水和土壤吸附水）的 81%。

（2）冠层露水发生天数低于同期土壤吸附水发生天数；冠层露水持续时间在萌芽展叶期（Stage1）、开花坐果期（Stage2）、果实膨大期（Stage3）和果实成熟期（Stage4）均显著高于土壤吸附水持续时间（$P < 0.05$）。

（3）冠层露水发生时段因生育期不同而各异，冠层露水强度在 4 个生育期的 5：00—6：30 达到最大，其中 Stage3 和 Stage4 无显著差异，但显著高于 Stage1 和 Stage2（$P < 0.05$），土壤吸附水速率在各生育期无差异，约为冠层露水强度的 0.1 倍，主要发生在6：30—9：00。

（4）冠层露水对全生育期蒸腾的贡献高达 0.258，冠层露水降低了夜间（18：00 至次日 6：00）与气孔导度相关的 VPD，进而减少了夜间蒸腾和木质部补水，弱化水分亏缺根系层（5～100 cm）水分消耗，促进土壤水分再分配，但土壤吸附水对土壤蒸发无影响。

（5）露水具有降雨所不及的频发性和稳定性，露水对全生育期水资源输出项（ET）的贡献可达 0.149（2018 年），具有积极的生态效应，是黄土丘陵区旱作枣林水文循环的重要组成部分。

第6章 干化土壤的水分修复试验

水分一直是黄土高原地区植被生长的主要影响因子之一。以往大量研究发现，黄土高原半干旱区人工林植被建设已造成土壤水分不同程度亏缺（陈洪松等，2005a；侯庆春等，1999），且随着人工植被生长年限的增加，深层土壤干化现象加重（李玉山，2002），因此土壤水分能否恢复一直是生态学科和土壤学科十分关注的热点问题（陈洪松等，2005b）。目前人工林地土壤干化研究主要集中在土壤干层的量化指标、影响因素、形成过程、模型预测等方面（Chen et al.，2008；Wang et al.，2010；Wang et al.，2012；邵明安等，2016），尽管国内外也有不同覆盖措施下土壤水分恢复的研究（冯浩等，2016），但大部分是在有植物生长，即根系消耗土壤水分的情况下进行，难以真实反映覆盖措施下土壤水分提升的真实水平。此外，干化土壤水分恢复能力的大小及恢复年限也一直是科研人员关心但又不能确定的科学问题，因此研究干化土壤在不同覆盖措施下的实际恢复能力，对防治土壤干层具有重要意义。

为此，本研究采用野外大型土柱和大田覆盖结合的方法，长期定位监测了土壤水分在枣林生育期和休眠期内的变化规律，获得以下结果：①土柱试验表明，几种物理覆盖措施下土壤干层水分恢复能力大小表现为：地膜覆盖＞石子覆盖＞树枝覆盖＞裸地；试验期间在自然降雨条件下能够维持早熟禾、苜蓿、柠条、枣树、刺槐5种植物（植物覆盖）正常生长，对土壤水分消耗影响表现为：刺槐＞苜蓿＞柠条＞枣树＞早熟禾，但能否长期正常生长，需要进一步研究。②经过一个生育期，早熟禾、树枝、地膜覆盖和裸地处理土柱土壤储水量均有不同程度增加，其中地膜覆盖增加最显著，其次为树枝覆盖，裸地土壤含水率高于早熟禾覆盖，说明裸地在当地较生草有利于土壤水分恢复；上述四种处理在大田试验中对土壤水分影响与土柱试验效果基本一致。③土柱试验和大田试验均表明，休眠期是枣林地土壤水分损失的重要阶段。实施全年覆盖措施不但可以明显提高0~200 cm土层土壤储水量，而且有利于深层干化土壤水分的恢复。④运用HYDRUS模型模拟连续平水年条件下裸地、石子、树枝、地膜覆盖枣林土壤干层恢复情况，结果表明若0~600 cm土壤干层水分完全恢复（即恢复至当地土壤稳定湿度）分别需要7.9a、4.1a、5.0a、1.3a。研究结果对于干化土壤的修复，以及黄土高原农林业生产和生态环境建设具有重要的理论和实际意义。

6.1 研究方法

6.1.1 试验方案

6.1.1.1 干化土壤植物和物理覆盖试验

在同一水平阶地上建造直径0.8 m、深10 m、间距为1.6 m的大型土柱。土柱采用开挖后回填，开挖时按照之前测定的土壤质地层次分三层开挖，并将三层土壤分别堆放保存，以保证回填时按原来的土壤质地层次分层回填。土壤回填前用厚约 1 mm 的大棚塑料膜铺设在土柱井壁，使柱体土壤与外界土壤隔离，避免土柱内外水分交流扩散。回填时，一方面按照之前测得的土壤质地分层回填，逐层压实；另一方面重点控制回填土的土壤容重（1.29 g/cm³±0.05 g/cm³）和含水量（7％左右），从而最大限度地模拟旱作枣林地干化土壤，上边界为高出地面 0.1 m 的混凝土井圈防止降雨流失，水分变化只通过蒸散和入渗完成（图 6-1）。在土柱上分别设置为裸地、石子覆盖、树枝覆盖、地膜覆盖（物理覆盖）以及栽植枣树、刺槐、旱熟禾、柠条、苜蓿（植物覆盖）9 个处理（图 6-2），每个处理 3 个重复，覆盖方式见表 6-1。

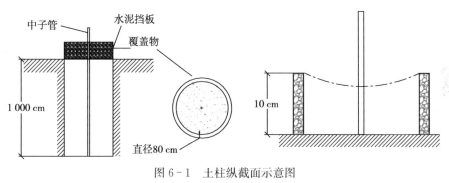

图 6-1　土柱纵截面示意图

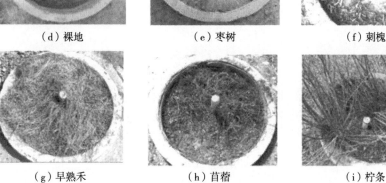

（a）薄膜覆盖　　　　　（b）石子覆盖　　　　　（c）树枝覆盖

（d）裸地　　　　　　　（e）枣树　　　　　　　（f）刺槐

（g）旱熟禾　　　　　　（h）苜蓿　　　　　　　（i）柠条

图 6-2　不同覆盖措施实体图

表 6-1　大型土柱覆盖实验设计

措施	覆盖方式与管理
裸地	无任何覆盖措施，定期去除杂草
坡耕地	选取试验地附近没有地表没有植被覆盖的坡耕地作为实验对象
栽植枣树	栽植地径 1 cm，高度 50 cm 枣树，无其他任何覆盖措施，定期除去杂草
栽植刺槐	栽植地径 1 cm，高度 50 cm 刺槐，无其他任何覆盖措施，定期除去杂草
石子覆盖	筛选直径 2～5 cm 左右均匀砾石，覆盖厚度为 10 cm
树枝覆盖	剪切长度大约 10 cm 枣树枝，晒干后均匀覆盖，厚度为 10 cm
地膜覆盖	覆盖单层 0.015 mm 的白色塑料膜，地膜上设有 16 个不对称直径约为 2 mm 的小孔以便雨水进入，每年定期更新地膜
种植柠条	在土柱内播种柠条，无其他任何覆盖措施，不浇水施肥，定期除去杂草
种植苜蓿	在土柱内播种苜蓿，无其他任何覆盖措施，不浇水施肥，定期除去杂草
种植早熟禾	在土柱内播种早熟禾，无其他任何覆盖措施，不浇水施肥，定期除去杂草

6.1.1.2　大田枣林植物和物理覆盖试验

　　试验地位于 11 龄山地矮化密植梨枣林试验基地的水平阶上，试验布设时间为 2011 年 10 月。选取坡向（南坡）和坡度（≈3 ℃）相似的 3 个水平阶，每个水平阶分别设置秸秆覆盖、地膜覆盖、石子覆盖和枣林裸地 4 个处理（图 6-3），将秸秆切成 8～10 cm 的小段，覆盖厚度为 10～12 cm，石子覆盖使用粒径为 0.5～1.0 cm 的砂石，覆盖厚度为 5 cm，地膜覆盖（白色聚乙烯农膜）在处理时使枣树主干附近地势低，四周地面稍高，地膜在树干附近保持有 1～2 cm 缝隙，以便地面雨水流向树干入渗。各处理小区规格为 2 m×3 m，面积 6 m²，在每个小区四周开挖宽为 20 cm、深 5 m 的沟，沟内壁用厚约 1 mm 的塑料与周围土壤隔开，防止周围土壤水分和根系对试验小区产生影响，3 个水平阶为 3 个重复试验。试验期间无灌溉。

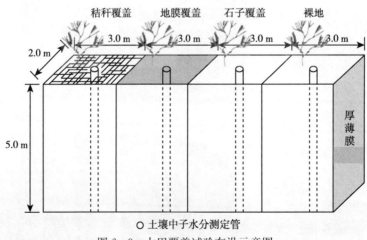

图 6-3　大田覆盖试验布设示意图

　　在大田试验中，选取了一块代表性样地，采用早熟禾覆盖和裸地处理，分析没有完全与外界隔绝的自然条件下的土壤水分的修复能力。其中早熟禾覆盖是在选定的试验地栽植早熟禾草；裸地处理是在选定的试验大田里进行浅耕，以松土除草，提高土壤的通气性能和降雨入渗的能力。

6.1.2　指标测定及计算

（1）土壤水分

在每个土柱的中间位置安置 10 m 长铝管，利用 CNC-503DR 型中子土壤水分仪测定 0～1 000 cm 深度内的土壤水分，每 20 cm 为一个测层，并定期对中子仪进行校准。2016 年 5 月至 2017 年 12 月由于仪器管理问题，数据采集次数减少，仅在 2016 年 12 月，2017 年 1、6、12 月进行了数据采集。大田枣林的物理覆盖试验监测初始时间为 2011 年 10 月 27 日，每隔 10 d 测定 0～500 cm 深度内的土壤水分，每 20 cm 为一个测层。另外，在无任何处理的裸土柱内按照上密下疏的原则共布设 30 个 CS650 土壤水分探头，0～1 m 内间距 0.1 m，1～3 m 内间距 0.2 m，3～6 m 内间距 0.5 m，6～10 m 内间距 1 m。采用 CR1000 数据采集器每隔 30 min 自动记录一次数据（见 4.1.2）。

（2）土壤累积入渗量测定

在试验小区附近选择无植物覆盖的平地进行双环入渗试验，双环的内外环直径分别为 30 cm 和 50 cm，高度均为 35 cm，其中 20 cm 打入土中，共计 3 组重复试验。试验期间水深保持在 5 cm 以上，计算并准备好内外环相应的水量。试验开始时，启动秒表，迅速通过马氏瓶和量筒分别向内外环加水，始终使内外环的水位保持在同一刻度，每隔 3 min 记录一次加水的体积。总入渗时间 56 min，通过达西定律分别计算出对应的入渗量和入渗速率。

（3）土壤储水量

$$W = 10\theta d \tag{6-1}$$

式中，W 为土壤储水量，mm；d 为土层深度，cm；θ 为土壤体积含水量，cm^3/cm^3。

（4）储水量变化量

$$\Delta W = W_{finial} - W_{initial} \tag{6-2}$$

式中，ΔW 为储水量变化量，mm；$W_{initial}$ 为计算时段初期土壤储水量，mm；W_{finial} 为计算时段末期土壤储水量，mm。

（5）蒸散量

试验区植物蒸散量利用水量平衡法计算。试验区植物为雨养，无灌，无地下水补给，试验期间未发生地表径流，植物蒸散量公式可简化为：

$$ET = P_r - \Delta W \tag{6-3}$$

式中，ET 为植物蒸散量，mm；P_r 为降水量，mm。

降雨贮存效率为计算时段内储水量变化量占降雨总量的百分比，即：

$$I_{PSE} = \Delta W / \sum P_r \times 100\% \tag{6-4}$$

式中，I_{PSE} 为降雨贮存效率，%。

（6）土壤有效储水量

$$W_{efficient} = W_{present} - 10H\theta_{diaowei} \tag{6-5}$$

式中，$W_{efficient}$ 为土壤有效储水量，mm，$\theta_{diaowei}$ 为土壤凋萎含水量，这里取值为 5.36%。

（7）土壤水分恢复度

为定量评价土壤水分恢复程度，比较各种覆盖处理不同时期的土壤水分恢复能力，土壤水分恢复度其定义为某土层已经恢复的土壤储水量占应恢复土壤储水量的百分比，公式为：

$$I_{SWR} = \frac{W_{finial} - W_{initial}}{W_{siopeland} - W_{initial}} \times 100\% \qquad (6-6)$$

式中，I_{SWR} 为土壤水分恢复度，%；土壤干层水分恢复指数划分为 6 级：① $I_{SWR} \geqslant 100\%$，完全恢复；②$75\% \leqslant I_{SWR} < 100\%$，极好恢复；③$50\% \leqslant I_{SWR} < 75\%$，良好恢复；④$25\% \leqslant I_{SWR} < 50\%$，中度恢复；⑤$0\% \leqslant I_{SWR} < 25\%$，轻度恢复；⑥ $I_{SWR} < 0$，无恢复。$W_{siopeland}$ 为坡耕地 0~1 000 cm 土壤储水量，mm。

另外，采用灰色关联法进行分析 2014 年不同处理下全生育期各月土壤水分，利用变异系数法反映土壤水分的变化程度。

6.2 大型土柱物理覆盖下干化土壤水分恢复能力

6.2.1 土壤水分恢复最大深度

在自然状态下，进入土体的雨水随时间变化进行再分配。试验地土柱内土壤干燥，剖面土壤含水量（平均含水量 7% 左右）和土水势较低。降水过后，土体上部一定厚度的土层土壤湿度高，形成高含水层，而下层含水量和土水势较小，在水势差的驱动作用下高含水土层水分逐渐下移，入渗深度增加。土体内高含水层所到之处，会有土壤湿度大幅增加的现象，因此，可以根据不同深度土壤水分动态变化来确定土壤水分恢复最大深度，即降水入渗对干层水分补偿的深度。

以 2014 年 5 月 3 日的土壤含水量值作为研究土壤水分恢复的起点，选取 2014 年 5 月 3 日、2014 年 10 月 3 日、2015 年 5 月 3 日 3 个典型时期的土壤剖面湿度曲线（图 6-4 和图 6-5），比较分析几种典型物理覆盖处理条件下的土壤含水量变化特征和土壤水分恢复深度。

由图 6-4 看出，至 2014 年 10 月，裸地、早熟禾、石子、树枝处理土壤干层最大恢复深度差异不大，分别为 200 cm、200 cm、240 cm 和 200 cm；地膜处理最大可能地减少了土壤表面蒸发，恢复深度达到 380 cm，显著大于其他处理。2014 年 10 月—2015 年 5 月降水极少，仅为 72.6 mm。由于上部高含水层土壤水分继续下渗，土壤剖面主要体现为上层土壤含水量的减小和下层土壤干层恢复深度的继续加深。至 2015 年 5 月，裸地处理继续恢复深度小幅加深（20 cm），总恢复深度为 220 cm。石子覆盖继续恢复深度为 120 cm，总恢复深度为 360 cm；树枝具有较强的持水能力，一般的小雨能够被覆盖物完全吸收，而且树枝覆盖的空隙较大，因此在相同环境下蒸发作用较大，所以树枝覆盖的继续恢复深度为 80 cm，总恢复深度为 280 cm。地膜处理的继续恢复深度为 240 cm，总恢复深度为 620 cm。2014 年 10 月—2015 年 5 月降水量稀少，除地膜覆盖 0~1 000 cm 土壤储水量增加外，石子和树枝覆盖处理下的土壤储水量均有所减少，之所以石子和树枝土壤水分恢复深度能够有较大幅度地继续增加，原因是地表覆盖处理阻止了部分表层土壤水分蒸发，土壤中原本存蓄的雨水一方面蒸发损失小，另一方面在水势差的驱动下不断下渗，使得深层土壤水分得到补充。

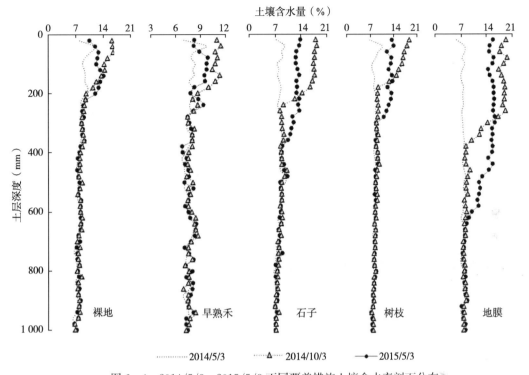

图 6-4　2014/5/3—2015/5/3 不同覆盖措施土壤含水率剖面分布

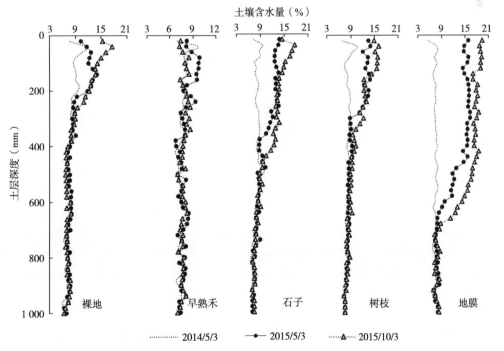

图 6-5　2015/5/3—2015/10/3 不同覆盖措施土壤含水率剖面分布

图 6-5 为 2015 年 5 月—2015 年 10 月土壤水分恢复情况，期间总降水量为 235.5 mm，仅为 2014 年同期降水的 59.3%。可以看出，地膜、石子、树枝覆盖下土壤剖面体现出相似的规律，即表层 0～160 cm 左右土壤含水量有一定程度的增加，下层土壤干层恢复深度有所加深，中层的土壤水分基本不变，这是因为一方面 2015 年的降水量小，降水对表层土壤补给能力有限，再加上气温高，土壤蒸发作用强烈，在观测期结束仅补给表层 0～160 cm 左右的土壤水分，另一方面由于土壤水分继续下渗，使得深层土壤水分得到恢复，2015 年雨季结束后裸地、石子、树枝、地膜土壤干层最大恢复深度加深至 280 cm、460 cm、360 cm 和 680 cm。

早熟禾覆盖下土壤水分恢复深度在 2014 年 10 月恢复至 200 cm 后不再增加，0～200 cm 内的土壤平均含水量由 8.07% 上升至 10.62%，至 2015 年 10 月，0～200 cm 内的土壤平均含水量下降至 7.89%，早熟禾覆盖复水能力不佳。

综上所述，与裸地相比，地膜、石子以及树枝覆盖均在一定程度上阻止了土壤水分的蒸发，土壤水分得到了较好的恢复，而早熟禾处理下的土壤水分恢复困难。

6.2.2 物理覆盖措施下土壤水分恢复度

根据公式（6-6）计算得到 2014 年 5 月—2014 年 10 月（图 6-6）和 2014 年 5 月—2015 年 10 月（图 6-7）不同覆盖处理条件下雨季结束后土壤水分恢复度，各处理上层土壤水分均有不同程度的恢复，深层（700 cm 以下）土壤水分暂时没有得到补给，恢复度趋近于 0，在图中只绘制了各处理 0～700 cm 的土壤水分恢复情况。

土壤水分监测至 2014 年 10 月（图 6-6），石子处理在表层 0～160 cm 处土壤水分恢复度超过 100%，160～240 cm 土壤水分恢复度迅速减小，240 cm 以下土层无恢复；树枝覆盖在表层 0～80 cm 处恢复度超过 100%，80～140 cm 土层水分极好恢复，140～220 cm 土壤水分恢复度迅速减小；地膜覆盖在 0～280 cm 处恢复度超过 100%，280～340 cm 土壤水分恢复度迅速减小后趋近于零。2014 年降水充沛，石子、树枝、地膜三种覆盖处理下表层均有一定厚度的土壤水分完全恢复。裸地覆盖表层 0～80 cm 极好恢复，80～140 cm 土壤水分良好恢复，直至 200 cm 处的土壤水分也有一定程度的恢复。早熟禾处理 0～200 cm 的土壤水分仅有轻度恢复。可以看出，虽然早熟禾处理下土壤水分的恢复深度与裸地覆盖相同，但恢复程度要小于裸地处理。

观测至 2015 年 10 月（图 6-7），石子覆盖 0～60 cm 土壤水分完全恢复，60～120 cm 土壤水分极好恢复，至 440 cm 处恢复度为 0%；树枝覆盖 0～40 cm 土壤水分完全恢复，40～140 cm 土壤水分极好恢复，至 340 cm 处恢复度为 0%；地膜覆盖 0～120 cm 土壤水分恢复程度为完全恢复，在 120～520 cm 处恢复程度为极好恢复，至 680 cm 处恢复度为 0%。树枝覆盖层孔隙度大，对于土壤表面的蒸发抑制作用不佳，导致对土壤深层水分的保持作用微弱。而石子覆盖和地膜覆盖在 300 cm 以下仍有较高的恢复度，说明其对深层土壤水分恢复作用明显。裸地处理 0～120 cm 土壤水分为良好恢复，260 cm 以下无恢复。早熟禾覆盖 1 000 cm 土壤水分恢复程度低，表层的土壤水分恢复度甚至小于 0。这说明早熟禾处理在土壤蒸发和植物蒸腾的共同作用下表层土壤水分很难得到补偿，植被的覆盖虽然在理论上能减少土壤表面的水分蒸发，但植物在生长期内的耗水量不容忽视，早熟禾覆盖并不能够显著地恢复干层土壤水分。

2014 年 10 月，裸地、早熟禾、石子、树枝、地膜处理 0～1 000 cm 的平均恢复程度显著，分别为 14.6%、6.5%、24.8%、19.4%和 40.2%；至 2015 年 10 月，各处理 0～1 000 cm 的平均恢复度分别为 6.5%、−1.3%、27.8%、21.8%和 69.0%。裸地和早熟禾处理的土壤水分平均恢复程度减小，而石子、树枝、地膜覆盖的土壤水分平均恢复程度增加，说明地表裸露或种植早熟禾情况下不利于土壤水分的恢复，石子、树枝、地膜措施在一定程度上能阻断土—气界面上的水分循环过程，具有保水保墒效果，其中地膜覆盖效果最好。各处理对土壤干层水分的恢复能力为地膜覆盖＞石子覆盖＞树枝覆盖＞裸地处理＞早熟禾处理。

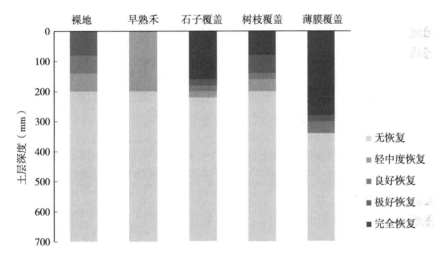

图 6-6　2014/5—2014/10 土壤水分恢复程度随土层深度的变化

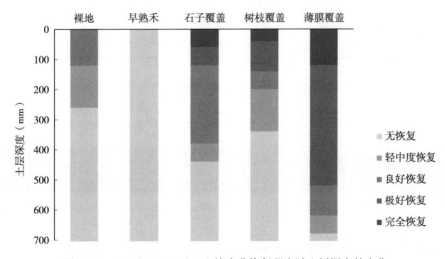

图 6-7　2014/5—2015/10 土壤水分恢复程度随土层深度的变化

6.2.3 物理覆盖处理的降水利用率

表6-2列出了不同覆盖处理条件下，土壤累积储水量逐月变化和对应时间内的累积降水量。由表6-2可以看出，在相同的降水条件下，不同覆盖方式0～1000 cm土层储水变化量有显著性差异。裸地、石子、树枝、地膜这四种覆盖方式下的土壤不受植被生长耗水的影响，其土壤储水量变化主要是通过降水入渗和土壤蒸发作用完成，因而储水变化量与降水量具有很强的相关性，将这四种覆盖方式下的土壤累积储水变化量SWS与累积降水量P进行线性拟合，拟合关系为：$SWS=a \times P+b$ 数值关系见表6-3，得出裸地、石子、树枝、地膜条件下二者的相关性很强，相关系数（R^2）分别为0.723、0.897、0.881、0.931。表中a值大小可以看出不同覆盖下土壤储水量变化受降水影响的大小，其中双膜覆盖最大可能地促进了降水入渗，抑制了土壤表面蒸发，土壤储水量变化受降水影响最大，其次是石子覆盖，再次是树枝覆盖，裸地处理最小。

整个观测阶段（2014年5月—2015年10月）裸地、石子、树枝、地膜条件下降水利用率分别为17.9%、36.1%、28.0%、94.3%。其中在2014年5月—2014年10月，总降水量为396.8 mm，各覆盖条件下土柱内的储水量分别增加138.9 mm、227.5 mm、175.7 mm和389.0 mm，降水利用率分别为35.0%、57.3%、44.3%和98.0%。2015年5—10月，总降水量为235.5 mm，各覆盖条件下土柱内的储水量增加26.1 mm、82.4 mm、53.5 mm和220.2 mm，降水利用率分别为11.1%、35.0%、22.7%和93.5%。由此可见，不同的降水年型和气候环境条件，对土壤水分恢复的影响差异较大。

试验设置初期土柱内的初始平均含水量为7%左右，要使土壤干层水分完全恢复，即恢复至当地土壤稳定湿度（17.08%），则需要增加约958 mm的土壤水。本研究现仅有的2年降水资料和土壤水分观测数据，无法准确估算土壤水分恢复年限。要获知更加精确的水分恢复年限，需要今后长期的土壤水分定位监测或模型模拟预测。单从不同覆盖下的土壤储水量变化和降水利用率来看，地表覆盖措施恢复土壤干层水分的能力是十分可观的。在当地不同的土地利用条件下，配合适宜的地表覆盖技术可以显著地加快土壤干层水分的恢复速率。

表6-2 不同覆盖措施0～1000 cm逐月土壤储水量变化

不同覆盖处理		2014年						
		6月	7月	8月	9月	10月	11月	12月
累积储水量变化量（mm）	早熟禾	25.2	50.4	32.0	41.5	62.4	41.0	30.3
	裸地	9.1	41.5	79.1	100.6	138.9	127.1	115.2
	石子	18.7	49.8	144.8	165.2	227.5	233.6	216.7
	树枝	−7.2	27.5	106.4	131.3	175.7	160.4	155.9
	地膜	14.8	160.6	240.6	294.7	387.0	403.0	425.8
累积降水量（mm）		50.2	104.4	240.0	299.0	396.8	413.8	427.6

（续）

不同覆盖处理		2015 年									
		1 月	2 月	3 月	4 月	5 月	6 月	7 月	8 月	9 月	10 月
累积储水量变化量（mm）	早熟禾	30.5	26.7	19.2	38.1	30.8	29.4	18.6	5.6	6.4	−11.9
	裸地	118.1	102.8	90.6	96.7	99.9	90.0	97.6	100.1	111.1	126.0
	石子	204.5	177.6	190.7	181.0	172.1	184.9	206.5	225.7	221.9	254.5
	树枝	142.8	123.8	139.0	136.1	143.6	151.1	158	160.4	177.3	197.1
	地膜	425.4	422.0	421.1	418.5	444.8	478.1	519.4	557.6	608.2	665.0
累积降水量（mm）		428.0	428.2	431.0	431.6	469.4	508.8	551.4	591.4	641.8	704.9

表 6-3　不同覆盖处理累积降水量与储水量变化量相关关系

处理	a	b	R^2
裸地处理	0.243	8.685	0.723
石子覆盖	0.491	4.738	0.897
树枝覆盖	0.362	−8.311	0.881
地膜覆盖	0.935	3.695	0.931

6.3　大型土柱植物覆盖下干化土壤水分恢复能力

6.3.1　不同植物生长状况

图 6-8 为干化土壤中栽植的枣树、早熟禾、柠条、苜蓿、刺槐在 2014 年 5 月至 2017 年 12 月 4 年间的生长状况，可以看出各植物的高度、覆盖度、地径随着生长年限的增长不断增大。早熟禾 2014 年 5—12 月生长高度为 6.4 cm，覆盖度为 52.1%；2015—2016 年，其覆盖度与高度都大幅增加，2016 年末期覆盖度接近 100%，2016—2017 年覆盖度基本没有发生变化；到 2017 年 12 月早熟禾高度为 42.3 cm 较 2016 年增加 4.1 cm，覆盖度为 97.4%，高度增长速率为 10.6 cm/年。苜蓿 2014 年 5 月至 2014 年 12 月生长高度为 11.5 cm，覆盖度为 33.1%，地径为 1.6 mm；到 2017 年末苜蓿高度为 63.7 cm，较 2016 年增加 22.6 cm，覆盖度为 98.8%，与 2016 年相比没有发生较大变化，地径为 3.3 mm，较 2016 年增加 0.5 mm，苜蓿高度增长速率为 15.9 cm/年，地径增长速率为 0.88 mm/年。柠条 2014 年 5 月至 2014 年 12 月生长高度为 24.6 cm，覆盖度为 30.2%，地径为 3.1 mm；2017 年柠条高度为 114.3 cm，较 2016 年增大 8.7 cm，覆盖度为 97.1%，较 2016 年增加 5.8%，地径为 10.2 mm，较 2016 年增加 0.3 mm，柠条高度增长速率为 28.6 cm/年，地径增长速率为 2.6 mm/年。枣树初植时高度为 35.4 cm，地径为 4.6 mm，南北冠幅为 27.6 cm×34.6 cm，2014 年 5 月至 2014 年 12 月期间高度增高 6 cm，地径增加 0.4 mm，冠幅增大为 33.6 cm×43.9 cm；2017 年 12 月枣树高度为 146 cm，较 2016 年增高 63.3 cm，地径为 13.2 mm，较 2016 年增加 0.5 mm，冠幅增大到 73.8 cm×88.2 cm，枣树增长速率为 27.7 cm/年，地径增长速率为 2.2 mm/年。刺槐初植时高度为 30.5 cm，地径为 4 mm，

冠幅为 30.1 cm×35.3 cm，2017 年 12 月刺槐高度为 480 cm，较 2016 年增高 178.8 cm，地径为 59.01 mm，较 2016 年增加 26.9 mm，冠幅增大到 189.3 cm×197.4 cm，刺槐高度增长速率为 112.4 cm/年，地径增长速率为 13.8 mm/年。

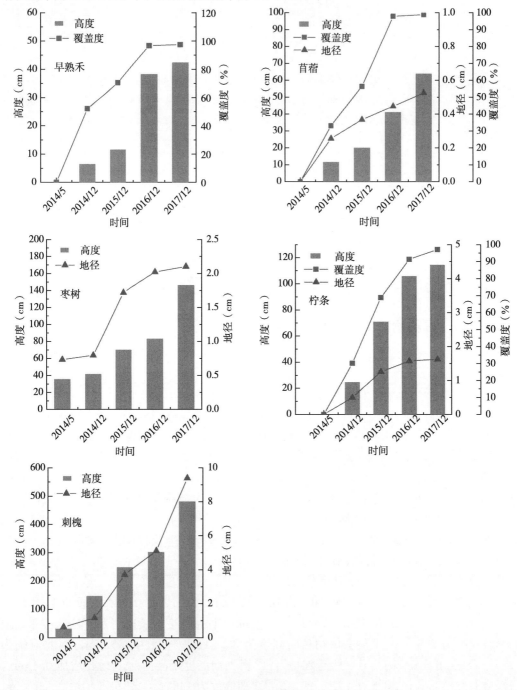

图 6-8　不同植物生长状况

综上说明干化土壤中可以种植植物且能正常生长。早熟禾、苜蓿、柠条、枣树、刺槐五种植物中，生长速率由大到小依次是刺槐、柠条、枣树、苜蓿、早熟禾。

6.3.2　不同植物土壤含水率变化状况

表 6 - 4 为早熟禾、苜蓿、柠条、枣树、刺槐、裸地 2015 年休眠期和生育期不同土层土壤含水率。可以看出，裸地 0～200 cm 土层土壤含水量大于早熟禾、苜蓿、柠条、枣树、刺槐土壤含水率，且除裸地外各覆盖措施 7—9 月土壤含水率显著降低，到 10—12 月含水率略有回升。早熟禾 0～200 cm 土壤含水率在一年中均大于 200 cm 以下土层土壤含水率，10—12 月土壤含水率为一年中最大值，且各土层不同时期土壤含水率没有发生显著变化，说明在干化土壤中种植早熟禾能够保持土壤含水率平衡。苜蓿 1—3 月 0～200 cm 土壤含水率为一年中最大值，之后随着生长量的增大，土壤含水量逐渐降低，7—9 月含水率降低到 4.42%，10—12 月土壤含水率略有回升。200～500 cm 土层土壤含水率在 6 月之后开始下降，到 10—12 月降低至 5.13%，说明苜蓿根系耗水层会向下推移，消耗深层土壤水分。柠条 0～200 cm 土层土壤含水率在 7—9 月降低到 5.81%，200 cm 以下土壤含水率与 4—6 月土壤含水率之间存在显著性差异，但大于苜蓿土壤含水率；枣树最低土壤含水率为 5.88%，7—9 月 200～500 cm 土层土壤含水率增大，说明在这一时期枣树耗水小于降水量，多余水分向深层运移。刺槐 7—9 月 200～1 000 cm 土层土壤含水率与该土层 4—6 月土壤含水率之间存在显著性差异，10—12 月土壤含水率持续降低，最低含水率为 5.08%，说明刺槐耗水层可能已达 500～1 000 cm 土层。

表 6 - 4　2015 年不同植物各土层土壤含水率

处理	土层深度（cm）	休眠期含水率（%） 1—3 月	生育期含水率（%）		休眠期含水率（%） 10—12 月
		1—3 月	4—6 月	7—9 月	10—12 月
裸地	0～200	11.6±3.0b	11.3±2.7b	13.6±2.1ab	15.5±1a
	200～500	7.15±0.3c	7.36±0.4bc	7.67±0.3ab	8.11±1.2a
	500～1 000	7.85±0.6a	7.44±0.3b	7.45±0.4b	7.78±0.4a
早熟禾	0～200	9.28±1.1a	9.28±1.1a	9.10±1.3a	9.3±0.7a
	200～500	8.06±0.4a	8.36±0.5a	8.86±0.7a	8.73±0.3a
	500～1 000	8.40±0.4a	8.43±0.4a	8.21±0.4a	8.30±0.5a
苜蓿	0～200	10.87±1.4a	9.44±1.0a	4.42±0.6c	7.49±3.4b
	200～500	7.05±0.7a	7.38±0.4a	6.15±1.4b	5.13±0.6c
	500～1 000	7.49±0.5a	7.49±0.3a	7.36±0.4a	7.31±0.4a
柠条	0～200	10.43±0.8a	9.3±0.3b	5.81±0.8 d	6.8±1.8c
	200～500	7.57±1.3ab	7.93±1.2a	7.58±0.5ab	7.17±0.5b
	500～1 000	7.61±0.3a	7.52±0.3a	7.50±0.2a	7.54±0.2a
枣树	0～200	10.36±0.7a	9.88±1.1a	5.88±1.5 d	8.67±0.9c
	200～500	7.85±0.5b	8.11±0.4b	8.53±0.6a	7.80±0.4b
	500～1 000	8.02±0.5a	7.89±0.4ab	7.74±0.4b	7.44±0.4c

（续）

处理	土层深度（cm）	休眠期含水率（%）	生育期含水率（%）		休眠期含水率（%）
		1—3 月	4—6 月	7—9 月	10—12 月
刺槐	0～200	7.82±0.6ab	6.03±0.3b	6.65±1.5ab	8.76±4.2a
	200～500	7.65±0.7a	7.02±1.0b	5.42±0.2c	5.08±0.2c
	500～1 000	8.00±0.5a	7.71±0.5a	6.71±1.0b	6.23±1.2b

注：不同小写字母表示同一土层不同时期土壤水分的差异显著性（$P<0.05$）

图 6-9 为各覆盖措施试验期间 0～1 000 cm 土壤平均含水率和各月降水量。裸地、早熟禾、苜蓿、柠条、枣树、刺槐的初始（2014 年 5 月）土壤含水率接近，分别为 7.5%、7.8%、7.6%、7.7%、7.6%、7.7% 且均处于干化状态（土壤含水率在 7.5% 左右）。从图中可以看出，经过 2014 年 5 月至 2015 年 2 月的水分积累，各覆盖下的土壤含水率均有明显提升，但已经出现不同覆盖下的土壤水分差异。2014 年是栽植枣树与刺槐的第一年，栽植树木以成活为主生长量很小，所以生长耗水较小，因此土壤含水率在干化情况下略有增大。从降水量较小的 11 月至次年 3 月，各植物的土壤含水量变化幅度都较小，3 月以后土壤解冻，植物开始生长，耗水量增大，各植物下土壤水分开始发生变化。从 2015 年 3 月开始，各植物土壤水分逐渐开始降低，刺槐最先开始，3—9 月土壤水分几乎呈直线下降，9—10 月由于降雨的原因，土壤水分略有升高。枣树、苜蓿以及柠条土壤水分变化趋势一致，从 2015 年 5—10 月土壤水分持续降低，11 月由于降雨的原因，土壤水分均不同幅度增大，早熟禾土壤水分变化波动较小。

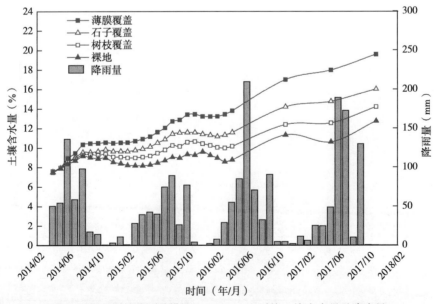

图 6-9　不同植物覆盖措施 0～1 000 cm 平均土壤含水量及降水量

从图中可以看出 2015 年 2—5 月裸地土壤含水率小于早熟禾与枣树的土壤含水率，原因可能是 2014 年 12 月时早熟禾覆盖度达到 33.2%，其凋萎后没有清除的表面残株保护土壤水分的作用（同树枝覆盖），因此其土壤含水率较高。而因为植物消耗水分的原因，在后期生长过程中早熟禾、苜蓿、柠条、枣树、刺槐土壤含水率均小于裸地土壤含水量。到2017年末，早熟禾、苜蓿、柠条、枣树、刺槐土壤含水率较初始土壤含水率变化量分别为1.3%、−1.3%、−0.8%、0.2%、−2.4%。

综上可以得出，土壤含水率为7.5%左右的干化土壤在试验期间自然降雨条件下，土壤水分条件能够维持早熟禾、苜蓿、柠条、枣树、刺槐五种植物正常生长，对土壤水分消耗影响由大到小依次为刺槐、苜蓿、柠条、枣树、早熟禾，但能否长期正常生长，需进一步研究。

6.3.3　不同植物耗水深度变化状况

图6-10为早熟禾、苜蓿、柠条、枣树、刺槐2015年5—11月土壤含水率变化曲线。可以看出各植物耗水深度增加的最大时期为5—7月，这一阶段试验区降水量小，而植物又处于萌芽展叶期，耗水量急剧增大。7—9月为试验区雨季，是一年中降水量最大的时期，降雨可以补充一部分土壤水分，且降雨能够影响当地气温，对植物吸收水分的强度也会有一定影响。因此在这一阶段，耗水深度变化较小。5—7月枣树、刺槐、早熟禾、苜蓿、柠条耗水深度分别增加160 cm、300 cm、60 cm、340 cm、260 cm；7—9月耗水深度分别增大60 cm、100 cm、20 cm、100 cm、60 cm且表层土壤含水量增大；9—11月枣树土壤水分恢复至接近5月土壤含水率，早熟禾表层0~400 cm土壤含水率大幅增加，大于5月土壤含水率；刺槐表层含水量接近9月份土壤含水率，苜蓿0~160 cm、柠条0~100 cm土壤水分大幅增加，说明试验中五种植物根系耗水深度变化最大时期为每年5—7月，7—9月稍小，9—11月为植物表层土壤水分恢复时期，因此在一年中应在5—7月采取较大力度的土壤水分保持工作。

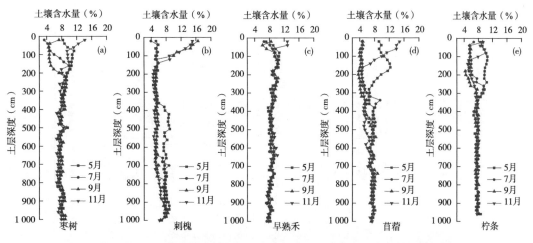

图6-10　不同植物覆盖措施2015年5—11月土壤水分剖面分布状况

图6-11为不同植物初始土壤含水率及2014—2017年每年12月土壤水分剖面分布曲线。可以看出，随着试验年限的增加，各植物耗水深度在逐渐变化。黄土高原干旱环境条件下，降雨不足以满足植物生长耗水时，为维持其正常生长，须从深层土壤吸收水分，导致土壤干化程度加剧。在观测期间，枣树耗水深度在0~300 cm范围内，其表层0~160 cm

深度范围内的土壤含水量接近坡耕地以及生长阻滞含水量，300 cm 以下土壤含水率基本保持在 2014 年的水平没有发生变化，说明 4 年生枣树根系没有到达 300 cm 以下。2014 年末枣树 0～160 cm、刺槐 0～140 cm、柠条 0～320 cm、苜蓿 0～200 cm、早熟禾 0～200 cm 范围内土壤水分较初始含水量均增大，且深层土壤含水率没有发生变化，说明 2014 年 5—12 月枣树、刺槐、柠条、苜蓿、早熟禾耗水量均小于试验区降水量。随树龄增加，耗水深度不断增加，耗水层逐渐下移。2015 年末枣树根系耗水范围仍然在 0～300 cm，但土壤含水率小于 2014 年末值，说明枣树 2015 年耗水量大于当年降水量，但仍然大于初始土壤含水量，说明枣树消耗的是 2014 年积累的水分；2015 年末刺槐、柠条、苜蓿根系耗水深度分别达 740 cm、320 cm、560 cm，土壤表层至耗水深度范围内土壤含水率小于初始含水率及 2014 年末土壤含水率，说明刺槐、柠条、苜蓿在 2015 年内不仅消耗了当年及 2014 年累积降雨，还消耗了土壤中原有水分，导致土壤干化程度加剧；2016 年底刺槐根系耗水深度达 1 000 cm，0～1 000 cm 土壤平均土壤含水率降低到 5.2%，柠条耗水深度达 460 cm，苜蓿耗水深度达 780 cm，枣树与早熟禾土壤水分状况接近初始状态。2017 年末枣树 0～280 cm 范围内土壤水分升高大于初始含水量，早熟禾 0～420 cm 范围内土壤含水量增大；柠条耗水深度达 520 cm，苜蓿耗水深度达 1 000 cm；柠条年均耗水厚度为 180 cm，以此速度发展 3 年以后柠条耗水深度将达 1 000 cm。刺槐 2017 年深层土壤含水率与 2016 年基本相同，0～1 000 cm 平均含水量为 5.3%，说明土壤储藏水分已经不能利用，在 0～1 000 cm 深度范围内消耗的只有当年降水量。由于土柱底部未密封，监测深度只有 1 000 cm，因此刺槐根系是否消耗 1 000 cm 以下土壤水分还需做进一步研究。

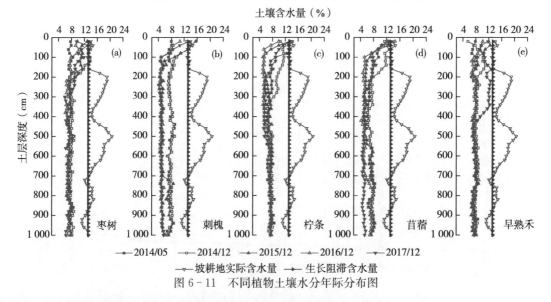

图 6-11　不同植物土壤水分年际分布图

6.3.4　不同覆盖下土壤储水量及降雨贮存效率变化

表 6-5 为 2014 年 5 月—2017 年 12 月树枝覆盖、石子覆盖、地膜覆盖措施 0～1 000 cm 深度储水变化量、降雨贮存效率及土壤水分恢复度。试验区 2014 年 5 月—2014 年 12 月降雨总量为 428 mm，2015 年降雨总量为 434.8 mm，2016 年降雨总量为 590.8 mm，2017 年

降雨总量为 619.6 mm，年均降水量为 518.3 mm。从表中可看出，地膜覆盖、石子覆盖、树枝覆盖、裸地的初始土壤储水量分别为 747.6 mm、750.9 mm、758.3 mm、752.3 mm，2015年 5—12 月各覆盖土壤储水量分别增加 307.9 mm、231.9 mm、178.6 mm、144.4 mm，降雨贮存效率分别为 71.9%、54.2%、41.7%、33.7%；2015 年储水量在 2014 年的基础上分别增加了 289.4 mm、175.2 mm、129.5 mm、100.1 mm，降雨贮存效率分别为 66.6%、40.3%、29.8%、23.0%，该值较 2014 年降低；2016 年储水量在 2015 年的基础上分别增加355.3 mm、262.4 mm、172.2 mm、135.9 mm，降雨贮存效率分别为 60.1%、44.4%、29.1%、23.0%，与 2015 年相比，没有发生较大变化；2017 年储水量在 2016 年基础上分别增加 258.8 mm、183.9 mm、182.2 mm、142.8 mm，降雨贮存效率分别为 41.8%、29.7%、29.4%、23.0%，可以看出，在试验期间土壤储水量增量均为正值，说明土壤储水量逐年增大，且每年的储水增加量以及降雨贮存效率由大到小均表现为地膜覆盖、石子覆盖、树枝覆盖、裸地。到 2017 年末地膜覆盖、石子覆盖、树枝覆盖、裸地土壤储水量分别增大1 211.4 mm、853.4 mm、662.5 mm、523.2 mm；地膜覆盖储水量总增量是裸地的 2.3 倍，石子覆盖总增量是裸地的 1.6 倍，树枝覆盖总增量是裸地的 1.3 倍。2017 年降水量最大，但地膜覆盖与石子覆盖土壤储水量以及降雨贮存效率较 2016 年小，原因在于 2016 年底地膜覆盖土壤水分入渗深度达 1 000 cm，石子覆盖 2016—2017 年入渗深度达 1 000 cm，且土柱底部未密封，当水分入渗深度超过 1 000 cm 后会继续向下运移，监测到的土壤储水量减小，降雨贮存效率减小。因此在地膜全年覆盖平均降雨贮存效率计算时间为 2014—2015 年其均值为63.1%，石子全年覆盖平均降雨贮存效率计算时间为 2014—2016 年其均值为 42.2%。树枝覆盖与裸地在观测期内土壤水分入渗深度未达到 1 000 cm，因此树枝全年覆盖平均降雨贮存效率计算时间为 2014—2017 年其均值为 29.3%，裸地为 23.3%。

表 6-5　不同覆盖措施 0～1 000 cm 土壤储水变化量、降雨贮存效率及土壤水分恢复度

覆盖措施	Wintial (mm)	2014 年 5—12 月		2015 年		2016 年		2017 年		$\sum \Delta W$ (mm)	I_{PSE} (%)	I_{SWR} (%)
		ΔW (mm)	I_{PSE} (%)	ΔW (mm)	I_{PSE} (%)	ΔW (mm)	I_{PSE} (%)	ΔW (mm)	I_{PSE} (%)			
地膜覆盖	747.6	307.9	71.9	289.4	66.6	355.3	60.1	258.8	41.8	1 211.4	63.4	155.6
石子覆盖	750.9	231.9	54.2	175.2	40.3	262.4	44.4	183.9	29.7	853.4	42.4	110.1
树枝覆盖	758.3	178.6	41.7	129.5	29.8	172.2	29.1	182.2	29.4	662.5	29.4	86.3
裸地	752.3	144.4	33.7	100.1	23.0	135.9	23.0	142.8	23.0	523.2	23.0	67.6

到 2017 年底，地膜覆盖恢复度为 155.6%，石子覆盖恢复度为 110.1%，土壤水分完全恢复，树枝覆盖恢复度为 86.3%，裸地为 67.6%，树枝覆盖与裸地土壤水分要完全恢复分别还需 1 年和 3 年时间，总时长约需 5 年和 7 年。综上可以得出，对土壤水分恢复效果最好的覆盖措施为地膜覆盖，其次是石子覆盖、树枝覆盖、裸地。

6.4　大型土柱物理和植物覆盖下的土壤水分动态

6.4.1　覆盖下土壤水分逐月变化规律

图 6-12 为早熟禾覆盖、裸地、树枝覆盖和地膜覆盖四种不同处理下土壤水分逐月变

化图，由图可知，各个处理下经过一个生育期，土壤水分均有不同程度的增加。从土壤水分增加的深度来看，地膜覆盖处理下土壤水分增加的深度是最大的，在 7 月时达到 300 cm，9 月时达到 360 cm，其次是树枝覆盖，在 7 月时土壤水分的增加深度达 275 cm，9 月时达到 300 cm；裸地（即除草情况下）处理中，土壤水分在 7 月时深度达到 220 cm，9 月大约达到 250 cm；在种植早熟禾（浅根系植物）的处理中，7 月和 9 月土壤水分增加的深度基本一致。由于植物根系消耗土壤水分，上层（50 cm 以内）的土壤水分波动较大，且明显小于其他几种处理，说明除草有利于当地土壤水分的修复。

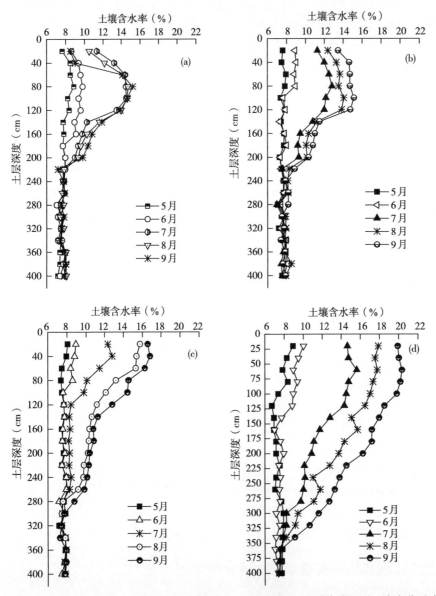

图 6-12　早熟禾（a）、裸地（b）、树枝（c）和地膜（d）覆盖处理下土壤水分垂直月动态

从土壤水分含量来看，在整个生育期内，各个处理下，5 月土壤水分处于最低值，随

着降水量的增加，土壤含水量依次增加，6 月土壤含水量稍微比 5 月高一点，即 6 月土壤水分增加的速率较小；7 月时土壤含水量在各个处理下明显大于 6 月，即 7 月土壤含水量增加的速率大于 6 月；到 9 月时，土壤水分达到最高值。其中，地膜覆盖下土壤水分增加量是多的，其次是树枝覆盖、裸地和早熟禾覆盖处理。早熟禾覆盖和裸地的土壤水分除了表层（50 cm 以内）以外，逐月增加的趋势基本是一致的。

6.4.2　土壤水分逐月变化分析

用灰色关联法进行分析 2014 年不同处理下全生育期各月土壤水分。上述分析已经说明在整个生育期，5 月土壤水分处于全年的最低值，其土壤水分的变化基本可以反映出年内土壤水分的初始值，因此以 5 月的数据为参考数列 $X_0 = \{X_0(k) \mid k = 1, 2, \cdots, 20\}$，$k$ 是把 0～400 cm 的土层深度划分为 20 个层次。把 6、7、8、9 月土壤水分作为比较数列，分别为 X_6, X_7, X_8, X_9，其中 R_{06}、R_{07}、R_{08}、R_{09} 分别为 5 月与 6、7、8、9 月土壤水分灰色关联度。同时，将裸地各月的平均土壤含水率作为参考数列 $X_0 = \{X_0(k) \mid k = 5, 6, 7, 8, 9\}$，将早熟禾覆盖、树枝覆盖和地膜覆盖下的各月平均土壤水分分别作为比较数列，采用 MATLAB 7.10.0 软件进行计算。为了提高计算结果的精度和计算效率，在进行关联度分析前，对所有原始数据进行均值化处理，关联度分辨系数 ρ 取 0.5，构建了不同处理下各月土壤水分之间的灰色关联度分析模型。

由灰色关联分析得到表 6-6，从表中可知：①分析不同处理与裸地的土壤水分关联度，灰色关联度越大，两条曲线越接近。从整体上看，各个月份下地膜覆盖与裸地的关联度最小，说明地膜覆盖下土壤水分与裸地明显不同，即地膜覆盖下土壤水分增加显著；从横向来看，树枝覆盖在 5 月、6 月时与裸地的相关度高于早熟禾覆盖的，而在 7、8 月时低于早熟禾覆盖，即早熟禾覆盖处理下土壤水分在生育期一开始就有波动，说明在干旱条件下，种草会消耗土壤中的水分，导致土壤水分降低，即低于裸地的土壤水分，也验证了前面在没有灌溉水分补给的条件下，除草有利于土壤水分的恢复。到 7 月之后，由于降雨的大面积补给，导致早熟禾覆盖的土壤水分与裸地的土壤水分的关联度增大；②从不同月份与 5 月的关联分析来看，从整体上看，灰色关联度按月份呈依次递减的趋势，说明从 5 月开始，各个处理下的土壤水分逐月增加，并且在 9 月土壤水分达到最大值。地膜覆盖从 5 月到 9 月灰色关联度小于其他几种处理，说明地膜覆盖下土壤水分的增加是最明显的，这与前面描述的结果一致。

表 6-6　不同处理下各月土壤含水率灰关联分析结果

月份	不同处理下各月土壤含水率与裸地			不同处理下各月间的土壤含水率				
	早熟禾覆盖	树枝覆盖	地膜覆盖	关联度	裸地	早熟禾覆盖	树枝覆盖	地膜覆盖
5 月	0.675 5	0.751 3	0.652 1	R_{06}	0.859 6	0.808 7	0.854 5	0.761 4
6 月	0.572 1	0.679 5	0.595 3	R_{07}	0.583 1	0.574 9	0.683 4	0.580 4
7 月	0.737 5	0.643 5	0.714 9	R_{08}	0.563 0	0.581 9	0.585 7	0.536 2
8 月	0.738 1	0.654 0	0.594 3	R_{09}	0.535 8	0.566 5	0.566 6	0.537 2
9 月	0.760 3	0.775 3	0.694 2					

6.4.3 覆盖下的土壤储水增量与降水量的关系

分析四种不同处理下逐月累计土壤储水增量，在整个试验中，降水量最大程度地得到入渗。由图 6-13 可以看出，在整个试验观测期间，累计降水量达到 301.5 mm，地膜覆盖下累计储水量为 287.69 mm，其差值为 13.81 mm，说明在地膜覆盖下也不能保证全部降雨能够入渗到土壤中，有些小雨如 4 mm 以下降雨可能难入渗到土壤中，即使大雨量也有极少量没有能够入渗到土壤中，实际中总会出现部分蒸发损失。

各个处理下土壤储水增量均有不同程度的增加，其中逐月累计土壤储水增量在 9 月时：地膜覆盖＞树枝覆盖＞裸地＞早熟禾覆盖。地膜覆盖下土壤储水增量和降水量特别接近，说明地膜覆盖能够最大程度地拦截利用降水量，对当地土壤水分的修复作用最大。早熟禾覆盖在生育后期的土壤储水增量是明显低于裸地的，因为早熟禾的根系消耗了土壤水分，这里进一步说明当地除草有利于土壤水分的恢复。

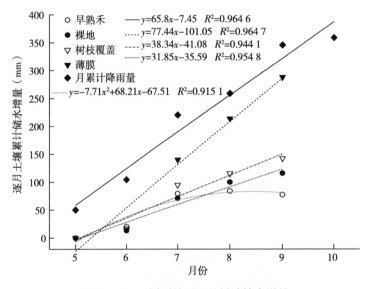

图 6-13　不同覆盖下逐月累计储水增量

由图 6-13 也可以看出，在四种不同处理下，土壤储水增量随着时间的变化，趋势呈线性关系，且相关性很好，R^2 均在 0.9 以上。各个处理下的土壤储水量增加情况与逐月累计降水量对比可以看出，三种无植物处理下的土壤储水量与同期累计雨量均为线性关系，R^2 均在 0.9 以上，由于地面处理不同土壤储水量有差异，各个处理的线性回归模拟线的截距和斜率不同，地膜覆盖下的模拟直线斜率较高（77.44），随着时间（月份）的增加，趋势线越来越接近，说明地膜覆盖下土壤储水量和当地生育期内的降水量接近。树枝覆盖的斜率（38.34）小于降雨累计线（65.8），说明虽然随着降水量累计增大，树枝覆盖下的土壤储水量也在增加，但是增加的效率较地膜覆盖要小。裸地斜率之差仅为 6.49，小于地膜覆盖和树枝覆盖，这也就说明裸地在相同降水量下土壤储水量较小的情况。在有植物栽植（早熟禾）的情况下，土壤储水增量和时间呈非线性关系，模拟方程为：$y = -7.71x^2 + 68.21x - 67.51$。这个一元二次方程说明随着时间的延长，虽然降雨累计增加，但是由于植物消耗水分仍然会造成土壤储水量达到一定值后出现减小的情况。

6.4.4　覆盖下土壤水分垂直变化特征

通过对比表6-7，可以看出，四种典型覆盖下，垂直层次平均土壤水分具有差异性。由土壤水分的差异性水平大小，可将不同处理划分为三个层次，裸地在0～120 cm为土壤水分易修复层，120～200 cm为可修复层，200～400 cm为难修复层；早熟禾覆盖在0～140 cm为土壤水分易修复层，140～200 cm为可修复层，200～400 cm为土壤水分难修复层；树枝覆盖在0～120 cm为土壤水分易修复层，120～240 cm为可修复层，240～400 cm为难修复层；地膜覆盖在0～340 cm都是易修复层，340～400 cm属于难修复层。各个处理的可修复层深度内也是变异系数最大的范围，说明随着降雨累计增加，该层次土壤水分变化也增大。可修复层内的变异系数较易恢复层明显减小，说明降雨对该层次影响减弱，这个也基本反映降雨入渗的影响深度范围。难修复层变异系数最小，这个层次基本属于降雨入渗未到达的范围，代表原有土壤水分的水平。从变异系数也可以看出，上层土壤水分受降雨和耗水的影响比较大，相应的变异系数也较大。随着土层的增加，变异系数逐渐减小，早熟禾覆盖和裸地在200 cm以下，基本达到稳定，树枝覆盖在240 cm以下达到稳定，地膜覆盖大概在340 cm以下达到稳定。在整个土层内，土壤含水率均值随着深度的增加而减小，其中在100 cm内早熟禾覆盖的平均土壤含水率较其他几种处理下波动最显著（$P<0.05$），说明除了受降雨和耗水的影响外，早熟禾的根系消耗土壤水分也是一个重要的因素导致了其较大的波动性，再次验证了上面提到的除草在当地有利于土壤水分的恢复的结论。而在横向比较来看，树枝覆盖和地膜覆盖均不同程度地提高了土壤含水率，其中地膜处理下土壤水分增加得最多，变异系数也最大，最大值为40.79%。

表6-7　不同处理下土壤水分垂直分层结果表

土层深度（cm）	裸地			早熟禾覆盖		
	土壤含水率均值（%）	标准差	变异系数（%）	土壤含水率均值（%）	标准差	变异系数（%）
0～20	10.71a	2.43	22.70	9.31cde	1.53	16.47
20～40	11.27a	2.98	26.41	10.46abc	2.11	20.16
40～60	11.51a	3.00	26.06	12.16ab	2.88	23.70
60～80	11.55a	3.01	26.09	12.62a	3.02	23.95
80～100	11.27a	3.61	31.99	12.28a	3.21	26.11
100～120	11.25a	3.27	29.07	11.87ab	2.68	22.60
120～140	9.62ab	2.11	21.92	10.08bcd	1.76	17.43
140～160	9.24ab	1.48	15.97	9.54cde	1.16	12.13
160～180	9.13ab	1.19	14.35	8.93cde	1.19	13.30
180～200	8.85ab	1.48	16.70	8.80cde	0.84	9.53
200～220	7.89b	0.62	7.89	7.73e	0.31	3.97
220～240	7.84b	0.17	2.20	7.78 de	0.05	0.64

（续）

土层深度（cm）	裸地			早熟禾覆盖		
	土壤含水率均值（%）	标准差	变异系数（%）	土壤含水率均值（%）	标准差	变异系数（%）
240～260	7.94b	0.25	3.13	7.81 de	0.10	1.23
260～280	7.34b	0.48	6.52	7.38e	0.33	4.44
280～300	7.68b	0.18	2.32	7.54e	0.26	3.39
300～320	7.60b	0.32	4.23	7.56e	0.13	1.69
320～340	7.71b	0.26	3.32	7.39e	0.17	2.27
340～360	7.78b	0.11	1.37	7.84 de	0.26	3.32
360～380	7.86b	0.42	5.34	7.79 de	0.26	3.37
380～400	7.69b	0.19	2.47	7.68e	0.39	5.12

土层深度（cm）	树枝覆盖			地膜覆盖		
	土壤含水率均值（%）	标准差	变异系数（%）	土壤含水率均值（%）	标准差	变异系数（%）
0～20	12.33a	3.85	31.23	14.27a	4.79	33.54
20～40	12.34a	3.92	31.76	14.01a	5.07	36.14
40～60	11.76ab	3.96	33.62	14.10a	5.49	38.96
60～80	10.75abc	3.04	28.30	14.00a	5.07	36.18
80～100	10.26abcd	3.01	29.31	13.53ab	5.28	39.01
100～120	9.54abcd	2.33	24.45	12.97abc	5.03	38.76
120～140	9.11bcd	1.70	18.71	12.10abc	4.73	39.12
140～160	8.88bcd	1.58	17.76	11.71abc	4.78	40.79
160～180	8.86bcd	1.58	17.86	11.48abc	4.32	37.63
180～200	8.85bcd	1.34	15.13	11.19abc	3.84	34.33
200～220	8.63cd	1.32	15.29	10.48abc	3.15	30.10
220～240	8.81bcd	1.04	11.81	9.95abc	2.72	27.28
240～260	8.63cd	0.82	9.48	9.93abc	2.70	27.20
260～280	7.72cd	0.60	7.80	9.77abc	2.22	22.68
280～300	7.64cd	0.16	2.09	8.87abc	1.74	19.64
300～320	7.35 d	0.12	1.58	8.70abc	1.25	14.41
320～340	7.70cd	0.25	3.25	8.03bc	0.71	8.86
340～360	7.87cd	0.04	0.51	7.53c	0.30	3.93
360～380	7.78cd	0.07	0.94	7.52c	0.20	2.72
380～400	7.70cd	0.15	1.91	7.5c	0.13	1.75

注：a，b，c，d，e 为各层平均土壤含水率均值间的差异显著性，$P<0.05$。

6.5　大田枣林物理和植物覆盖下的土壤水分动态

6.5.1　大田各个覆盖措施下土壤水分垂直变化

为了了解不同覆盖措施下土壤水分的垂直变化规律,我们对坡地农地作了早熟禾覆盖、裸地、树枝覆盖和地膜覆盖处理,采用土钻法测得土壤水分含量。表 6-8 列出了该处理下土壤的一些基本属性,并测定了 0～300 cm 的土壤水分,用 MATLAB 7.10.0 作了各个修复措施下的土壤水分的等值线图(如图 6-14、图 6-15、图 6-16 和图 6-17)。同一幅等值线图上,等值线越密,说明该地区要素的分布差异越大,反之差异越小。

表 6-8　早熟禾覆盖和裸地条件下土壤基本属性

处理	砂粒 (%)	粉粒 (%)	黏粒 (%)	土壤容重 (g/cm³)	田间持水量 (cm³/cm³)	饱和导水率 (mm/min)	饱和含水量 (cm³/cm³)
早熟禾覆盖	9.7	35.2	54.6	1.42	0.183	0.42	0.45
裸地	9.6	36.4	51.7	1.46	0.183	0.43	0.47

图 6-14 和图 6-15 显示了早熟禾覆盖下和裸地的土壤水分的空间分布,由图可以看出,两者的土壤水分变化规律基本一致,0～100 cm 内的土壤水分具有明显的波动性,属于土壤水分的波动层,100 cm 深度以下的土壤水分则相对稳定,在整个生育期,土壤含水率基本保持不变。在 100 cm 以上的土层内,土壤水分的等值线图分布密度较大,说明此范围内土壤水分的分布差异也相应增大。

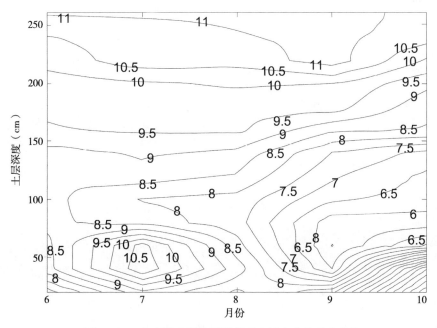

图 6-14　生育期内早熟禾覆盖下土壤水分的垂直变化

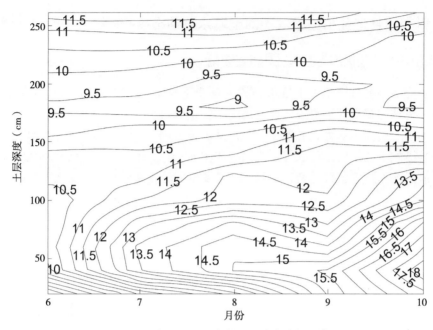

图 6-15　生育期内裸地条件下土壤水分的垂直变化

　　从整个生育期来看，生育期后期（9 月和 10 月）的土壤水分含量大于生育期前期（6 月和 7 月），这和当地的年降雨分布有关。此外，对比图 6-14 和图 6-15 发现，裸地条件下的土壤水分含量要大于早熟禾覆盖，且土壤水分的变化幅度越大。这是由于裸地除去了田间的杂草，土壤的通气性较好，有利于降水量的入渗。而采用早熟禾覆盖在消耗了表层的土壤水分的同时，也在一定程度上阻碍了雨水的入渗。

　　图 6-16 和图 6-17 是树枝覆盖和地膜覆盖下的土壤水分的分布图，由图可以看出，

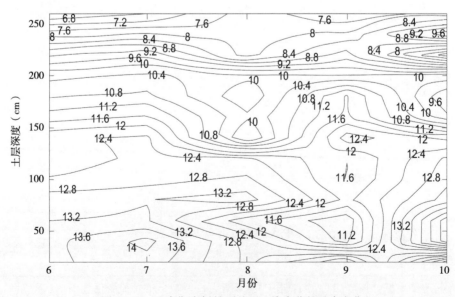

图 6-16　生育期内树枝覆盖下土壤水分的垂直变化

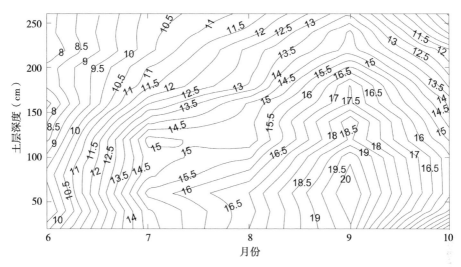

图 6-17 生育期内地膜覆盖下土壤水分的垂直变化

在 0～200 cm 的深度内，树枝覆盖下的土壤水分具有明显的波动性，200 cm 深度以下基本保持稳定，说明树枝覆盖措施对土壤水分的修复深度可达 200 cm。在 0～250 cm 的深度范围内，地膜覆盖下的土壤水分一直处于波动状态，还未达到稳定的状态，说明地膜覆盖对土壤水分的修复深度大于 250 cm。由图也可看出，地膜覆盖下的土壤水分的含量大于其他三种措施处理下的土壤水分。

6.5.2 早熟禾覆盖下土壤储水量的空间变异

为了分析大田内早熟禾覆盖措施对土壤水分的修复能力，我们选取了 2014 年 6 月土壤水分的平均值，对早熟禾覆盖处理下的 0～300 cm 土层内的土壤储水量作方差分析。把土层总共分成三区组，0～100 cm 深度内的土壤储水量为第一组，100～200 cm 深度内的土壤储水量为第二组，200～300 cm 深度内的土壤储水量为第三组，进行单因素方差分析，分析随着土层的变化，土壤储水量的变化情况。表 6-9 是计算得到的土壤储水量的一些统计量，可以看出，早熟禾覆盖条件下表层（0～100 cm）的土壤储水量低于 100～200 cm 和 200～300 cm 的土层内的土壤储水量，且表层的标准差和变异系数最大，分别为 2.12%、10.03%，说明表层的土壤储水量的离散程度较大，受当地降雨和蒸发的影响较大。

表 6-9 早熟禾覆盖条件下土壤储水量（mm）的统计量特征值

深度（cm）	平均值	最大值	最小值	中值	标准差	变异系数（%）	偏度	峰度
0～100	21.14	22.22	17.35	19.78	2.12	10.03	−2.201	4.87
100～200	23.06	24.17	21.53	22.85	1.23	5.30	−0.55	−2.83
200～300	26.89	28.02	25.17	26.6	1.41	5.20	−0.64	−3.02

（Nielsen and Bouma，1985）根据变异系数的大小将土层划分为三个层次，当变异系

数 C_V<0.1 时，表示为弱变异，0.1<C_V<1 时为中等变异，当 C_V>1 时为强变异。因此在早熟禾覆盖条件下表层 0～100 cm 属于中等变异层，100～200 cm 和 200～300 cm 则是弱变异层。

表 6 - 10 是早熟禾覆盖条件下土壤储水量随着土层深度变化的单因素方差分析表，从表中可以看出，F 值达到 16.038，说明土层深度的变化对土壤储水量的影响很大，结合显著性水平（P<0.05），再次说明了深度的变化对土壤储水量有显著影响。表 6 - 11 是通过采用 LSD 检验法对土壤储水量的分析，由表可得出，0～100 cm 内的土壤储水量对 100～200 cm 的土壤储水量没有显著性影响（P>0.05），而对 200～300 cm 的土壤储水量有显著影响（P<0.05），100～200 cm 的土壤储水量对 200～300 cm 的土壤储水量也有显著性影响（P<0.05）。

表 6 - 10　早熟禾覆盖条件下土壤储水量随深度变化的方差分析表

	平方和	自由度	均方	F 值	显著性水平
组间	85.772	2	42.886	16.038	0.000
组内	32.088	12	2.674		
总和	117.861	14			

表 6 - 11　早熟禾覆盖条件下不同土层深度内的土壤储水量 LSD 法检验结果表

区组	区组	均数差值	标准误差	显著性水平	95%置信区间	
					下限	上限
1	2	−1.921 37	1.034 22	0.088	−4.174 7	0.332
	3	−5.752 66	1.034 22	0.000	−8.006	−3.499 3
2	1	1.921 37	1.034 22	0.088	−0.332	4.174 7
	3	−3.831 28	1.034 22	0.003	−6.084 6	−1.577 9
3	1	5.752 66	1.034 22	0.000	3.499 3	8.006
	2	3.831 28	1.034 22	0.003	1.577 9	6.084 6

注：决定系数在 P<0.05 水平上显著。

6.5.3　不同覆盖处理土壤储水量差异性比较

为了对比早熟禾覆盖和裸地处理下土壤储水量的差异，我们在 2014 年生育期内（6—10 月）用土钻法对每个处理每 10 d 测一次土壤水分，每次重复 3 次，总共测了 45 次，求出这 45 次测得的平均土壤含水率，计算出它们的土壤储水量并做比较，如表 6 - 12，由表可知，早熟禾覆盖处理下 0～200 cm 土层的储水量为 216.54 mm，裸地处理下的储水量为 293.20 mm，相比之下，裸地条件下的土壤储水量比早熟禾覆盖处理下多 76.67 mm，也就是说早熟禾覆盖较裸地消耗更多的土壤水分。由于测量土壤水分时是以 20 cm 为一次测量深度，所以我们分析了各个测量深度内土壤储水量的增加值。从总体来看，各层土壤储水量的差值随之深度的增加在减小，在深度为 120 cm 以内，各层的土壤水分增加量要大于 120 cm 深度以下的储水量增量，其中 60～80 cm 深度内，土壤水分的增量达到最大值，为 14.36 mm，也在一定程度上反映了两种处理对表层的土壤水分影响较大。深度在 160 cm 以下，增加值小于零（−1.01 mm 和−0.85 mm），说明该深度的土壤储水量是减少的，即消耗了土壤中的水分。

表 6-12　早熟禾覆盖和裸地处理下不同深度土层的储水量

	土层深度（cm）									
	0～20	0～40	0～60	0～80	0～100	0～120	0～140	0～160	0～180	0～200
早熟禾处理	21.95	44.39	64.77	83.41	102.59	122.88	144.07	167.37	191.74	216.54
裸地处理	29.32	64.91	99.64	132.49	162.34	191.76	219.67	245.89	269.25	293.20
两者差值	7.37	20.51	34.87	49.08	59.75	68.88	75.61	78.53	77.51	76.67
各层差值	7.37	13.14	14.36	14.21	10.67	9.13	6.72	2.92	−1.01	−0.85

6.6　大型土柱物理和植物覆盖下枣树休眠期土壤水分损失

6.6.1　休眠期内土壤水分

虽然生育期是作物耗水的关键时期，但是由于期间降水量的补充，土壤储水量在生育期内（6—9 月）是逐月增加的。为了研究休眠期（10 月—次年 4 月）土壤水分的消耗情况，我们监测了 2014 年 10 月—2015 年 4 月 0～1 000 cm 的土壤水分的变化规律（图 6-18），由图可得：从整体来看，休眠期内各个处理下的土壤水分呈递减趋势，10 月的土壤含水率最大，然后依次减少，由于冬季降水量严重不足，土壤水分基本得不到补充，仅靠在生育期累积的土壤储水量维持植物的需水要求。

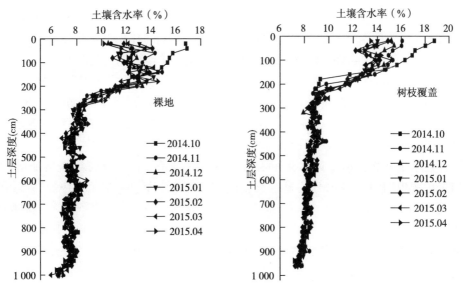

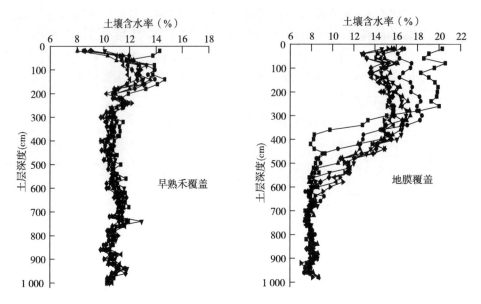

图 6-18　休眠期内不同处理下土壤水分垂直月动态

从土壤水分的损失深度来看，裸地处理作为对照，蒸发作用大于其他几种覆盖措施，因此，在整个休眠期内的损失深度达 300 cm；早熟禾覆盖、树枝覆盖和地膜覆盖均能减少蒸腾，提高土壤含水率，早熟禾覆盖的土壤水分的亏缺深度达 240 cm；树枝覆盖对土壤水分的亏缺深度在 180 cm 左右；地膜覆盖作用显著，影响耗水亏缺深度最小，为 150 cm。土壤水分的亏缺直接制约着当地农作物的生长，所以，冬季是土壤水分消耗的主要时期，也是造成土壤水分亏缺和形成土壤干层的最主要时期，采用地膜覆盖的措施可有效地修复土壤水分。

6.6.2　休眠期内土壤储水量

上面分析了整个冬季不同覆盖措施下土壤含水率，那么，在整个休眠期，到底不同的覆盖措施消耗了多少的水分？结合当时的降水量，我们分析了土壤储水量以及逐月耗水量（表 6-13），由表 6-13 可知，整个冬季的降水量明显少于生育期内的降水量，各月降水量之和仅为 70.6 mm。对比四种处理，裸地、早熟禾覆盖、树枝覆盖和地膜覆盖，从 2014 年 10 月至 2015 年 4 月消耗的土壤水分总和依次为 51.53 mm、68.42 mm、47.88 mm 和 10.47 mm。其中，地膜覆盖下土壤水分消耗最少，其次为树枝覆盖、裸地和早熟禾覆盖。这个结论和前面研究的生育期类降雨累计增量的结果一致。

从逐月耗水量来看，由于降水量的补充，地膜覆盖在 11 月份的耗水量是增加的，也显示出了地膜覆盖对土壤水分的显著修复能力；裸地、早熟禾覆盖和树枝覆盖在 11 月份时消耗了土壤中的水分，且早熟禾覆盖消耗的最多（64.68 mm），裸地次之（39.72 mm），最后为树枝覆盖（18.49 mm）；在接下来的 12 月，次年的 1 月、2 月、3 月，由于降水量严重不足，土壤中的水分受到大范围地消耗。因此，冬季是土壤水分消耗的最关键时期。

表 6 - 13　休眠期不同处理下土壤耗水量

单位：mm

	10 月	11 月	12 月	1 月	2 月	3 月	4 月	总和
降水量	17	13.8	0.4	2.8	10.6	0.6	25.4	70.6
裸地	1 153.78	1 114.06	1 112.90	1 892.12	1 084.67	1 094.47	1 102.24	
逐月耗水量		39.72	1.15	8.93	19.30	−9.80	−7.78	51.53
早熟禾覆盖	1 459.63	1 394.95	1 381.41	1 407.34	1 359.23	1 377.52	1 391.21	
逐月耗水量		64.68	13.54	−25.93	48.11	−18.29	−13.68	68.42
树枝覆盖	1 186.92	1 168.43	1 162.95	1 147.11	1 124.20	1 142.50	1 139.04	
逐月耗水量		18.49	5.47	15.85	22.90	−18.29	3.46	47.88
地膜覆盖	1 424.50	1 442.84	1 421.52	1 434.77	1 390.98	1 415.76	1 414.03	
逐月耗水量		−18.34	21.32	−13.25	43.79	−24.78	1.73	10.47

6.6.3　土柱土壤水分与农地的比较

上面分析了不同覆盖措施下土壤水分在冬季的逐月动态变化。但是，与生育期相比，黄土丘陵区土壤水分到底是怎么变化的，我们选取了一年中土壤水分的最高月份和最低月份，即 2014 年 10 月和 2015 年 4 月的土壤水分与农地作对比，结果如图 6 - 19 和图 6 - 20 所示，由图 6 - 19 可得出，浅层土壤水分受覆盖物的影响，土壤水分含量大于农地，并且不同的覆盖物导致表层土壤含水率不同，整体趋势是地膜＞树枝覆盖＞裸地＞早熟禾覆盖。就恢复深度而言，四种处理下随覆盖物的不同土壤水分恢复的深度不同，具体来看，地膜覆盖下的土壤水分恢复最明显，为 380 cm；树枝覆盖和裸地的恢复深度大概在 180 cm 左右；早熟禾由于其根系对土壤水分的消耗，其恢复深度不明显。在恢复深度以下的土层，农田的土壤水分大于早熟禾覆盖、树枝覆盖、地膜覆盖和裸地，这是由于修建土柱时填充的土壤水分含量基本保持在 7% 左右，说明各种措施对土壤水分的修复没有达到饱和深度。就土壤含水量的变化来看，地膜覆盖下的土壤水分增加得最多，其次是树枝覆盖下，再次说明地膜覆盖能有效地提高土壤含水率。

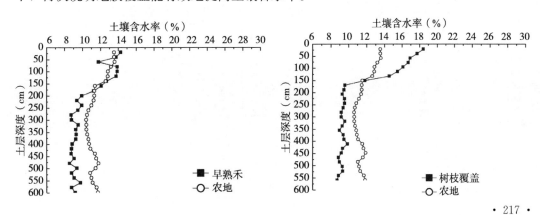

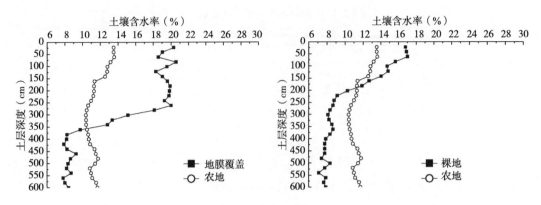

图 6-19　2014 年 10 月各种覆盖措施下的土壤水分与农地的比较

　　由图 6-20 可以看出，经过一个降水量极少的冬季的消耗，各种措施覆盖下的土壤水分整体上呈减小的趋势，表层的土壤水分变化尤其显著。早熟禾覆盖的土壤水分整体上要低于农地的；树枝覆盖下的表层土壤水分与农地的很接近，但是深层土壤水分还是没有得到恢复，仍然小于农地的含水量；地膜覆盖下的效果最显著，虽然上层的土壤水分较 2014 年 10 月有所减少，但仍然要高于农地的，而且 400 cm 以下的土壤水分经过一个冬季，也得到显著的提升，说明地膜对土壤水分的修复能力是极其显著的；裸地的土壤水分经过一个冬季，表层的土壤水分被消耗，深层的土壤水分波动不大。

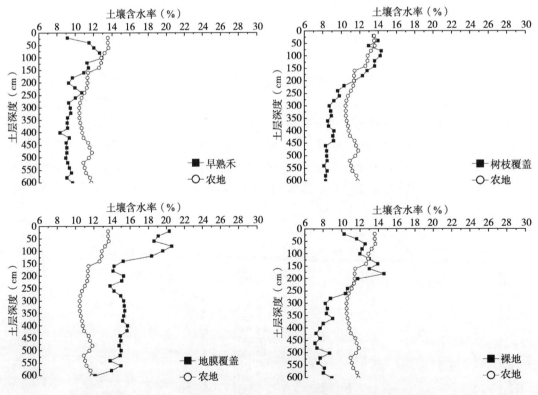

图 6-20　2015 年 4 月各种覆盖措施下的土壤水分与农地的比较

6.7 大田物理和植物覆盖下的土壤水分损失

6.7.1 不同覆盖措施下土壤水分的周年变化

土壤水分具有年际变化这是大家知道的规律，但是林地土壤水分经过一个休眠期后土壤水分损失严重似乎长期被人们忽视。依据枣树生长特性，本研究确定每年 4—10 月为生育期，10 月—次年 4 月为休眠期，对 2012 年 3 月—2015 年 10 月不同覆盖措施 0～200 cm 土层平均含水量进行讨论。从图 6 - 21 中可以看出，各处理土壤水分的周年变化规律类似，每年生育期土壤水分均处于一年中的上升阶段，而休眠期处于降低阶段。这是因为尽管生育期枣树生长量大，蒸散量高，但此时正逢雨期，降雨补给可以使枣树耗损的土壤水分得到补偿，而休眠期降水较少，土壤水分损失严重。图中显示，在 2012—2013 年第一个生长周年的生育期，地膜覆盖、秸秆覆盖、石子覆盖和裸地处理土壤含水量分别增加了 2.95%、3.80%、3.68% 和 4.20%，而休眠期裸地土壤含水量降低 4.57%，损失 91.40 mm，相当于同期降水量的 2.00 倍，地膜覆盖、秸秆覆盖、石子覆盖土壤含水量分别降低 3.13%、3.84%、3.40%。在 2013—2014 年第二个生长周年内，经过一个生育期地膜覆盖、秸秆覆盖、石子覆盖和枣林裸地处理土壤水分均有所增加，依次增加 3.66%、4.08%、3.56%、4.88%，而休眠期各处理土壤含水量均减少，其中裸地降低 4.62%，水分损失 92.34 mm，相当于同期降水量的 2.11 倍，而地膜覆盖、秸秆覆盖、石子覆盖土壤含水量分别降低 2.65%、3.62%、3.00%。与前两个生长周年土壤水分变化规律类似，在 2014—2015 年第三个生长周年内，三种覆盖措施下生育期土壤含水量仍处于上升状态，地膜覆盖、秸秆覆盖、石子覆盖和枣林裸地处理分别增加 2.43%、3.48%、3.23% 和 4.62%，而休眠期裸地降低 4.28%，土壤水分损失 85.64 mm，是同期降水量的 2.24 倍，地膜覆盖、秸秆覆盖、石子覆盖土壤含水量依次降低 2.40%、3.46%、2.50%。

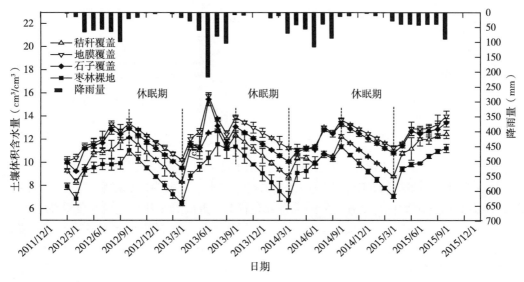

图 6 - 21　不同覆盖措施 2012 年 3 月—2015 年 10 月 0～200 cm 月平均土壤水分变化动态

从整体上看，在枣林地采取全年覆盖措施后，与裸地相比土壤水分均有不同程度的增加，尤其在休眠期保墒效果更显著。由图 6-20 中可知，秸秆覆盖在连续 3 个生长周年休眠期土壤平均含水量分别比裸地高 1.48％、1.65％和 1.60％。地膜覆盖分别比裸地高 3.01％、3.59％和 3.40％，石子覆盖分别比裸地高 2.45％、2.62％和 2.81％。从土壤水分增加的程度上看，地膜保墒效果最好，其次为石子覆盖。

综上可以看出，在枣林地采取全年覆盖的方式，可以减少土壤水分损失，尤其是休眠期土壤水分的降低，从而保证作物春季萌芽前期的土壤初始含水量，以提高作物产量。

6.7.2 不同覆盖措施下休眠期土壤水分损失深度

枣林休眠期土壤水分损失深度是大家关心的焦点问题之一。为探索和分析不同覆盖措施下休眠期土壤水分的垂直变化和损失深度，利用 2012—2015 年连续 3 个休眠期土壤水分长期定位监测数据，分别计算各处理不同土层休眠期初（10 月）和休眠期末（4 月）的 3 年土壤平均含水量，并绘制图 6-22。

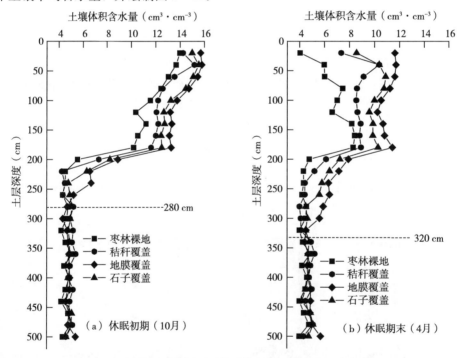

图 6-22 不同覆盖措施休眠期土壤水分垂直变化

土壤水分的垂直变化规律主要受降水和蒸散的影响，并与植被类型及其生物学特性有一定的关系（陈洪松等，2005；李洪建等，2003）。图 6-22a 为雨季过后，四种不同地面覆盖 10 月份（休眠期初）土壤水分的垂直分布状况，此时为一年中土壤水分最高的时期。图 6-22b 为休眠期结束时（次年 4 月）四种不同地面覆盖下的土壤水分垂直状况，此时也是林地土壤水分最小的阶段。根据图 6-22，可将休眠期初期和末期土壤水分垂直剖面大致可以分为 2 个区段：第一个区段为土壤水分的易恢复区，第二个区段为土壤水分的难恢复区。易恢复区土壤水分受太阳辐射、光照时长、光照强度以及大气温度等气象因素的影响，土壤水分波动明显，采取覆盖措施后土壤水分有明显增加趋势，而难恢复区土壤水分相对稳定，覆盖的保墒作用不显著。从图 6 - 22a 可以看出，休眠期初期 280 cm 以上土层土壤水分在覆盖措施的作用下出现不同程度增加，说明该阶段 0～280 cm 土层为土壤水分的易恢复区，而 280～500 cm 为难恢复区。但从图 6 - 22b 可以看出，休眠期末 0～350 cm 土层为土壤水分的易恢复区，这说明覆盖措施在休眠期可以增加土壤水分的入渗深度，使土壤干层得到一定的恢复。

由图 6 - 22a 可知，在无覆盖措施的裸地，0～200 cm 土壤水分相对较高，平均为 11.16%，而 200 cm 以下土层水分较低，土壤平均含水量仅有 4.58%。这是因为枣树的根系已经到达 200 cm 以下，降雨很难入渗到该深度，导致 200 cm 以下土层形成了永久性土壤干化层，土壤水分被消耗至接近凋萎系数（王力等，2004；杨文治，2001）。与枣林裸地相比，覆盖措施下的土壤水分均出现不同程度的增加，其中 0～200 cm 土层土壤水分增加显著，秸秆覆盖、地膜覆盖和石子覆盖土壤平均含水量分别比裸地高 0.88%、2.32% 和 1.98%，而 200 cm 以下土层增幅较小，土壤水分有缓慢恢复迹象。由图 6 - 22b 可知，休眠期末土壤水分在垂直剖面上的分布规律与图 6 - 22a 基本相似，但与休眠期初期相比，0～200 cm 土层范围内四种不同地面覆盖下土壤水分均降低，秸秆覆盖、地膜覆盖、石子覆盖和裸地分别减少 2.57%、1.96%、2.47% 和 4.49%，而 200 cm 以下土层土壤含水量则相差不大。从图 6 - 22 中还可以看出，无论裸地处理还是覆盖处理，表层土壤水分均较低，这是因为黄土丘陵半干旱区休眠期降水稀少，大气相对湿度低，表层土壤水分易以水汽形式散失到大气中，导致土壤含水量降低。

根据图 6 - 22b，可以看出休眠期末 0～180 cm 土层之间覆盖措施土壤含水量均显著大于裸地处理，340～500 cm 土壤深度覆盖措施与裸地土壤含水量无显著差异。对于 180～340 cm 同一土层不同覆盖处理与裸地土壤水分是否具有显著性差异，我们借助表 6 - 14 进行分析。从表 6 - 14 中可以看出，秸秆覆盖在 240 cm 以下土层土壤水分与裸地处理无明显差异，说明秸秆覆盖可以改善的土壤水分深度达 240 cm；石子覆盖在 280 cm 以下土层土壤水分与裸地处理无明显差异，说明石子覆盖可以改善的土壤水分深度达 280 cm；地膜覆盖在 320 cm 以下土层土壤水分与裸地处理无明显差异，说明地膜覆盖可以改善的土壤水分深度达 320 cm，可以看出地膜覆盖土壤水分恢复效果最好。这是因为地膜覆盖几乎完全阻止土壤水分蒸发损失，石子覆盖和秸秆覆盖下的土壤水分可通过空隙蒸发散失。另外，裸地地表土壤水分较低，造成深层土壤水势大于表层，土壤水分在向上水势梯度的作用下更易向上运移，导致土壤水分在 0～200 cm 土层整体损失严重，而覆盖措施可以降低土壤蒸发的作用，经过一个休眠期后不但使 0～200 cm 土层仍较裸地具有较高的水分，而且可以使土壤水分向下运移，有利于深层土壤水分的恢复，对下层土壤水分有一定的补充作用。

表 6 - 14　休眠期末同一土层不同覆盖处理土壤水分的差异显著性

土层深度	0～180 cm	180 cm	200 cm	220 cm	240 cm	260 cm	280 cm	300 cm	320 cm	340 cm	340～500 cm
秸秆覆盖	9.8± 1.3bc	10.9± 0.9b	6.3± 0.7c	5.2± 0.1b	4.5± 0.2c	4.4± 0.1c	4.0± 0.1b	4.1± 0.1bc	4.1± 0.1ab	5.0± 0.1a	4.8± 0.3a

(续)

土层深度	0～180 cm	180 cm	200 cm	220 cm	240 cm	260 cm	280 cm	300 cm	320 cm	340 cm	340～500 cm
石子覆盖	11.0±0.8b	11.3±0.1b	7.9±0.3b	6.2±0.1a	4.8±0.1b	4.9±0.1b	4.2±0.1b	4.8±0.1b	4.5±0.1a	4.8±0.1a	4.7±0.3a
地膜覆盖	11.4±1.1a	12.2±0.6a	8.5±0.3a	6.5±0.1a	5.3±0.1a	5.4±0.1a	5.2±0.1a	5.0±0.1a	4.6±0.1a	4.4±0.1ab	4.9±0.3a
枣林裸地	6.7±1.4d	8.3±0.4c	4.8±0.4d	4.3±0.1c	4.3±0.1c	4.2±0.1c	4.6±0.1b	4.5±0.1b	4.0±0.2ab	4.2±0.1ab	4.4±0.3ab

注：a、b、c、d 为各覆盖处理方式的差异显著性，$P<0.05$。

6.7.3　不同覆盖措施下休眠期土壤水分垂直损失

通过上述分析可知，0～200 cm 土层大致为土壤水分的易恢复区，也是土壤水分变化相对较大的深度，因此以 0～200 cm 土层为研究对象，探讨土壤水分损失在垂直方向的变化规律。分层计算 0～200 cm 深度范围 2012—2015 年 3 个休眠期秸秆覆盖、地膜覆盖、石子覆盖和裸地平均土壤水分损失量，如图 6 - 23 所示。

从同一土层土壤水分损失量来看，裸地在各个土层的土壤水分损失量均最大，其中 0～20 cm 土层裸地土壤水分损失量为 19.69 mm，比秸秆覆盖多 8.06 mm，比地膜覆盖多 13.69 mm，比石子覆盖多 8.61 mm，说明在地表采取覆盖措施后可以减少土壤水分的无效蒸发损失。而在 80～100 cm 土层秸秆覆盖、地膜覆盖和石子覆盖土壤水分损失量分别比裸地减少 3.98 mm、4.40 mm 和 5.45 mm，180～200 cm 土层秸秆覆盖、地膜覆盖和石子覆盖土壤水分损失量分别比裸地减少 0.62 mm、0.85 mm 和 0.78 mm。可以看出，随着土壤深度的增加，覆盖措施的保墒效果逐渐减弱。

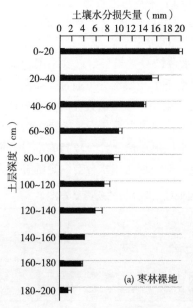

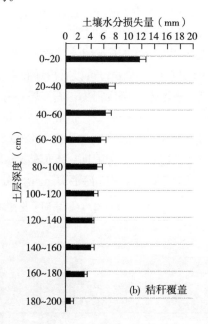

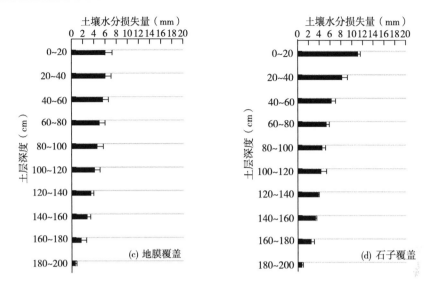

图 6 - 23　不同覆盖措施 0～200 cm 土层土壤水分损失量

从同一覆盖措施土壤水分损失垂直变化规律来看，土壤水分损失量均表现为上大下小的变化规律，这与土壤含水量的垂直分布特征一致（图 6 - 22）。表层土壤水分损失最严重，深层土壤水分损失较小。由图 6 - 23a 可知，裸地 0～40 cm 土层土壤水分损失量为34.88 mm，占 2 m 土层土壤水分总损失量的 38.85%，40～80 cm、80～120 cm、120～160 cm、160～200 cm 土层土壤水分损失量分别为 23.70 mm、16.24 mm、9.90 mm、5.07 mm，占土壤水分总损失量的 26.40%、18.09%、11.03%、5.64%。由图 6 - 23a、b 和 c 可知，秸秆覆盖、地膜覆盖和石子覆盖在垂直剖面上的土壤水分损失规律与裸地类似，秸秆覆盖在 0～40 cm、40～80 cm、80～120 cm、120～160 cm、160～200 cm 土层土壤水分损失量分别为 18.34 mm、11.86 mm、9.39 mm、8.16 mm、3.72 mm，地膜覆盖分别为 11.99 mm、10.42 mm、8.55 mm、6.08 mm、2.20 mm，石子覆盖分别为 19.23 mm、11.43 mm、8.71 mm、6.93 mm、3.01 mm。计算各处理整个 2 m 土层土壤水分总损失量，得出秸秆覆盖、地膜覆盖和石子覆盖比裸地少损失了 38.32 mm、50.56 mm 和 40.48 mm。

过去，由于土壤水分测量仪器精度差等原因的限制，加上人们更多关注作物经济效益，很少有人注意到休眠期，也就是休眠期土壤水分的变化规律，很少有人考虑如何采取措施来防止休眠期土壤水分的损失。本章根据多年不同覆盖措施土壤水分监测数据，分析和讨论了休眠期土壤水分损失的严重性以及采取保墒措施的必要性，说明在半干旱区这是一个十分有意义的课题，值得重视。

6.8　基于 Hydrus - 1D 模型的覆盖处理下干化土壤水分状况及恢复年限

6.8.1　Hydrus - 1D 模型参数敏感性分析及验证

6.8.1.1　模型概化

（1）土壤水分运动基本方程

Richards 方程（式 4 - 1）和初始、边界条件构成一定解问题，建立模型的关键是确定土壤蒸发（上边界条件）与根系吸水速率（源汇项），求解该定解问题即可得到不同条件下的土壤水分时空变化情况。在实际应用中采用有限差分法和有限元法等数值方法来进行求解。

（2）土壤水分运动参数

用 Van‐Genuchten 模型（式 4‐2）拟合水势和含水量具有较高的精度。

（3）蒸散发

Hydrus 模型计算潜在蒸散发采用的是联合国粮农组织 FAO 推荐的 Penman‐Monteith 公式。

（4）模型初始和边界条件

运用 Hydrus‐1D 水分运移模块，模拟深度为 0～1 000 cm。由于试验土柱上边界设置高出地面 0.1 m 的混凝土井圈拦蓄降水，因此模型上边界条件为可积水的大气边界，黄土高原地下水埋深达 60 m，所以模型下边界为自由排水边界。

6.8.1.2　参数敏感性分析

（1）分析方法

本研究以 Hydrus‐1D 模型模拟土柱内土壤垂直一维入渗，模型选用 Van‐Genuchten 方程模拟非饱和区土壤水势与含水量的关系，其中涉及 5 个土壤水分运动参数，分别是 θ_r、θ_s、K_s、α、n，采用单因素扰动分析方法，即分别逐一将每个参数按实际情况进行扰动（扰动幅度为 $\pm20\%$），再根据模拟结果分别计算和比较湿润锋运移距离、土壤含水量对 VG 模型中各参数的敏感程度和敏感系数 A_i，以期找到对土壤水分变化动态影响显著的模型参数，进而指导调参过程，提高模型精度。

$$A_i = \frac{\Delta y / y}{\Delta x_i / x_i} \qquad (6‐7)$$

式中，A_i 为敏感性系数，y 为目标函数，x_i 为 VG 模型中的参数，Δy 和 Δx_i 分别为两者的变化量。A_i 为正表示 Δy 和 Δx_i 的变化方向一致，为负则方向相反。$|A_i|$ 越大表示参数 x_i 对目标函数 y 越敏感。敏感性系数 $A_i \geqslant 0.5$，敏感；$0.5 > A_i > 0.2$，较敏感；$A_i \leqslant 0.2$，不敏感。

根据不同的模拟目的，分别选择合适的观测期和试验处理，具体设置如表 6‐15。2014 年 7 月 8—9 日共降水 86.6 mm，属于大雨，此后 10 天无降水，有利于进行降水入渗过程的模拟观测。因此 VG 模型参数对垂直湿润距离 R_z 和土壤含水量 θ 的敏感性分析选取裸地 2014/7/8—2014/7/17 为模拟期，采用裸地处理的土壤水分自动监测数据。研究 VG 模型参数对土壤累计入渗量 I 的敏感性需要更加精确且连续的数据，因此采用的是双环入渗试验的观测数据。

表 6‐15　敏感性分析模拟信息表

模拟类型	模拟时间	数据来源	处理方式
参数对 R_z 的敏感性分析	2014/7/8—2014/7/17	自动监测设备	裸地处理
参数对 θ 的敏感性分析	2014/7/8—2014/7/17	自动监测设备	裸地处理
参数对 I 的敏感性分析	0～56 min	双环入渗试验	裸地处理

（2）参数扰动对垂直湿润距离 R_z 的影响

取裸地处理土样，利用马尔文（英国）APA2000 型激光粒度仪进行土壤颗粒分析，土壤颗粒组成如表 6-16。根据土壤的机械组成，应用 HYDRUS-1D 模型中内置的 RETC 模块预测土壤水分运动参数初始值，分别为 $\theta_r = 0.042\ cm^3/cm^3$，$\theta_s = 0.35\ cm^3/cm^3$，$\alpha = 0.023\ 5\ cm^{-1}$，$n = 1.50$，$K_s = 77.0\ cm/d$。

表 6-16　土壤颗粒分析

土层深度（cm）	土壤组成		
	黏粒（<0.001 mm）（%）	粉粒（0.001~0.05 mm）（%）	砂粒（0.05~1 mm）（%）
0~50	5.28	44.18	50.54
50~100	5.25	46.02	48.73
100~200	4.73	45.84	49.43
200~300	5.71	49.77	44.52
300~400	4.51	41.90	53.59
400~500	4.58	44.09	51.33
500~600	6.03	57.72	36.25
600~700	6.08	59.17	34.75
700~800	6.41	61.26	32.33
800~900	6.25	62.39	31.36
900~1 000	6.77	59.63	33.62

分别逐一将上述参数按实际情况进行扰动（扰动幅度为 ±20%），得到各参数对垂直湿润距离 R_z 的影响程度，结果见图 6-24 和表 6-17。可以看出，n 和 K_s 的增大将导致 R_z 增大，θ_s、θ_r、α 的增大将导致 R_z 减小。其中 θ_s 和 n 的扰动对 R_z 的影响最大，敏感性系数大于 0.5，模拟结束时（10 d）R_z 的变化量为 20 cm，这是由于 n 减小后，土壤吸力明显增大，导致土壤水分入渗速率减小，水分运动减慢，导致 R_z 减小。θ_s 减小使土壤可蓄水量减小，导致在相同的水分入渗量条件下，R_z 增加。K_s 和 α 的扰动对 R_z 的影响次之，模拟结束时 R_z 的变化量均为 5 cm，敏感性系数为 0.25，属于较敏感程度。θ_r 的扰动影响最小。土壤参数对垂直湿润距离计算值 R_z 的影响大小顺序为 $n > \theta_s > K_s > \alpha > \theta_r$。

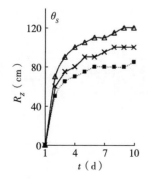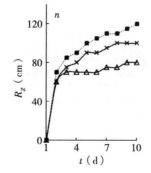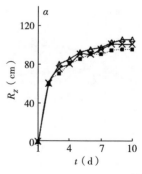

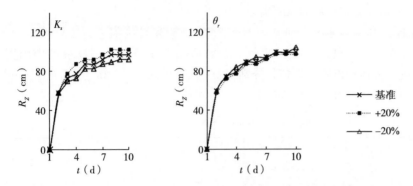

图 6-24　土壤参数对垂直湿润距离 R_z 的敏感性

表 6-17　土壤参数对垂直湿润距离计算值的敏感性系数

	土壤参数									
	θ_s		n		K_s		α		θ_r	
参数变幅（%）	+20	−20	+20	−20	+20	−20	+20	−20	+20	−20
R_z 变化量（cm）	−15	20	20	−20	−5	5	5	−5	−2	3
敏感性系数	−0.75**	1.00**	1.00**	−1.00**	−0.25*	0.25*	0.25*	−0.25*	−0.10	0.15

注：** 代表敏感性等级为：敏感，* 代表敏感性等级为：较敏感。

（3）参数扰动对累积入渗量 I 和吸渗率 S 的影响

图 6-25 和表 6-18 为各参数对累积入渗量 I 的影响，可以看出 θ_s、α、θ_r 的扰动与 I 呈正相关，K_s 和 n 的扰动与 I 呈负相关，其中 n 的扰动对 I 的影响最大，尤其是 n 的负扰动，在模拟结束时（56 min），I 的变幅达到 28.5%，敏感性系数为 1.43。θ_s 的扰动影响次之，I 的变幅在 −15.1% ～ 17.8% 的范围内，敏感性系数为 0.8。K_s 和 θ_r 的扰动使 I 的变幅分别处于 −5.3% ～ 4.8%，−1.6% ～ 2.0%，敏感性等级为较敏感。I 对 α 的扰动不敏感。参数 n、θ_s、K_s、θ_r、α 对 I 的影响依次减弱。

还可以从图 6-25 中看出，随着时间的推移，土壤累积入渗量先是呈上升的趋势，达到一定程度后趋于稳定。不同参数的扰动导致土壤达到稳定累积入渗量的时间也有所差异，采用 Philip 入渗公式对其进行定量描述。

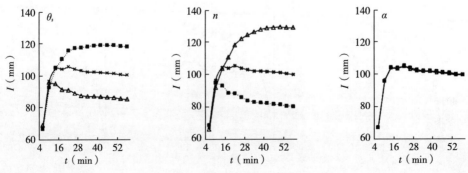

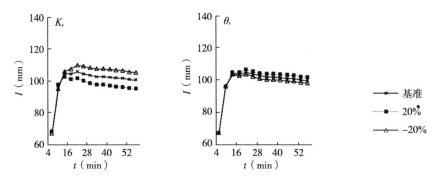

图 6-25　土壤参数对累积入渗量的敏感性

$$I = St^{0.5} \tag{6-8}$$

式中，I 为累积入渗量，cm；S 为吸渗率，cm/min$^{0.5}$；t 为吸渗时间，min。结果见表 6-18，各参数的扰动对吸渗率 S 影响的大小顺序与对累积入渗量 I 的影响相同，即 $n > \theta_s > K_s > \theta_r > \alpha$，其中 S 对 n 和 θ_s 的扰动敏感，对 K_s、θ_r、α 的扰动不敏感。除 K_s 的负扰动使 S 减少外，n、θ_s、θ_r、α 的负扰动均会使 S 增加，其中 n 的负扰动对 S 的影响最大，使 S 由 0.528 cm/min$^{0.5}$ 增至 0.616 cm/min$^{0.5}$，增幅 16.67%。

表 6-18　土壤参数对垂直累积入渗量的敏感性系数

	θ_s		n		K_S		α		θ_r	
参数变幅（%）	+20	−20	+20	−20	+20	−20	+20	−20	+20	−20
I（mm）	117.9	85.0	120.7	80.4	94.8	104.9	99.8	100.1	102.2	98.5
I 变幅（%）	17.8	−15.1	−19.7	28.5	−5.3	4.8	0.3	−0.2	2.0	−1.6
敏感性系数	0.89**	−0.83**	−0.99**	1.43**	−0.27*	0.24*	0.015	0.010	−0.10	0.08
S（mm/min$^{0.5}$）	4.79	5.98	4.56	6.16	5.47	5.11	5.27	5.29	5.21	5.34
S 变幅（%）	−9.28	13.26	−13.64	16.67	3.60	−3.22	−0.19	0.19	−1.33	1.14
敏感性系数	0.46*	0.66**	0.68**	0.83**	0.18	0.16	0.01	0.01	0.07	0.06

注：** 代表敏感性等级为：敏感，* 代表敏感性等级为：较敏感。

（4）参数对土壤含水量 θ 的敏感性程度

图 6-26 和表 6-19 列出了土壤含水量对土壤参数的敏感性系数。可以看出，0～120 cm 土层范围内，n 和 θ_s 的扰动对土壤各层含水量的影响明显较其他 3 个参数大，其中 n 的敏感性系数绝对值最大，大于 0.5 以上，也就是说将土壤孔径指数 n 值增加 0.2 倍，0～120 cm 土壤含水量变化量超过 10%。0～80 cm 内，n 的扰动与土壤含水量呈负相关关系，80～120 cm 内，n 的扰动与土壤含水量呈正相关关系。而在 0～60 cm 范围内，θ_s 的扰动与土壤含水量呈正相关关系，60～100 cm 范围内，θ_s 的扰动与土壤含水量呈负相关关系。各参数的敏感性系数都在 80～100 cm 范围内达到峰值。土壤含水量对 θ_r 和 α 的扰动不敏感，各土层对应的敏感性系数绝对值都在 0.2 以下。土壤水分运动参数对土壤含水量的影响程度大小顺序为 $n > \theta_s > K_s > \alpha > \theta_r$。

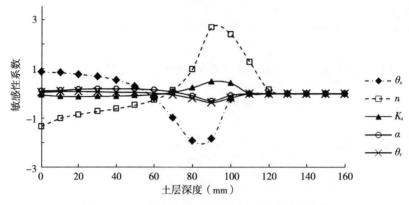

图 6-26　土壤参数对土壤含水量 θ 影响的敏感性

表 6-19　土壤参数对土壤含水量 θ 影响的敏感性系数

土壤参数	$\theta_{20\,cm}$	$\theta_{40\,cm}$	$\theta_{60\,cm}$	$\theta_{80\,cm}$	$\theta_{100\,cm}$	$\theta_{120\,cm}$	$\theta_{140\,cm}$
θ_s	0.78^{**}	0.55^{**}	-0.17	-1.92^{**}	-0.23^{*}	0.00	0.00
n	-0.84^{**}	-0.61^{**}	-0.55^{**}	0.98^{**}	2.40^{**}	1.2^{**}	0.00
K_s	-0.12	-0.10	-0.03	0.23^{*}	0.42^{*}	0.00	0.00
α	0.18	0.20	0.15	-0.08	-0.07	0.00	0.00
θ_r	0.09	0.06	0.02	-0.19	-0.18	0.00	0.00

注：$\theta_{20\,cm}$ 代表此列为 20 cm 土层处含水量对不同输入参数的敏感性系数，以此类推。** 代表敏感性等级为"敏感"，* 代表敏感性等级为"较敏感"。

6.8.1.3　模型验证

（1）模拟效果评价指标

本章分析比较不同覆盖处理下实测土壤含水量与模拟土壤含水量的均方误差根（RMSE）、相对误差（RE）和决定系数（R^2）3 个指标，对模型的模拟结果进行精度验证。其中，均方误差根 RMSE 用来衡量真实值与模拟值之间的绝对误差的平均度；决定系数 R^2 用来反映真实值与模拟值变化趋势的契合程度；相对误差 RE 代表真实值与模拟值总量之间的相对误差。

（2）参数率定

本章对裸地处理及石子、树枝、地膜覆盖下土柱内的土壤水分动态变化规律进行模拟。首先根据土壤的机械组成，应用 HYDRUS-1D 模型中内置的 RETC 模块预测 Van-Genuchten 模型参数，将此值作为土壤水分运动参数初始值，求解模型，将模拟土壤水分值与实测值对比，反馈并校正初始参数。

覆盖改变地表水热交换界面和过程，对土壤水分的影响较为复杂。把秸秆看作土壤系统中的隔层材料（土壤介质），即覆盖层土壤水分参数为相同覆盖厚度的秸秆的 VG 模型参数，采用反演参数法确定树枝和石子覆盖下的土壤水分运动参数。

本试验条件与以往关于 Hydrus 模型对地膜条件下田间土壤入渗特性及土壤水热动态分析方面略有不同，地膜覆盖为双层塑料膜覆盖，地膜上仅有少量随机小孔以确保雨水进入，阻止土壤水分蒸发，试验环境相对封闭。连续两年（2014、2015 年）地膜覆盖条件下有 94.3％的降水转化为了土壤水分储存在土柱内，即在地膜条件下由于蒸发作用导致的土壤水分损失量极小。尝试性地应用 HYDRUS‐1D 模型进行分析，模拟时不计算 ET 值，为使模拟结果更加准确，模拟时降水量设置为总降水量的 0.94 倍。

（3）不同覆盖模型模拟效果

模型验证数据采用裸地处理和不同覆盖处理（石子、树枝、地膜）下土柱内 2014/5/3—2015/10/3 土壤水分实测数据，共计 153 d。模拟深度为 1 000 cm。各处理参数结果见表 6‐20。

表 6‐20　各覆盖处理土壤水分运动参数

处理	土层（cm）	θ_r (cm³/cm³)	θ_s (cm³/cm³)	α (cm⁻¹)	n	K_s (cm/d)	L
裸地	0～200	0.042	0.35	0.023 5	1.50	77.1	0.5
	200～300	0.042	0.32	0.023 5	1.50	77.1	0.5
	300～1 000	0.051	0.30	0.018	1.30	44.0	0.5
石子	0～30	0.051	0.45	0.034 4	3.00	1998.0	0.5
	30～200	0.04	0.35	0.004	1.37	65.0	0.5
	200～500	0.04	0.35	0.006	1.33	85.0	0.5
	500～1 000	0.04	0.35	0.006	1.33	85.0	0.5
树枝	0～30	0.04	0.51	0.005	1.32	998.0	0.5
	30～200	0.042	0.35	0.008	1.37	76.3	0.5
	200～500	0.042	0.35	0.008	1.37	76.3	0.5
	500～1 000	0.051	0.44	0.010 3	1.44	41.0	0.5
地膜	0～200	0.04	0.45	0.004 5	1.88	74.9	0.5
	200～400	0.04	0.49	0.004 4	1.88	74.9	0.5
	400～1 000	0.04	0.39	0.004 2	1.83	30.0	0.5

不同覆盖不同深度 2014/10/3 土壤剖面水分模拟值与观测值的动态变化对比及模型模拟效果统计分别列于图 6‐27 和图 6‐28，图 6‐27 可以直观地看出模型模拟结果与实测值有较好的吻合程度，而且土壤剖面含水量实测值与模拟值自上而下的变化趋势一致，说明模型精确地模拟出了实测值的波动性。从模拟效果指标来看（图 6‐28），各覆盖土壤剖面模拟值与实测值之间的决定系数 R^2 都在 0.9 以上，均达到极显著水平。裸地、石子、树枝、地膜覆盖 0～1 000 cm 土壤湿度的平均真实值分别为 9.05％、10.22％、10.05％、11.70％，模拟平均值分别为 8.86％、9.97％、10.19％、11.37％，相对误差 RE 绝对值分别为 0.06％、0.63％、0.82％、2.82％，均方误差 RMSE 均在 0.01 cm³/cm³ 以下。

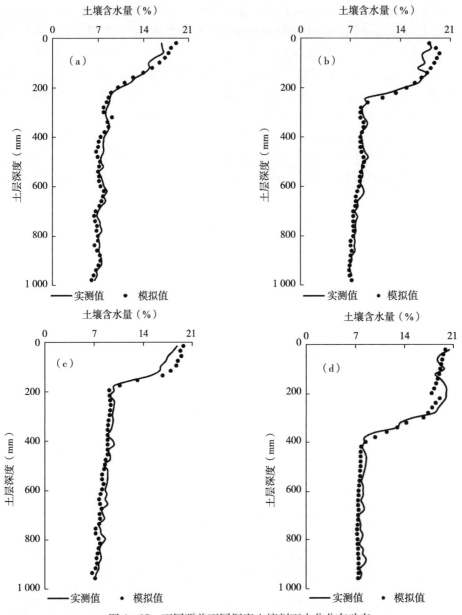

图 6-27 不同覆盖不同深度土壤剖面水分分布动态

(a) 裸地；(b) 石子覆盖；(c) 树枝覆盖；(d) 地膜覆盖

总体来看，裸地表层 0～60 cm 模拟效果较差，地膜覆盖 140～280 cm 模拟效果较差，树枝、石子覆盖 0～140 cm 模拟值和实测值有较大差距，有以下几个原因：①模拟时 200 cm 以内的土壤水分参数是相同的，但实际上土壤水分与基质势关系复杂，不同深度的土壤组成和物理性质不同，所以土壤参数也是不同的，从而导致模拟结果产生误差。②覆盖条件下的模拟比一般的情况更加复杂，采用的方法在土壤表面入渗、径流和蒸发的计算上处理并不完善，只能近似地反映土壤参数与土壤水分的关系，导致石子、树枝、地膜覆盖在一定土层范围内模拟效果较差。

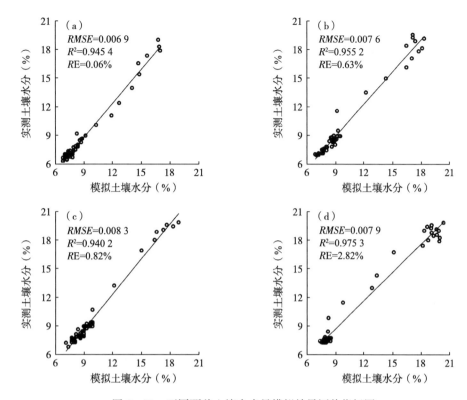

图 6-28　不同覆盖土壤含水量模拟效果评价指标图
（a）裸地；（b）石子覆盖；（c）树枝覆盖；（d）地膜覆盖

综上，虽然表层土壤含水量模拟效果欠佳，但模拟结果精度符合要求，HYDRUS 模型能够较真实地反映不同覆盖条件下土柱内实际土壤水分状况和变化规律，可以满足研究不同覆盖条件下土壤干层水分恢复效应的基本要求。

6.8.2　物理覆盖下土壤水分动态模拟

利用已得到的土壤模型参数计算 2014 年 10 月 3 日—2015 年 10 月 3 日的土壤水分变化，2015 年 10 月 3 日实测值和模拟值对比如图 6-29。各覆盖下的实测值和模拟值吻合度较好，相关系数均在 0.9 以上，相对误差小于 3%。土壤水分实测值和模拟值自上而下的变化趋势基本一致。模型能够较准确地模拟覆盖下土壤水分的恢复深度和土柱内土壤储水量值。截至 2015 年 10 月 3 日，裸地、石子、树枝和地膜覆盖下土壤水分实测恢复深度分别为 280 cm、460 cm、360 cm 和 680 cm，模拟值分别为 320 cm、460 cm、380 cm 和 740 cm，模拟恢复深度与实际值基本一致。从土壤剖面水分实测值和模拟值自上而下的变化趋势来看，裸地处理模拟效果较好，土壤水分模拟值和实测值吻合度较高；石子、树枝、地膜覆盖下土壤水分实测值和模拟值自上而下的变化趋势差异稍大。模型的精度除了在一定程度上受模拟方法不完善的影响，还可能有以下三个原因：①试验土柱上边界为高出地面 10 cm 的混凝土井圈，对地表的风速、辐射和温度都有一定的影响，导致模型运算出现误差；②使用中子仪测定土柱 0～10 m 的土壤水分时，人工数据采集时间较长，每次测定的周期大概为 1~2 d，在此期间，表层土壤水分变化易受周围小气候环境影响而发生变化，使模拟计算出来的土壤水分值与实测值不符；③试验土为回填土，经过均匀掺混后压实回填，在长期的降水入渗过程中，土柱内的土壤可能发生了不同程度的沉降，致使土壤机械组成发生改变。

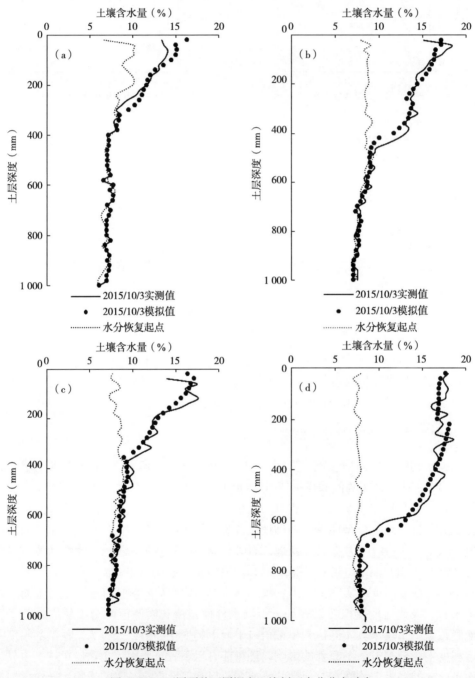

图 6-29　不同覆盖不同深度土壤剖面水分分布动态
(a) 裸地；(b) 石子覆盖；(c) 树枝覆盖；(d) 地膜覆盖

总体来说，在不同覆盖条件下建立模型可以适用于对应条件下较长时间内土壤水分恢复状况的模拟，误差较小，模拟结果具有较高的准确度。模拟不同覆盖下土壤水分恢复规律结果与实际观测的结果一致，即在相同的自然降水条件下，土壤水分恢复能力大小为地膜覆盖＞石子覆盖＞树枝覆盖＞裸地处理。

6.8.3 平水年土壤水分恢复模拟

图6-30为1985—2014年研究区年降水量分布图，研究区30年平均降水量为439.9 mm，接近当地多年平均降水量。最大降水和最小降水分别出现在1999年和2013年，降水量分别为633.7 mm和268.3 mm。15年间属于丰水年的占26%，属于平水年的占38%，属于枯水年的占36%。

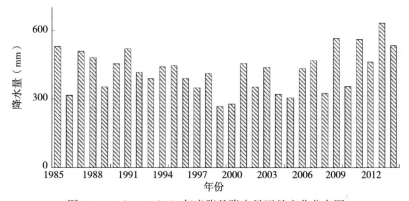

图6-30 2000—2014年米脂县降水量逐月变化分布图

2006年为平水年，年降水量为434.6 mm，接近多年平均降水量（439.9 mm），且月降水量与多年平均月降水量相关性高，二者相关系数R^2达0.74（图6-30）。因此以2006年气象资料为依据，运用HYDRUS模型模拟平水年情况下土壤干层水分状况，可以得知土壤干层水分在平均水平下的恢复规律。

由图6-31可以看出，2006年降水量具有年内分布不均的特点，降水主要集中在5—9月，降水量为386.1 mm，占全年降水的88.8%。1—4月和10—12月降水量小，总共占全年降水的11.2%。

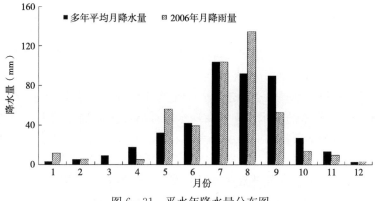

图6-31 平水年降水量分布图

以试验布设初期的土壤含水量作为土壤水分恢复的起点，计算平水年（2006 年）土壤干层水分的恢复量，绘制了不同覆盖下土壤储水量在平水年内的变化动态，结果见图 6-32。可以看出，土壤储水量的变化幅度和降水量密切相关。石子、树枝覆盖和裸地下土壤储水量在 1—4 月没有明显变化，此时段，降水极少，降水量仅为 22.4 mm，气温较低，平均气温 10 ℃左右，土壤蒸发量小，土壤水分处于收支平衡状态；5 月平均气温升至 20 ℃以上，土壤蒸发作用加剧，同时降水量增加，土壤储水量有微弱的上升迹象；7 月由于大量降水补给使得土壤水分逐渐累积储水量迅速上升；10 月降水量下降，土壤水分开始减少。由此可见，在降水量小的（1—4 月、10—12 月）情况下，石子、树枝覆盖的保水效果不显著，只有在降水量较大的情况下（5—9 月）保水效果才慢慢显现出来。地膜覆盖下土壤储水量在 1—4 月就有缓慢上升的迹象，4—9 月土壤储水量迅速上升，10 月降水量骤减，土壤储水量仍有缓慢上升的趋势，可以看出地膜覆盖蓄墒保水能力显著。平水年裸地、石子、树枝、地膜覆盖条件下土壤储水量增量分别为 72.3 mm、139.2 mm、116.2 mm 和 408.5 mm。

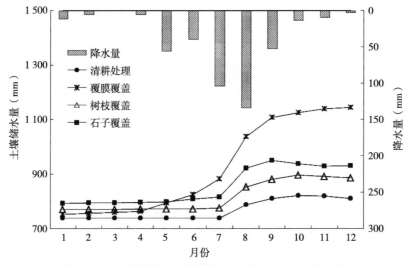

图 6-32　不同覆盖下土壤储水量在平水年内的变化动态

本研究的目的是为陕北旱作枣林下土壤干层恢复与治理提供理论指导，实现枣林土壤水资源循环可持续发展。研究表明，研究区 12 龄枣林下土壤干层出现在 0～600 cm。所以本研究着重探讨研究区枣林下 0～600 cm 干层的土壤水分恢复年限，找出干层土壤水分最有效的恢复方式，图 6-33 绘出了在降水年型为连续平水年条件下，各覆盖土壤湿度恢复至 600 cm 时的土壤剖面的水分情况。

裸地、石子、树枝和地膜覆盖经过第一个平水年后入渗深度分别为 220 cm、340 cm、280 cm 和 620 cm。接下来的平水年中，在降水的补给和重力的作用下，土壤水分不断下渗，土壤上层含水量增加缓慢，而下层的水分入渗深度逐年增长，不同覆盖下的增长速率不同。由图 6-33 可以看出，每一条曲线代表了一年的土壤水分恢复情况，图中曲线数量越多，说明在该种处理下土壤水分恢复所需时间越长。裸地处理土壤恢复深度达到 600 cm，所需时间为 6 a；石子和树枝覆盖恢复深度达到 600 cm，所需时间分别为 4 a 和 5 a；地膜覆盖恢复土壤水分的能力强，土壤恢复深度达到 600 cm，仅需 1 a 时间。不难发现，这里所说的时间指的是降水入渗对干层水分补偿到 600 cm 深度时所需的时间，并不意味着 0~600 cm 内的土壤含水量达到土壤稳定湿度（17.08%）或土壤干层已经恢复。如图 6-32，裸地处理下土壤干层水分模拟到第 6 年时，仅有 100~360 cm 土层范围内的水分得到了完全恢复；石子处理下土壤干层水分模拟到第 4 年时，0~380 cm 土层范围内的水分得到了完全恢复；树枝处理下土壤干层水分模拟到第 5 年时，80~280 cm 土层范围内的水分得到了完全恢复。这是由于本试验将 0~1 000 cm 范围的土层设置为土壤干层，整层土壤含水量低，当土壤水分恢复至 600 cm 后，在水势差的驱动下，土壤水分仍不断向下补给。

在实际枣林中，土壤干层形成部位为 0~600 cm 左右，600 cm 以下土壤水分不亏缺，土壤含水量高。上层土壤水分恢复至 600 cm 后与下层土壤水分不存在明显水势差，0~600 cm 的土壤水分逐渐得到补充。枣林土壤干层水分恢复的时间大于上述降水入渗补偿到 600 cm 土层的时间。

再结合土壤储水量模拟值进行恢复年限的计算。试验设置初期土柱内的初始平均含水量为 7.5% 左右，要使枣林土壤干层水分完全恢复，即 0~600 cm 土层恢复至当地土壤稳定湿度（17.08%），需要增加 574.8 mm 的土壤水。平水年四种覆盖条件下（裸地处理、石子覆盖、树枝覆盖、地膜覆盖）年均土壤储水量增加速率分别为 72.3 mm/a、139.2 mm/a、116.2 mm/a 和 408.5 mm/a。由此计算出在连续平水年的条件下，干化土壤水分恢复分别需要 7.9a、4.1a、5.0a、1.3a。本试验条件较为理想，排除了植物根系和其他因素的影响，讨论了单一变量影响下［不同覆盖和无覆盖（裸地）］自然降水对干化土壤的恢复状况。实际上，土壤水分变化的过程复杂，影响因素众多，因此上述恢复年限放在田间或林地条件下并不一定准确，但具有一定的参考价值。

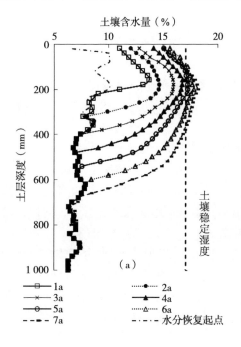
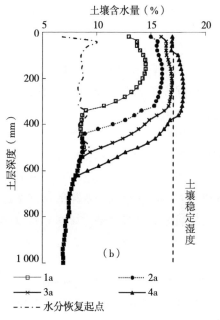

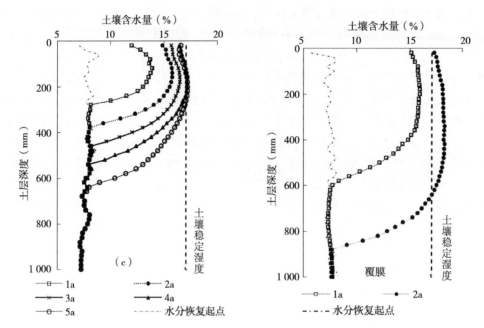

图 6-33　连续平水年不同覆盖条件下土壤湿度剖面分布
（a）裸地；（b）石子覆盖；（c）树枝覆盖；（d）地膜覆盖

6.9　小结

（1）从 2014 年 5 月至 2015 年 10 月干层土壤水分在剖面上的恢复补偿状况可知，裸地、石子、树枝以及地膜处理下的土壤水分最大恢复深度分别为 2.6 m、4.4 m、3.4 m 和 6.8 m。各处理 0～1 000 cm 的平均恢复度分别为 6.5%、27.8%、21.8% 和 69.0%。土壤干层水分的恢复能力大小为地膜覆盖＞石子覆盖＞树枝覆盖＞裸地处理。

（2）裸地、石子、树枝和地膜处理的储水变化量与降水量具有很强的相关性，相关系数（R^2）分别达到 0.723、0.897、0.891、0.931。裸地、石子、树枝以及地膜处理下降水利用率分别为 17.9%、36.1%、28.0%、94.3%。与裸地处理相比，石子、树枝、地膜覆盖能在一定程度上阻断土—气界面上的水分循环过程，减少土壤蒸发，促进土壤水分入渗量，从而存储了雨季的土壤水分，具有保水保墒、恢复土壤干层水分的效应。以平水年（2006 年）气象资料为依据，运用 HYDRUS 模型模拟平水年情况下土壤干层水分状况，要使枣林 0～600 cm 土壤干层水分完全恢复，即 0～600 cm 土层恢复至当地土壤稳定湿度（17.08%），在连续平水年的条件下，利用不同覆盖措施（裸地、石子、树枝、地膜覆盖）恢复研究区枣林土壤干层水分，分别需要 7.9 a、4.1 a、5.0 a、1.3 a。

（3）到 2017 年末，早熟禾、苜蓿、柠条、枣树、刺槐土壤水分分别为 9.1%、6.3%、6.9%、7.8%、5.3%，较初始土壤水分变化早熟禾、枣树分别增大 1.3%、0.2%，苜蓿、柠条、刺槐分别减小 1.3%、0.8%、2.4%。5 种植物 0～200 cm 土壤含水率均大于 200 cm 以下土壤含水率，5 种植物对土壤水分消耗由小到大依次是早熟禾、枣树、柠条、苜蓿、刺槐。

（4）5 种植物消耗土壤中水分时期为每年 5—7 月，7—9 月稍小，9—11 月为植物表层土壤水分恢复时期，因此在一年中应在 5—7 月采取较大力度的土壤水分保持工作。2017 年末枣树 0～280 cm 范围内土壤水分升高大于初始含水量，早熟禾 0～420 cm 范围内土壤含水量增大；柠条耗水深度达 540 cm，年均耗水深度为 180 cm，以此速度发展 3 年以后柠条耗水深度将达 1 000 cm；苜蓿耗水深度达 1 000 cm；刺槐土壤含水率 2017 年基本完全和 2016 年相同，0～1 000 cm 平均含水量为 5.3%，说明土壤储藏水分已经不能利用，在 0～1 000 cm 深度范围内消耗的只有当年降水量；枣树耗水深度范围为 0～300 cm。

（5）早熟禾、苜蓿、柠条、枣树、刺槐储水变化量依次为 135.9 mm、−131.8 mm、−61.8 mm、17.8 mm、−235.6 mm；年均蒸散量依次为 523.1 mm、611.1 mm、588.0 mm、586.4 mm、666.5 mm；5 种植物土壤水分亏缺度以植物生长阻滞含水量（13.2%）为基础计算值分别为 41.0%、42.5%、41.4%、42.1%、41.7%，至 2017 年末亏缺度为 30.7%、52.5%、47.6%、40.8%、59.5%；以坡耕地土壤含水率（15.26%）为基准初始亏缺度为 49.0%、50.2%、49.3%、49.9%、49.6%，至 2017 年末亏缺度分别为 40.1%、58.9%、54.7%、48.8%、65.0%。

（6）大田试验观测得出的几种典型覆盖措施对土壤影响规律与土柱试验得出的规律一致，即仍然表现出地膜覆盖＞树枝覆盖＞裸地＞早熟禾覆盖的顺序。但由于大田试验有枣树生长耗水的原因，表现出几种覆盖措施下的土壤含水量均低于土柱试验结果，经过雨季后的土壤水分修复深度也较小，裸地和早熟禾覆盖对土壤水分的修复深度达 150 cm 左右，树枝覆盖对土壤水分的修复深度达 200 cm，地膜覆盖对土壤水分的修复深度最大，超过 260 cm。

（7）休眠期是枣林地土壤水分减少的重要阶段，土壤水分损失严重，无覆盖枣林地土壤水分损失量为 85.64～92.34 mm，是同期降水量的 2.12 倍。0～200 cm 土层是枣林地土壤水分的易损失层和易恢复层，200 cm 以下土层是土壤水分难恢复层。实施休眠期覆盖措施不但可以明显提高 0～200 cm 土层土壤储水量，更重要的是休眠期覆盖有利于 200 cm 以下深层干化土壤水分的恢复。休眠期 0～200 cm 土层秸秆覆盖、地膜覆盖和石子覆盖土壤水分总损失量分别较裸地少 38.32 mm、50.56 mm、40.48 mm。地膜覆盖保墒效果最好，其次为石子覆盖。

第7章 聚水保墒沟技术及效应

水分不足和水土流失是黄土高原人工植被建设的主要限制性因子。陕北山地枣林也同样受到水分供给不足制约其生长和产量，因此，如何充分利用当地降雨资源一直是半干旱地区解决水分不足的重要途径。本章重点介绍一种新型水土保持工程措施——竹节式聚水沟技术。通过野外实地观测和模拟试验得出：①填充秸秆、树枝和石子的三种聚水沟的土壤储水量平均值较水平阶提高约12%；9月以后30～100 cm土层恢复效果最为明显，在100～200 cm土层内各聚水沟土壤储水亏缺度减小，水平阶土壤储水亏缺度进一步增大；三种竹节式聚水沟土壤水分在10月恢复的深度分别是110 cm、140 cm和140 cm，然而，水平阶土壤水分恢复的深度仅为80 cm，在80 cm以下处于水分亏缺状态；经过枣树休眠期聚水沟土壤储水量减少了24 mm，水平阶经过休眠期后土壤储水量减少达到50 mm。②人工降雨模拟试验证明，在0.6 mm/min降雨强度下聚水沟拦蓄水量比0.92 mm/min雨强下的拦蓄水量多了5～16 L；不同规格聚水沟模拟降雨后入渗深度不同，其中规格大的聚水沟内土壤水分入渗深度较大，雨后30 min入渗可达70 cm，72 h后达到130 cm；填充秸秆、树枝和石子的聚水沟蓄水总量顺序为：秸秆沟（99.5 L）＞石子沟（91 L）＞树枝沟（71.5 L）。③聚水沟规格为100 cm×30 cm×30 cm的竹节式聚水沟在不同的放水流量下［1.58 L/(min·m)，2.48 L/(min·m)，3.47 L/(min·m)］均表现出较大的储水能力。④聚水沟中填充基质和豆皮可以使20～40 cm土层土壤容重显著降低，有利于提高土壤孔隙度；也对整个土壤垂直剖面的平均毛管含水率、饱和含水率以及饱和导水率均有不同程度的提高。

7.1 研究方法

7.1.1 试验方案

7.1.1.1 竹节式聚水沟试验

本试验区选取孟岔枣树示范基地中的9年生旱作枣林地，东向坡中，坡度为30°，于2006年采用水平阶整地，阶面宽度为1 m，株距2 m，行距3 m，平均树高为1.9 m，冠幅为1.8 m×1.9 m，田间栽植密度为111株/667 m²。于2011年4月在枣林地选取坡度、坡位、树势一致的两块样地作为试验小区，每个小区面积为200 m²，选取其中一个小区开挖规格为（长×宽×高）1 m×0.3 m×0.3 m的竹节式聚水沟。即在林地株间的水平阶上沿等高线开挖壕沟，之后在沟内填充用于无土栽培的生物质蓄水材料，每个沟内填充60 kg左右。该材料是由树皮、牛粪、草炭等按照一定比例搭配，再在其中添加N、P、K等营养元素，经自动化工序搅拌复合而成，酸碱度适宜，能提高土壤的持水、保肥、通气能力，目前被大量用于建植、育苗等行业。采用该措施之后，坡地水平阶被截成竹节样的长方形蓄水坑,从平面上看,就像一段段剖开的楠竹,故而得名。另一个小区为水平阶样地。竹节式聚水沟示意图如图 7-1。

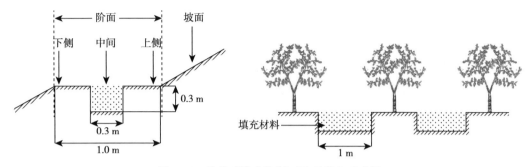

图 7-1　竹节式聚水沟断面及采样点示意图

2011 年 7—9 月在每个小区随机选取 3 个水平阶和 3 个聚水沟作为重复,采用土钻法连续测定土壤含水量,取样深度为 2 m,1 m 以上每隔 10 cm 取一次样,1 m 以下每隔 20 cm 取一次样。每个水平阶和聚水沟分为中间、上侧和下侧(上侧和下侧为距水平阶或聚水沟中间 50 cm 的位置)进行土钻取样。土壤含水量用烘干法测得,沟内部 0～30 cm 填充的是生物质材料,采用自然风干法测其含水量。共监测 6 次,其中监测前一天有降雨的是 7 月 17 日和 7 月 30 日,没有降雨的是 8 月 14 日、8 月 30 日、9 月 14 日和 9 月 29 日。在布设聚水沟之前及试验结束后测定聚水沟样地土壤容重。土壤容重采用环刀法测得,在 4 月初和 9 月末样地中挖剖面,从 30 cm 深度开始取样,间隔 20 cm,重复 3 次。用环刀分别对填充基质、豆皮的聚水沟底部及对照水平阶的相同位置取样,共分 20～40 cm、40～60 cm、60～80 cm、80～100 cm 4 层,每层取 3 个重复。采用环刀测定土壤的物理性质,主要包括容重、总孔隙度、毛管孔隙度、非毛管孔隙度、毛管含水率、饱和含水率和饱和导水率等指标。

7.1.1.2　填充物浸水试验

用室内浸泡法测定各种填充材料的持水率及其吸水速率。将秸秆、树枝、石子和基质 4 种材料带回实验室后,分别称其自然状态下质量及除石子外的 3 种材料烘干后质量(80 ℃下烘至恒重),以石子自然状态质量和其余 2 种材料干物质量推算填充物蓄积量。将填充材料按照田间密度装入直径 10 cm 高 20 cm 的 PVC 管中,管下部用细尼龙网封闭,浸没于清水中,在水中分别浸泡 0.25 h、0.5 h、1 h、1.5 h、2 h、4 h、6 h、8 h、10 h、12 h、24 h 后称重,每次取出后静置 5 min 左右,直至填充材料不滴水为止,迅速称各自湿重并进行记录,由此计算各填充材料在不同浸水时间的持水量、持水率和吸水速率,每种填充材料各重复 3 次。

试验选择基质来源于陕西霖科农林科技有限公司生产的用于无土栽培的基质,该材料是由树皮、牛粪、草炭等按照一定比例粉碎搭配,再在其中添加 N、P、K 等营养元素,经自动化工序搅拌复合而成,酸碱度适宜,能提高土壤的持水、保肥、通气能力,目前被大量用于建植、育苗等行业。当地石子厂生产的砾石(粒径为 1～1.5 cm)、粉碎的玉米秸秆(粒径小于 1 cm)和粉碎的木屑(粒径小于 1 cm)。

7.1.1.3 人工放水试验

选取坡位、地形基本相似的枣林地，沿着等高线开挖聚水沟的长，垂直等高线开挖聚水沟的宽，设置 3 种不同规格类型的聚水沟，聚水沟具体尺寸即长×宽×高分别为：1 m×0.3 m×0.3 m，1 m×0.2 m×0.3 m，1 m×0.2 m×0.2 m，进行人工放水试验。根据黄土高原暴雨标准和当地降雨特性，分别选择雨强为 0.56 mm/min、0.88 mm/min 和 1.23 mm/min 为标准，当地径流系数选取 0.47，在 2 m×3 m 小区内产生的地表径流作为放水量设计标准，放水单宽流量分别为：1.58 L/(min·m)、2.48 L/(min·m) 和 3.47 L/(min·m)。本试验采取自制放水装置，包括供水源、水管、控水阀门、放水槽，以及簸箕形消能槽，使用恒定水压在聚水沟上方按不同流量标准放水，出水口要保证水平使出水流量均匀。正式试验前通过控制阀门开度来调节出水口流量大小，对人工放水装置流量进行率定。率定完之后进行放水试验，直到聚水沟蓄满水为止，停止放水，同时记录放水的起止时间，探明不同规格聚水沟储水能力的大小。

采用人工放水试验，在放水前对聚水沟及其周边土壤水分进行测定，垂直方向上取样深度为 1 m，且每隔 10 cm 取一次土样，采样点布设图如 7-2 所示。放水后每隔一定的时间采用中子仪测定土壤水分法对聚水沟不同位置土壤水分状况进行测定。时间间隔为 1 h、6 h、24 h 和 48 h 四个时间段。以此来研究聚水沟在人工放水后周边土壤水分在时间和空间上的变化规律。

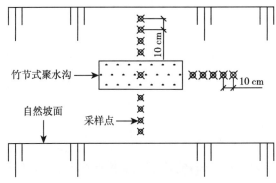

图 7-2 聚水沟人工放水试验采样点布设图

7.1.1.4 模拟降雨试验

降雨采用自制悬挂式模拟降雨装置，降雨喷洒是双侧旋转式喷头，用增加喷头数量和水压来实现不同雨强。在实验之前对雨强和均匀度等参数进行率定。实验雨强为 0.92 mm/min 和 0.6 mm/min，喷洒均匀度分别 0.82 和 0.86，满足当地坡面径流产生的降雨特点。实验径流小区规格为 100 cm×30 cm（宽×长），设置同样规格的小区做对照，分别设置 3 个玉米秸秆填充、碎石填充和树枝填充的径流小区和 3 个对照径流小区，共计 6 个同样规格小区（图 7-3）。选择持续的晴朗无风日进行降雨，记录开始降雨的时间，降雨过程中收集对照小区产生的径流，测定径流量。同时观察聚水沟蓄水情况，看到有水流从聚水沟表面流出时停止降雨，记录降雨历时。待降雨结束后的 0.5 h、4 h、8 h、24 h、48 h、72 h 对各中子管所在区域的土壤含水量进行测定，间隔 10 cm 记录一次数据。为了了解聚水沟在多次降雨下的需水效果，本试验对每种填充材料的聚水沟每隔 5 天重复进行一次，连续

5次结束。聚水沟的拦蓄径流能力主要分析其蓄满水量和蓄满时间，其中蓄满水时间是从降雨开始计时到聚水沟的蓄满水所用的时间，因为聚水沟内水分有入渗量和填充物不能直接计量，所以是指聚水沟蓄满为止所用的时间在对照小区收集的径流量。

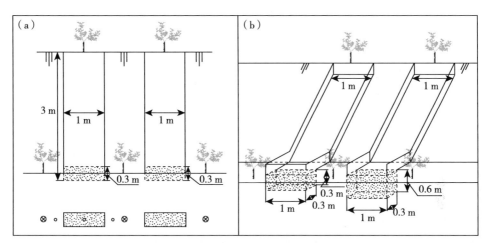

⊗ 枣　∘ 中子管　░░░ 填充物

图7-3　不同填充物聚水沟试验小区

7.1.2　相关指标测定及计算

（1）土壤水分亏缺指数

$$SWD(\%) = (F_C - W_C)/F_C \times 100\% \qquad (7-1)$$

（2）土壤水分恢复指数

$$SWR(\%) = \Delta W/(F_C - W_{CC}) \times 100\% \qquad (7-2)$$

式中，SWD 为土壤水分亏缺系数；SWR 为土壤水分恢复系数；F_C 为土壤水分总储量；W_C 为已容纳的土壤水分；W_{CC} 为最初的土壤水分含量；ΔW 为标准土壤水分亏缺值。

SWD 反映的土壤水分亏缺值用 $0\sim1$ 的范围来表征。0 表示土壤水分亏缺，>0 表示土壤水分亏缺。SWR 反映的土壤水分恢复值也可以用 $0\sim1$ 的范围来表征，如果末期土壤储水增量 $\Delta W \leqslant 0$，则 $CSW \leqslant 0$，表示土壤水分在末期未得到恢复，甚至亏缺进一步加剧；相反，如果 $\Delta W > 0$，则 $CSW > 0$，表示土壤水分在末期得到一定程度恢复，而当 $CSW = 100\%$ 时，表明土壤水分亏缺在该时期内得以完全补偿与恢复。

（3）有效拦蓄量

$$W = (0.85R_{max} - R_o)M \qquad (7-3)$$

$$R_{max} = (G_{max} - G_d)/G_d \times 100\% \qquad (7-4)$$

$$R_o = (G_o - G_d)/G_d \times 100\% \qquad (7-5)$$

（4）最大拦蓄量

$$W_{max} = (R_{max} - R_o) \cdot M \qquad (7-6)$$

式中，R_{max} 为填充物最大持水率；R_o 为填充物自然含水率；G_{max} 为填充物最大吸水重量；G_d 为填充物烘干重量；G_o 为填充物自然状态重量；W_{max} 为最大拦蓄量（t·hm^{-2}）；W 为有效拦蓄量（t·hm^{-2}）；M 为单位面积蓄积量（t·hm^{-2}）；0.85 为有效拦蓄系数。

　　填充物的最大拦蓄量按照单位面积上的填充物总蓄积量和其最大持水率及实测的平均自然持水率可推算出最大拦蓄量，而最大持水量及最大拦蓄量，只能反映填充材料的持水能力大小，不能反映对实际降水的拦蓄情况。采用有效拦蓄量来估算填充物对水分的实际拦蓄量。

7.2 竹节式聚水沟储水能力

7.2.1 放水条件下竹节式聚水沟的储水能力

7.2.1.1 不同规格的竹节式聚水沟储水能力

　　表 7-1 显示了不同放水流量下在填充同种材料（基质）下不同规格土壤蓄水量。土壤蓄水量表示聚水沟所能容纳的水分含量。在放水条件下，聚水沟内先发生垂直入渗和水平入渗，当土壤的入渗速率小于上方来水的速率时就产生超渗产流并在随后的时间内将填有基质的聚水沟蓄满水。从表 7-1 可以看出，在单宽放水流量为 1.58 L/(min·m) 时，不同规格的聚水沟表现出不同的储水能力，聚水沟规格为 1 m×0.3 m×0.3 m（长×宽×高）时表现出最大的储水能力，其次是规格为 1 m×0.2 m×0.3 m 的聚水沟，蓄水量比规格 1 m×0.3 m×0.3 m 的聚水沟小了 21.8％，规格为 1 m×0.2 m×0.2 m 的聚水沟的储水能力最小，蓄水量比规格为 1 m×0.3 m×0.3 m 的聚水沟小了 34.7％，在此流量下选择规格为 1 m×0.3 m×0.3 m 的聚水沟可以表现最大的储水能力；在单宽放水流量为 2.48 L/(min·m) 时，储水能力表现出相同的规律即 1 m×0.3 m×0.3 m＞1 m×0.2 m×0.3 m＞1 m×0.2 m×0.2 m，1 m×0.3 m×0.3 m 规格的聚水沟的蓄水量达到 37.2 L，与此相比较，规格为 1 m×0.2 m×0.3 m 的聚水沟的蓄水量减小了 20％，规格为 1 m×0.2 m×0.2 m 的聚水沟减小了 33.3％；在单宽放水流量为 3.47 L/(min·m) 时，规格为 1 m×0.3 m×0.3 m 的聚水沟的蓄水量最大，达到了 24.3 L，规格为 1 m×0.2 m×0.3 m 和 1 m×0.2 m×0.2 m 的聚水沟的蓄水量分别减少了 28.8％和 57.2％。

表 7-1 不同规格聚水沟蓄水量比较

聚水沟尺寸（m）	坡度（°）	放水流量（min·m）	蓄满所需时间（min）	蓄水量（L）
1×0.2×0.2			15	23.7
1×0.3×0.3	30	1.58 L	23	36.3
1×0.2×0.3			20	31.6
1×0.2×0.2			10	24.8
1×0.3×0.3	30	2.48 L	15	37.2
1×0.2×0.3			12	29.8
1×0.2×0.2			3	10.4
1×0.3×0.3	30	3.47 L	7	24.3
1×0.2×0.3			5	17.3

综上所述，可以发现在放水流量为 2.48 L/(min·m) 时，规格为 1 m×0.3 m×0.3 m 的聚水沟的蓄水量是最大的，同时放水流量可以直接影响聚水沟的蓄水量且影响较明显，这在放水流量是 3.47 L/(min·m) 时尤为突出。

7.2.1.2　不同填充物下竹节式聚水沟储水能力

不同填充物材料下竹节式聚水沟的储水能力如表 7-2 所示，聚水沟内不同的填充物表现出不同的蓄水能力，所以选择合适的填充物有助于提高聚水沟的储水能力。从表 7-2 可以看出，三种放水流量下，秸秆作为填充物表现了最大的蓄水量，其次是木屑和石子，产生这种结果主要有两个原因，一是填充物自身的性质决定了不同的吸水和持水能力；二是填充物入沟后产生了大小不一的孔隙，孔隙的数量及孔隙的面积决定了水分的入渗能力进而影响了聚水沟的蓄水能力。

表 7-2　不同填充材料聚水沟（1 m×0.3 m×0.3 m）蓄水量比较

填充物类型	坡度（°）	放水流量（min·m）	蓄满所需时间（min）	蓄水量/(L)
碎石			27	42.66
树枝	30	1.58 L	23	36.34
秸秆			34	53.72
碎石			17	42.16
树枝	30	2.48 L	13	32.24
秸秆			21	52.08
碎石			9	31.23
树枝	30	3.47 L	6	20.82
秸秆			10	34.70

在放水流量为 1.58 L/(min·m) 时，填充物为秸秆的聚水沟的蓄水量达到了 53.72 L，分别是填充物为石子和木屑的聚水沟的 1.26 和 1.48 倍；在放水流量为 2.48 L/(min·m) 时，填充物为秸秆的聚水沟的蓄水量为 52.08 L，与秸秆相比较，填充物为木屑和石子的聚水沟的蓄水量减小了 19% 和 38.1%；在放水流量为 3.47 L/(min·m) 时，填充物为秸秆的聚水沟和填充物为碎石的聚水沟的蓄水量基本一致，仅仅与填充物为树枝的聚水沟的蓄水量有较大差异。

综上所述可以看出，填充物为秸秆的聚水沟的储水能力最大，在放水流量为 1.58 L/(min·m) 时，填充物为秸秆的蓄水量最大，原因在于小流量下入渗量的增加。

7.2.2　不同填充物的持水特性

聚水沟布设于枣树株间，按照当地造林规格计算，每公顷布设聚水沟 1 665 个。聚水沟内的实际填充密度为：砾石 2 500 kg·m⁻³，基质 660 kg·m⁻³，木屑 290 kg·m⁻³，秸秆 100 kg·m⁻³。按照田间密度在室内装填四种填充物，之后进行室内浸水试验，经持水量深度换算后得到四种不同填充物的持水量（表 7-3）。

表 7 - 3 不同填充物蓄积量与持水量

填充物类型	自然含水率（%）	自然状态填充量（t·hm⁻²）	填充物蓄积量（t·hm⁻²）	各时间段持水总量（mm）										
				0.25	0.5	1	1.5	2	4	6	8	10	12	24
基质	21.03	98.9	81.72	7.12	7.35	7.64	7.99	8.24	8.38	8.42	8.46	8.54	8.66	8.70
木屑	13.77	43.46	38.20	12.38	12.45	12.53	12.57	12.60	12.64	12.68	12.71	12.73	12.76	12.77
秸秆	19.38	14.99	12.56	3.46	3.87	4.05	4.27	4.49	4.74	4.99	5.20	5.26	5.30	5.32
石子	0	363.14	363.14	0.84	0.91	0.93	0.94	0.94	0.94	0.95	0.94	0.94	0.95	0.94

不同填充物蓄积量计算结果为：石子（363.14 t·hm⁻²）＞基质（81.72 t·hm⁻²）＞木屑（38.20 t·hm⁻²）＞秸秆（12.56 t·hm⁻²）。这主要是因为不同材料其自身物理性质存在差异，石子密度最大，填充量最多，基质是由树皮、牛粪、草炭等按照一定比例粉碎搭配，填充入沟之后容重虽然明显低于黄土，但却高于木屑和秸秆，致使蓄积量较大。秸秆质地最轻，松软有弹性，故而填充密度最低，蓄积量最少。从表 7 - 3 中不同填充物持水量随时间变化结果可以看出，基质和秸秆在浸水 24 h 以后达到最大持水量，其中基质持水量从 7.12 mm 增加到 8.70 mm，增长率为 22.19%，秸秆持水量从 3.46 mm 增加到5.32 mm，增长率为 53.76%。木屑和石子在浸水 0.25 h 后持水量基本保持不变，木屑持水量最大为 12.77 mm，石子持水量最小仅为 0.94 mm。这表明木屑吸水持水能力很强且主要表现在 0.25 h 内，基质蓄积量虽然高于木屑，但其持水量却较低，秸秆的吸水持水能力持续时间最长，而石子几乎不持水。

综上所述，木屑的持水能力最强，达到了 12.77 mm，其次是基质和秸秆，而石子几乎不持水。

7.2.3 模拟降雨条件下竹节式聚水沟拦蓄雨水的能力

为了了解该聚水沟拦蓄径流的能力，我们于 2012 年 6—7 月在野外实地对分别填置玉米秸秆（10 cm）、石粒（直径 1～3 cm）和树枝（10 cm 左右）三种常用材料的聚水沟进行了人工降雨模拟实验，实验所得结果分别作图 7 - 4、图 7 - 5、图 7 - 6、图 7 - 7 表示。由图 7 - 4 看出，填置三种不同材料的聚水沟都有一个规律，就是第一次降雨时聚水沟拦蓄水量大（100 L 以上），第二次降雨除了秸秆填充的聚水沟仍然有较高的拦蓄水量外，石粒和树枝填充的聚水沟基本保持一个稳定拦蓄水量，说明第一次降雨土壤入渗较强，各个处理都有较高的拦蓄水能力，此后 5 天一次的降雨时土壤湿度较高，使得土壤入渗减弱则聚水沟保持一个相对稳定的拦蓄水量。图 7 - 5 表示的是不同填充材料在 5 次降雨下平均拦蓄水量，可以看出聚水沟的拦蓄水能力与填充材料有关，实验的三种材料表现出玉米秸秆＋聚水沟拦蓄水量最大，其次是石子＋聚水沟和树枝＋聚水沟，但是这种差异占聚水沟拦蓄水总量比例很小。图 7 - 6 表示的是两种降雨强度下，不同填充材料的聚水沟平均拦蓄水量逐次降雨的变化，可以看出本实验在 0.6 mm/min 降雨强度下聚水沟拦蓄水量大于 0.92 mm/min 雨强下的拦蓄水量，差值大约在 5～16 L。图 7 - 7 表示的是两种降雨强度下，不同填充材料的聚水沟拦蓄满水所用时间。可以看出本实验在 0.6 mm/min 降雨强度下聚水沟蓄满水所需时间大于 0.92 mm/min 雨强下的蓄满水所需时间，差值大约在 19.33～28 min。

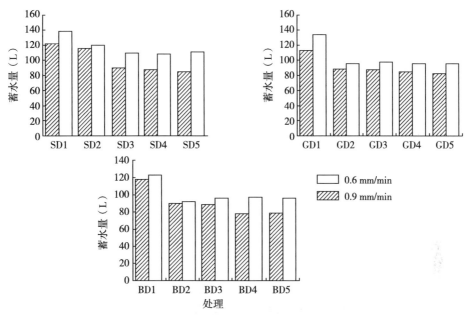

图 7-4 两种降雨强度下聚水沟逐次降雨拦蓄水量

注：SD 表示秸秆；GD 表示石子；BD 表示树枝。

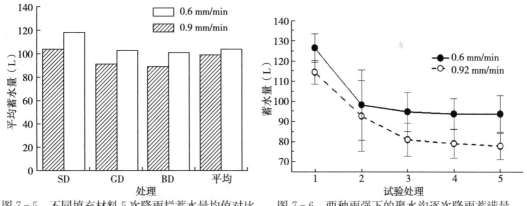

图 7-5 不同填充材料 5 次降雨拦蓄水量均值对比　图 7-6 两种雨强下的聚水沟逐次降雨蓄满量

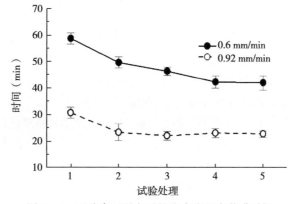

图 7-7 两种降雨强度下的聚水沟逐次蓄满时间

7.3 竹节式聚水沟对土壤物理性质的影响

7.3.1 竹节式聚水沟对土壤容重的影响

容重是表征土壤松紧状况的指标，在同一气候和土壤条件下，其性状的优劣除与成土母质、气候条件有密切关系外，还受植被、耕作、土壤有机质等因素影响。试验结果表明（表7-4），不同处理下的土壤容重均随土层深度的增加而增大，20～60 cm土层聚水沟填充基质的土壤容重小于填充豆皮的土壤容重，二者均低于对照，其中0～20 cm土层在填充基质处理下的土壤容重与对照差异显著（$P<0.05$），填充豆皮处理下的土壤容重与对照差异不显著。在20～100 cm垂直剖面上，三种处理的土壤容重均随土壤深度的增加而降低，从各土层土壤容重的平均值来看，填充基质的土壤容重最小为1.31 g/cm³，对照的土壤容重最大为1.34 g/cm³，聚水沟填充基质和豆皮分别使土壤容重平均降低2.52%、0.70%。以上分析表明，在聚水沟中不论是填充基质还是豆皮，均能改善土壤结构，使土壤容重降低，尤其是在20～60 cm土层，由于基质与豆皮的腐解，使该层土壤的有机质含量增加，容重明显降低，而随着土层深度的增加，聚水沟填充物对土壤结构的改良作用减小。

表7-4 聚水沟不同处理对土壤容重的影响

土层深度（cm）	土壤容重（g/cm³）		
	基质	豆皮	对照（水平阶）
20～40	1.24b	1.29a	1.32a
40～60	1.29a	1.31a	1.33a
60～80	1.34a	1.37a	1.36a
80～100	1.38a	1.37a	1.37a
平均	1.31a	1.33a	1.34a

注：不同字母表示在0.05水平上差异显著，对照处理为水平阶，下同。

7.3.2 竹节式聚水沟对土壤孔隙度的影响

土壤总孔隙度是指单位体积土壤孔隙所占的百分数，土壤总孔隙度包括毛管孔隙和非毛管孔隙，是由土壤容重和比重决定的，对于相同类型的土壤，比重是相对恒定的。在其他条件相同的情况下，土壤容重的大小决定了孔隙度的大小，由于聚水沟填充物质改变了土壤容重，对土壤孔隙度产生了明显影响。由表7-5可知，20～60 cm土层不同处理的总孔隙度大小为：基质＞豆皮＞对照，其中20～40 cm土层填充基质的聚水沟土壤总孔隙度与豆皮和对照差异显著（$P<0.05$），填充豆皮的聚水沟土壤总孔隙度虽高于对照，但差异不显著，聚水沟填充基质和豆皮分别比对照提高6.08%和2.26%。随着土壤深度的增加，三种处理的土壤总孔隙度均呈减小趋势。

在垂直剖面上，各土层不同处理的孔隙度大小分配均为毛管孔隙度大于非毛管孔隙度，表明聚水沟填充物质并未改变土壤孔隙大小分配的基本规律。与对照相比，聚水沟填充基质、豆皮后的毛管孔隙度和非毛管孔隙度在 20～40 cm 土层均有不同程度增加。在整个垂直剖面上，不同处理在 40～60 cm 土层的毛管孔隙度均低于其他土层，聚水沟填充基质、豆皮后的毛管孔隙度均低于对照，而非毛管孔隙度在 40～60 cm 土层达到最高，聚水沟填充基质、豆皮的非毛管孔隙度均高于对照。60～80 cm 土层填充基质和豆皮的聚水沟土壤毛管孔隙度均高于对照，其中填充豆皮后的土壤毛管孔隙度最高，为 41.18%，填充豆皮的聚水沟非毛管孔隙度最低，为 7.2%，填充基质的非毛管孔隙度最高，为 9.14%。在 80～100 cm 土层，聚水沟填充基质后的毛管孔隙度显著低于对照（$P<0.05$），非毛管孔隙度显著高于对照（$P<0.05$），聚水沟填充豆皮后的毛管孔隙度和非毛管孔隙度均与对照差异不明显。

表 7-5　聚水沟不同处理对土壤孔隙度的影响

指标	土层（cm）	基质	豆皮	对照（水平阶）
总孔隙度（%）	20～40	53.32a	51.4b	50.26b
	40～60	51.41a	50.67a	49.69a
	60～80	49.60a	48.38a	48.70a
	80～100	47.93a	48.12a	48.49a
	平均	50.56a	49.64a	49.29a
毛管孔隙度（%）	20～40	43.22a	40.82a	40.47a
	40～60	38.60a	38.62a	38.75a
	60～80	40.46a	41.18a	39.65a
	80～100	40.94b	43.34a	44.18a
	平均	40.81a	40.99a	40.77a
非毛管孔隙度（%）	20～40	10.10a	10.58a	9.79a
	40～60	12.81a	12.05a	10.94a
	60～80	9.14a	7.20a	9.05a
	80～100	6.99a	4.79b	4.30b
	平均	9.76a	8.65a	8.52a

注：不同字母表示在 0.05 水平上差异显著。

20～100 cm 土层的平均总孔隙度、非毛管孔隙度大小顺序为基质＞豆皮＞对照，毛管孔隙度的大小顺序为豆皮＞基质＞对照，表明聚水沟填充物质能提高土壤孔隙度，其中聚水沟填充基质要好于豆皮。

7.3.3　竹节式聚水沟对毛管含水量、饱和含水量和饱和导水率的影响

土壤导水性能及土壤毛管含水率和饱和含水率是表征土壤透水和持水能力的主要指标，其与土壤孔隙度和结构性密切相关，聚水沟填充基质、豆皮后使土壤孔隙度变化势必对土壤透水性和持水能力产生影响。如表 7-6 所示，聚水沟填充基质、豆皮对土壤的透

水和持水能力产生了明显影响，与对照相比，整个土壤垂直剖面的平均毛管含水率、饱和含水率和饱和导水率均有不同程度的提高。在20~80 cm土层，毛管含水率、饱和含水率均为基质＞豆皮＞对照，其中三种处理下的毛管含水率的差异不显著，20~40 cm土层聚水沟填充基质、豆皮的饱和含水率均显著高于对照（$P<0.05$），填充基质、豆皮后的土壤饱和含水率较对照分别提高45.32％和18.37％，40~80 cm土层聚水沟填充基质的饱和含水率显著高于豆皮（$P<0.05$），填充基质后的土壤饱和含水率较填充豆皮和对照分别提高16.73％和27.67％。20~40 cm土层基质、豆皮与对照的土壤饱和导水率差异均极显著（$P<0.01$），聚水沟填充基质、豆皮后的土壤饱和导水率分别比对照提高39.29％和17.86％，40~60 cm土层基质与豆皮、对照的土壤饱和导水率差异显著（$P<0.05$），聚水沟填充基质后的土壤饱和导水率比填充豆皮和对照分别提高18.80％和20.20％。

表7-6　聚水沟不同处理对土壤持（透）水性能的影响

指标	土层（cm）	基质	豆皮	对照（水平阶）
毛管含水率（%）	20~40	34.95a	31.72a	30.73a
	40~60	30.02a	29.56a	29.09a
	60~80	30.31a	30.11a	29.18a
	80~100	29.68b	31.52ab	32.38a
	平均	31.24a	30.73a	30.34a
饱和含水率（%）	20~40	50.85a	41.42b	34.99c
	40~60	50.22a	44.14b	39.99b
	60~80	43.41a	36.07b	33.35b
	80~100	40.22a	37.04b	37.44b
	平均	46.17a	39.67b	36.44b
饱和导水率（mm/min）	20~40	0.39A	0.33B	0.28C
	40~60	0.32a	0.27b	0.27b
	60~80	0.31a	0.30a	0.31a
	80~100	0.31a	0.29a	0.31a
	平均	0.33a	0.30b	0.29b

注：字母a、b、c表示在0.05水平上差异显著，A、B、C表示在0.01水平上差异显著。

7.4　竹节式聚水沟保水效应及对枣树生长的影响

7.4.1　竹节式聚水沟的保水效应

聚水沟不仅可以拦截雨水和坡面径流起到增加土壤水分的作用，同时因为在沟内填充了秸秆、树枝和石粒等物质又起到了抑制土壤水分蒸发的作用。为了了解填置秸秆等物质后聚水沟的保水效果，我们在2012—2013年在聚水沟试验区监测了聚水沟两侧2 m深的土壤水分，每20 cm土层观测一次，在枣树生育期（5—10月），碎树枝＋聚水沟、碎石粒＋聚水沟、玉米秆＋聚水沟和对照四种处理的土壤水分可用图 7-8 表示。图 7-8 中各个线代表不同处理在 0～200 cm 土层 5—10 月的平均土壤水分含量。从图 7-8 看出，对照地（水平阶）在 0～200 cm 的土壤水分均小于各种填充材料的聚水沟附近土壤水分。各个填充不同材料的聚水沟之间的土壤水分在 0～200 cm 土层内差异不明显，这也说明在自然条件下，聚水沟中填置不同材料还不会显著影响其附近的土壤水分，但聚水沟附近的土壤水分高于一般的水平阶土壤水分大约 12％，体现了其良好的保水效果，这可能是在自然状态下，聚水沟很少出现蓄满现象的原因，有限的降水量到了聚水沟内被 30 cm 厚度的填充材料覆盖，从而减少了水分的蒸发。上面所述的聚水沟填充不同材料需水量差异，反映了聚水沟在蓄满情况时填充材料的作用。聚水沟的保墒作用还可以从 10 月到下一年的开春期间土壤水分变化看出。图 7-9 是 2012 年 11 月到 2013 年 5 月份三种填充材料的聚水沟和对照（水平阶）0～200 cm 土层的土壤水分含量。从图 7-9 看出，经过一个冬季虽然枣树进入休眠期，树木虽然耗水减少，但是由于当地冬季雨量少（累计雨量 70.6 mm）导致土壤水分均处于下降趋势。其中聚水沟经过休眠期土壤储水量减少了 24 mm，对照（水平阶）经过休眠期后土壤储水量减少达到 50 mm，与水平阶相比，聚水沟附近的土壤水分多了 52％，再次说明聚水沟具有较好的抑制蒸发和保持土壤水分的作用。

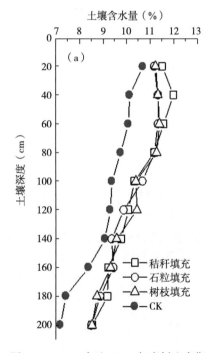

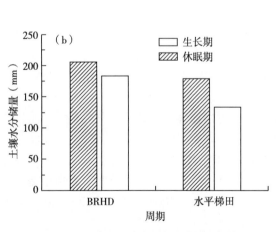

图 7-8　2012 年和 2013 年枣树生育期
聚水沟与对照土壤水分

图 7-9　2012 年和 2013 年枣树休眠期聚水沟
与对照土壤水分储量变化

7.4.2　竹节式聚水沟对枣树生长的影响

通过分析可知，与水平阶相比较，聚水沟能够提高土壤的保水能力。聚水沟对于半干旱区的枣树生长起到较好的作用。关于聚水沟对枣树生长的影响，我们从 2011 年开始布设三种不同填充材料的聚水沟样地和对照样地（水平阶），连续 3 年观测结果由表 7-7 可以反映。从表 7-7 可以看出，三种填充材料下的聚水沟对枣树整体生长指标的影响都高于对照，三种不同填充材料的聚水沟中的枣树生长差异不明显，就产量来看，3 龄枣树是秸秆＋聚水沟最高（7 193 kg/hm²），4 龄枣林是石粒＋聚水沟产量最高（110 222 kg/hm²），5 龄枣林则是碎树枝＋聚水沟最高（14 352 kg/hm²）。在枣树生长过程中采用聚水沟这种水土保持措施后，3 龄枣林产量提高 7.6%，4 龄枣林产量提高 11.8%，5 龄枣林产量提高 11%。

表 7-7　研究区不同聚水沟下枣树的主要特征

生长年限	2011—2013 年			水平阶	2012—2014 年			水平阶	2013—2015 年			水平阶
	树枝	碎石	秸秆		树枝	碎石	秸秆		树枝	碎石	秸秆	
地径（cm）	3.74	3.71	3.72	2.67	4.28	4.25	4.20	4.21	4.51	4.47	4.42	4.12
平均高度（cm）	151	152	152	151	156	154	150	153	156	156	155	153
叶冠宽度（cm）	136	131	147	133	161	159	155	157	166	168	161	163
每颗枣树产量（kg）	4.19	4.17	4.32	3.93	6.44	6.62	6.46	5.82	8.62	8.55	8.13	7.63
每公顷产量（kg）	6 976	6 943	7 193	6 543	10 722	11 022	10 756	9 690	14 352	14 235	13 703	12 703
增加百分比	6.6%	6.1%	9.9%	0	10.7%	13.7%	11.0%	0	13.0%	12.1%	7.9%	0
平均增加百分比	7.5%			0	11.8%			0	11.0%			0

为了提高当地雨水的利用率，改善林地土壤水分，目前采取的主要措施还是梯田、水平阶、水平沟和鱼鳞坑等传统措施。本章提出的聚水沟措施是对以往水平沟的一种改进。水平沟主要有两个缺点：一是修建好水平沟后，沟容易被填埋，沟边容易损坏而失去拦蓄径流的效果；二是沟内土壤裸露，土壤蒸发损失较大。聚水沟在沟内填充了秸秆、树枝或者石粒等既透水又能起到覆盖减少土壤蒸发的效果；其次，沟内填满透水材料能很好保护沟内空间，人畜踩踏对聚水沟破坏大大减轻，从而延长了使用寿命。当然，聚水沟在初次修建时较传统水平沟增加了成本，这对经济效益较好的果树林来讲，聚水沟能够提高产量，投入可以换来更大效益是有意义的，而且聚水沟是修建一次、多年有效的措施，不需要每年修建，对于经济林这样多年生长和经营的产业还是十分适合的。

通过对当地 3 龄枣林生长状况的连续 3 年定位观测，聚水沟具有大约 11% 的增产能力。这个增产效果主要是由于聚水沟能够提高林地土壤水分的作用。在一个缺乏灌溉的半干旱山地，如果一项措施的应用能够提高产量 11% 还是值得肯定的。

7.5　竹节式聚水沟土壤水分时空变化

7.5.1　自然降雨下土壤水分时空变化

7.5.1.1　土壤水分在时间上的变化

2012 年 5—10 月逐月分别测定了三种填充材料的聚水沟和水平阶的土壤水分含量和降水量。土壤水分含量和降水量随月份的变化趋势如图 7-10 所示。从图 7-10 可以看出，试验区的降水主要集中在 7—9 月，其中 9 月的降水量最大，降水量为 136.8 mm。7—9 月的总降水量为 291.1 mm，其中 56.2％的降水转化为枣树生长所需要的水分。

　　由于降雨稀少加之干燥的气候，5—8 月的土壤水分含量在逐渐减少。随着降水量的增加，8 月后的土壤水分含量显著增加。从图 7-10 能够看出，三种填充材料下的聚水沟的土壤水分含量变化趋势一致，10 月的土壤水分含量最高，8 月的土壤水分含量最低。从图中还可以看出，10 月的土壤水分含量高于 5 月的土壤水分含量。与 5 月的土壤水分含量相比较，三种填充材料的聚水沟土壤水分含量分别增加了 14.24 mm、20.28 mm 和 21.23 mm。在水平阶上，土壤水分含量随月份的变化趋势异于聚水沟。在水平阶上 5 月的土壤水分含量最高，为 185.76 mm，8 月的土壤水分含量最低，为 162.30 mm。在枣树的整个生长季，水平阶的土壤水分含量反而减少了，与 5 月的土壤水分含量比较，平均减少了 6.52 mm。

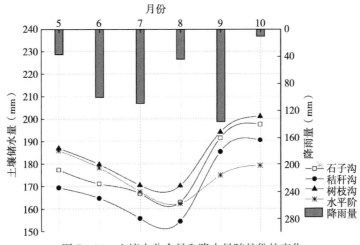

图 7-10　土壤水分含量和降水量随月份的变化

　　三种材料分别填充下的聚水沟的土壤水分储量高于水平阶，7 月之后，聚水沟的土壤含水量显著增加并且在 10 月达到最大，远远高于水平阶 10 月的土壤水分含量。与 10 月水平阶的土壤含水量相比，填充了秸秆、树枝和碎石的聚水沟的土壤含水量增加了 21.79 mm、18.28 mm 和 11.27 mm，同时也说明不同填充材料下的聚水沟水分补给的能力也有所不同。通过 SNK 显著性检验发现，聚水沟和水平阶的土壤含水量差异显著（$P < 0.05$），不同填充材料下的聚水沟的土壤含水量也存在差异，说明土壤含水量与填充材料密切相关。

7.5.1.2　土壤水分在空间上的分布

　　土壤水分在垂直剖面上的变化与很多因素有关，包括土壤前期含水量、降水量、天气情况和作物生长阶段等。2012 年 5—10 月，在试验区分别测定了三种填充材料下聚水沟和水平阶在 20～200 cm 的垂直剖面上的土壤水分含量。三种填充材料下聚水沟和水平阶在垂直剖面的土壤水分分布如图 7-11 所示。通过观察发现，所有处理在 0～80 cm 的土壤剖面上土壤水分呈增加趋势，在 80 cm 以下，存在着不同程度的水分缺失。

　　10 月填充了秸秆、树枝和碎石的聚水沟土壤水分恢复的深度分别是 110 cm、140 cm 和 140 cm，然而，在水平阶上土壤水分恢复的深度仅仅为 80 cm，水平阶的土壤水分恢复深度远远达不到聚水沟下的土壤水分恢复深度。5月，在整个土壤剖面，所有处理的土壤水分随着土壤深度的增加而增加。

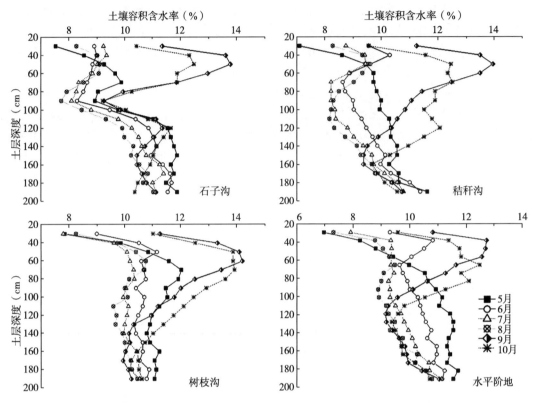

图 7-11　2012 年 5—10 月三种填充材料下聚水沟和水平阶土壤水分在垂直剖面分布

在所有的处理中，10 月的土壤水分含量在 50 cm 深度时最高，50 cm 深度以下显著降低。与 5 月相比较，土壤水分含量在 90～120 cm 的土壤深度基本稳定不变，而 10 月仅仅发生在有砾石填充的聚水沟中。秸秆和树枝填充聚水沟的土壤水分在 50～80 cm 深度下表现稳定，在 80 cm 深度以下呈降低的趋势。相反，水平阶的土壤没有聚水沟的土壤水分在 30～70 cm 深度处稳定，70 cm 以下开始减小。

上述结果表明，聚水沟和水平阶在增加土壤水分入渗率及入渗深度有不同结果，由于三种填充材料有不同的吸水和持水特性，对于土壤水分恢复也有不同的效果。此外，土壤水分恢复深度在 5 月明显低于 10 月，这可能是由于枣树生长季土壤水分蒸腾造成。

7.5.2　自然降雨下土壤水分亏缺指数

表 7-8 中给出了 2012 年 5—10 月不同填充物的聚水沟和水平阶的土壤水分亏缺指数的特点。在枣树的整个生长季，所有处理的亏缺土壤水分均已在表中体现。表 7-8 结果表明尽管土壤储水量增长趋势很缓慢，但是所有处理在 8 月亏缺指数最高（37.27%）。在 5 月，SD（秸秆填充聚水沟）系统下亏缺指数最高，其次是 GD（石子填充聚水沟）、BD（树枝填充聚水沟）然后是水平阶系统。尽管这些地区在 7 月和 8 月遇到了雨季，但是效

果并没有显著提高，这主要是由于高蒸散量，还有枣树在雨季可能引发更高的用水量。再加上强烈的太阳辐射，提高了土壤蒸发，进而限制了土壤水分恢复潜力。在研究区，枣果实在9—10月成熟。在此期间，蒸发蒸腾和土壤水分消耗相对较低，在9月达到最大值（136.8 mm）。

在聚水沟条件下，整个土壤剖面9—10月期间土壤水分亏缺指数下降。类似的趋势在水平阶仅仅存在于30～100 cm的土壤深度。这表明与水平阶系统相比，聚水沟有更深层的土壤水分恢复能力。

表 7 - 8　2012 年 5—10 月不同系统在不同深度下土壤水分亏缺指数

处理	土壤深度（cm）	土壤水分亏缺指数（%）					
		5月	6月	7月	8月	9月	10月
GD	30～100	40.48	42.26	42.67	44.2	22.01	27.79
	100～200	23.68	26.61	29.45	32.3	29.69	27.46
	平均值	31.59	33.97	35.67	37.63	26.08	27.62
SD	30～100	39.11	39.63	43.13	42.26	19.86	21.37
	100～200	30.71	33.66	37.11	38.76	36.12	31
	平均值	34.66	36.47	39.94	40.2	28.25	25.69
BD	30～100	28.46	31.08	35.63	34.17	16.36	14.44
	100～200	27.42	30.26	32.99	34.41	32.82	29.47
	平均值	27.91	30.7	34.23	33.91	24.64	21.02
FBT	30～100	32.3	33.9	38.56	40.18	29.16	25.35
	100～200	24.74	28.86	32.48	34.84	35.4	35.67
	平均值	28.29	31.36	35.34	37.35	32.56	29.85

注：BD、SD 和 GD 分别代表填满树枝、秸秆和碎石的聚水沟系统，FBT 代表水平阶系统，下同。

7.5.3　自然降雨下土壤水分恢复指数

4 个系统下（填满树枝、秸秆和碎石的聚水沟系统和水平阶系统）30～200 cm 土壤剖面的土壤水分增加量和土壤水分恢复指数变化如图 7 - 12 所示。尽管土壤水分增加和水分恢复指数在不同系统下存在明显的差异，但是在某种程度上变化的趋势是相似的。从图 7 - 12 可以看出，聚水沟系统下土壤水分在整个土壤剖面的增加量明显高于水平阶系统。在 60～160 cm 土层，含有秸秆的聚水沟的土壤水分增加量最高，其次是含有树枝的聚水沟，最后是含有碎石的聚水沟。140 cm 以下的土壤深度下，含有树枝和秸秆的聚水沟系统的土壤水储量下降。在 110 cm 和 80 cm 以下土壤深度下，含有碎石的聚水沟和水平阶系统下土壤储水量也分别下降，这些结果表明土壤水分恢复存在近似深度。

土壤水分恢复指数在 90 cm 以下的土壤深度与土壤水分的增加趋势相似。在 90 cm 土层，含有树枝的聚水沟系统的土壤恢复指数高于含有秸秆的聚水沟系统。这主要是由于初始（5月）这一层土壤水分含量不同。在聚水沟系统环境下，土壤水分恢复指数在秸秆系统（23.37％）和树枝系统（23.32％）的 30～200 cm 土壤剖面中接近。含有碎石的聚水沟系统（12.05％）紧随其后，然后是水平阶系统（－12.83％）。这一趋势表明，不同填充物下的聚水沟系统比水平阶的土壤水分补给能力强。

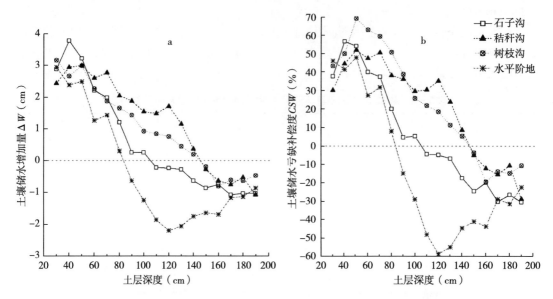

图 7-12　聚水沟土壤剖面的土壤水分增加量和土壤水分恢复指数随土壤深度的变化

7.5.4　在模拟降雨条件下的土壤水分含量

7.5.4.1　在模拟降雨条件下聚水沟拦截能力

表 7-9 所示不同填充物聚水沟系统在模拟降雨条件下达到饱和状态的时间。而 BD（树枝填充聚水沟）系统是第一个得到饱和，SD（秸秆填充聚水沟）需经过较长的时间才能达到饱和。聚水沟拦截系统排序为 SD（99.5 L）＞GD（91 L）＞BD（71.5 L）。这表明聚水沟中填满秸秆是拦截水最好的条件。很明显，差异主要是在聚水沟中使用的填充物。与碎石和树枝相比，秸秆具有更高吸水能力。孔隙在 SD 系统中具有很好的分散，同时 SD 系统具有径流过滤和缓冲区的作用。所有这些属性有助于防止泥沙淤积或径流台面堵塞，从而增加进入聚水沟水分的入渗。聚水沟雨水收集的拦截能力，SD、GD 和 BD 适用于中国黄土高原丘陵地区，对于秸秆填充的聚水沟尤其适用。

表 7-9　模拟降雨下不同填充物聚水沟拦截水量

BRHD	前期土壤含水量（％）	降雨强度（mm·min⁻¹）	蓄满时间（min）	降水量（mm）	径流（L）	拦截水量（L）
BD	9.2	0.92	47	43.45	117.06	71.5
SD	9.0	0.92	68	62.65	161.4	99.5
GD	9.5	0.92	59	54.28	149.63	91

7.5.4.2 在模拟降雨条件下聚水沟的土壤水分扩散

为了进一步了解在聚水沟条件下土壤水分的扩散状态，在填充秸秆的聚水沟中，模拟降雨下土壤水分扩散过程（图 7-13）。从图 7-13a 可以看出，土壤水分在 2 m 土壤剖面相对均匀。降雨后的 30 min，秸秆填充聚水沟中土壤水分提高约 30 cm 左右（图 7-13b），达到土壤高水分区（约 17%）。24 h 以后，高水分区不断减少，高水分区域的水分向四周扩展，直至枣树。这表明存在于两个相邻的高水位区，对枣树生长有益。72 h 后，雨水会进一步扩散到 1 m 的深度（图 7-13c）。后期雨水扩散发生的最大深度达到 1.6 m（图 7-13 d），土壤水分与枣树根系相通，有助于根系吸水。

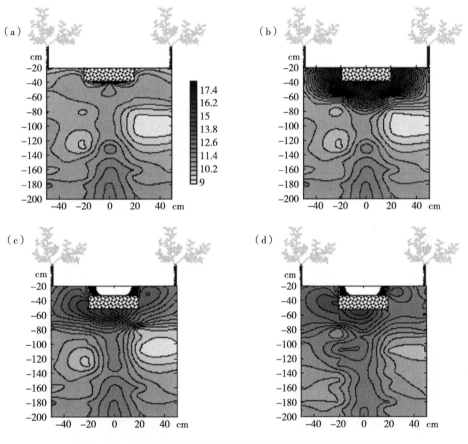

图 7-13 含有秸秆的聚水沟系统模拟降雨下土壤水分扩散过程

7.6 小结

（1）三种规格的聚水沟及三种填充物对聚水沟储水能力的影响：①规格为 1 m×0.3 m×0.3 m 的竹节式聚水沟在三种放水流量下均能表现出较大的储水能力，三种规格聚水沟储水量的大小顺序是：1 m×0.3 m×0.3 m＞1 m×0.2 m×0.3 m＞1 m×0.2 m×0.2 m。②试验从三种规格的聚水沟中选取了最优尺寸 1 m×0.3 m×0.3 m 的聚水沟，研究其不同填充物下的储水能力，结果显示秸秆是蓄水能力最强的填充物，三种填充物下聚水沟土壤的储水量顺序是：秸秆＞树枝＞碎石。③两种降雨强度下填充不同材料的聚水沟的拦蓄能力，每个降雨强度，试验共每隔 5 d 连续进行 5 次降雨来研究聚水沟拦截雨水的能力，结果显示第一次降雨土壤入渗较强，各个处理都有较高的拦蓄水能力，此后土壤湿度较高，使得土壤入渗减弱，聚水沟保持一个相对稳定的拦蓄水量。在 0.6 mm/min 降雨强度下聚水沟拦蓄水量比 0.92 mm/min 雨强下的拦蓄水量多了 5～16 L。填充秸秆的聚水沟效果较填充树枝及碎石的好。

（2）通过土样采集，室内试验，研究了不同填充物下聚水沟对土壤物理性质的影响：①聚水沟填充基质和豆皮可以使土壤容重不同程度地降低，聚水沟对土壤容重的影响主要在 20～60 cm 土层，聚水沟填充基质在 20～40 cm 土层使土壤容重降低尤为明显。②聚水沟填充基质和豆皮可以提高土壤孔隙度，其对总孔隙度影响主要集中在 20～40 cm 土层。随着土壤深度的增加，三种处理的土壤总孔隙度均呈减小趋势，表现出土壤空隙"上虚下实"的特征。聚水沟填充物质并未改变土壤孔隙大小分配的基本规律，各土层不同处理的孔隙度大小分配均为毛管孔隙度大于非毛管孔隙度。③聚水沟填充基质和豆皮可提高土壤的持水和透水能力，整个土壤垂直剖面的平均毛管含水率、饱和含水率以及饱和导水率均有不同程度的提高，其中对土壤毛管含水率的影响不显著。

（3）通过定位观测研究了聚水沟的保水效应：①聚水沟中填置不同材料不会显著影响其附近的土壤水分，聚水沟附近的土壤水分高于一般的水平阶土壤水分大约 12%，体现了其良好的保水效果。②在冬季枣树休眠期内，聚水沟经过休眠期土壤储水量减少了 24 mm，对照（水平阶）经过休眠期后土壤储水量减少达到 50 mm，说明聚水沟具有较好的抑制蒸发和保持土壤水分的作用。③通过对当地 3 龄枣林生长状况的连续三年定位观测，聚水沟具有大约 11% 的增产能力。

（4）定位观测了聚水沟措施下土壤水分时空变化：①秸秆、树枝和碎石三种填充材料下，聚水沟的土壤水分储量均高于水平阶，7 月之后，聚水沟的土壤水分含量显著增加并且在 10 月达到最大，高于水平阶 10 月的土壤水分含量。②10 月填充了秸秆、树枝和碎石的聚水沟土壤水分恢复的深度分别是 110 cm、140 cm 和 140 cm，然而，在水平阶上土壤水分恢复的深度仅仅在 80 cm。③在同样的降水条件下，聚水沟较水平阶更具有深层的土壤水分恢复能力。

第8章 节水型修剪技术及效果

对于水源不足地区，对植株蒸散发过程的科学调控，对于缓解水分供需矛盾具有重要的现实意义。尤其是雨养林业，如果能通过降低树木耗水实现耗水与降水量的平衡，将对缓解半干旱地区人工林地土壤干化及可持续经营具有重要意义。为了实现陕北雨养枣林耗水与降水量的动态平衡，提高枣树水分利用效率，国家节水灌溉杨凌工程技术研究中心在米脂基地提出了一种新型的节水措施"节水型修剪技术"，并连续数年进行试验研究。试验研究证明：①不同的修剪强度对枣树的耗水产生显著影响，修剪强度的增加，会显著降低枣树液流峰值、日蒸腾耗水和全生育期的水分消耗。枣树修剪强度大到一定程度后产量会出现下降，在本研究试验修剪强度范围内枣树水分利用效率随着修剪强度的增大得到提高，与修剪强度Ⅰ相比，修剪强度Ⅳ处理下的枣树3年平均产量仅降低了4.3%，水分利用效率却提高了12.0%。②精细化节水型修剪在当地枣树旱作增产技术方面具有重要价值，本研究试验涉及的修剪强度范围最低产量是大田枣林产量的1.5倍。③节水型修剪可以在保证合理产量的同时改善土壤水分条件，适合在旱作枣林生产中推广应用。

8.1 节水型修剪理念

节水型修剪技术是针对陕北无灌溉条件下的山地红枣林低效难题，以挖掘降水资源量潜力为前提，以修剪为主导措施最大限度地减少枣树无效蒸腾水分损失，获得降水资源的最大化利用和无灌溉条件下的最大产量。节水型修剪是一种农艺节水措施，节水潜力巨大，与工程节水相比，投资少，易于推广。该技术的核心思想就是"以水定型、以型定产"。以水定型是根据当地自然降水和土壤水分状况，结合枣树的生理特性，确定枣树在该水分供应条件下的合理冠层结构和树体规格。以型定产是根据确定的冠层结构和树体规格（枝条、叶片规模等），使树体结果能力能够达到目标产量即可。该方法不片面追求树体产量的最大化，而是通过修剪将树体规格控制在合理范围，抑制树体的过旺蒸腾，使得当地的自然降水可以满足树体的水分需求，从而避免树体对土壤水分的过度消耗和土壤干层的出现，防止生态环境的进一步恶化。

节水型修剪的实质是通过蒸腾调控实现枣林年耗水量和降水量的相对平衡。对于大部分山地枣林而言，既缺乏有效的灌溉条件，又没有地下水的补给，水分的来源只能靠自然降水。在有限的水资源条件下，要实现降水利用效率的最大化，一方面要通过节水型修剪来抑制树体过分耗水，另一方面要最大限度地减少无效的地面蒸腾，实现最优的蒸腾蒸发比。节水型修剪措施的实施，要和一定的保墒措施相结合，才能最大程度地利用水资源，节约水资源，减少林地土壤水分的过度消耗，避免和抑制黄土高原土壤水分干层的发生和发展，防止陕北生态脆弱区环境的恶化，实现山地生态经济（红枣）林的可持续经营和黄土高原生态的可持续发展。

8.2 研究方法

8.2.1 试验方案

8.2.1.1 不同修剪强度试验

试验区如图 8-1，枣树按株行距 2 m×3 m 种植于东向坡（25°）的水平阶上，枣树品种为梨枣。在水平阶上选取 16 棵树体形态相似的枣树，划分为 4 个小区，每个小区对应一个修剪强度。依靠天然降雨，3 年内旱作矮化密植枣林地土壤水分变化主要集中在 2.6 m 土层内，一年内 2.6 m 以下土壤水分变异极低（魏新光等，2015）。因此，每个小区边界都采用防水膜隔离 3 m 土层，以防止各小区内土壤水分受到外部土壤的影响。

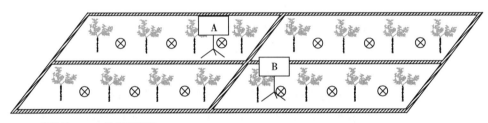

A 气象站　　B 数据采集器

⊗ 中子管布设位置点

▨▨▨ 3m深的防水膜隔离带

图 8-1　试验布设示意图

修剪是在考虑到光照与密度的条件下，以合理保留结果枝为原则，控制树高、冠幅、主枝数等指标，设置 4 个修剪强度（表 8-1），其中修剪强度Ⅰ参考的是往年保证旱作密植枣园最大产量的修剪强度。考虑到枣树的枣吊、叶片主要着生于侧枝上，侧枝也是主要的结果枝，因此，将侧枝总长度也纳入修剪控制指标中。试验布设中的每个小区对应一个修剪强度，每年 5 月枣树萌芽展叶后进行动态控制，平均每 5～7 d 修剪一次，试验于 2014—2016 年枣树生育期内进行。

表 8-1　各修剪强度具体修剪标准

修剪强度	树高（cm）	冠幅（cm）	主枝数	侧枝数	侧枝总长度（cm）
强度Ⅰ	220±20	220×220	3	27	800±20
强度Ⅱ	200±18	220×200	3	24	600±15
强度Ⅲ	180±18	180×180	2	14	400±12
强度Ⅳ	160±14	160×160	1	6	300±10

8.2.1.2 不同初始含水量修剪试验

试验采取小区试验，2009 年设置 4 种不同初始土壤水分的小区，各小区采用水泥砌墙与周围土壤隔离，使各小区形成封闭土壤环境，每个小区尺寸为 2 m×1 m×1 m（长×宽×深），每个小区栽植一棵枣树，重复 3 次，共计 12 个小区。试验布设示意图见图 8-2。

试验区的枣树全部采取节水型修剪保持枣树长势长期一致，小区顶部建防雨棚阻挡降水进入小区。2010—2013 年连续实施各小区控水，控水采用 EQ15 型张力计（德国 Ecomatik 公司生产）监测土壤含水率，结合 GP1 灌溉控制器实现小区土壤含水率的差异，控制的 4 种小区土壤体积含水率分别为：1 区（15.17±0.23）%、2 区（13.33±0.31）%、3 区（11.34±0.19）%、4 区（8.61±0.14）%。对照为试验地外 10 m 内常规矮化修剪密植大田枣树。按照万素梅等（2008）土壤干化划分标准，本试验区土壤分别处于非干化土壤、轻度干化、中度干化和重度干化状态。2014 年去除遮雨棚时试验区停止控水，全部试验开始在自然降雨下进行观测。试验区每株树能够接收的降水量仅为大田枣树的 1/3，依据前期节水型修剪经验，本试验树体控制在高度（110±3.3）cm，冠幅（100±1.8）cm×（100±2.4）cm，侧枝长度（200±4.8）cm，该规格约为大田密植枣树修剪规格的 1/2。为了保持试验树体规格相对稳定不变，每 7 d 检查一次树体规格变化并剪除多余的枝条长度。试验观测时间为 2014 年、2015 年 2 个枣树生育期。

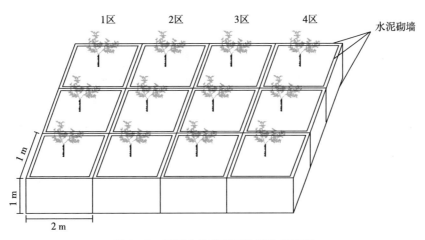

图 8-2　不同水分处理下的试验布设图

8.2.1.3　主枝修剪试验

陕北黄土高原地区目前普遍推广种植的是三主枝矮化密植枣园。试验在 2003 年种植的枣园里随机选定 3 个小区，对其中一个小区的树体保留原有的 3 个主枝，只进行常规的春季抹芽和夏季摘心修剪，该小区作为对照组。第二个小区的树体除了常规修剪外还去除了 3 个主枝中的一个，只保留两个主枝（双主枝处理）。第三个小区的树体除了常规修剪外还去除了 3 个主枝中的两个，仅保留一个主枝（单主枝处理）。每个小区随机选择 8 棵树作为重复进行相关数据观测，3 个小区随机排列，小区之间土壤用 PVC 板进行隔离，隔离深度为 1 m。树体主枝分岔点大约位于主干离地面 80 cm 高的位置。试验于 2012 年春天开始，持续到 2015 年春天，共 3 年。

8.2.2　指标测定与计算方法

（1）枣树生长指标

利用游标卡尺、卷尺等工具测量各枣树生长指标，包括：主枝数、主枝长度及直径、侧枝数、侧枝长度及直径、枣吊数、枣吊长度及直径、果实数量、果实横纵径、叶片数量、叶片横纵径，枣树生育期内每 5～7 d 测量一次。采用枣树生物量模型（佘檀等，2015）进行枣树各部分生物量的计算，公式如下：

$$B_{枝条干重} = 0.000\,8 \times D^2 \times H - 1.512\,2 \qquad (8-1)$$

$$B_{枣吊干重} = 0.013 \times (D^2 \times H)^{1.711} \qquad (8-2)$$

$$B_{叶片鲜重} = 4.568 \times 10^{-5} \times Z^{1.374} \times T^{0.901} \qquad (8-3)$$

$$B_{叶片干重} = 1.354 \times 10^{-5} \times Z^{1.436} \times T^{0.869} \qquad (8-4)$$

$$B_{果实鲜重} = 0.631 \times D_1^{3.601 \times 10^{-8}} \times D_2^{0.999} \qquad (8-5)$$

式中，B 为各器官生物量（g），D、H 为枝条、枣吊枝条（mm）和长度（mm），T、Z 为叶片横径（mm）和纵径（mm），D_1、D_2 为果实横径（mm）和纵径（mm）。通过采集并统计枣树果实干重与鲜重，获得枣树果实干重与鲜重的回归方程：$B_{果实干重} = 0.412\,3 \times B_{果实鲜重}$，$R^2 = 0.867\,1$，因此，枣树生物量（干重）计算公式为：

$$B_{枣树干重} = B_{枝条干重} + B_{枣吊干重} + B_{叶片干重} + B_{果实干重} + B'_{干重} \qquad (8-6)$$

式中，$B'_{干重}$ 为枣树剪去的枝叶生物量（g），通过收集剪去枝叶并进行烘干获得。

（2）叶面积

生育期里每 10 d 用叶面积分析仪对 24 株枣树冠层拍照分析，得出树体叶面积指数（LAI）动态，叶面积（LA）通过叶面积指数与冠层投影面积相乘获得。利用生长函数对每个处理生育期 LA 动态进行拟合，根据该拟合公式可估算出各处理树体每日叶面积。3 个处理叶面积动态如图 8-3 所示。

（3）树干木质部导管直径

试验结束之后每个小区随机选取 3 株枣树，在树干距地面 50 cm 的部位伐取 2 cm 厚圆盘，由形成层向髓心，于 5 mm 和 15 mm 两处取宽 1 cm 高 2 cm 的木条，软化后用切片机（Leica 241 RM 2235，81，Germany）切片，厚度为 20 μm。然后将切片放在 UV 光下显微镜（Zeiss，Imager A. 2 Göttingen，Germany）放大 50 倍，选取切片上的 3 个扇面，用数字成像系统（Infinity1-5C，Lumenera Corporation Ottawa，Canada）拍照。在这个过程中，采用 Leica Application Suite 软件（Version 6.0.0，Lumenera Corporation Ottawa，Canada）辅助调节颜色值 RGB、曝光度和颜色饱和度等使得成像质量最佳。采用 WinCell Pro version 2012a 软件（Regent Instruments Inc.，Quebec City，Canada）分析照片测取导管数量和面积，再把面积折算为平均直径。

（4）土壤水分

通过水量平衡原则，枣林地生育期蒸发量与蒸腾量总和等于生育期降水量减去土壤储水量增量。为研究修剪对枣林地耗水的影响，分别在各小区枣树株间位置布设 3 m 深中子管（图 8-1），利用中子仪（CNC503B，china）监测土壤体积含水量，步长为 20 cm，采集频率为 10 d/次。同时，为了实时掌握枣林地土壤含水量状况，并对中子仪水分数据进行校对，在 4 个小区中部 1 m 土层中埋设 TDT（Acclima，USA）土壤水分探针测量土壤体积含水量，步长为 20 cm，采集频率为 1 h/次，将其与 CR1 000 数据采集器连接。

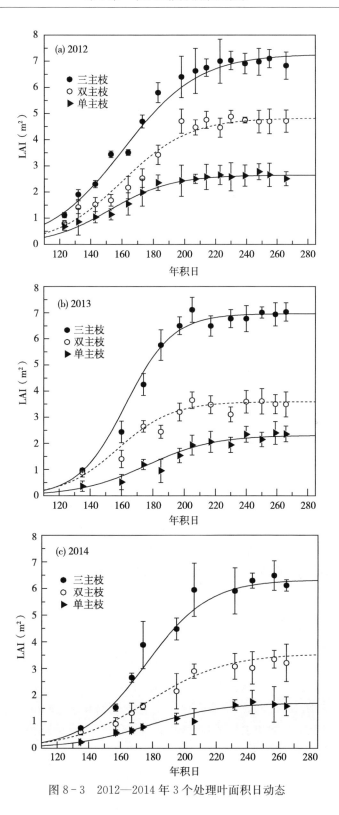

图 8-3　2012—2014 年 3 个处理叶面积日动态

（5）蒸腾

本试验采用热扩散方法监测全生育期枣树树干液流，2015 年液流数据由 4 月 30 日记录至 10 月 15 日生育期结束。为消除安装方位、高度等引起的检测误差，统一在选取的主要观测枣树树干北侧，距离地表 20 cm 处各安装 1 组热扩散式探针（thermal diffuse probe，TDP‐20），同时用 30 cm 宽的锡箔纸对探针进行包裹，以减少外界环境的影响。数据的采集利用美国 Campbell 生产 CR1 000 数据采集器，采集频率为 10 min/次。枣树液流密度计算公式见式 5‐6。

（6）枣树日蒸腾量

$$AT = \sum_{i=1}^{144}(J_{si} \times As \times 10^{-5}) \tag{8-7}$$

式中，AT 为日蒸腾量（mm/d）；As 为边材面积，（cm^2）；J_{si} 为当日第 $10 \times i$ 分钟时的液流密度。通过在试验地周边调查同龄枣树，获得枣树边材面积与胸径数据回归方程：$As = 0.824\ 9\ x\ DBH + 1.563\ 4$，$R^2 = 0.890\ 1$，其中 As 为边材面积（cm^2），DBH 为枣树胸径（cm），从而确定主要观测梨枣树的边材面积。

（7）蒸腾效率

蒸腾效率表示每蒸腾消耗 1 kg 水能产生的干物质量，作为狭义的水分利用效率，在降低植物蒸腾耗水量、追求高效用水的相关研究中，是衡量节水效果的度量指标，其计算公式为：

$$TE = \Delta B_{枣树干重} \div T \tag{8-8}$$

式中，TE 为生育期某时段枣树蒸腾效率（g/kg），$\Delta B_{枣树干重}$ 为生育期某时段枣树干物质量增量（g），T 为对应时段内枣树蒸腾耗水量（kg）。

（8）水分利用效率

由于枣树是陕北地区主要经济树种之一，在研究中还应考虑枣树产量，分析修剪强度对枣树果实的水分利用效率的影响，枣树果实水分利用效率计算公式为：

$$WUE = Y \div (P - \Delta W) \div 10 \tag{8-9}$$

式中，WUE 为枣树果实水分利用效率（kg/m^3）；Y 为枣树产量（kg/hm^2）；P 为生育期降水量（mm）；ΔW 为生育期枣林地土壤储水量增量（mm）。

（9）叶片蒸腾速率

试验期间，自动气象站实时监测气象数据。用 Peman 公式计算参考腾发量 ET_0；冠层导度（G_c）基于叶片蒸腾速率用下式计算：

$$T_l = \frac{\Delta R_n + \alpha_p VPDG_a}{\Delta + \gamma\left(1 + \dfrac{G_a}{G_c}\right)} \tag{8-10}$$

式中，T_l 是叶片蒸腾速率（MJ m^{-2} d^{-1}）；ρ 是空气密度（g mm^{-3}）；c_p 是定压比热（MJ $kg^{-1}℃^{-1}$）；VPD 是饱和水汽压差（kPa，按公式 5‐10 计算得出）；G_c 是冠层导度（m s^{-1}）；G_a 是空气动力学导度（m s^{-1}），按下式计算：

$$G_a = \frac{k^2 u}{\left[\ln\left(\dfrac{z-d}{z_0}\right)\right]^2} \tag{8-11}$$

式中，z 是参考高度（m），本研究中 $z = h_c + 2 = 4$ m；h_c 是作物平均高度（本研究中为 2 m）；u 是参考高度 z 处的风速（m s^{-1}）；k 是卡曼常数（0.40）；z_0 是粗糙度长度（m），计算公式为：$Z_0 = 0.13h_c$；d 是零平面位移（m），计算公式为：$d = 0.63h_c$。

（10）退耦系数

退耦系数 Ω 指树木冠层与周围大气的耦合程度，表征气孔对蒸腾调节作用的强弱，用于衡量植物蒸腾过程中自身生理控制以及外界环境因子驱动的相对贡献（Wullschleger and Tschaplinski TJNorby，2010）。该系数变动范围从 0 至 1，值越小表示气孔调节作用越强，植物与大气的耦合性越好。当该值接近 0 时，蒸腾主要受到冠层导度 G_c 和 VPD 的控制；当该值趋近 1 时，植物与大气脱耦，气孔对蒸腾的调节作用很弱，这种情况下蒸腾主要受控于太阳辐射。计算公式如下：

$$\Omega = \frac{1 + \Delta/\gamma}{1 + \Delta/\gamma + G_a/G_c} \tag{8-12}$$

式中，Δ 为饱和水汽压与温度曲线斜率（kPa ℃$^{-1}$）；γ 为湿度计常数（kPa ℃$^{-1}$）。

（11）冠层导度

本研究采用 Oren and Pataki（2001）改进的 Lohammar's 方程来评价冠层导度对 VPD 的敏感性，模型选择基于其参数在表达树木气孔对 VPD 敏感度的种间差异的有效性原则（陈立欣，2013）。

$$G_c = -m \cdot \ln VPD + G_{cref} \tag{8-13}$$

式中，G_c 是冠层导度（mm s^{-1}）；$-m$ 是该拟合直线的斜率，表示冠层导度对 VPD 的敏感性，相当于 $-dG_c/d\ln VPD$，该比值在整个 VPD 变化范围内相对稳定；G_{cref} 是参比冠层导度（mm s^{-1}），即 $VPD = 1$ kPa 时对应的冠层导度，与最大气孔导度值 G_{cmax} 可相互替代，该值可在多数 VPD 值域内取得，故实测比较便利。

（12）蒸腾变量

影响树体蒸腾耗水的气象因子中，一般认为饱和气压差对蒸腾量的贡献占 2/3 以上，辐射占剩下不足 1/3 的部分，由此得到蒸腾变量 VT，作为影响蒸腾的综合气象因子。VT 计算公式为：

$$VT = VPD \times Rs^{1/2} \tag{8-14}$$

式中，VT 为蒸腾变量［kPa（W/m^2）$^{1/2}$］；VPD 为饱和水气压亏缺（kPa）；Rs 为总辐射（W/m^2）。

8.3　不同修剪强度对枣林地耗水与土壤水分的影响

8.3.1　不同修剪强度对旱作枣树蒸腾耗水的影响

植株蒸腾耗水的影响因素总体可以分为两类：一类是土壤水分、光照、温度、湿度等外部环境因素；另一类则是植株的规格、生理变化等内部自身因素。气孔是植株蒸腾的主要途径，修剪直接减少了枣树枝叶量，也就是减少了树体的蒸腾叶面积，改变了枣树树体规格，对枣树蒸腾耗水带来极大的影响。将从枣树瞬时蒸腾速率（液流密度）、日蒸腾量、各生育阶段蒸腾量、全生育期蒸腾量 4 个时间尺度上，深入剖析各修剪强度下的枣树蒸腾耗水动态变化。

8.3.1.1 不同修剪强度对枣树瞬时液流密度的影响

陕北枣树每年 5 月初解除休眠，液流逐步上升，到 10 月树叶掉落后进入休眠，每年液流启动的日期不一，通过根据液流变化规律确定枣树生育期的方法（魏新光等，2015），确定 2014—2016 年枣树生育期分别为：5 月 6 日—10 月 14 日，5 月 8 日—10 月 11 日，5 月 1 日—10 月 13 日，各持续了 162 d、157 d、165 d。为探究不同气象条件下修剪强度对枣树瞬时液流密度的影响，在枣树营养生长基本结束，枝叶量较为稳定并达到生育期峰值，树体蒸腾旺盛的 9 月份，分别选取晴、阴、雨三种典型气象条件作为代表日，各修剪强度枣树的液流变化特征如图 8-4 所示。

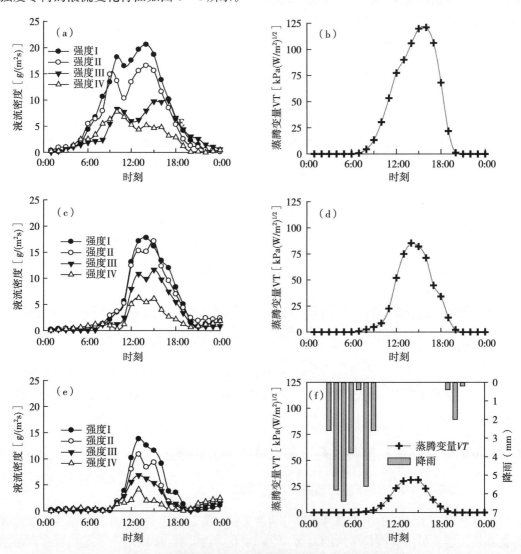

图 8-4　不同气象条件与修剪强度下枣树液流变化特征
注：a、b 为典型晴天，c、d 为典型阴天，e、f 为典型雨天。

2015 年 9 月 6 日是典型的晴天（图 8-4a），日最高 VT 为 121.17 kPa $(W/m^2)^{1/2}$，

日平均 VT 为 33.97 kPa $(W/m^2)^{1/2}$，液流呈双峰曲线变化，这可能是由于晴天中午温度与辐射过高，导致枣树一部分气孔关闭造成的蒸腾速率下降。2015 年 9 月 8 日是阴天（图 8 - 4c），日最高 VT 为 85.46 kPa $(W/m^2)^{1/2}$，日平均 VT 为 20.85 kPa $(W/m^2)^{1/2}$，各修剪处理液流都呈单峰曲线变化，液流增幅、持续时间都小于晴天，液流开始上升的时间也晚于晴天。2015 年 9 月 9 日是雨天（图 8 - 4e），日最高 VT 为 31.26 kPa $(W/m^2)^{1/2}$，日平均 VT 为 7.56 kPa $(W/m^2)^{1/2}$，白天 10：00—18：00 都不存在降雨，降雨停止后液流才呈现明显上升趋势，各修剪处理液流呈单峰曲线变化，液流增幅及持续时间都小于阴天。总体来说（图 8 - 4b、d、f），每日枣树液流都随着蒸腾变量在早上开始上升，中午或下午达到峰值后持续下降，直至 20：00 左右趋于停止。同一修剪强度下，枣树液流明显与 VT 变化趋势一致，其增幅晴天>阴天>雨天，液流开始上升的时刻，雨天和阴天都晚于晴天；同一气象条件下，各修剪强度枣树液流变化趋势一致，液流增幅随修剪强度的增大而减小。

8.3.1.2 不同修剪强度对枣树日蒸腾耗水的影响

从图 8 - 5 可以看出，在气象、土壤水分等影响因子作用下，2014—2016 年每年各个修剪强度下枣树生育期内逐日蒸腾耗水都有小范围波动现象，但变化趋势一致。总体来说，5 月初枣树解除休眠后，各修剪强度下枣树日蒸腾量变化范围差异逐渐增大，修剪强度越大，枣树日蒸腾量上升趋势越缓慢，直到 7 月达到生育期最大幅度。9 月底，不同修剪强度下枣树逐日蒸腾开始呈现下降趋势，10 月之后大幅度下降直到休眠，这期间不断出现落叶现象，叶片活性降低，蒸腾作用放缓，各处理间枣树日蒸腾量变化差异逐渐减弱。

修剪强度决定了各处理日蒸腾量的变化范围，同一生育期，枣树逐日蒸腾耗水变化范围随修剪强度的增大而减小。同时，较轻的修剪强度下枣树蒸腾量更容易受到环境因素的影响，2014 年和 2016 年枣树的蒸腾耗水量平均水平明显大于 2015 年，3 年修剪强度Ⅰ处理下的枣树日蒸腾量平均为 1.73 mm，修剪强度Ⅳ处理下的枣树日蒸腾量平均为 1.10 mm，说明在较重的修剪强度下，枣树蒸腾耗水能够得到更有效的控制，树体规格较小的枣树在水分充足的年份里仍然能够保持较低的蒸腾耗水量。

除修剪强度以外，枣树日蒸腾量变化范围还受到降雨、土壤水分等环境因素的影响。2014 年全年降水量 460.4 mm，生育期内地下 3 m 土层平均土壤体积含水量分别为 8.47%，生育期内平均光合有效辐射分别为 192.2 $\mu mol/(m^2 \cdot s)$，强度Ⅰ—强度Ⅳ日蒸腾量最大值分别为 1.82 mm、1.64 mm、1.37 mm、1.17 mm。2015 年全年降水量 380.8 mm，生育期内地下 3 m 土层平均土壤体积含水量分别为 6.31%，生育期内平均光合有效辐射分别为 179.3 $\mu mol/(m^2 \cdot s)$，强度Ⅰ—强度Ⅳ日蒸腾量最大值分别为 1.47 mm、1.37 mm、1.28 mm、1.15 mm。2016 年全年降水量 590.8 mm，生育期内地下 3 m 土层平均土壤体积含水量分别为 8.80%，生育期内平均光合有效辐射分别为 198.7 $\mu mol/(m^2 \cdot s)$，强度Ⅰ—强度Ⅳ日蒸腾量最大值分别为 2.67 mm、2.44 mm、2.41 mm、1.54 mm。在降雨和光合有效辐射相对充沛的年份（2014 年和 2016 年），枣树可利用的土壤水分较多，蒸腾作用更强烈，不同修剪强度下枣树逐日蒸腾耗水变化差异较大，而在降水量较少、土壤极度干旱的 2015 年，土壤中可利用水分太少，枣树生长发育也受到一定程度的影响，不同修剪强度下枣树逐日蒸腾耗水变化差异也较小。

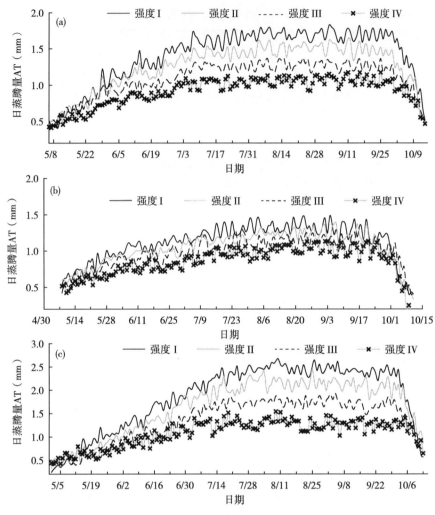

图 8 - 5　不同修剪强度下枣树逐日蒸腾耗水变化曲线

注：a、b、c 的年份分别为 2014 年、2015 年、2016 年。

8.3.1.3　不同修剪强度对枣树各生育阶段蒸腾耗水的影响

根据观察枣树萌芽、开花等生理过程，可以将枣树生育期划分为萌芽展叶期、开花坐果期、果实膨大期、成熟落叶期 4 个生育阶段，2014—2016 年 3 个生育期内具体生育阶段的起止日期见表 8 - 2。

表 8 - 2　枣树生育期内各生育阶段起止日期

年份	各生育阶段起止日期			
	萌芽展叶期	开花坐果期	果实膨大期	成熟落叶期
2014	5.6 - 6.11	6.12 - 7.14	7.15 - 9.18	9.19 - 10.14
2015	5.8 - 6.12	6.13 - 7.15	7.16 - 9.16	9.17 - 10.11
2016	5.1 - 6.7	6.8 - 7.13	7.14 - 9.19	9.18 - 10.13

统计不同修剪强度下枣树各生育阶段的蒸腾耗水量，并进行显著性分析，结果见图 8-6。从图 8-6 可以看出，枣树蒸腾耗水主要生育阶段为果实膨大期，2014—2016 年所有修剪强度下枣树萌芽展叶期、开花坐果期、果实膨大期、成熟落叶期的平均蒸腾耗水量分别为 27.88 mm、42.96 mm、102.27 mm、30.72 mm，强度Ⅰ和强度Ⅳ处理下枣树蒸腾耗水量分别可达 165.34 mm 和 63.89 mm，其他生育阶段强度Ⅰ和强度Ⅳ处理下枣树蒸腾耗水量最高仅为 64.80 mm 和 27.51 mm，果实膨大期枣树蒸腾耗水量占全生育期的 46.4%～53.7%。

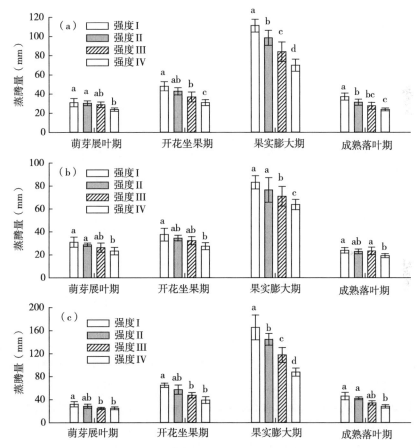

图 8-6　不同修剪强度下枣树各生育阶段蒸腾耗水变化

注：a、b、c 的年份分别为 2014 年、2015 年、2016 年。

降雨、土壤水分等环境因素在一定程度上影响了枣树各生育期的蒸腾耗水量，2014 年枣树萌芽展叶期、开花坐果期、果实膨大期、成熟落叶期的平均蒸腾耗水量分别为 28.44 mm、39.64 mm、90.87 mm、29.97 mm，2015 年枣树萌芽展叶期、开花坐果期、果实膨大期、成熟落叶期的平均蒸腾耗水量分别为 27.36 mm、32.97 mm、63.89 mm、19.24 mm，2016 年枣树萌芽展叶期、开花坐果期、果实膨大期、成熟落叶期的平均蒸腾耗水量分别为 27.57 mm、52.09 mm、128.78 mm、37.62 mm。开花坐果期和果实膨大期蒸腾耗水量显示 2016 年＞2014 年＞2015 年，与 3 年年降水量的大小相符，也就是说，年降雨越大，土壤水分越高，很大程度促进了开花坐果期和果实膨大期的枣树蒸腾。究其原因，应该是这两个生育阶段枣树枝叶量大，生命活动旺盛，蒸腾耗水量大，容易受环境因素影响导致的。

修剪强度也对枣树各生育阶段蒸腾耗水都造成了一定的影响，但各个生育阶段，不同修剪强度下枣树蒸腾量差异的显著性不尽相同。一般来说，同一生育阶段内，修剪强度越大，枣树蒸腾耗水越少。萌芽展叶期、开花坐果期以及成熟落叶期，相邻的修剪强度间枣树蒸腾耗水差异并不显著，相隔1~2个修剪强度（例如强度Ⅰ与强度Ⅳ相比），其蒸腾耗水才存在显著性差异。但是在果实膨大期，不同的年降水量条件下，增大修剪强度均能显著降低枣树蒸腾耗水量。也就是说，通过修剪减少枣树蒸腾耗水的主要作用时期是在枣树的果实膨大期，该生育阶段内枣树枝叶量达到并基本保持在生育期最大值，其耗水量也明显高于其他生育阶段，因此通过修剪减少枣树蒸腾耗水的作用在该生育阶段最为明显。

8.3.1.4 不同修剪强度对枣树全生育期蒸腾耗水的影响

由表8-3可以看到，在不同的年降雨条件下，增大修剪强度均能显著减少枣树的蒸腾耗水量，强度Ⅰ~强度Ⅳ处理下的枣树3年平均蒸腾耗水量分别为237.47 mm、213.42 mm、185.13 mm、151.12 mm，与强度Ⅰ处理下的枣林地相比，强度Ⅱ、强度Ⅲ、强度Ⅳ处理下枣林地平均3年蒸腾耗水量分别减少了24.05 mm、52.33 mm、86.35 mm。强度Ⅱ、修剪强度Ⅲ、强度Ⅳ处理下枣树较强度Ⅰ在2014年分别降低了10.84%、22.06%、39.15%，在2015年分别降低了7.35%、12.93%、23.77%，在2016年分别降低了11.19%、27.19%、41.46%。降雨充沛的年份，增大修剪强度减小枣树蒸腾耗水的效果尤为明显，2015年强度Ⅳ处理下的枣树较强度Ⅰ蒸腾耗水量减少41.74 mm，而2014年和2016年强度Ⅳ处理下的枣树较强度Ⅰ蒸腾耗水量分别减少89.03 mm和128.26 mm。2015年强度Ⅰ与强度Ⅱ、强度Ⅱ与强度Ⅲ之间的蒸腾耗水量没有显著性差异，很可能是由于当年生育期降水量较少（仅为254.4 mm），生育期内地下3 m土层平均土壤体积含水量只有6.31%，根据之前研究，6%的土壤水分体积含水率是影响枣树蒸腾耗水的一个阈值，当土壤水分低于6%时会对枣树蒸腾耗水起到限制作用（魏新光等，2015）。由此可以推测，在这样的干旱条件下，枣树的蒸腾耗水量已经接近其维持正常生命活动所能承受的最低值，只有较大程度地减小枣树树体规格，才能够显著性减少枣树蒸腾耗水量。

表8-3 不同修剪强度下全生育期枣树蒸腾量

年份	年降水量 (mm)	生育期降水量 (mm)	生育期蒸腾量 (mm)			
			强度Ⅰ	强度Ⅱ	强度Ⅲ	强度Ⅳ
2014	460.6	330.0	227.39a	202.75b	177.22c	138.35d
2015	380.8	254.4	175.67a	162.76ab	152.96b	133.91c
2016	590.8	480.6	309.34a	274.74b	225.22c	181.08d

注：不同字母表示修剪强度间差异显著（$P<0.05$）。

在前人的研究中，树体蒸腾耗水影响因素可以分为两类：一类是辐射、温度等环境外部因素（Chen et al.，2011）；一类是树体种类、规格、基因、生理变化等内部因素。Namirembe 等（2009）在水资源有限的环境中研究发现，修剪使 4 年生的美丽决明（豆科，决明属，Senna spectabilis）木质部导管直径变窄，树干导水率降低，抑制了树冠的蒸腾耗水速率并减少土壤水分的消耗。本研究中，增大修剪强度后枣树蒸腾耗水显著减少，很有可能存在修剪使枣树发生某些生理变化这方面的因素。此外，2015 年强度Ⅰ和强度Ⅱ、强度Ⅱ和强度Ⅲ处理下的枣树生育期蒸腾耗水量变化差异不显著（表 8 - 3），以及强度Ⅰ和强度Ⅱ果实膨大期枣树蒸腾耗水量差异也不显著（表 8 - 3），可能是由于在极其干旱的条件下，轻度修剪枣树不能有效限制其旺盛的树冠继续生长及其对土壤水分的需求导致。这说明只有当树冠修剪达到一定强度，才能有效控制树冠对土壤水分的需求，显著减少树体耗水量，这与 Jackson 等人（2000）在研究修剪对银桦（Grevillea robusta）坡地农林复合系统的影响时得到的结论相符。

8.3.2　不同修剪强度对旱作枣林地蒸散耗水的影响

长期以来有关树木蒸腾的研究很多，针对林地土壤深层土壤干化问题直接研究树木修剪对林地耗水还极少有报道。在不考虑土壤水分下渗及不同区域土壤水分相互交换的情况下，土壤水分的散失途径主要有植物蒸腾和地表蒸发两方面。力求通过增大修剪强度减少枣树蒸腾耗水，从而改善旱作枣林地的土壤水分、防治土壤干燥化是本研究的重要目标之一。从土壤水分变化进行分析，对比不同修剪强度对旱作枣林地土壤储水量、蒸发量、蒸散量造成的差异，修剪强度与林地水分的关系研究更有利于指导当地林木经营管理应用。

8.3.2.1　不同修剪强度下枣林地土壤水分动态变化

图 8 - 7 为 2014—2016 年不同修剪强度下旱作枣林地 3 m 土层土壤水分变化及降雨情况。受年降水量的影响，不同生育期土壤水分状况差异较大，2014 年生育期降水量为 330.0 mm，年降水量为 460.6 mm，旱作枣林地生育期平均土壤含水量为 8.47%；2015 年生育期降水量为 254.4 mm，年降水量为 380.8 mm，旱作枣林地生育期平均土壤含水量为 6.35%；2016 年生育期降水量为 480.6 mm，年降水量为 590.8 mm，旱作枣林地生育期平均土壤含水量为 8.78%。土壤水分一方面受到植被的影响，另一方面又反过来影响植被蒸腾。2015 年降水量比当地多年平均降水量少 70.8 mm，在植被蒸腾消耗与土壤蒸发的作用下，土壤水分尤其低，已经接近凋萎系数。2016 年生育期降水量比 2014 年多150.6 mm，但 2014 年和 2015 年枣林地生育期平均土壤含水量差异不大，一方面可能是由于这两年年降水量都大于当地多年平均年降水量，自然补给的降雨能够满足植被需要，多余的土壤水分就被无用蒸腾或者蒸发掉了；另一方面可能是因为经过了 2015 年极其干旱的气候，土壤水分被过度消耗，因此 2016 年降雨中的一部分被用于补充 2015 年过度消耗掉的那部分土壤水分。

就每个生育期来看，随着 5 月枣树萌芽之后不断生长，各个修剪强度间枣树耗水差异不断增大，直接表现在了土壤水分动态变化上。2014 年强度Ⅰ—强度Ⅳ处理下枣林地平均土壤含水量分别为 6.68%、6.44%、6.23%、5.88%；2015 年强度Ⅰ—强度Ⅳ处理下枣林地平均土壤含水量分别为 8.21%、7.70%、8.70%、9.25%；2016 年强度Ⅰ—强度Ⅳ处理下枣林地平均土壤含水量分别为 7.72%、8.46%、9.06%、9.62%。一般来说，修剪强度越大，枣树耗水越少，随着降雨对土壤水分的补充，土壤水分越高。2014 年与 2016 年枣林地生育期平均土壤含水量大于 8%，增大修剪强度能够有效改善土壤水分，强度Ⅳ处理下枣林地土壤含水量最高为 11.61%。2015 年不同修剪强度处理下枣林地土壤含水量普遍较低，在 5.39%～7.34% 之间，增大修剪强度改善土壤水分的效果不如 2014 年、2016 年显著。由此可见，在土壤水分较高、降水量较大的年份，增大修剪强度对改善旱作枣林土壤水分更为有效。

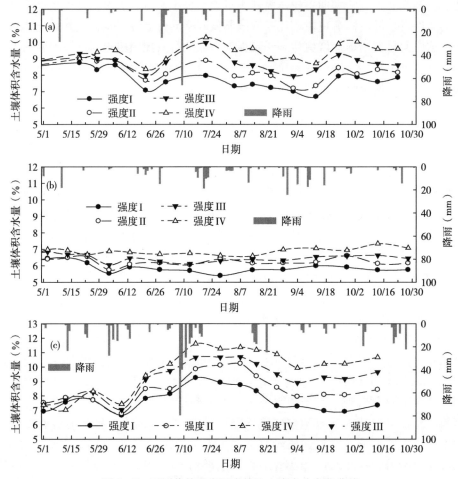

图 8-7 不同修剪强度下枣林地土壤水分变化曲线

注：a、b、c 的年份分别为 2014 年、2015 年、2016 年。

8.3.2.2 不同修剪强度下枣林生育期土壤储水量变化

计算不同修剪强度下旱作枣林地生育期初与生育期末时 3 m 土层土壤储水量，结果见表 8-4。从表 8-4 可以看到，2014 年修剪强度Ⅰ—Ⅳ处理下的枣林地生育期土壤储水量分别提高了 -7.53 mm、-8.95 mm、14.52 mm、43.06 mm，2015 年修剪强度Ⅰ—Ⅳ处理下的枣林地生育期土壤储水量分别提高了 -20.44 mm、-12.14 mm、-7.08 mm、2.97 mm，2016 年修剪强度Ⅰ～强度Ⅳ处理下的枣林地生育期土壤储水量分别提高了 -19.31 mm、3.70 mm、46.22 mm、68.38 mm。也就是说，在修剪强度Ⅰ处理下的枣林地，2014—2016 年生育期枣林地 3 m 土层土壤水分处于负增长状态，即使降雨对土壤水分有所补充，也会迅速被旺盛的枣树蒸腾消耗掉，土壤水分被枣树透支。但是在修剪强度Ⅳ 处理下的枣林地，生育期枣林地 3 m 土层土壤水分处于增长状态，即使在年降水量只有 380.8 mm 的 2015 年，也能够使枣树生育期耗水量与年降水量达到平衡，没有进一步透支林地的土壤水分。

　　总体来说，修剪强度越大，旱作枣林地生育期土壤储水量增大越强，也就是生育期结束的时候旱作枣林地土壤储水量较生育期开始的时候增加得多，强度Ⅰ—强度Ⅳ 处理下枣林地 3 年平均生育期土壤储水量增量分别为 −15.76 mm、−5.80 mm、17.89 mm、38.14 mm，强度Ⅳ 处理下的枣林地平均每个生育期土壤储水量较强度Ⅰ 相比增加 55.9 mm。近年来有果树修剪影响土壤水分的研究报道，李明霞等人（2012）发现较传统长放修剪而言，修剪强度更大的更新修剪林地 2.4 m 深土层土壤水分得到了明显的改善。通过本研究的研究结果可以看到，增大修剪强度可以显著降低枣树耗水量，改善林地土壤水分（图 8-7），与强度Ⅰ 相比，2014—2016 年强度Ⅳ 处理下的旱作枣林地生育期 3 m 土层土壤储水量增量分别增加了 51.74 mm、23.42 mm、87.69 mm，在降雨充沛的年份，增大枣树修剪强度的节水效果更为显著。魏新光（2015）也在其研究中发现，修剪强度最大（留有一个主枝）的枣林地土壤水分有所改善，2 年累计增加土壤储水量 40.5 mm，与本研究的研究结果相似。

表 8-4　不同修剪强度下旱作枣林地生育期初与生育期末 3 m 土层土壤储水量

年份	生育期初土壤储水量（mm）				生育期末土壤储水量（mm）			
	强度Ⅰ	强度Ⅱ	强度Ⅲ	强度Ⅳ	强度Ⅰ	强度Ⅱ	强度Ⅲ	强度Ⅳ
2014	252.20	244.31	243.35	244.73	244.67	235.36	257.87	287.79
2015	193.18	205.29	191.83	209.45	172.74	193.15	184.75	212.42
2016	226.26	237.71	229.04	238.36	206.95	241.41	275.26	306.74

8.3.2.3　不同修剪强度下枣林地蒸发量对比

　　由于陕北黄土高原旱作矮化密植枣林地土壤水分 3 年内的变化主要集中在 2.6 m 土层内，一年内 2.6 m 以下土壤水分变异极低（魏新光等，2015），由此通过水量平衡，计算得出各修剪强度下枣林地蒸发量，2014—2016 年各修剪强度下枣林地生育期蒸散量见表 8-5。从表 8-5 可以看到，同一生育期内，随着修剪强度的增大，旱作枣林地蒸发量也随之增大，强度Ⅰ—强度Ⅳ 处理下枣林地平均 3 年生育期土壤蒸发量分别为 136.37 mm、145.28 mm、150.73 mm、165.92 mm，强度Ⅳ 处理下的枣林地平均每个生育期比强度Ⅰ 处理下枣林地蒸发量多 29.54 mm。这可能是由于枣林地表没有任何覆盖措施，修剪强度越大，枣树规格越小，暴露在外的土地面积越大的缘故。

　　此外，枣林地蒸发量占蒸散总量的比例也随修剪强度的增大而增大，尤其是修剪强度Ⅳ 处理下枣林地蒸发量占蒸散总量的比例明显高于强度Ⅲ。可以推断，虽然增大修剪强度减少了枣树蒸腾耗水量，但节约下来的蒸腾量并不能完全用于改善土壤水分，其中有一部分被蒸发掉了，并且这部分蒸发量也随修剪强度的增大而增大。与强度Ⅰ 处理下的枣林地相比，强度Ⅱ、强度Ⅲ、强度Ⅳ处理下枣林地平均 3 年蒸腾量分别减少了 24.05 mm、52.33 mm、86.35 mm，但蒸发量也分别增大了 8.9 mm、14.36 mm、29.54 mm。总之，枣树修剪降低蒸腾耗水的同时，也影响林下的土壤水分，有利于土壤水分的提升，但是会一定程度地增加枣林地蒸发量，通过增大修剪强度节约下来的水分并不能完全用于改善土壤水分，因此，建议陕北旱作枣林地进行节水型修剪的同时，采取地面覆盖等抑制地表蒸发的措施，以减少林地蒸发量。

表 8 - 5　不同修剪强度下枣林地生育期蒸发量变化

年份	林地蒸发量（mm）				蒸发量占蒸散总量比例（%）			
	强度Ⅰ	强度Ⅱ	强度Ⅲ	强度Ⅳ	强度Ⅰ	强度Ⅱ	强度Ⅲ	强度Ⅳ
2014	119.37	129.89	135.50	149.10	36.17	39.36	41.06	45.18
2015	99.18	103.78	107.52	117.51	38.99	40.79	42.27	46.19
2016	190.57	202.16	209.16	231.14	39.65	42.06	43.52	48.09

8.3.3　修剪对枣树生物量、蒸腾效率及水分利用效率的影响

修剪强度决定了枣树的冠幅与侧枝总长度，但是植物蒸腾耗水主要通过叶片进行，本研究所采用的修剪标准是否能够较好地控制枣树叶片生物量，进而达到调控枣树蒸腾耗水的目的，还有待于进一步验证。此外，枣树是陕北黄土高原地区主要经济树种之一，修剪不仅直接影响枣树树体规格，更直接影响到枣树产量与其经济效益。因此，将从修剪强度对枣树叶片生物量鲜重、枣树整体生物量干重及其蒸腾效率、枣树果实产量与其水分利用效率三大方面，进一步探究修剪强度对枣林地耗水、产量及水分利用效率的影响。

8.3.3.1　不同修剪强度对枣树叶片生物量鲜重的影响

图 8 - 8 为 2014—2016 年枣树叶片生物量鲜重的变化情况，可以看到，枣树叶片生物量鲜重在生育期内呈持续增长的趋势，直到生育期结束达到最大值。不同生育期内，同一修剪强度下枣树叶片生物量鲜重有一定差异，这是由于每年的降水量、辐射、土壤水分等环境因素不同的缘故。强度Ⅰ处理下的枣树叶片生物量鲜重在 2014—2016 年分别能达到 3.53 kg、2.75 kg、4.37 kg；强度Ⅱ处理下的枣树叶片生物量鲜重在 2014—2016 年分别能达到 2.70 kg、2.35 kg、3.18 kg；强度Ⅲ处理下的枣树叶片生物量鲜重在 2014—2016 年分别能达到 1.67 kg、1.54 kg、1.83 kg；强度Ⅲ处理下的枣树叶片生物量鲜重在 2014—2016 年分别能达到 1.67 kg、1.54 kg、1.83 kg；强度Ⅳ处理下的枣树叶片生物量鲜重在 2014—2016 年分别能达到 0.76 kg、0.75 kg、0.81 kg。同一修剪强度下枣树叶片生物量鲜重 2016 年＞2015 年＞2014 年，与三年气象条件、土壤水分条件相符，即同一修剪强度下枣树在年降水量越高、辐射量越大、土壤水分越高的年份能够达到更高的叶片生物量鲜重。

同一生育期内，增大修剪强度能够有效拉开枣树叶片生物量的差距，尤其是强度Ⅳ处理下的枣树，其叶片生物量鲜重在 2014—2016 年间保持在 0.76～0.81 kg，仅为强度Ⅰ处理下枣树的 18.4%～27.2%。由此可推断，修剪强度Ⅳ的处理标准能够较严格地控制枣

树树体规格，在不同的年份都保持较小的枣树叶片生物量鲜重，从而达到显著减少枣树蒸腾耗水的目的。在前人的研究中，枣树蒸腾耗水与叶面积显著相关，一般认为，植株蒸腾量与单株总叶面积显著相关，蒸腾量随着叶面积增加而增大，但叶面积增加至一定程度后，蒸腾增幅会变缓甚至不再增加（高照全等，2006；魏新光等，2014）。可见在本研究中，不同修剪强度处理下枣树与其蒸腾耗水量的关系及原理与上述研究相符。

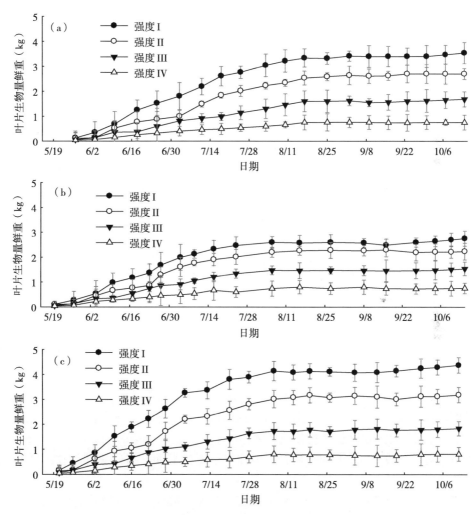

图 8-8　不同修剪强度下枣树叶片生物量鲜重变化曲线

注：a、b、c 的年份分别为 2014 年、2015 年、2016 年。

利用 logistic 生长模型 $BL=a/(1+e^{b \times DOY+c})$ 将不同修剪强度下枣树叶片生物量鲜重与年积日进行拟合，式中 a、b、c 为参数，Bl 为叶片生物量（kg），DOY 为年积日，结果见表 8-6。发现不同修剪强度下枣树叶片生物量鲜重在各个生育期内均表现出显著的自然生长曲线，与年积日拟合优度高，显著影响因素 P 都保持在 0.018 以下，拟合方程的计算结果与原始数据回归分析后，决定系数 R^2 都保持在 0.97 以上。其中，同一生育期内，a、b、c 都是随修剪强度的增大而减小，说明枣树叶片生物量鲜重随修剪强度的增大有规律地减小。较高的拟合优度也从侧面证明了枣树叶片生物量鲜重计算过程的准确性，本试验采用的修剪标准，增大修剪强度能够有效降低枣树叶片生物量鲜重，从而减少枣树耗水量，为实际生产过程中判断枣树在任一修剪强度下生物量变化提供参考数据。

表 8-6　不同修剪强度下枣树叶片生物量鲜重与年积日拟合结果

年份	修剪强度	a	b	c	n	P	R^2
2014	强度Ⅰ	3.414	−0.066	11.903	20	0.002**	0.994
	强度Ⅱ	2.671	−0.063	11.771	20	0.008*	0.992
	强度Ⅲ	1.629	−0.058	10.864	20	0.016*	0.988
	强度Ⅳ	0.758	−0.056	10.406	20	0.006**	0.981
2015	强度Ⅰ	2.584	−0.083	14.117	19	0.001**	0.995
	强度Ⅱ	2.468	−0.080	14.002	19	0.018*	0.991
	强度Ⅲ	1.484	−0.071	12.547	19	0.004**	0.994
	强度Ⅳ	0.762	−0.063	10.868	19	0.004**	0.975
2016	强度Ⅰ	4.139	−0.770	13.233	21	0.000**	0.995
	强度Ⅱ	3.129	−0.070	12.478	21	0.006**	0.992
	强度Ⅲ	1.790	−0.065	11.559	21	0.013*	0.988
	强度Ⅳ	0.775	−0.064	11.136	21	0.014*	0.980

注：** 表示达到极显著水平（$0.01 < P < 0.05$），* 表示达到显著水平（$P < 0.05$）。

8.3.3.2　不同修剪强度对枣树整体生物量干重及蒸腾效率的影响

统计并计算 2014—2016 年各修剪强度下枣树整体生物量干重与蒸腾效率变化规律，结果见图 8-9。可以看到，不同年份不同修剪强度下枣树整体生物量干重变化趋势相似，呈缓慢上升—快速上升—缓慢上升的增长模式。每年生育期开始至 6 月中旬是枣树萌芽展叶主要时期，叶片与新长出的枝条量较少，9 月中旬至生育期结束是枣树果实糖分生成的主要时期，枝叶与果实在重量上增长缓慢，这两段时间内枣树整体生物量干重增长极为缓慢。6 月中旬到 9 月下旬是枝叶量快速增大伴随果实快速生长的时期，因此枣树整体生物量干重增长速度较快。9 月下旬之后，枣树即将进入休眠期，树体整体生物量增幅极小，基本保持稳定。

本研究设置的修剪标准，不仅能够直接控制树高、冠幅，拉开树体规格的差距，更能有效控制各个修剪强度下枣树整体生物量干重，枣树整体生物量干重明显随修剪强度的增大而减小。2014 年强度Ⅰ—强度Ⅳ处理下枣树整体生物量干重最高分别达 5.82 kg、5.22 kg、4.04 kg、3.22 kg，2015 年强度Ⅰ—强度Ⅳ处理下枣树整体生物量干重最高分别达 4.83 kg、4.55 kg、3.80 kg、3.18 kg，2016 年强度Ⅰ—强度Ⅳ处理下枣树整体生物量干重最高分别达 6.27 kg、5.87 kg、4.71 kg、3.80 kg。受气候与土壤因素等影响，同一修剪强度下枣树生物量基本是 2015 年<2014 年<2016 年，这说明相同树体规格的枣树在降雨充沛、土壤水分较高的年份，其枝叶、果实的繁茂程度也要高于降水量少、土壤水分低的年份。

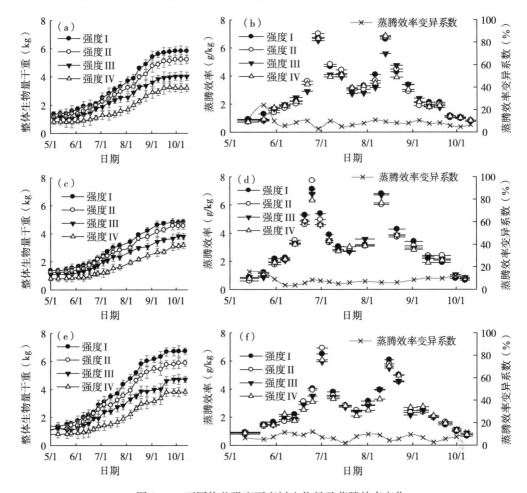

图 8-9　不同修剪强度下枣树生物量及蒸腾效率变化

注：a、b 为 2014 年，c、d 为 2015 年，e、f 为 2016 年。

通过枣树生育期各时段蒸腾效率可以看到（图 8-9b，图 8-9d，图 8-9f），不同年份各修剪强度下蒸腾效率差异较小，其变异系数基本保持在较低水平（低于 10%），表示蒸腾效率基本不随修剪强度发生变化，说明研究树种在各修剪强度下蒸腾效率稳定。采用的修剪标准能够有效拉开各个修剪强度处理下枣树生物量的差距，也就是说，修剪一旦能够有效控制树体的生物量，就能够显著减少树体的蒸腾耗水量，可以认为本研究中通过增大修剪强度降低枣树蒸腾耗水量是一种有效的管理技术手段。

各修剪强度下的枣树蒸腾效率变化趋势一致，呈双峰曲线形式。枣树蒸腾效率大约在每年 6—9 月处于较高水平（大于 2 g/kg），并且在 6—7 月中旬、8 月这段时间内处于最高水平，主要是因为前者是萌芽展叶的中后期，后者是果实膨大主要时期，枣树生物量迅速增长的缘故，而 7 月中下旬枣树处于开花坐果期，生物量增长速度较萌芽展叶期慢，因此蒸腾效率较前期有所下降。2014—2016 年枣树蒸腾效率最高值分别为 7.02 g/kg、7.74 g/kg、6.91 g/kg，说明在比较干旱的年份，枣树蒸腾效率会有所提高，反之，降雨较多的年份，会使更多的土壤水分消耗在无效蒸腾上。

8.3.3.3　不同修剪强度对枣树果实产量和水分利用效率的影响

表 8-7 为不同修剪处理下枣树产量与其水分利用效率对比情况，可以看出，不同年份间枣树产量与水分利用效率差异较大，降雨较多的 2016 年枣树产量普遍较高，最高产量可达 15.75 t/hm²；而降水量少的 2015 年枣树产量普遍较低，最高产量仅为 11.25 t/hm²，是 2016 年的 71.4%。由此可见，气候条件对旱作经济枣林产量影响巨大。与此同时，同一修剪强度下枣树水分利用效率表现为 2015 年＞2014 年＞2016 年，主要是由于降雨越多，枣林地蒸发蒸腾量越大的缘故。总体上说，不同年份均是强度Ⅰ处理下的枣树产量最高，强度Ⅳ处理下的枣树水分利用效率最高，枣树产量随着修剪强度的增大而减小，枣树水分利用效率随修剪强度的增大而升高，增大修剪强度有利于陕北黄土高原有限的水资源高效利用。对不同修剪强度下枣树产量与水分利用效率进行显著性分析，发现各修剪强度间枣树产量没有显著性差异，这可能是在修剪过程中合理保留结果枝的效果。同时，枣树水分利用效率随修剪强度的增大显著升高，而图 8-9 中显示各修剪强度间蒸腾效率差异较小，应该是增大修剪强度并尽量保留结果枝以后，枣树生殖生长比重加大，营养生长比重减小的缘故。

表 8-7　不同修剪强度下枣树产量与水分利用效率

年份	产量（t/hm²）				水分利用效率（kg/m³）			
	强度Ⅰ	强度Ⅱ	强度Ⅲ	强度Ⅳ	强度Ⅰ	强度Ⅱ	强度Ⅲ	强度Ⅳ
2014	12.3a	12.77a	12.65a	12.01a	3.69a	3.84ab	4.04b	4.17b
2015	11.25a	11.13a	11.05a	10.80a	4.09a	4.17ab	4.25b	4.29b
2016	15.75a	15.15a	14.70a	14.70a	3.15a	3.17a	3.38b	3.56c

注：不同字母表示修剪强度间差异显著（$P < 0.05$）。

由此可见，增大修剪强度虽然能够降低枣树蒸腾耗水量，改善林地土壤水分，但也在一定程度上降低了枣树产量。众多国内外前沿研究学者提出，目前黄土高原土壤干燥化日益加重，并为该区域大规模人工林带来的土壤水环境恶化所担忧。因此，一味追求产量、透支林地土壤水分是不可取的，只有考虑到当地环境承载力，以可持续发展为目标，追求水土资源高效利用，才能避免生态系统遭到进一步的破坏。研究结果表明，强度Ⅳ处理下的枣树产量虽然较其他强度而言有所下降，但各修剪强度间枣树产量在统计学上没有显著性差异（表 8-7）。此外，各修剪强度中，强度Ⅳ处理下的枣树蒸腾耗水量显著低于其他各修剪强度（表 8-3），水分利用效率也最高（表 8-7）。综合枣林地耗水、枣树产量与水分利用效率等各方面考虑，在研究范围内，修剪强度Ⅳ处理下枣林产量既没有显著性降低，又能达到高效用水的目的，可以作为当地旱作枣林可持续发展的修剪管理参考标准。

8.4　土壤初始含水量对修剪枣树耗水影响

8.4.1　初始土壤水分与修剪对枣林土壤水分的影响

前期经过遮雨和控制灌溉处理形成了四种土壤水分差异明显的小区，各小区试验枣树采用统一的节水型修剪保持树体之间差异最小化。该情况下相同的自然降水对枣树土壤含水率的影响如图 8-10、图 8-11 所示。由图 8-10、图 8-11 可以看出，2014 年生育期开始，体积含水率由大到小排序为：1 区 (15.17%)、2 区 (13.33%)、3 区 (11.34%)、4 区 (8.61%)，最大值和最小值相差 6.56%。对 4 种小区进行差异显著性分析，含水率有显著性差异 ($P<0.05$，下同)，2014 年生育期结束时 4 种小区土壤含水率差异不显著，说明几种原来土壤水分差异经过雨季后土壤水分在向一个共同水分值靠近。2015 年降水量偏少但各处理之间的土壤水分差异继续缩小，生育初期水分含量最大的为 3 区 (10.44%)，最小的为 1 区 (9.61%)，二者相差 0.83%。到 2015 年生育期结束时，4 种小区的土壤水分相差 0.62%。在枣树的生长过程中，4 种小区的土壤水分一直在不断地接近一个稳定值。该现象说明，同一地区初始土壤水分不同的土壤在相同的植被、立地和自然降雨条件下土壤水分差异会缩小，之前不同的土壤水分会向着一个稳定值靠近，该稳定值由于年降水量的不同而不同，本试验期间 2014 年基本稳定在 (13.83±0.22)%，2015年稳定在 (9.46±0.12)%。

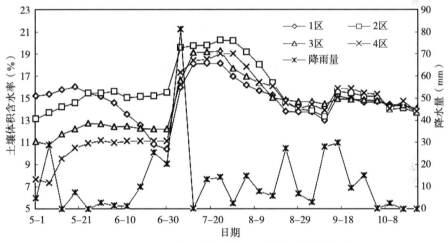

图 8-10　2014 年不同水分处理下枣树土壤水分变化

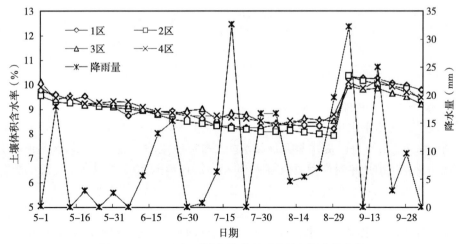

图 8-11　2015 年不同水分处理下枣树土壤水分变化

8.4.2 初始土壤水分与修剪对枣树耗水影响

8.4.2.1 枣树耗水规律研究

研究表明，梨枣树生育期耗水量有明显的变化特征（表 8-8）。不同初始土壤含水率处理下的生育期耗水量总体变化为先增加后减小，其中果实膨大期的耗水量在整个生育期最大，这是因为枣树此时果实在迅速增长，需要的水量较大。4 种小区耗水量在萌芽展叶期和果实成熟期相差较小。

2014 年 4 种小区的耗水量在同一生育期差异明显。由显著性分析可知，萌芽开花期 1 区的耗水量最多，3 区、4 区没有显著差异，2 区的耗水量最少。在果实膨大期，2 区的耗水量较多，其他 3 个区没有显著性差异。果实成熟期 4 种小区耗水量没有显著差异。总耗水量的大小为：1 区＞2 区＞3 区＞4 区，但 4 种小区之间总耗水量没有显著差异。2015 年耗水量果实膨大期最多，萌芽开花期次之，果实成熟期最少，但由于 4 种小区的初始水分差异较小，4 种小区之间生育期耗水量没有显著性差异，总耗水量也没有显著性差异。

2014 年对照的总耗水量达到 1 303 m^3/hm^2，比耗水量最多的 1 区多 111.2 m^3/hm^2，其中在果实膨大期多耗水 147.1 m^3/hm^2，在果实成熟期耗水量没有显著性差异。2015 年对照总耗水量比 4 种小区平均值高，其中在果实膨大期多耗水 98.7 m^3/hm^2，在果实成熟期没有显著性差异。这说明节水型修剪比常规的矮化修剪在节水上还是有很大优势，其中节水主要发生在果实膨大期。

表 8-8　不同生育期枣树耗水量比较

单位：m^3/hm^2

区号	2014 年				2015 年			
	萌芽开花期	果实膨大期	果实成熟期	总耗水量	萌芽开花期	果实膨大期	果实成熟期	总耗水量
1	377.2	554.7	260.7	1 192.6b	270.8	389.4	190.3	850.5b
2	249.6	648.9	260.7	1 159.2b	261.7	391.3	181.8	834.8b
3	294.7	544.9	283.6	1 123.2b	267.2	392.2	185.1	844.5b
4	288.6	538.4	260.9	1 087.9b	264.6	387.4	183.8	835.8b
CK	330.7	701.8	271.3	1 303.8a	300.3	488.1	192.1	980.5a

注：同列数值后不同字母表示处理间差异显著（$P<0.05$）。

8.4.2.2 枣树水分利用效率研究

无论偏旱年还是平水年，枣树水分利用效率高低是一个很重要指标。节水型修剪能否提高枣树的水分利用效率，是关系到该技术能否推广应用的关键。将试验区附近同类型地块的常规矮化密植山地枣树作为对照与 2014 年、2015 年试验区枣树各个处理的单株生物量、产量、耗水量以及水分利用效率进行对比分析（表 8-9），从表 8-9 看出，4 种小区和对照的生物量水分利用效率都有显著性差异，且对照的生物量水分利用效率都高于 4 种小区，但 4 种小区的果实产量水分利用效率高于对照。说明节水型修剪比起常规矮化修剪，主要是将水分利用效率转移到枣树的生殖生长方面。2014 年初始土壤水分不同，故 4

种处理下的产量水分利用效率和生物量水分利用效率有显著性差异，2015 年初始水分差异小，故没有显著性差异。2014 年 4 种小区无论是产量水分利用效率，还是生物量水分利用效率，1 区处理水分利用效率都较高。2014 年由于初始土壤水分有明显差异，4 种小区产量之间都有显著性差异。

在雨养条件下，根据当地气候条件和枣树的生长状况合理控制枣树树型是实现旱地枣园可持续发展的关键。经表 8 - 9 计算，在 2014 年可以提高产量水分利用效率 4.5 倍以上，在 2015 年可以提高产量水分利用效率 3.6 倍以上。这是因为节水型修剪即经过人为对枣树规格进行调控，并且在修剪时充分考虑当地的自然降雨和土壤水分状况，合理控制枣树的生长，使枣树营养更多地向果实积累。说明节水型修剪是维持枣园土壤水分平衡、增产的有效措施。

表 8 - 9　不同土壤水分 2014 年、2015 年的单株生物量、产量水分效率比较

区号	2014 年					2015 年				
	生物量 (kg)	产量 (kg/hm²)	耗水量 (m³/hm²)	水分利用效率 (kg/m³)		生物量 (kg)	产量 (kg/hm²)	耗水量 (m³/hm²)	水分利用效率 (kg/m³)	
				产量	生物量				产量	生物量
1	13.8b	18 753.0a	1 192.6b	15.7a	7.7a	5.9b	5 517.2a	850.5b	6.5a	4.6b
2	10.7c	12 434.3b	1 159.2b	10.7b	6.2b	5.9b	5 681.9a	834.8b	6.8a	4.7b
3	8.2 d	8 547.8c	1 123.2b	7.6c	4.9c	6.0b	5 754.5a	844.5b	6.8a	4.8b
4	4.5e	6 750.0 d	1 087.9b	6.2 d	2.7 d	6.0b	5 536.1a	835.8b	6.6a	4.8b
CK	15.5a	4 403.5e	3 903.8a	1.1e	7.9a	7.3a	4 071.6b	2 951.6a	1.4b	5.0a

注：同列数值后不同字母表示处理间差异显著（$P<0.05$）。

8.5　主枝修剪对枣林土壤水分的调控

8.5.1　主枝修剪对枣园土壤水分的影响

枣园 0～3 m 土壤水分及气象因子的动态如图 8 - 12 所示，由于试验区域雨热同期，强烈的大气蒸发力限制了降雨的深层入渗，上层（0～1 m）土壤水分波动性最大。三年里，2012 年为典型平水年，降水量为 477 mm，与当地多年平均降水量 451.6 mm 相差不大；2013 年为偏湿年，降水量达 530 mm，比多年平均降水量高出约 20%；2014 年为偏旱年，降水量 386 mm，仅为多年平均降水量的 85%。

2012 年生育期开始时，单主枝、双主枝和三主枝处理初始平均土壤含水量分别为 7.83%、8.40% 和 8.06%。枣树萌芽展叶阶段（5 月中旬—6 月中旬）还处于旱季，由于蒸散量远远超过降水量，土壤储水消耗很快，土壤含水量在开花坐果前期降低到最小值（6.58%、6.95% 和 6.73%）。之后雨季到来，随着降水量的不断补充，枣园土壤含水量得到逐步恢复并于雨季结束时（9 月 12 日，DOY 256）达到最大值（9.20%、8.88% 和

8.41%）。入冬后，整个休眠期 3 个处理土壤含水量保持相对稳定（7.11%、6.70%和 6.19%）。

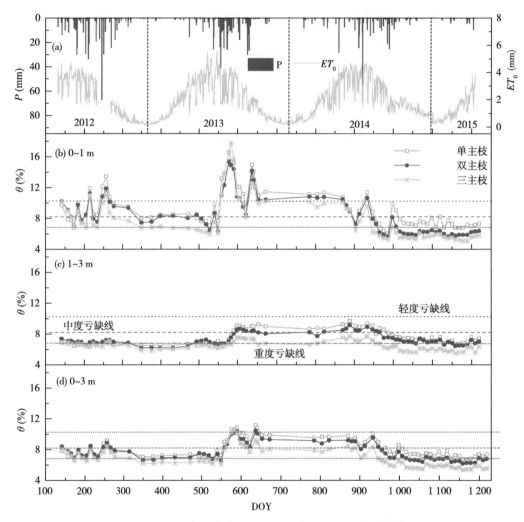

图 8-12　2012—2014 年 3 个处理 0~1 m（b）、1~3 m（c）和 0~3 m（d）
土壤含水量 θ 动态及同时期内的降水量 P 和参考蒸散量 ET_0（a）

2013 年也具有类似的规律，由于生育前期较高的蒸散量和相对较少的降雨，3 个处理土壤含水量最低值（6.80%、6.53% 和 6.12%）出现在 6 月 10 日至 7 月 2 日之间（DOY 161~183），之后的雨季里土壤含水量逐渐上升并于 7 月 30 日（DOY 211）达到第一个峰值（10.88%、10.30% 和 10.61%）。该时期枣园蒸散强烈，土壤含水量在每次降雨之后下降很快，又在下一次降雨之后得到快速补充，故波动剧烈。受 9 月 14—25 日（DOY 257~268）之间的集中降雨影响，土壤含水量在 9 月 27 日（DOY 270）取得最大值（11.16%、10.45% 和 9.26%）。休眠期内 3 个处理土壤含水量保持微弱波动（9.86%、9.00% 和 7.77%）。

接下来的 2014 年，7 月 9 日（DOY 190）的一场大降雨（65.50 mm）使土壤含水量增大很快，且于 7 月 21 日（DOY 202）达到最大值（10.08％、9.54％和 8.36％）。由于该年降水量较少，3 个处理土壤含水量在整个生育期里总体上呈现下降趋势，在生育期结束时处于最低水平（7.69％、6.88％和 5.69％），随后的休眠期里，土壤含水量维持在该水平附近轻微波动。

尽管主枝修剪处理并没有影响枣园土壤含水量的时间变化规律，但明显对土壤剖面上的水分分布带来了影响。由于 3 个处理初始土壤含水量不尽相同（三主枝和双主枝处理高于单主枝处理），使得 2012 年生育前期 3 个处理土壤含水量波动曲线出现相互交错，但从 2012 年生育中期开始直到 2015 年春季，对于 0～3 m，0～1 m，1～3 m 不同土壤层次，三主枝对照处理土壤含水量均为最低，单主枝处理均处于最高水平。

3 个处理里，三主枝小区土壤水分亏缺度最大，在偏湿年 2013 年里，该小区 0～3 m 平均土壤含水量多数时间里处于中等亏缺至重度亏缺范围内；此外平水年 2012 年和偏旱年 2014 年里，该小区土壤水分条件多数时期为重度亏缺状态。而单主枝和双主枝处理小区，偏湿年（2013）0～3 m 土层土壤含水量普遍属于轻度亏缺条件，其他两年基本位于中度亏缺状态。

分层来看，2012 年 3 个处理上层（0～1 m）土壤含水量在无亏缺至重度亏缺范围里不断波动，而下层（1～3 m）土壤含水量在生育期内基本在中等亏缺线附近小幅波动，进入休眠期后转为重度亏缺。2013 年里，3 个处理土壤含水量差异拉大，由于降水的补充，三主枝对照处理上层和下层土壤水分状况分别从重度亏缺转为无亏缺和中度亏缺；双主枝和单主枝处理分别从重度亏缺转为无亏缺和轻度亏缺。2014 年，由于偏少的降水量，三主枝对照处理上层和下层土壤水分状况分别从无亏缺和中度亏缺逐渐加剧为重度亏缺；双主枝处理分别从无亏缺和轻度亏缺逐渐转变为重度亏缺和中度亏缺；单主枝处理分别从无亏缺和轻度亏缺逐渐转变为中度亏缺。由此可见，主枝修剪方法可以极大地改善枣园土壤水分条件。

在 3 个不同的降水年里，枣园土壤水分随时间波动程度不一，平水年和偏旱年土壤水分亏缺处于常态，而偏湿年土壤储水可以得到大幅补充，0～1 m 土壤含水量基本可以完全恢复，1～3 m 土壤水分亏缺状态也可以得到极大缓解。因此，土壤水分年际补给情况随降雨会有所变化。前人研究也得出过类似的土壤储水与降水量之间的周期性。Liu et al.（2010）在黄土高原南部的研究表明，大田作物密集耕作多年后，2～3 m 土层会形成土壤干层，但是干层土壤含水量在一个湿润年里能够得到完全恢复。Liu et al.（2010）对土壤干层出现频率的分析表明，除了连续种植苜蓿的农田外，其他大田作物耕地 2～3 m 内形成的土壤干层每 10 年至少能够得到一次完全恢复。

8.5.2　主枝修剪对枣园耗水各组分及水分利用效率的影响

表 8 - 10 列出了 2012—2014 年里 3 个修剪处理下枣园耗水量各组分、产量及水分利用效率。生育期内水分损失通过枣树蒸腾和土壤蒸发形成，构成蒸散量；而休眠期枣树蒸腾量忽略不计，水分损失主要通过土壤蒸发形成。试验结果表明，主枝修剪处理几乎不影响休眠期里的蒸发量。生育期里两个主枝修剪处理都显著减小了枣树蒸腾量，同时显著增加了土壤蒸发量（$P < 0.05$）。单主枝处理在不同水文年里都使枣园蒸散量显著降低，然而，双主枝处理虽然也降低了枣园蒸散量，但只在偏湿年（2013 年）达到显著水平，因

此单主枝修剪缓解土壤干燥化的效果更加明显，该结论与 Jackson et al. （2000）在农林复合系统里的研究结果相似。作者指出对上层树木的修剪减轻了树木与林下农作物之间的光能竞争，而光照条件的改善会对剩余叶片的光合和蒸腾等生理过程起到促进作用，这会对剪去枝叶的耗水量产生一定的补偿，故土壤水分条件的改善与否同修剪强度关系密切，中度修剪几乎对土壤水分没有产生影响，而重度修剪能够使土壤水分得到大幅提高。

2012 年（平水年）生育期内，单主枝、双主枝和三主枝处理下枣园蒸散量分别为 452 mm、463 mm 和 478 mm，其中，树体蒸腾量分别占 42.13%、50.03% 和 63.86%，同期降水量（448 mm）少于各修剪处理下的蒸散量；同样，紧接的休眠期里，单主枝、双主枝和三主枝小区土壤蒸发量分别为 72 mm、64 mm 和 70 mm，皆高于同期降水量（53 mm）。由此说明，无论是否实施主枝修剪，该地区 10 龄左右的枣林地在大多数年份（平水年）耗水量大于降水量，会发生土壤储水消耗。土壤储水被消耗的情况同样发生在偏旱年 2014 年里，虽然 3 个修剪处理下生育期耗水量均比平水年大幅下降（374 mm、381 mm 和 392 mm），但依然高出同期降水量 60～80 mm；该年休眠期蒸发量（77 mm、70 mm 和 71 mm）也比同期降水量高出 10 mm 左右。在偏湿的 2013 年里，土壤水分得到不同程度的补充和恢复，单主枝、双主枝和三主枝处理生育期内耗水量分别为 408 mm、426 mm 和 451 mm，都极大地低于同期降水量（491 mm）；该年 3 个修剪处理休眠期内土壤蒸发量分别为 67 mm、65 mm 和 60 mm，也都低于同期降水量 71 mm。

表 8-10　2012—2015 年不同主枝修剪处理下枣园耗水量、产量和水分利用效率

组分	修剪处理	2012 生育期	2012—2013 休眠期	2013 生育期	2013—2014 休眠期	2014 生育期	2014—2015 休眠期
降水量（mm）		448	53	491	71	312	67
蒸腾量 T_g（mm）	单主枝	190a	0	185a	0	134a	0
	双主枝	232b	0	226b	0	179b	0
	三主枝	306c	0	295c	0	282c	0
土壤蒸发量（mm）	单主枝	261a	72a	223a	67a	240a	77a
	双主枝	232b	64ab	200b	65a	203b	70a
	三主枝	173c	70a	156c	60ab	110c	71a
蒸散量（mm）	单主枝	452a	72a	408a	67a	374a	77a
	双主枝	463ab	64ab	426b	65a	381ab	70a
	三主枝	478b	70a	451c	60ab	392b	71a
蒸腾所占比例	单主枝	42.13%	0	45.28%	0	35.75%	0
	双主枝	50.03%	0	53.09%	0	46.85%	0
	三主枝	63.86%	0	65.46%	0	71.91%	0
果实产量（鲜重）（kg/hm²）	单主枝	8 082a	—	5 691a	—	6 804a	—
	双主枝	8 964b	—	5 426a	—	8 341b	—
	三主枝	11 293c	—	6 000a	—	10 589c	—

（续）

组分	修剪处理	2012 生育期	2012—2013 休眠期	2013 生育期	2013—2014 休眠期	2014 生育期	2014—2015 休眠期
降水量（mm）		448	53	491	71	312	67
水分利用效率 WUE（kg/m³）	单主枝	1.79a	—	1.40a	—	1.82a	—
	双主枝	1.94b	—	1.28a	—	2.19b	—
	三主枝	2.36c	—	1.33a	—	2.70c	—

注：数值后不同字母表示处理间差异显著（$P<0.05$）。

由于冬季属于旱季，土壤含水量较低加之表层冻土层的阻隔，休眠期土壤蒸发耗水量不高，约占全年蒸散量的 15%，所以，生育期是枣园水分消耗的主要时期。双主枝和三主枝处理中，生育期蒸腾量所占比重很大，偏湿年尤其明显（分别为 53.09% 和 65.46%）。单主枝处理里，蒸发量所占比重更大，超过 50%，在干旱年更为明显（64.25%）。

3 个处理果实产量（鲜重）2012 年在 8 082～11 293 kg/hm² 之间，2013 年在 5 691～6 000 kg/hm² 之间，2014 年在 6 804～10 589 kg/hm² 之间。由于 2013 年春季发生了持续 10 d 左右的霜冻现象，对枣树开花形成一定影响，故 2013 年产量明显比另外两年低，且这一年里 3 个修剪处理产量差异并不显著，但在 2012 年和 2014 年，3 个处理之间产量差异均达到显著水平，主枝修剪显著减少了枣园产量。

值得一提的是，偏湿年 2013 年里，虽然土壤水分状态更加良好，但枣树蒸腾量却低于平水年的 2012 年，原因是 2013 年春季的冻害一方面对枣树在霜冻之后一段时期里的生理活动造成一些抑制，这在枣树蒸腾速率随时间的动态里有所表现，图 8-38 里 2013 年生育早期枣树单位地面蒸腾速率（T_g）增加较 2012 年和 2014 年缓慢；另一方面霜冻影响开花使得枣园减产，由于果实生长也会消耗水量，相关试验证明摘除果实会减小树体蒸腾量（Forrester et al.，2013；Marsal et al.，2006），因此，霜冻减小了 2013 年枣园耗水量。另外，2013 年的土壤蒸发量也小于 2012 年，一部分原因是霜冻发生前后一段时间里气温相比其他年份低，还有一部分可能原因是 2013 年雨天较多。低温和高湿度的环境会抑制土壤蒸发。

3 个处理水分利用率（WUE）2012 年在 1.79～2.36 kg/m³ 之间，2013 年在 1.28～1.40 kg/m³ 之间，2014 年在 1.82～2.70 kg/m³ 之间。主枝修剪在 2012 年和 2014 年显著降低了 WUE，2013 年 3 个处理之间 WUE 差异不显著。主枝修剪增加棵间土壤蒸发量是 WUE 降低的一个重要原因，在单主枝和双主枝处理中，土壤蒸发量分别占蒸散量的约 60% 和 50%，可见采取合适措施抑制土壤蒸发对提高 WUE 和改善土壤水分状况潜力巨大。Gao et al.（2010）在苹果园的研究证实覆盖措施能够显著减少土壤蒸发损失，在无灌溉条件下尤为明显。虽然主枝修剪会显著减少产量和 WUE，尤其在平水年和偏旱年，但是单主枝修剪在正常年份所保证的 8 000 kg/hm² 左右的产量，也能够带来很可观的经济效益，且该处理下土壤水分条件较好，若选取适当的覆盖措施相配合，有望实现雨养枣园土壤干燥化的防控，故该区雨养枣园适合主推单主枝处理。

8.5.3　主枝修剪对枣树蒸腾特征的影响

8.5.3.1　主枝修剪对枣园单位地面蒸腾速率 Tg 的影响

枣园单位地面蒸腾速率 T_g 是树体蒸腾速率与树冠下平均地面面积（6 m²）的比值，该值在叶面积增长阶段很大程度上受控于叶面积，当叶面积生长稳定之后，主要由气象因子控制，因此该值在生育期不同阶段差异很大。而单位叶面积蒸腾速率 T_l 是将树体蒸腾量平摊到叶面积上，主要反映叶片水平的蒸腾状态，该值主要受控于环境条件，生育期环境条件类似的日期里其值相对稳定。T_g 和 T_l 相互配合可对枣树蒸腾状况进行充分反映。图 8-13 和图 8-14 分别描述 T_g 的生育期动态和 T_l 的日动态。

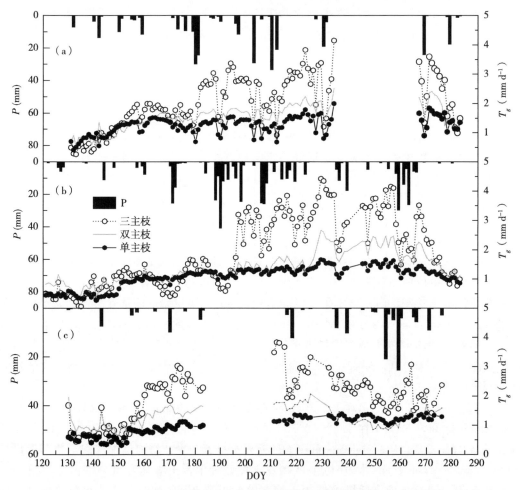

图 8-13　2012—2014 年生育期内 3 个修剪处理单位地面蒸腾速率 T_g 和降水量 P 动态

2012—2014 年生育期里 3 个处理 T_g 动态均呈现单峰变化趋势。随着枣树的不断生长，三主枝处理下 T_g 从早期的 1.0 mm d⁻¹ 逐渐上升至 3.0～3.5 mm d⁻¹，当 8 月初冠层生长量达到最大时，T_g 也随之达到峰值 4.0～4.5 mm d⁻¹，之后开始逐渐降低，生育末期其值范围为 1.0～2.0 mm d⁻¹。相比而言，双主枝和单主枝处理下的 T_g 值在生育前期和末期与三主枝对照处理差异很小处于同等水平，然而随着不同处理间叶面积差异的逐渐拉大，该值在生育中期和后期明显小于三主枝对照处理，双主枝和单主枝处理 T_g 最大值范围分别为 $2.0 \sim 2.5 \ \mathrm{mm \ d^{-1}}$ 和 $1.5 \sim 2.0 \ \mathrm{mm \ d^{-1}}$，仅为对照处理的 50% 和 40%。当叶面积生长稳定之后，不同修剪处理下枣树 T_g 随气象因子波动幅度很大，说明气象条件对 T_g 影响很大。

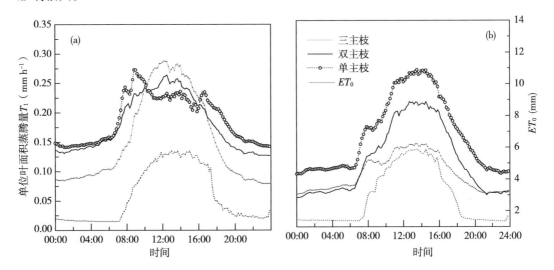

图 8 - 14　两个典型日里 3 个处理枣树单位叶面积蒸腾量 T_l 和参考蒸散量 ET_0 在
（a）无水分胁迫条件和（b）水分胁迫条件下的日动态

T_g 是引发枣园土壤干燥化的一个重要原因，在三主枝枣园里，T_g 占生育期蒸散总量的一半以上，因此为防控枣园土壤干层，研究抑制 T_g 的措施十分有必要。T_g 受冠层结构、冠层管理措施、树体大小和种植密度等多种因素的影响（Tyree and Ewers，1991）。Jackson et al.（2000）指出通过修剪或摘除叶片可以减少冠层叶面积，从而限制树体蒸腾耗水，有利于改善土壤水分状况，因此它们是比较常用的控制树体耗水的措施。表 8 - 10 结果也显示，主枝修剪方法有助于缓解枣园土壤水分消耗，因为该方法极大地抑制了树体蒸腾耗水。这与 Hipps et al.（2014）的研究中减小法桐冠层尺寸显著地加强了土壤水分保持的结果一致，类似的修剪改善土壤水分条件的结论在野生橄榄树（Shelden and Sinclair，2000）、苹果树（Li et al.，2003）、桃树（Lopez et al.，2008）和桉树（Forrester et al.，2012）等多种树木中也有报道。

修剪降低 T_g 的部分原因被认为是修剪减少叶面积导致了树木根系发生一系列变化以平衡根—枝比，从而影响根系吸水，而根系对树冠减小的响应程度与修剪强度有关。Comas et al.（2005）研究了葡萄树修剪与根系的关系，认为修剪可以减少根系发育，从而降低了对土壤水分的消耗。Chen et al.（2008）也认为土壤退化程度与植物根系分布密切相关。类似地，Biran et al.（1981）对草坪开展的修剪研究指出，修剪可降低草坪根系深度并减少深层土壤水分的消耗。大量相关研究表明，树冠的生长与根系生长和土壤水肥资源之间存在函数关系，根系吸水能力的变化可用于判断枝条生长情况（Comas and Eissenstat，2004）。树冠蒸腾耗水与其相关因子，比如叶面积、根系吸水、大气蒸发力等之间的关系被广泛研究（Dawson，1996；Whitehead，1998；Wullschleger et al.，1998），这些关系对探寻干旱半干旱地区的植物生长调控措施非常重要。

Hipps et al.（2014）指出，通过修剪树冠外围以缩小树冠尺寸的修剪方法对法桐树蒸腾量的抑制效果是短暂的，为了加强土壤水分的保持，需要多次重复修剪。Alcorn et al.（2013）也指出，对于亚热带地区种植的桉树来说，修剪树枝对整株树体蒸腾量的减小作用是短期的。但是本研究中，2012年实施的主枝修剪措施对减缓树体蒸腾和枣园土壤水分消耗的效果长期存在，能够一直持续到2013年和2014年。这是因为矮化的枣树高度最多2米，树体相对较小且果树需要协调营养生长和生殖生长，故相比生长旺盛的林用木种法桐和桉树来说，枣树树体叶面积的生长和恢复速度很慢。另外，3个主枝在枣树幼年时期开始培养，生长粗壮之后不会再培养多余主枝，所以主枝修剪一次之后不需要循环修剪，因此主枝修剪方法是一项有效且节省劳动力的，能够缓解或防控土壤干层的措施。

8.5.3.2　主枝修剪对枣园单位叶面积蒸腾速率 T_l 的影响

由于气象因子和土壤水分都对蒸腾产生重大影响，为了研究主枝修剪处理对单位叶面积蒸腾速率 T_l 的影响，图 8-14 选取了两个气象条件类似但土壤水分状况差异极大的典型日——2013年8月18日（DOY 230）和2012年9月20日（DOY 233），分别作为无水分胁迫和水分胁迫两种条件的代表，作为反映气象条件的综合指标，ET_0 在这两日里的值很接近，分别为 3.06 mm d^{-1} 和 2.98 mm d^{-1}。

与 T_g 的结果相反，由于叶面积更少，双主枝和单主枝处理下的单位叶面积蒸腾速率 T_l 值在两种水分条件下都大于三主枝对照。类似的结果在多种树种中有过报道，例如，剪去冠层顶层后蓝桉树剩余叶片蒸腾速率也表现出补偿效应，单位叶面积蒸腾速率和冠层导度均增强（Quentin et al.，2011），重度修剪过的桃树中也得出极为一致结论（Bussi et al.，2010）。Wullschleger et al.（2000）同样指出，修剪过的冠层能够更加有效地适应环境从而增强叶片蒸腾速率。

在水分条件良好的情况下，3个处理 T_l 值差异相对较小，水分胁迫条件下差异较大，说明土壤水分条件对枣树蒸腾规律影响很大。土壤水分充足情况下，三主枝和双主枝处理枣树 T_l 值极大地高于水分胁迫条件下的值，然而单主枝处理枣树 T_l 值在两种土壤水分条件下差异并不明显，仅表现为水分状况良好时 T_l 峰值持续时间略长。这说明主枝修剪能够降低枣树 T_l 对土壤水分的敏感性。

无论土壤水分胁迫与否，3个处理 T_l 与 ET_0 的日变化规律都极为同步，同样说明气象条件对枣树 T_l 影响很大。为了确定对枣树 T_l 影响最大的气象因子，图 8-15 计算了不同土壤水分条件下的退耦系数 Ω，每个水分条件选取一个月作为典型时段——2013年7月（DOY 182-212）为无水分胁迫条件代表，2014年8月（DOY 213-243）为水分胁迫条件代表。

VPD 和太阳辐射对蒸腾的影响可以通过 Ω 进行量化，当该值趋向0时表示气孔调节作用强，植物与大气的耦合性好，叶片表面不断发生气体交换，从而使叶片一直暴露在大气 VPD 下，此时 VPD 和气孔开度成为影响蒸腾的主要因子。但是如果叶片表面的空气与大气被边界层阻隔，叶片表面的水汽压亏缺长时间接近局部平衡状态，即使气孔释放的水汽能够影响这种平衡，相近的跨气孔水汽压梯度也会抵消气孔活动带来的这种影响，那

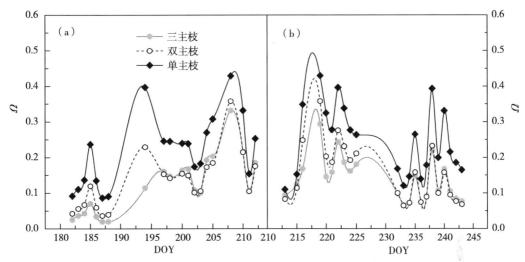

图 8-15　3 个处理日退耦系数 Ω 在 (a) 无水分胁迫条件和 (b) 水分胁迫条件下的动态

气孔的开张就无法影响冠层蒸腾，这种情况下植物与大气脱耦，Ω 值趋向 1，蒸腾主要受太阳辐射的控制 (Martin et al.，2001；Wullschleger et al.，2000)。图 8-15 显示，土壤水分条件对 Ω 值并无显著影响，Ω 始终保持在稳定的较低水平 (<0.4)，说明多数情况下冠层与大气耦合情况良好，VPD 对 T_l 的影响占主导地位，枣树在湿润和干旱两种水分条件下都能根据环境变化对 T_l 进行有效的生理控制。有效的气孔调节能够避免干旱条件下植物体内水势的下降，防止过度脱水和生理损伤 (陈立欣，2013)，有利于树木更好地应对水分胁迫，在干旱环境里持续生长。

图 8-16 里选择 VPD 作为典型因子，研究不同主枝修剪处理下冠层导度 G_c 对气象条件的敏感性，同样将无水分胁迫和水分胁迫两种条件分开来研究。冠层导度 G_c 随 VPD 的增加呈对数下降，说明当空气变得干燥的时候叶片气孔渐次关闭以防止过度的水分散失及木质部空穴化的产生，并保证叶水势在安全的范围 (David et al.，2004)。虽然 3 个处理 G_c 均随 VPD 下降，但下降速率各异，为了量化下降速率，本研究对 3 个处理 G_c 对 VPD 的敏感度 ($-dG_c/d\ln VPD$ 或 $-m$) 与参比冠层导度 G_{ref} 之间的关系进行对比。多重检验结果表明：$-m$ (或 $-dG_c/d\ln VPD$) 和 G_{ref} 在 3 个处理之间存在差异，两种水分条件下单主枝处理与双主枝处理之间差异均显著，单主枝处理与三主枝对照之间差异也都显著，但双主枝处理与三主枝对照之间的差异皆没有达到显著水平。这说明主枝修剪会改变 G_c 对气象因子的敏感性，单主枝处理下 G_c 对 VPD 的敏感性最高，因为在较低 VPD 的条件下它表现出较高的 G_c 值，故单主枝枣树具有最为活跃的气孔控制，这种特征使得单主枝枣树在较低 VPD 的情况下能够将碳同化最大化并降低干旱环境下木质部栓塞的风险 (Katul et al.，2003；Palmroth et al.，2008)。另外，单主枝枣树具有最高的 G_{ref} 值，虽然水分胁迫条件下气孔调节可以保证树木成活 (Yong et al.，1997)，但低冠层导度不利于碳同化，G_{ref} 值较低的枣树竞争力相对较弱，在长期严重干旱的情况下持续走低的碳同化会对植物生长造成潜在的不利影响 (McDowell，2011)，因此单主枝枣树应对干旱的能力最强。

叶水势，防止木质部产生过度栓塞的结果。该研究反映出中生植物拥有较为相似的木质部组织形态，在对内部的水势控制上存在较为普适的规律。

不同主枝修剪处理之间 $-m$（或 $-dG_c/d\ln VPD$）和 G_{cref} 的差异跟木质部抗栓塞特性和水通道蛋白活性等有密切关系（Nardini et al.，2003；Zwieniecki et al.，2007）。木质部解剖差异在很大程度上能反映木质部抗栓塞能力（Bush et al.，2008；Markesteijn et al.，2011；Pratt et al.，2007），因此本研究也对不同处理木质部取样进行了解剖结构分析（图 8 - 17）。

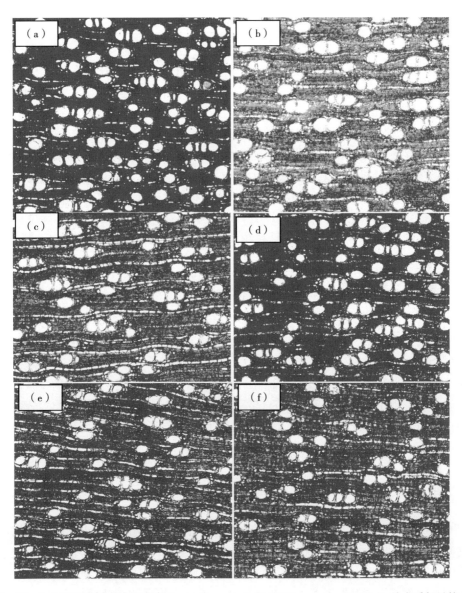

图 8 - 17　3 个处理枣树形成层向内 5 mm（a，c and e）和 15 mm（b，d and f）处木质部导管分布
注：（a）（b）为三主枝处理、（c）（d）为双主枝处理、（e）（f）为单主枝处理，图片放大 5 倍。

8.5.4　主枝修剪对枣树树干木质部导管直径的影响

由图 8-17 木质部导管分布图可以看出，枣树属于散孔材，木质部导管单独或者 2～3 个成簇均匀分布于树干横截面上。簇状分布多见于离心材较近的位置（右列子图），离心材越近，导管孔径也相对较小。

三主枝处理中，形成层向内 5 mm 处木质部平均导管直径为（48.39±0.51）μm，显著大于形成层向内 15 mm 处的平均导管直径（46.81±0.36）μm。同样，单主枝和双主枝处理下形成层向内 5 mm 处的木质部平均导管直径（43.20±0.39）μm 和（47.44±0.49）μm 显著大于形成层向内 15 mm 处的平均导管直径（40.74±0.38）μm 和（42.53±0.36）μm。与三主枝对照相比，单主枝和双主枝处理显著减小了形成层向内 15 mm 处的平均导管直径，同时也减小了形成层向内 5 mm 处的平均导管直径，但是差异只在单主枝与双主枝处理之间，以及单主枝与三主枝处理之间达到显著水平，双主枝与三主枝之间差异不显著。

木质部对空穴化的脆弱性是植物对环境适应性中的一个重要方面，空穴化会引起木质部导管发生气栓塞，阻碍水分运输和导致叶水势下降，所以是有害的（唐玉红和沈繁宜，2009）。研究发现，木质部边材抗栓塞能力与树木耗水性和抗旱性之间关系密切，耐旱性强的植物可防止木质部空穴和栓塞的发生，从而保证树木在干旱胁迫下木质部水分运输机能的正常运行。根据 Hagen-Poiseuille 方程，对于完美平滑管道，水力学导度（阻力的倒数）与半径的四次方成正比，因此管径越大水力学导度也越大（O'Grady et al.，2009；Steppe and Lemeur，2007），导水潜力越高，但同时发生木质部栓塞的风险也会升高，故木质部导管直径越大，树木对低水势和栓塞的抗性越弱（Nardini and Salleo，2000；Santiagoagustín et al.，2010；Tyree and Dixon，1986）。

单主枝修剪处理显著减小树干木质部导管直径说明该措施能够明显改善枣树应对低水势以及木质部栓塞的能力。这也解释了图 8-16 里单主枝处理中 T_l 在水分胁迫条件下能够保持正常状态，与无水分胁迫条件下的 T_l 日动态很相近，而三主枝处理中两种水分条件下 T_l 日动态差异很大。类似地，Namirembe et al.（2009）对决明子树的枝条修剪试验也认为修剪会减小导管直径。另外，Choat et al.（2005）和 Sobrado（2003）分别在热带雨林和热带山地生态系统的研究也指出修剪会降低植物茎秆水力学导度，从而增强植物对抗干旱和保持正常蒸腾的能力。

8.6　小结

（1）增大修剪强度能够有效减小枣树叶片生物量鲜重，从而减少枣树蒸腾耗水，尤其是修剪强度Ⅳ的处理标准能够较严格地控制枣树树体规格，在不同的年份都保持较小的枣树叶片生物量鲜重，强度Ⅳ处理下的枣树叶片生物量鲜重为强度Ⅰ处理下枣树的 18.4%～27.2%；强度Ⅰ—强度Ⅳ处理下枣树蒸腾生物量干重 3 年平均能达到 5.79 kg、5.21 kg、4.18 kg、3.40 kg；各修剪强度下的枣树蒸腾效率变化趋势一致，呈双峰曲线形式，同一生育期内各修剪强度间蒸腾效率变化差异较小，其变异系数基本低于 10%，2014—2016 年蒸腾效率平均值分别为 2.99 g/kg、3.17 g/kg、2.88 g/kg。与比较干旱的年份相比，降雨较多的年份用于无效蒸腾的土壤水分更多，导致蒸腾效率降低。

（2）同一生育期内枣树产量随修剪强度的增大有所降低，但并无显著性差异，且枣树水分利用效率随着修剪强度的增大得到了显著性提高，与修剪强度Ⅰ相比，修剪强度Ⅳ处理下的枣树 3 年平均产量仅降低了 4.3%，水分利用效率却提高了 12.0%。

（3）不同初始土壤水分会通过控制果实个数进而影响产量，2014 年初始含水率高的 1 区和 2 区产量分别高达 18 753.0 kg/hm²、12 434.3 kg/hm²，即使最低的 4 区土壤水分条件下仍然可以获得 6 750.0 kg/hm² 产量，这个产量相当于当地大田枣林产量的 1.5 倍。这个结果说明采用精细化节水型修剪在当地枣树旱作增产技术方面具有重要价值，也说明在半干旱区降雨不足枣树仍有较大生产潜力。

（4）主枝修剪可以在保证合理产量的同时改善土壤水分条件，同时提高了枣树根据当地的有效水资源量更好地调节生理活动的能力，其中单主枝枣树效果最为明显，适合作为主要推广措施。主枝修剪措施节约劳动力，一次实施多年有效，推荐与土壤覆盖保墒措施在雨养枣园集成应用，更大限度地减少水分消耗和损失，更有效地防控旱作枣园的土壤干燥化。

（5）主枝修剪措施减小了单位地面蒸腾速率，但增大了剩余叶片单位面积蒸腾速率，减小了单位叶面积蒸腾速率对土壤水分的敏感性，增加了冠层导度对气象因子的敏感性，但不影响枣树等水势调控蒸腾的策略。并且主枝修剪措施显著增大了参比冠层导度值，提高了持续干旱情况下的碳同化能力，有利于植物更好地生长，另外它会减小木质部导管直径，降低栓塞风险，更能保证干旱环境下树体的成活。

第9章 干化土壤再植试验

黄土丘陵区人工林地深层土壤形成的永久性干层，不仅会抑制现存植被生长，而且会加速植被的衰败死亡，更令人担心的是会给后续植被的选择和生存带来很大影响，有专家担心后续深根系、多年生植物不能作为更替植被进行再建造。黄土高原已经出现规模化的土壤干层并且逐年加重，研究干化土壤后续植被的种植及其生长状况甚为重要，目前主要研究多为人工林草植被衰败后种植一年生农作物，研究干化土壤背景下种植多年生、深根系植物的报道十分罕见。本章在深层干化土壤进行了枣树栽植试验，结果表明枣树在深层土壤干化情况下采取节水型修剪控制后可以有效限制营养生长促进生殖生长，仍然能获得较高的产量，枣树的生物水分利用效率和产量水分利用效率均有所提升。对大田干化土壤再植枣树采用节水型修剪，枣树仍可以保持良好生长态势，产量及其水分利用效率均高于相同水分条件下的常规修剪枣树。

9.1 研究方法

9.1.1 试验方案

研究区位于陕北米脂县远志山伐除 23 年旱作苹果园地，干化土壤深度达 10 m，平均土壤含水量 7.4%。

9.1.1.1 枣树限定生长空间+不同水分处理试验

试验设置 4 个水分处理（T1～T4）。灌溉方式采用滴灌，试验同 8.2.1.2 "不同初始含水量修剪试验"，试验于 2010 年 5 月 25 日（145 d）开始，2010 年 9 月 16 日（259 d）结束（2010 年 1 月 1 日为第 1 天）。

9.1.1.2 枣树限定不同生长空间试验

干化再植限定生长空间试验共设置 5 个处理，每个处理设置 4 个重复。每个处理为面积为 2 m×3 m 规格的小区（图 9-1）。小区深度分别 2 m、3 m、4 m、5 m、6 m。各小区四周采用水泥砌墙与周围土壤隔离（衬膜），底部用塑料隔膜限制各小区深度，使小区各处理为封闭土壤环境。小区依靠自然降雨补给土壤水分，2013 年各小区分别栽植 1 棵枣树。2014 年枣树度过缓苗期，生长状况达到稳定状态，树体采用节水型修剪，通过修建控制树体规格为高 160 cm±14 cm，冠幅 160 cm×（160 cm±14 cm），二次枝总长度 300±10 cm，每 7 d 复查修剪一次，尽量保持树体规格指标的精准化。2015 年、2016 年、2017 年进行试验观测。

9.1.1.3 大田试验

干化再植大田试验共设置 5 个样地：样地Ⅰ（试验区）为土壤深层干化地（前期 23a 生苹果林伐后再植枣树）再植枣林的节水型修剪观测区；样地Ⅱ是土壤深层干化地再

植枣林的常规矮化修剪观测区；样地Ⅲ是土壤深层未干化地（退耕造林）再植枣林的常规矮化修剪观测区；其中样地Ⅰ、Ⅱ、Ⅲ枣树栽植规格为高度（120±6）cm，地径（12±2）cm，密度 200 cm×300 cm，2013 年开始进入正常结果期，此时根据样地设计分别进行常规矮化修剪和节水型修剪，常规矮化修剪标准为高度 200 cm、冠幅 200 cm×200 cm，节水型修剪标准为高 160 cm、冠幅 160 cm×160 cm。样地Ⅳ是距样地Ⅰ约 200 m 处的 15 a 生枣林地（前期退耕还林）土壤水分调查区；样地Ⅴ（农地）为位于距样地Ⅰ约 150 m 处（属于 2 户，称为农地 A 和农地 B，农地 A 种植豆子，农地 B 种植糜子）的土壤水分调查区。样地均为梯田，面积在 520～740 m² 之间，观测点在梯田中央。各样地基本情况见表 9－1。

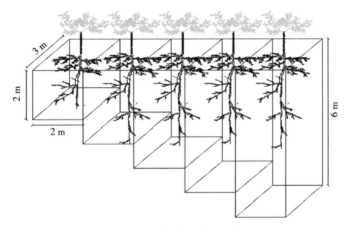

图 9-1　研究小区布设示意图

表 9-1　样地基本情况介绍

样地序号	样点名称	地貌部位	坡向	坡度（°）	海拔高度（m）	土壤水分测定时间
Ⅰ	试验区	峁坡中部	东坡	32	933	2011－04－21 2013－01－01—2015－12－31
Ⅱ	对照枣林 1（CK1）	峁坡中下部	东坡	32	930	2014－01－01—2015－12－31
Ⅲ	对照枣林 2（CK2）	峁坡中上部	东坡	31	947	2014－01－01—2015－12－31
Ⅳ	15 龄老枣林	峁坡中上部	东坡	32	938	2015－01－01—2015－12－31
Ⅴ	农地	峁坡中部	东坡	28	954	2011－04－24

9.1.2　指标测定与计算方法

（1）枣树茎直径微变化

茎直径微变化采用 DD 型线性差分径向变化仪（简称 LVDT，德国 Ecomatik 公司生产）连续测定。在每棵树安装一个探头，探头通过不胀钢框架安装在每株样树主干距地面 15 cm 处的北向，安装前先用木锉轻刮树干的死皮，以确保 LVDT 框架牢固和探头与主干接触良好，用隔热银箔纸将探头包住，以防止风、气温和降雨等对探头的直接影响。所有探头与 DL2e 型数据采集器（英国剑桥，Delta Device）相连，每 30 min 自动记录一次数据，直接采集的数据为 $MXTD$（茎直径日最大值）与 $MNTD$（茎直径日最小值）。

（2）枣树生理指标

用 CCM200 叶绿素测定仪进行叶绿素测定，主要观测叶片相对叶绿素含量的变化，枣树东西南北 4 个方位各选一枝枣吊，在所选的枣吊上选幼叶 10 片每隔 5 d 测定一次。于 2010 年 8 月梨枣果实膨大期选晴朗天气利用 LI - 6400 便携式光合测定系统（LI - 6 400xp，USA）对枣树成熟叶片进行气孔导度（Cond）、胞间 CO_2 浓度（C_i）等指标的测定。水分利用效率（WUE）为：净光合速率与蒸腾速率的比值，$WUE = P_n/T_r$。气孔限制值：$L_s = 1 - C_i/C_a$。利用 WinsCanopy 植物冠层分析仪器和自带分析软件通过对试验树半球照片的分析可以直接得出。采取定点观测。

（3）枣树生长指标监测与生物量

同 8.2.2 中的（1）枣树生长指标。

（4）土壤含水量

在各小区的中心位置按测量深度分别放置 2 m、3 m、4 m、5 m、6 m 深铝管作为中子仪土壤水分测定点，采用 CNC503B 型 NP 中子仪在每月初测定一次土壤体积含水量，测定间隔 20 cm，如遇降雨则在雨停之后测定。

干化土壤大田试验土壤水分测定深度均为 1 000 cm，测定间隔 20 cm，测定时间见表 9 - 1。样地中部各设定 3 个取样点，土壤水分定期测定借助 CNC503B 型 NP 中子仪，测定周期为 10 d，如遇降雨，则在雨停后及时测定。土壤机械组成用 MS2000 型激光粒度仪（Malvern Instruments，Malvern，England）测定。

（5）枣树耗水量

枣树耗水量公式可用式（6 - 3）计算。

（6）土壤水分亏缺度

土壤干化状况评价指标参考式（2 - 27），评价分级见表 9 - 2。

表 9 - 2 黄土高原土壤干化水分状况评价指标

亏缺状况	土壤含水率（%）	水分亏缺度（%）
轻度亏缺	$>75\theta_a$	<25
中度偏轻亏缺	$70\theta_a \sim 75\theta_a$	$25 \sim <30$
中度亏缺	$55\theta_a \sim <70\theta_a$	$30 \sim <45$
中度偏重亏缺	$50\theta_a \sim <55\theta_a$	$45 \sim 50$
重度亏缺	$<50\theta_a$	>50

注：θ_a 为生长阻滞含水率，相当于 60% 田间持水率。

（7）可用有效水总量

可用有效水量指高于枣树可用有效水下限的部分，根据枣树生长实际情况，本研究取

15 a 老枣林 0～600 cm 土层平均体积含水率 6.15% 为枣树可用有效水下限。

$$W_{TAW} = W_{PO} - 10h \cdot \theta_d \qquad (9-1)$$

式中，W_{TAW} 为可用有效水总量，mm；W_{PO} 为伐后土壤储水量，mm；θ_d 为可用有效水下限，取值为 6.15%。

（8）剩余有效水量

$$W_{RAW} = W_P - 10h \cdot \theta_d \qquad (9-2)$$

式中，W_{RAW} 为土壤剩余有效水量，mm；W_P 为目前土壤储水量，mm。

（9）消耗可用有效水

$$W_{PAWC} = (W_{TAW} - W_{RAW})/W_{TAW} \qquad (9-3)$$

式中，W_{PAWC} 为消耗可用有效水，%。

（10）枣树水分利用效率

$$WUE_b = B/ET \qquad (9-4)$$

式中，WUE_b 为生物量水分利用效率，kg/m³；B 为枣树生物量，kg/hm²；ET 为作物耗水量，m³/hm²。产量水分利用效率计算见式（8-9）。

9.2　"限定根系生长空间十不同水分处理"对枣树生理及产量影响

9.2.1　水分调控对茎秆特性的影响

枣树的茎秆既具有运输水分的能力，也具有储存水分的能力，前者通过木质部来实现，后者依赖茎秆中的薄壁细胞来完成。蒸腾开始时提供给叶子的水来自茎中的薄壁细胞。白天茎中水的抽出使树干的直径不时地发生变化，一般是早上最大而傍晚最小。茎秆收缩大多发生在木质部外围的活组织中，其细胞具有弹性较强的细胞壁，因而当水分从中抽出时细胞体积将减小。到了夜间蒸腾停止后，若土壤水分充足，根系吸收的水分来补充茎损失的水分使茎秆膨胀，茎秆复原或伴有生长；反之，茎秆不能复原。

如图 9-2（a、b）所示：4 个处理的枣树茎直径日最大值（MXTD）与茎直径日最小值（MNTD）具有相似的变化趋势。MXTD 与 MNTD 值都同试验初期的水平相近，后表现出差异，在 8 月 24 日（第 236 天）后出现 T1、T2、T3 复合的趋势，后又分离。试验期间：MXTD 与 MNTD 的值都表现为 T4＞T3＞T2＞T1，而在 8 月 24 日（第 236 天）后表现为 T4＞T1＞T3＞T2。试验观测：在 8 月下旬，高水分处理的 T1、T2 小区枣树又抽生出新的枝条。新营养器官增加了植株根系提水量，所以后期 T1 的 MXTD 与 MNTD 值都有增大的趋势。由图 9-2 可以看出，MNTD 的波动性要大于 MXTD 的波动性，这主要与 MXTD 出现在气象因素相差较小、大气蒸发较弱的早上，而与 MNTD 出现在气象因素相差较大、大气蒸发较强的下午有关。由对 T1、T2、T3 后期同水平处理下 MXTD 与 MNTD 出现趋势复合，说明枣树在经过不同程度干旱处理后经过复水可以恢复正常的生长现象。而对 T4 的胁迫处理下 MXTD 与 MNTD 始终保持较高的值。由茎秆的变化可以看出，土壤水分与其他环境因子共同作用，对枣树茎秆直径的生长产生重要影响。

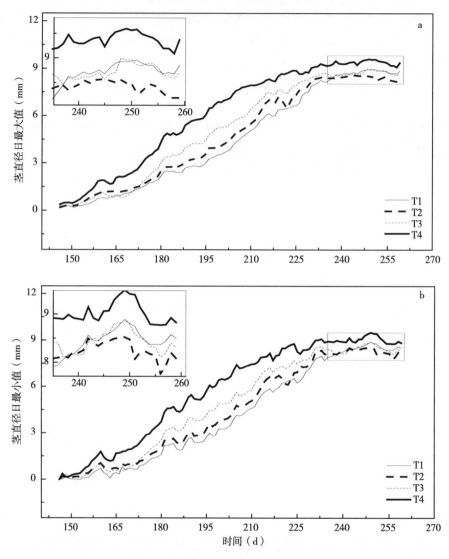

图 9-2　枣树茎直径结构特性指标值

由图 9-3 拟合性以及表 9-3 拟合方程的决策系数可以看出，枣树茎直径的生长很符合 Slogistic 1 曲线方程。图 9-3 为 Slogistic 1 方程曲线图。由图 9-4 可知，$x = X_c$ 为曲线转折点，拟合植物即由快速增长转为缓慢增长时间点。由表 9-3 可知，$MXTD$ 与 $MNTD$ 的生长速率转折时间点与土壤水分处理有很大关系。本试验 T1、T2、T3、T4 处理的小区枣树 $MXTD$ 生长转折时间点分别为第 209 d、201 d、195 d、185 d，$MNTD$ 生长转折时间点分别为第 209 d、203 d、196 d、187 d。试验得出土壤水分高的枣树快速生长的时间周期大于土壤水分低的，并且 $MNTD$ 的生长转折时间点要滞后于 $MXTD$ 的时间点。分析中假设 K 为水分限制系数，由处理结果可得，土壤水分高的 K 值小，土壤水分低的 K 值大。

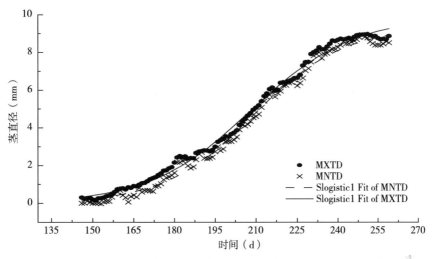

图 9 - 3 是对 *T*1 处理茎直径 *MXTD* 与 *MNTD* 进行 Slogistic 1 方程拟合示意图

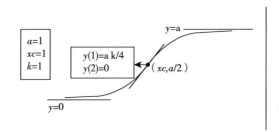

图 9 - 4 Slogistic 曲线图

表 9 - 3 不同水分处理茎直径拟合方程参数

处理	茎直径	$Y=a/\{1+\exp\,[-k\times(x-x_c)]\}$			
		a	X_c	k	r^2
T1		9.834 1	208.106 2	0.053 93	0.994 3
T2		9.087 9	200.386 5	0.058 07	0.991 2
T3	*MXTD*	9.050 2	194.403 0	0.064 51	0.994 3
T4		9.470 5	184.935 4	0.066 83	0.996 2
T1		9.300 5	208.878 6	0.061 04	0.993 0
T2		8.842 5	202.657 0	0.061 85	0.990 3
T3	*MNTD*	8.725 8	195.990 8	0.067 95	0.990 5
T4		9.128 2	186.770 1	0.069 68	0.992 7

9.2.2 水分调控对枣树形态结构的影响

叶面积指数（LAI）指一定土地面积上所有植物叶表面积与所占土地面积的比率，它反映的是可用于光能截获和气体交换的植物潜在叶片面积。叶面积指数和植物群体的光合作用、光合和蒸腾的相互作用、水分利用及生产力构成等过程都有着密切的关系，其作为一个重要的农学、生态学和气象学参数，被广泛应用于植物生长、能量平衡和冠层反射的模型研究。如图9-5所示，本试验在6、7、8三个月末对小区枣树进行了冠层形态以及生长指标的测定。4个处理小区的枣树叶面积指数（LAI）在6、7月份无差异，在8月份表现出差异性。T1、T2、T3处理间无差异，与T4处理有差异，T4、T3间无差异。叶面积指数总趋势为：T1＞T2＞T3＞T4，与土壤水分处理呈正相关关系。8月比6月的增长幅度各处理间无差异。分析可得：土壤水分高的利于枣树地上部分的扩展生长。

透光率是一定时间内透过冠层并到达下方入射辐射数量的相关的量化数据，利用冠层透光率能够很好地预估冠层的郁闭程度。从图9-5可以看出，枣树随着自身地上部分的生长，植株透光率呈减小趋势。各处理间的枣树植株透光率无差异。但一般认为冠层透光率在25％～35％比较合适，这样既不会造成光能的不充分利用，也不会造成果园郁闭，从而影响果实产量和品质。由图9-5可见，各处理间枣树植株冠层透光率无差异，8月比6月的减小幅度也无差异。但从7月底到8月底，只有T2、T3处理的枣树冠层透光率在25％～35％适宜范围内。由试验得出，枣树冠层透光率总趋势为：T1＜T2＜T3＜T4，与叶面积指数趋势相反，与土壤水分处理呈负相关关系。低水分处理的枣树由于地上部分生物量少，叶面积指数小，所以冠层透光率大。而高水分处理的枣树由于地上部分生物量大，叶面积指数大，所以冠层透光率小。

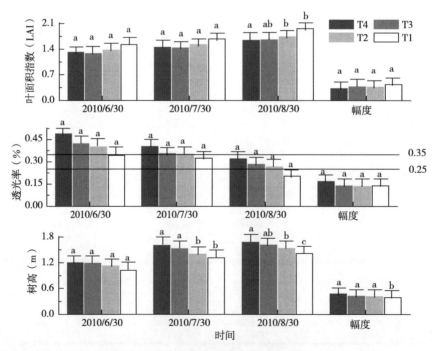

图9-5　枣树冠层结构特性指标值

由图9-5各处理不同时段树高所示，土壤水分对枣树植株高度影响较大。树高总趋势为：T1＜T2＜T3＜T4，与叶面积指数趋势相反，与冠层透光率趋势相同，与土壤水分处理呈负相关关系。说明水分低的可以促使枣树植株高度的增加，而水分高的有抑制植株高度增加促进枣树横向扩展生长的趋势。这可能与枣树属于耐旱树种的生长特性有关。

9.2.3　水分调控对叶片的影响

叶片作为植物的重要营养器官，对植物形态的构建以及生长发育起到关键作用。而叶片叶绿素含量、胞间 CO_2 浓度、气孔导度等结构特性直接影响到叶片光合与蒸腾等功能特性，进而影响到植物生长发育。

如图 9-6（a）所示，4 个处理的枣树叶片叶绿素相对含量与试验初期的水平相近，经过（6 月 3 日—7 月 21 日；154～202 d）阶段的差异变大，该阶段枣树由萌芽展叶到开花坐果，叶片处于快速生长时期。（7 月 21 日—8 月 14 日；202～226 d）阶段的差异变小，该阶段枣树进入果实膨大期，主要的营养供应给果实的生长，而低水分处理的枣树由于根系吸收矿物质营养元素阻力大，所以叶片叶绿素降解有向外转移矿质元素的可能。因此各处理间的叶绿素相对含量值差距减小。（8 月 14 日—9 月 16 日；226～259 d）阶段的差异先变大后变小。该阶段果实由缓慢生长到成熟期的停止生长，叶片获得一个短暂的生长期后进入停止生长阶段。8 月 24 日由于 T1、T2 和 T3 复水至同一水平，由图 9-6（a）可见，T3 处理枣树叶片叶绿素相对含量有降低趋势。在 9 月 6 日（第 249 天）对 T4 处理由土壤水势为 -526 kPa（果实萎蔫状态）复水至土壤水势为 -311 kPa，由图 9-6（a）看出 T4 处理在 9 月 8 日有一个明显的叶绿素相对含量降低点，但由于长期水分胁迫，后期叶绿素相对含量又增大。所以试验末期 T1、T2、T3 处理的叶片叶绿素相对含量水平相当，而 T4 处理的叶绿素值最大。

试验期间，叶绿素相对含量值 T3＞T4＞T2＞T1，基本符合水分调控的水势梯度处理。土壤水分高的叶片生长快，由于叶片大而薄，叶绿素分散，所以相对含量值低。土壤水分低的叶片生长慢，叶片小而厚，叶绿素集中，所以相对含量值高。T3＞T4 的原因可能为 T4 处理的枣树受到水分胁迫，叶片生长受阻，而植物本身的生理活性降低，叶绿素合成少，所以相对含量要低于 T3 的。

气孔导度（Cond）是反映气孔阻力的一个参数，Cond 大则气孔阻力小，因此大的 Cond 有利于气体交换，使光合所需的 CO_2 易于进入气孔。如图 9-6（b）所示，梨枣叶片气孔导度日变化呈单峰型，最大值出现在午后 1 点到 3 点（除 T4 处理外）。在 19 点所有处理气孔导度达到一天内的最低值。Cond 值日变化过程趋势为 T1＞T3＞T2＞T4，趋势说明高水分处理枣树气孔导度大，利于气体交换。而 T3＞T2 分析原因可能为：由于两个处理设定的土壤水分处在枣树灌溉适宜范围内，对枣树耐旱特性而言更适合偏旱土壤环境。所以 T3 处理枣树生理活性好于 T2 处理的。

C_i 作为叶片光合的主要原料，对叶片光合生产起着重要作用。如图 9-6（c）所示，C_i 趋势为：T1＞T3＞T2＞T4，与气孔导度日变化趋势相同。T3、T4 处理的 C_i 日变化趋势相同，T1、T2 处理的 C_i 日变化趋势相同。在 19 点时，T2、T3、T4 处理的 C_i 发生了突变，分析原因可能为：此时叶片气孔大部分关闭，光合减弱而呼吸增强。所以胞间 CO_2 浓度上升。而 T1 处理白天气孔开度大，尚有部分 O_2 可用于光合，所以 C_i 继续降低。

气孔限制值采用 Berry 等提出的 $L_s = 1 - C_i/C_a$ 计算（C_a 为外界 CO_2 浓度），用以表征由于气孔导度降低导致的进入胞间的 CO_2 的减少以及由此带来的对光合速率的影响。如图 9-6（d）所示，气孔限制值的趋势为：T4＞T2＞T3＞T1，与气孔导度和胞间 CO_2 浓度日变化趋势相反。T3、T4 处理的气孔限制值日变化趋势相同，T1、T2 处理的气孔限制值日变化趋势相同。高水分处理小区的枣树叶片气孔限制值最小，而低水分处理的气孔限制值最大。在 19 点时，T4、T3、T2 处理的气孔大部分关闭，由于光合的减弱而呼吸作用的增强，因此胞间的 CO_2 浓度升高，气孔限制值降低。而高水分处理的 T1 在 19 点外界 CO_2 升高时由于尚有相当的气孔未关闭，因此光合对胞间 CO_2 的消耗使得气孔限制值增加。

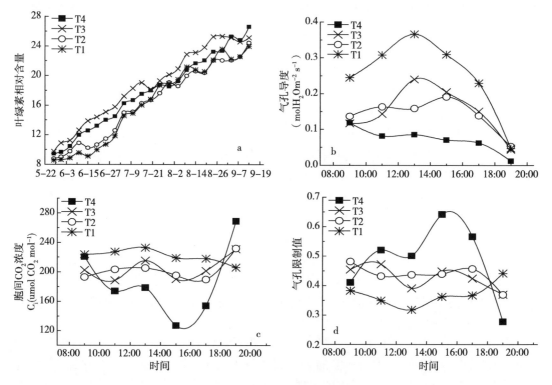

图 9-6　枣树茎秆特性指标值

9.2.4　水分调控对叶片光合特性的影响

如图 9-7 所示，在不同水分处理下：①梨枣叶片净光合速率（P_n）日变化曲线都呈单峰型。T1 处理的枣树叶片 P_n 最大，而 T2、T3 处理的枣树叶片 P_n 相差不大，在 11 点之前，T2 大于 T3；11 点到 17 点，T3 大于 T2；17 点之后，T2 等于 T3。T4 处理的枣树叶片 P_n 最小。说明适当灌溉可以提高枣树叶片的净光合速率。②蒸腾速率（T_r）的变化趋势与净光合速率变化趋势相同，日变化曲线也呈单峰型。4 个处理 T_r 最大值均出现在午后 15 点，早晚 T_r 比较小。由变化趋势可以看出：适当灌溉可以增加枣树叶片的蒸腾速率。③水分利用效率（WUE）的变化趋势与 P_n 和 T_r 趋势相反。早晚 WUE 高，15 点

WUE 最低。T4 处理的叶片 *WUE* 要大于其他处理的。T2、T3 叶片 *WUE* 相差不大。T1 叶片的 *WUE* 最小。在 19 点时，趋势发生改变，T4 叶片的 *WUE* 最低，T1 叶片的 *WUE* 最大。这主要是因为 19 点 T4 处理叶片气孔大部分关闭，净光合速率迅速降低，导致净光合速率与蒸腾速率比值（即水分利用效率）降低。由水分利用效率的变化趋势表明，适当灌溉会降低枣树叶片水分利用效率，这或许与枣树耐旱特性有关。

植物的光响应曲线反映的是随着光合有效辐射的增大植物光合速率的变化特性。不同水分处理枣树叶片的 P_n - *PAR* 响应曲线如图 9 - 8。①9—10 点，随着光强的增大，各处理枣树叶片 P_n 呈增大趋势，由图 9 - 8（b）可以看出，土壤水分高的枣树叶片无论在利用弱光或是强光能力都要大于土壤水分低的。当光强强度超过 1 500 $\mu mol \cdot m^{-2} \cdot s^{-1}$ 以后，T2、T3、T4 三个处理的光合响应曲线有下降趋势，但 T1 的仍在上升。②18—19 点的枣树叶片光响应曲线与早上的有所不同，T1 与 T3 存在相交点，T2 与 T4 存在相交点。在弱光利用上，并不表现出水分高的枣树叶片 P_n 一定大于水分低的。但在强光利用上则表现出较明显的土壤水分高的枣树叶片 P_n 大于土壤水分低的趋势。

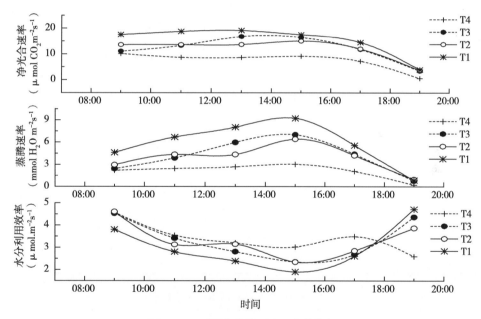

图 9 - 7　不同水分处理生理参数指标

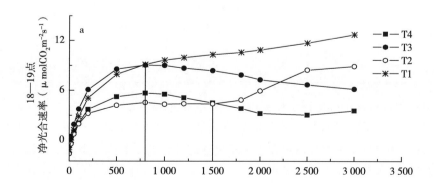

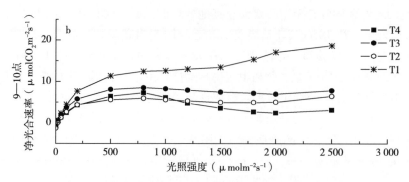

图 9-8 不同水分处理不同时段下枣树叶片光响应曲线图

9.2.5 不同水分处理对枣树产量的影响

如表 9-4 所示，不同水分处理枣树初期坐果、终期收获以及果实生长期间的落果都存在显著性差异。枣树在 6 月底进入坐果期，由 7 月 5 日坐果数可以看出，高水分处理的枣树结果数要明显大于低水分处理的，并且差异显著。随着果实的增长，在 7 月 25 日与 8 月 14 日，T2、T3 之间果实数差异不显著，在 8 月 4 日，T1、T2、T3 之间果实数差异不显著，其他时段 4 个处理的果实数差异都显著。随着土壤水分的增大，枣树保果率显著性提高。由此说明，适当灌溉不仅可以提高枣树坐果数量，还可以提高枣树保果率，提高枣树收获果实数量。

表 9-4 不同水分处理果实数量动态变化

处理	7.5	7.15	7.25	8.4	8.14	8.24	9.4	9.14	9.24	保果率（%）
T1	156a	136a	124a	108a	99a	94a	82a	76a	73a	46.79a
T2	143b	132b	112b	99a	84b	79b	73b	65b	62b	43.36b
T3	136c	124c	110b	91a	78b	67c	64c	60c	55b	40.44c
T4	116 d	105 d	93c	76b	65c	60c	52 d	46 d	41c	35.34 d

表 9-5 不同水分处理枣树源库比较

处理	枝条数	坐果枝条数	坐果枝平均坐果数	坐果枝率
T1	245a	30a	2.489a	0.133a
T2	209a	26b	2.491a	0.121a
T3	216a	24b	2.290a	0.111a
T4	183a	19c	2.165a	0.107a

在 9 月 24 日对各小区枣树统计了总枝条数、坐果枝条数，并计算了坐有果实枝条数的平均坐果数、坐果枝条数与总枝条数比值（坐果枝率）。如表 9-5 所示，不同水分处理：①枣树总枝条数差异不显著，但土壤水分高的枝条数量要多于土壤水分低的；②高水分处理的坐果枝条数要显著多于低水分处理的，T2、T3 之间无差异；③随着土壤水分的

增大，坐果枝平均坐果数与坐果枝率都有提高，但差异不显著。

如表 9-6 所示，随着土壤水分的增大，枣树果实收获个数、单果重、总产量都有所增加。土壤水分越高，果实收获个数显著增加。但超过一定水分范围，单果重与总产量不会继续增大，反而会下降。这主要是由于过高的土壤水分会使枣树营养生长过旺，根的生理生化活性降低，枣树树体内膛封闭，透光性差，所以导致果实个数虽多但单果重不高，总产量相对于中水平土壤水分的低。

表 9-6 不同水分处理枣树产量比较

处理	果实个数（个）	单果重（g）	总产量（g）
T1	73a	35.48b	2 412.64a
T2	62b	42.41a	2 629.42a
T3	55b	33.63b	1 984.17b
T4	41c	29.48c	1 297.12c

9.3　限定根系生长空间下枣树地上生物量与土壤水分

9.3.1　限定生长空间对枣树生理指标的影响

根据枣树生长习性和萌芽结果特点，我们将枣树的年生长周期分为生育期和休眠期，生育期包括萌芽展叶期、开花坐果期、果实成熟期和成熟落叶期 4 个生育阶段。萌芽展叶期从 5 月初持续到 6 月初，约 30 d 左右；开花坐果期由 6 月初到 7 月中旬，约 45 d 左右；果实成熟期由 7 月中旬到 9 月中旬，约 60 d 左右；成熟落叶期由 9 月中旬到 10 月上旬，约 30 d 左右；全生育期共计 165 d 左右。气象因素和枣树自身生长特性等使枣树物候期在年际间划分存在 10 d 左右的微小差异，根据枣树生长状况，2015—2017 年枣树物候期如表 9-7。

表 9-7　枣树生长周期各阶段起止日期

年份	物候期各阶段起止日期				
	休眠期	萌芽展叶期	开花坐果期	果实成熟期	成熟落叶期
2015	2014.10.14—2015.5.7	5.8—6.12	6.13—7.15	7.16—9.16	9.17—10.11
2016	2015.10.12—2015.4.30	5.1—6.7	6.8—7.13	7.14—9.18	9.19—10.13
2017	2016.10.14—2015.5.4	5.5—6.9	6.10—7.20	7.21—9.19	9.20—10.18

为了便于计算和统计，我们将 2015—2017 年试验区枣树的年生长周期统一划分为：休眠期（上一年 10 月 15 日—5 月 4 日）、萌芽展叶期（5 月 5 日—6 月 9 日）、开花坐果期（6 月 10 日—7 月 16 日）、果实成熟期（7 月 17 日—9 月 18 日）、成熟落叶期（9 月 19 日—10 月 14 日）。

　　枣树的生长状况可以从外观上直接体现出枣树的生命活动，环境因子和枣树的自身代谢活动共同作用，决定了枣树的生命活动。枣树的枝条、枣吊是贮藏运移营养物质的主要载体。图9-9至图9-11分别为3年观测期枣树主枝长度、侧枝长度和枣吊长度的平均增长速率。由图9-9和图9-11可知，枣树生育期主枝长度、枣吊长度的生长速率均呈单峰曲线变化，在萌芽展叶期，主枝长和枣吊长的增长速率极大，是二者快速增长阶段，在开花坐果前期达到最高值，随后增长减缓并逐渐停止，各小区主枝最大干物质积累速率分别为0.065 g/d、0.064 g/d、0.065 g/d、0.069 g/d、0.070 g/d；枣吊最大干物质积累速率分别为0.754 g/d、0.810 g/d、0.828 g/d、0.864 g/d、0.924 g/d。而侧枝在整个生长阶段的生长趋势如图9-10所示，在萌芽展叶期，侧枝增长速率迅速增加，进入开花坐果期后匀速生长，在果实成熟期开始逐渐减缓。相比主枝和枣吊，侧枝长度的增长从萌芽展叶期一直持续到成熟落叶期，在成熟落叶期虽然增长速率减缓但仍然保持生长，这也从另一方面说明了通过对枣树侧枝修剪可以有效控制枣树树体规格。各小区之间主枝长度、侧枝长度、枣吊长度的增长速率如图9-12所示，各处理小区主枝长度、侧枝长度、枣吊长度的生长速率在$P=0.05$水平上无显著性差异。

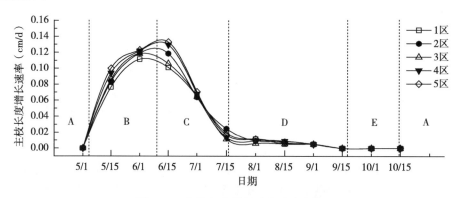

图9-9　主枝长度增长速率动态变化

注：（A）休眠期；（B）萌芽展叶期；（C）开花坐果期；（D）果实成熟期；（E）成熟落叶期。

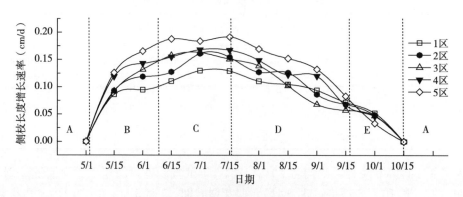

图9-10　侧枝长度增长速率动态变化

注：（A）休眠期；（B）萌芽展叶期；（C）开花坐果期；（D）果实成熟期；（E）成熟落叶期。

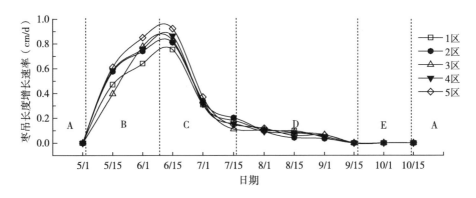

图 9-11　枣吊长度增长速率的动态变化

注：（A）休眠期；（B）萌芽展叶期；（C）开花坐果期；（D）果实成熟期；（E）成熟落叶期。

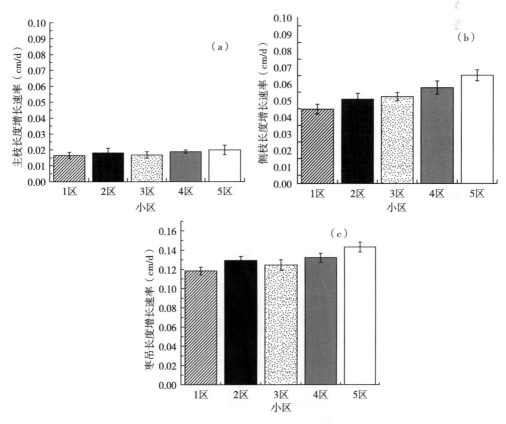

图 9-12　各小区生理指标增长速率对比

注：（a）主枝长度增长速率；（b）侧枝长度增长速率；（c）枣吊长度增长速率。

9.3.2　枣树物候期生物量动态变化

将观测期各小区枣树不同器官的生物量计算后制表 9-8。由表可知各小区休眠期生物量为生育期最低，5 个小区的总生物量分别为 2 943.45 g、2 912.45 g、2 955.38 g、

2 635.73 g、3 056.07 g。初春随着气温逐渐升高，枣树由休眠期进入萌芽展叶期，主枝、侧枝、枣吊、叶片在萌芽展叶期生长迅速，6—8月开花坐果期花芽分化有机物迅速积累，生物量显著增加。8—9月果实成熟期，主枝、枣吊、叶片的生长减缓，枣树累积的有机物大多用于果实成熟，此阶段是生物量累积最大的时期，生物量增长速率明显高于其他生育期并逐渐达到最高值。10月果实成熟后，枣树进入成熟落叶期，果实全部经人工采收，脱落性枣吊及叶片掉落，生物量开始逐渐下降。

从生物量最低的休眠期至生物量最高的果实成熟期，各器官生物量积累量表现不一致。主枝的干物质在萌芽展叶期和开花坐果期积累量高，后期积累较少，果实成熟期各小区主枝生物量较休眠期分别增加了 14.57%、16.23%、16.19%、22.64%、28.45%。侧枝生物量在生育期的各个阶段均有所增加，仅在果实成熟期后增长逐步减缓，成熟落叶期干物质积累量为全年最高，成熟落叶期各小区侧枝生物量较休眠期分别增加了 30.44%、37.55%、37.74%、45.77%、30.48%。枣吊在萌芽展叶期和开花坐果期达到生长盛期，较休眠期增加近4倍，到果实成熟期基本停止生长。叶片生物量自萌芽展叶期开始持续增加，直至果实成熟期生长逐渐减缓。对于枣树来说，果实成熟期是当年生物量增加的主要时期，果实成熟期果实生物量增加了 3 745.32 g、3 839.14 g、3 875.23 g、3 961.04 g、3 947.07 g，占全年净增生物量的 51.75%、46.77%、48.27%、45.40%、44.84%。观测期末各小区之间的生物量在 $P=0.05$ 水平上无显著性差异。

表 9-8　各小区物候期不同器官的生物量变化

单位：g

小区	生育期	主枝	侧枝	枣吊	叶片	果实	总生物量
1 区	休眠期	1 247.64	1 981.03	314.78			3 543.45
	萌芽展叶期	1 315.43	2 159.61	962.12	295.82		4 732.98
	开花坐果期	1 400.96	2 248.65	1 141.76	847.45	392.54	6 031.36
	果实成熟期	1 429.37	2 351.42	1 154.08	1 751.01	3 745.32	10 431.2
	成熟落叶期	1 429.51	2 401.42	420.41	312.67		4 564.01
2 区	休眠期	1 253.38	1 975.19	283.87			3 512.44
	萌芽展叶期	1 362.75	2 198.28	866.85	487.51		4 915.39
	开花坐果期	1 432.62	2 329.52	1 018.78	1 043.93	512.79	6 337.64
	果实成熟期	1 456.76	2 405.33	1 019.57	1 819.96	3 839.14	10 540.76
	成熟落叶期	1 467.95	2 491.51	389.43	464.09		4 812.98
3 区	休眠期	1 298.24	1 873.35	383.79			3 555.38
	萌芽展叶期	1 402.37	2 228.19	1 005.55	646.46		5 282.57
	开花坐果期	1 487.89	2 269.95	1 108.35	1 485.68	475.02	6 826.89
	果实成熟期	1 458.46	2 364.43	1 186.09	1 699.2	3 875.23	10 583.41
	成熟落叶期	1 359.62	2 391.69	320.35	238.5		4 310.16
4 区	休眠期	1 253.56	1 882.86	499.31			3 635.73
	萌芽展叶期	1 394.24	2 062.6	991.37	484.92		4 933.13

（续）

小区	生育期	主枝	侧枝	枣吊	叶片	果实	总生物量
	开花坐果期	1 425.56	2 257.31	1 116.42	912.83	569.96	6 282.08
4 区	果实成熟期	1 537.38	2 380.72	1 297.71	2 082.93	3 961.04	11 259.78
	成熟落叶期	1 570.95	2 470.05	489.34	511.74		5 042.08
	休眠期	1 219.37	2 066.55	370.14			3 656.06
	萌芽展叶期	1 435.58	2 192.51	890.22	577.52		5 095.83
5 区	开花坐果期	1 549.11	2 179.07	1 036.97	1 182.75	578.3	6 726.2
	果实成熟期	1 566.25	2 398.76	1 293.5	2 052.88	3 947.07	11 258.46
	成熟落叶期	1 598.42	2 513.6	505.04	393.11		5 010.17

9.3.3　枣树地上生物量与土壤水分

生物量是绿色植物转换利用光能与营养物质累积的结果，旱作枣树生物量是影响半干旱区枣林土壤水分的重要指标。根据刘晓丽（2013）等人的研究，将密植枣林深层土壤剖面分别命名为：强耗水层（2.0～4.4 m）、弱耗水层（4.4～5.0 m）及微弱耗水层（5.0～7.0 m）。本研究中耗水层是指植物根系吸收水分用于植物生长与蒸腾的土壤水分最多的土层，也就是观测期间土壤含水量发生明显变化的土层。在此，对试验区 2015—2017 年枣树规格、单株地上生物量（保留部分＋修剪部分）、耗水层年平均土壤含水量进行统计作表 9－9，由表 9－9 可以看出同年各小区之间的生物量在 $P=0.05$ 水平上无显著性差异，符合试验设计要求。

表 9－9　各小区枣树生长状况与水分状况

年份	小区	生长状况		生物量	水分状况	
		树高（cm）	冠径（cm）	单株生物量（g）	降水量（mm）	耗水层土壤含水量（%）
	1 区	125a	125×128a	3 564.59a＋513.33c		6.79a
	2 区	122a	132×127a	3 614.59a＋583.48b		7.12a
	3 区	132a	129×128a	3 714.85a＋595.14b		7.55a
2015 年	4 区	130a	133×131a	3 784.27a＋603.57b	434.80	8.23a
	5 区	128a	134×140a	3 902.11a＋698.85a		8.80a
	平均	127	130×130	3 716.08＋598.87		7.70
	1 区	125a	126×125a	4 132.14a＋702.17c		6.84a
	2 区	125a	125×128a	4 328.81a＋768.82b		7.26a
	3 区	134a	130×128a	4 384.45a＋774.59b		7.69a
2016 年	4 区	137a	133×137a	4 368.11a＋791.34b	590.80	8.51a
	5 区	128a	134×123a	4 434.95a＋874.06a		9.23a
	平均	130	129×128	4 329.69＋782.20		7.91

（续）

年份	小区	生长状况		生物量	水分状况	
		树高（cm）	冠径（cm）	单株生物量（g）	降水量（mm）	耗水层土壤含水量（%）
2017年	1区	129a	133×125a	5 193.52a+855.34c		6.99a
	2区	128a	131×139a	5 320.86a+903.83b		7.41a
	3区	134a	132×126a	5 286.81a+969.06a	619.60	7.80a
	4区	138a	131×138a	5 313.32a+992.46a		8.82a
	5区	135a	136×138a	5 426.36a+996.47a		9.79a
	平均	133	133×133	5 308.17+943.43		8.16

注：同列不同字母表示处理间差异显著（$P<0.05$）。

由表9-9还可以看出，尽管试验采取了相同的修剪指标控制树体规格，限制树体自由生长，但是不同年份各小区的生物量表现出2017年＞2016年＞2015年的规律。这里可能有树龄因素也有降水量因素的影响，观测期三年中的降水量2015年434.80 mm，2016年590.8.20 mm，2017年619.60 mm，与生物量的变化规律一致。经测算发现，试验区枣树根系深度还受到小区深度限制，如1区和2区处理深度只有2 m和3 m，导致枣树根系层深度无法超越小区深度，同时，小区深度也会限制土壤储水量，由于缺少深层土壤水分补给，所以1区、2区供给枣树生长的土壤储水量较3区、4区、5区要小，所以枣树生长总量较小。3区、4区、5区处理深度逐渐加大，意味着土壤储水能力和土壤储水量对枣树生长作用逐渐增加，枣树各处理上的总生物量也呈增加的趋势并呈现一定的相关性，三年内生物量与小区深度的Pearson相关系数分别为0.986＊＊、0.921＊、0.963＊＊，但由于我们采取修剪控制树体生长，各处理之间的生物量差异不显著，由此造成的各处理地上生物量与耗水层土壤水分差异也不显著，这也证明限制枣树生长一定程度上限制了土壤水分的消耗量。

9.4 限定根系生长空间下枣林耗水

9.4.1 限定生长空间下的枣林耗水

试验无人工灌溉，降雨是试验区土壤水分补充的唯一途径，各小区地表面积相同，因此接收的降水量也相同。试验观测期间，试验各处理土壤含水率变化如图9-13所示。从图9-13可以看出，2014年枣树度过缓苗期树体较小，消耗的水分少，土壤含水率达7%左右。2015年，枣树树体达到一定规格生长需水量增大，但2015年降水量较少，1～2 m土层土壤含水率接近凋萎含水量，枣树通过吸收更深层的土壤水分维持生长，导致了2015年耗水深度明显增加。2016年降水量增加，当年的降水量能够满足枣树生长需水量，土壤含水量在0～300 cm土层有所恢复。2017年降水量较大，在满足枣树生长前提下，土壤水分仍有富余，土壤含水量在2016年的基础上再次增加。3区、4区、5区320 cm以下土壤水分含量有逐年提升的趋势，320 cm以上各小区土壤水分变化规律基本相同，说明枣树在试验所限定的规格下土壤耗水深度均在320 cm左右。在本地区的研究表明，未修剪的 5a 枣树耗水深度可达 440 cm，试验地 5 龄枣树耗水深度远低于未修剪的枣树，说明一定强度的节水型修剪可以有效降低枣林的耗水深度。树冠生长与根系生长和土壤水肥资源之间存在关系，根系吸水能力的变化可用于判断枝条生长情况。树木地上部分各器官的形成和生长与地下部分根系的形成和生长密切相关。通过修剪导致枣树根系发生了一系列变化以平衡根—枝比，从而影响根系吸水能力，使枣树的根系分布层被限制在一定范围，进而控制枣树耗水深度（Ma et al.，2013）。汪星（2017）的研究也证实了在陕北黄土丘陵区，矮化密植枣林根系分布深度和消耗土壤水分的深度比传统的稀植枣林浅，说明矮化密植措施降低了枣林根系深度具有对枣树根系调控的作用。

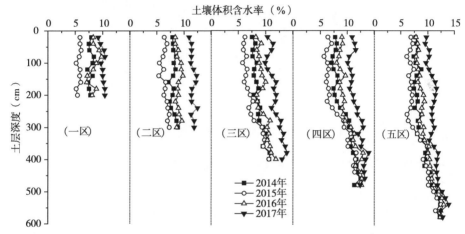

图 9 - 13　不同小区 0～600 cm 土壤水分年际变化

9.4.2　限定生长空间下的枣林储水量变化

由于小区深度不同，限定体积内土壤补充的水分和接受的降水量有限，在相同降雨条件下小区储水量不同，使得 5 个小区存在储水量梯度。5 个小区在自然降雨条件下耗水层的土壤储水变化情况如图 9 - 14 所示。1 区试验观测期储水量分别为：2014 年 154.94 mm、2015 年 113.74 mm、2016 年 167.77 mm、2017 年 199.96 mm；2 区试验观测期储水量分别为：2014 年 241.29 mm、2015 年 195.49 mm、2016 年 268.85 mm、2017 年 348.37 mm；3 区试验观测期储水量分别为：2014 年 252.02 mm、2015 年 210.32 mm、2016 年 277.39 mm、2017 年 342.36 mm；4 区试验观测期储水量分别为：2014 年 269.97 mm、2015 年 228.21 mm、2016 年 294.25 mm、2017 年 361.87 mm；5 区试验观测期储水量分别为：2014 年 270.71 mm、2015 年 233.20 mm、2016 年 289.72 mm、2017 年 361.17 mm；干旱年（2015 年）各小区储水量相比 2014 年呈明显下降趋势，干旱年土壤水分不仅得不到补偿反而大量消耗土壤深层的储水，各小区土壤储水量亏缺量分别为 41 mm、46 mm、42 mm、42 mm 和 38 mm。2016 年、2017 年的土壤水分通过自然降水恢复，甚至超过 2014 年初始土壤储水量。2016 年各小区储水量比上一年盈余 54 mm、73 mm、67 mm、66 mm、57 mm。2017 年各小区储水量比上一年盈余 32 mm、80 mm、65 mm、68 mm、71 mm。2017 年观测期末相比 2014 年观测期初，各小区土壤储水量分别上升了 29.1%、44.4%、35.8%、34.0%、33.4%。储水量的变化情况与降水量的变化规律相同，这说明在非干旱年可以通过一定强度的节水型修剪雨养枣树恢复土壤干层。

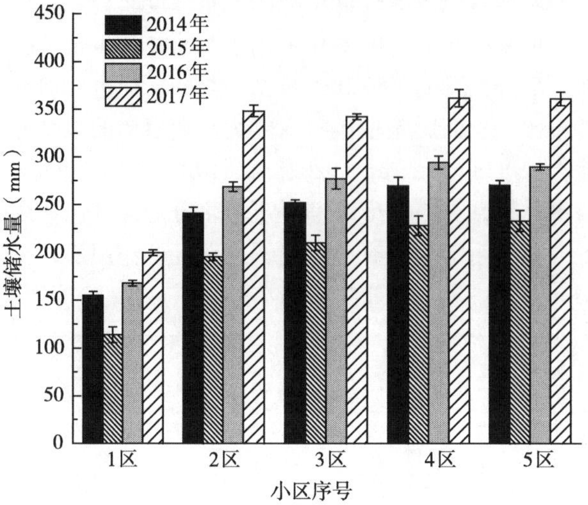

图 9-14　各小区耗水层土壤储水量逐年变化

9.4.3　限定生长空间下的降水量、储水量变化量和耗水量

计算 2015 年、2016 年、2017 年各小区枣树耗水量，与小区储水量变化和降水量对比制作表 9-10。由表 9-10 可知，当降水多土壤水分含量较高时，枣树的耗水量较大；反之，降水少土壤水分含量较低时，枣树对水分的消耗大幅降低。2015 年各小区耗水量分别为 456.00 mm、470.60 mm、469.99 mm、488.88 mm、482.66 mm，该年降水量 434.8 mm 低于当年枣树耗水量，水分严重亏缺，枣树生长消耗的土壤水分不能被降水及时补充，造成土壤干化。2016 年和 2017 年试验枣树耗水量分别为 546.77 mm、517.45 mm、522.96 mm、530.19 mm、539.62 mm 和 567.41 mm、560.08 mm、551.56 mm、558.33 mm、549.21 mm，枣树耗水量均低于当年降水量，降水能够满足枣树生长需求。林地干层的形成往往是因为总耗水量持续大于年降水量（李玉山，1983），三年试验期间枣树平均耗水量为 520.78 mm，接近平均降水量 548.40 mm，土壤水分收支平衡不易形成土壤干燥化现象，说明试验采取的修剪强度符合当地降雨条件，可以作为节水型修剪的控制指标参考。

表 9-10　各小区 2015—2017 年降水量、储水量变化量和耗水量

区号	2015			2016			2017			总量		
	P	ΔS	ET	P	ΔS	ET	P	ΔS	ET	P	ΔS	ET
1 区		−21.20	456.00		44.03	546.77		52.19	567.41		75.02	1 570.18
2 区		−35.80	470.60		73.35	517.45		59.52	560.08		97.07	1 548.13
3 区	434.80	−35.19	469.99	590.80	67.84	522.96	619.60	68.04	551.56	1 645.20	100.69	1 544.51
4 区		−54.08	488.88		60.61	530.19		61.27	558.33		67.80	1 577.4
5 区		−47.86	482.66		61.18	539.62		70.39	549.21		83.71	1 571.49

9.5 限定根系生长空间下枣林产量和水分利用效率

9.5.1 限定生长空间对枣树产量的影响

不同处理下枣树 2015—2017 年的产量情况如表 9 - 11。2015 年各小区的产量分别高出常规矮化密植对照 30%、32%、39%、46% 和 44%；2016 各小区的产量分别高出对照 48%、54%、56%、54% 和 52%；2017 年各小区的产量分别高出对照 50%、52%、49%、54% 和 56%，同年各小区之间的产量无显著性差异且均高于对照。此外枣树的产量还受年降水量的影响，各小区的产量 2015 年＜2016 年＜2017 年，和年降水量的变化规律相同，水分充足的 2017 年产量最高，水分亏缺的 2015 年产量最低，2017 年平均产量接近 2015 年两倍，说明降水量是影响枣树产量的主导原因。1 区的枣树根系仅有 2 m×3 m×2 m 的生长空间，在完全雨养（无人工补充灌水）情况下仍然能够正常生长并具有可观的产量，这个结果说明在当地枣树旱作增产技术方面节水型修剪措施具有重要价值。

表 9 - 11 不同处理下枣树产量

单位：kg/hm^2

区号	2015 年	2016 年	2017 年
1	5 288.81a	6 516.45a	6 921.73a
2	5 381.20a	6 796.37a	7 018.54a
3	5 654.91a	6 857.88a	6 863.75a
4	5 936.53a	6 789.62a	7 079.43a
5	5 865.12a	6 687.94a	7 182.68a
CK	4 071.64b	4 403.15b	4 603.15b

注：同列不同字母表示处理间差异显著（$P<0.05$）。

9.5.2 限定生长空间下枣树产量水分利用效率

陕北地区干旱少雨，因此提高枣树的水分利用效率是实现枣林地生态可持续发展的关键，水分利用效率高，枣树能够消耗较少的水资源产生较多的干物质，说明枣树对水分的利用更加充分。我们将试验区周边同类型地块的相同树龄常规矮化密植枣树作为对照，与 2015 年、2016 年、2017 年试验区各处理的产量水分利用效率进行了对比分析（表 9 - 12）。从表 9 - 12 可以看出，5 个小区的产量水分利用效率明显高于对照，2015 年各小区产量水分利用效率比对照高出 119%、116%、128%、130% 和 130%；2016 年各小区产量水分利用效率比对照高出 115%、137%、137%、131% 和 128%；2017 年各小区产量水分利用效率比对照高出 100%、106%、105%、108% 和 115%。说明枣树节水型修剪措施可以提高产量水分利用效率。

表 9 - 12 不同处理下枣树水分利用效率

单位：kg·m^{-3}

区号	2015 年	2016 年	2017 年
1	9.28a	9.53a	9.76a
2	9.15a	10.51a	10.03a
3	9.63a	10.49a	9.96a
4	9.71a	10.24a	10.14a
5	9.72a	10.10a	10.46a
CK	4.23b	4.43b	4.87b

注：同列不同字母表示处理间差异显著（$P<0.05$）。

9.5.3　限定生长空间下枣树生物量水分利用效率

枣树的生长发育，分为营养生长和生殖生长两个不同的阶段。营养生长通常指满足自身长得更大更好，包括根、茎、叶。生殖生长指植物营养生长到后期后，形成种子来繁衍下一代，包括花、果实、种子等。营养生长与生殖生长是对立统一关系，植物营养生长与生殖生长相互促进和相互制约。依据协调生长栽培的理论，不充分的营养生长会造成枣树生长发育不良，生殖生长所需的养分不能得到及时补充，导致果实容易脱落早衰；然而过度的营养生长会抑制枣树的生殖生长，造成枣树疯长或贪青，导致减产或晚熟。因此，为了保证一定的产量，需要调整树体结构，维持果树营养生长与生殖生长的平衡，优化协调营养生长和生殖生长的相互关系。因此我们在探讨产量水分利用效率的同时，还需要关注生物量水分利用效率。

我们将试验区周边同类型地块的相同树龄常规矮化密植山地枣树作为对照，与2015年、2016年、2017年试验区各处理的生物量水分利用效率进行了对比分析（表 9 - 13）。从表 9 - 13 可以看出，5 个小区生物量水分利用效率明显高于对照，2015 年各小区产量水分利用效率比对照高出 33%、39%、35%、37% 和 39%；2016 年各小区产量水分利用效率比对照高出 75%、89%、92%、89% 和 92%；2017 年各小区产量水分利用效率比对照高出 53%、58%、60%、56% 和 64%。说明节水型修剪可以有效提高枣树的生物量水分利用效率。

表 9 - 13 不同处理下枣树生物量水分利用效率

单位：kg·m^{-3}

区号	2015 年	2016 年	2017 年
1	6.72a	9.02a	9.51a
2	7.04a	9.72a	9.86a
3	6.84a	9.91a	9.95a
4	6.92a	9.75a	9.70a
5	7.05a	9.88a	10.24a
CK	5.06b	5.15b	6.23b

注：同列不同字母表示处理间差异显著（$P<0.05$）。

对比实验组（1～5）经过修剪的枣树和对照组（CK）未经修剪的枣树，我们发现对照组生物量水分利用效率与产量水分利用效率的比值均大于 1，而试验组的 5 个小区生物量水分利用效率与产量水分利用效率的比值均小于 1，这说明修剪可以在保证树体正常生长发育的前提下抑制多余的营养生长促进生殖生长，使枣树对水分的分配更加有利于生殖生长。

9.6　干化土壤大田栽植枣树生长及土壤水分特征

9.6.1　前期土壤干化状况

研究区前期是已经生长了 23 a 的山地旱作苹果园，2007 年挖去全部苹果树后园地处于休闲状态，2011 年 4 月 21—24 日测定伐后土壤和对照农地土壤水分（农地 A 与农地 B 的平均体积含水率）见图 9 - 15 和表 9 - 15 所示。土壤水分达重度亏缺时相应含水率 6.6％作为干层指标。由图 9 - 15 及表 9 - 15 看出，在 0～250 cm 层次土壤水分与农地基本一致，二者在此层内土壤水分均值仅相差 0.5％，这是苹果林伐后土地休闲 4 a 恢复的层次；250～300 cm 层次土壤含水率随深度增加逐渐接近干层指标，该层次土壤水分由上向下逐渐迁移，属于雨水入渗迁移改善层，故 0～300 cm 土层为短期可恢复层次。300～500 cm 土壤含水率最接近干层指标线即干化最为严重，加之雨水入渗难以达到，故称为难恢复层；500～1 000 cm 层次土壤水分虽较 300～500 cm 层次有所提升，但仍明显低于农地土壤含水率，即前期苹果林消耗土壤水分深度已经达到 1 000 cm，超过 300 cm 的干层通常被称为永久性干层（王力等，2000）。300～1 000 cm 范围土壤平均体积含水率为 8.71％，储水量为 756.13 mm，农地同层次土壤体积含水率平均为 14.14％，土壤储水量为 1 206.62 mm，伐后农地储水量较农地减少 37.33％，这可看作苹果林 23 a 来逐渐消耗的土壤储水量。23 a 苹果林耗水深度达 1 000 cm，与曹裕等（2012）对半湿润偏旱和半干旱黄土丘陵区多个旱作苹果园地的研究结果一致。

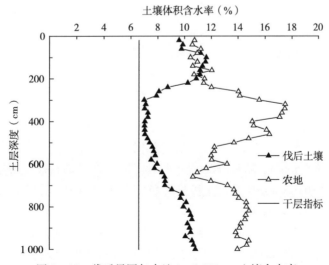

图 9 - 15　伐后果园与农地 0～1 000 cm 土壤含水率

考虑到 0～300 cm 土层水分受降雨和地表植物的影响波动较大，又是受降雨已经有所恢复的层次，在此分析 300 cm 以下土壤干化程度，如表 9-15 所示。伐后果园土壤水分亏缺程度随土层深度增加而减小，其中 300～500 cm 为中度偏重亏缺；500～700 cm 为中度亏缺；700～1 000 cm 为轻度亏缺。300～500 cm 层次、500～700 cm 层次、700～1 000 cm 层次土壤储水量分别为农地同层次的 46.93%、66.82%、71.51%。农地在 300～500 cm 为不亏缺，500～700 cm 为轻度亏缺，700～1 000 cm 为不亏缺。一般认为农作物在旱作栽培中仅仅消耗当年降雨，或者说消耗浅层土壤水分，不会形成永久性干层。农地 500～700 cm 土层范围出现的土壤水分轻度亏缺现象可能是土壤颗粒组成差异造成，未受作物耗水影响（王志强等，2009）。

表 9-14 中，土壤水分亏缺程度与不同层次土壤水分差异出现不一致现象，说明传统的土壤水分亏缺程度划分较统计学分析粗放，如伐后土壤 500～600 cm、600～700 cm 同属于中度亏缺，但 2 层次土壤含水率之间存在显著差异（$P<0.05$），农地 300～400 cm、400～500 cm 按土壤水分亏缺程度划分为无亏缺，但 2 层次土壤含水率之间存在显著差异（$P<0.05$）。

表 9-14　伐后土壤与农地 300～1 000 cm 剖面土壤水分亏缺度

土层深度/cm	伐后土壤					农地			
	平均土壤体积含水率（%）	水分亏缺度（%）	亏缺程度	储水量（mm）	占农地储水量（%）	平均土壤体积含水率（%）	水分亏缺度（%）	亏缺状况	储水量（mm）
300～400	7.14a	45.93a	中度偏重	88.50a	46.91	16.87a	−27.82a	无	188.65a
400～500	7.14a	45.90a	中度偏重	88.55a	46.94	15.21b	−15.26b	无	188.65b
500～600	7.71b	41.56b	中度	95.66b	62.51	12.34c	6.50c	轻度	153.04c
600～700	8.34c	36.82c	中度	103.41c	71.38	11.68c	11.49c	轻度	144.88c
700～800	9.73 d	24.32 d	轻度	120.6 d	68.66	14.17b	−7.32b	无	175.66b
800～900	10.39e	21.26e	轻度	128.89e	71.94	14.45b	−9.46b	无	179.16b
900～1 000	10.53e	20.26e	轻度	130.52e	73.92	14.24b	−7.88b	无	176.58b

注：不同字母表示处理间差异显著（$P<0.05$）。

为进一步确定土壤颗粒与土壤水分的关系，参考王志强等（2009）所用的方法将农地 A 300 cm 以下土壤含水率与土壤颗粒组成数据进行回归分析，如表 9-16 所示。土壤含水率与黏粒（<0.002 mm）、粉粒（0.05～0.002 mm）含量均呈极显著正相关关系（$P<0.01$），与砂粒（>0.05 mm）含量呈极显著负相关关系（$P<0.01$），与土层深度的相关性不显著（$P>0.05$），说明深层土壤含水率均受砂粒、粉粒、黏粒的影响，含水率随土层深度变化主要受土壤质地的影响（王志强等，2009）。将颗粒组成与土壤含水率进行回归分析发现，土壤含水率随黏粒的增加呈对数曲线的形式增加，结果如图 9-15 所示。

表 9 - 15　土壤含水率与土层深度和颗粒组成的 Pearson 相关系数

指标	土壤含水率
土层深度	−0.318
砂粒含量	0.621**
粉粒含量	−0.751**
黏粒含量	0.805**

注：** 表示在 0.01 水平上显著。

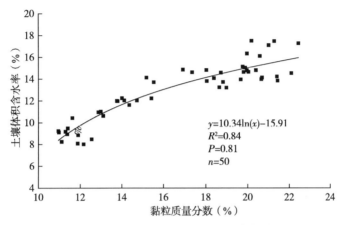

图 9 - 16　农地 A 黏粒与土壤含水率的关系

　　将农地 B 土壤剖面的黏粒含量数据代入关系式计算其土壤含水率，并与实测值进行比较，如图 9 - 17a 所示，农地 B 土壤含水率实测值与计算值曲线基本重合，说明研究区土壤颗粒与深层土壤水分之间具有良好的相关性。同样将苹果树伐后土壤黏粒含量代入关系式得计算值与其实测值作图 9 - 17b，由图 9 - 17b 看出，伐后土壤实测与计算含水率之间存在明显差别，$300 \sim 1\,000$ cm 土层含水率计算平均值为 14.35%，实测平均值为 8.66%，减少 39.63%。可见苹果树已经将深层土壤水分严重消耗。

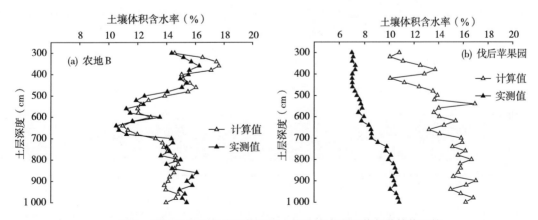

图 9 - 17　农地 B 及伐后苹果园土壤含水率实测值与计算值比较

9.6.2　再植枣树后的干化大田土壤水分变化

将试验区枣林2013—2015年土壤水分及2011年4月21日测定的伐后果园土壤水分换算为枣林土壤有效水分作图9-18及表9-16。由表9-16看出，0～1 000 cm伐后果园土壤有效水总量为386.77 mm，0～300 cm土层土壤有效水总量为149.71 mm，枣树生长过程中剩余有效水量逐年递减，分别为334.22 mm、262.05 mm、252.21 mm，消耗可用有效水总量的13.59%、21.59%、3.64%；由图9-18和表9-16看出，枣林生长的几年间主要消耗0～300 cm土层的水分，消耗水量为131.2 mm，3龄枣林已经消耗有效水总量的34.97%，4龄枣林消耗有效水总量的83.04%，5龄时枣林由于缺乏有效水分只能消耗剩余有效水的4.59%。可见枣林在4龄后即基本失去土壤水分的有效供给。

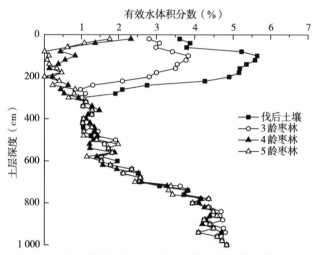

图9-18　伐后果园土壤与试验区各龄枣林土壤有效水含量

表9-16　枣林生长过程中0～1 000 cm土壤有效水变化

土层深度（cm）	伐后土壤	3龄枣林		4龄枣林		5龄枣林	
	可用有效水总量（mm）	剩余有效水量（mm）	消耗可用有效水（%）	剩余有效水量（mm）	消耗可用有效水（%）	剩余有效水量（mm）	消耗可用有效水（%）
0～100	54.94a	39.98a	27.23	13.87a	47.52	8.87a	9.10
100～200	64.90a	41.25a	36.44	4.29b	56.95	2.46b	2.82
200～300	29.87b	16.12b	46.03	7.22c	29.79	7.18a	0.13
300～1 000	237.06c	236.87c	0.08	236.67 d	0.08	234.00c	1.13
0～1 000	386.77	334.22	13.59	262.05	21.59	252.21	3.64

注：不同字母表示处理间差异显著（$P < 0.05$）。

将试验区5龄枣林土壤水分与15龄老枣林土壤水分作图9-19。课题组前期研究（刘晓丽等，2014；马理辉等，2012）表明正常水分状况下生长的4龄枣林耗水深度约为400 cm，随树龄增加，枣树根系生长速度减缓，耗水深度增长减缓，12 龄时耗水深度约为 560 cm，至 15 龄时约为 600 cm。刘晓丽等（2014）的研究表明采取常规矮化修剪的 9a 生和 12a 生枣林 200～400 cm 土层中水分已被耗尽，其深层土壤水分消耗量趋于稳定。由此我们推断，15 龄老枣林 0～600 cm 土层的平均土壤含水率可作为枣树生长可利用水下限。15 龄老枣林 0～600 cm 土壤含水率低于干层指标线，说明枣树较苹果树吸水能力更强。从图 9-19 可知，15 龄老枣林 0～600 cm 范围土壤体积含水率为 6.15%，试验区 5 龄枣林同层次平均土壤体积含水率为 6.88%，两者仅相差 0.73%，差异极小。也就意味着试验区 0～600 cm 土层土壤水分状况已接近 15 龄老枣林，在这种情况下，枣树根系不会向缺乏水分的土层延伸，试验区再栽枣树缺乏深层土壤储水。通过以上分析，我们推断深层土壤水分的缺乏可能抑制了试验区枣树根系的生长，5 龄枣树耗水深度仅为 300 cm 左右，只能依靠当年降水和降水在土壤浅层的入渗生长，"土壤水库"的功能已基本消失。

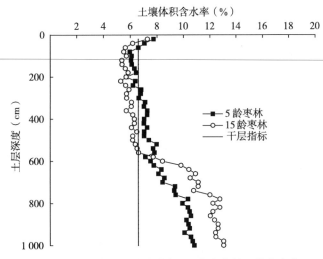

图 9-19　试验区 5 龄枣林与 15 龄老枣林土壤含水率

9.6.3　干化大田土壤中枣树的生长及水分利用效率

将对照枣林 1 与试验区 4 龄枣树（2014 年）、5 龄枣树（2015 年）枣吊平均长度、剪去枝条累积长度、单株生物量等变化作图 9-20 分析。从图 9-20 看出，枣吊平均长度、剪去枝条累积长度、单株生物量均随着时间增长，达到一定值后趋于稳定。2015 年降水量较 2014 年少，各指标增长速度与最终值均小于 2014 年，说明在半干旱黄土丘陵区降雨可显著影响枣树生长。由图 9-20 可知，2015 年试验区与对照区 1 枣吊平均长度最终值较 2014 年分别减少 34.26%、32.46%，2a 中试验区枣吊平均长度最终值分别为对照区 1 的 1.08 倍、1.05 倍。试验区枣树采用节水型修剪，修剪强度大于对照区，在此情况下，枣吊平均长度仍略高于对照区 1，说明节水型修剪有利于枣树生殖生长，这也是产量的基础。剪去枝条累积长度用来体现修剪量的大小，2a 间试验区修剪量均大于对照区 1，且二者修剪量在 2015 年均有所减小。试验区单株生物量 2015 年较 2014 年减少 22.31%，对照区 1 2015 年单株累计生物量较 2014 年减少 52.33%；同时，2014 年试验区单株生物量为对照区 1 的 56.77%，2015 年试验区单株生物量为对照区 1 的 81.89%，说明降水量减少对对照区 1 枣树生物量的影响大于试验区，试验区枣树因采用节水型修剪降低蒸腾耗水量（王美艳等，2009；谢军红等，2014）能一定程度减小降水量对其生长的影响。

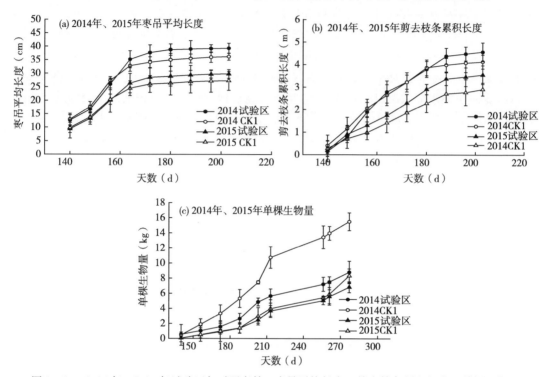

图 9-20 2014 年、2015 年试验区与对照枣林 1 枣吊平均长度、剪去枝条累积长度、单棵生物量

表 9-17 为试验区与对照枣林 1（以下简称对照 1）及对照枣林 2（以下简称对照 2）4 龄、5 龄枣树果实生长状况和单株生物量、产量、耗水量以及水分利用效率。追求较高的水分利用效率是缺水条件下农业得以持续稳定发展的关键所在。本文从生物量和产量来分析水分利用效率。由表 9-17 可知，试验区 4 龄、5 龄枣树果实个数大于对照 1、对照 2，单果重差异不大。2a 中试验区枣树耗水量均低于对照区枣树。试验区 4 龄枣树生物量分别是其对照区 1 和 2 的 97%、57%，生物量水分利用效率分别是其对照区 1 和 2 的 96%、62%，5 龄枣树生物量分别是其对照区 1 和 2 的 93%、82%，生物量水分利用效率分别是其对照区 1 和 2 的 96%、95%，主要是试验区枣树采用节水型修剪限制了自身营养生长。试验区 4 龄枣树产量分别为对照 1 和 2 的 3.45 倍、1.39 倍，产量水分利用效率分别是其 3.53 倍、1.52 倍。2015 年时枣树为 5 龄，一般来说 5 龄枣树较 4 龄枣树产量有所提高，而由于 2015 年降水量的减小，试验区与对照区产量均较 2014 年有所减小，但试验区 5 龄枣树产量仍为对照区 1 及 2 的 2.96 倍、1.43 倍，产量水分利用效率是其 3.06 倍、1.63 倍。试验区枣树 2a 间的产量及其水分利用效率均远高于同处深层干化状况的对照区 1 枣树，此时二者土壤深层水分调节能力都较差，降雨成为枣树产量的主导因素。说明节水型修剪通过将枣树树体规格保持在较小范围内，使其在不同降雨条件下仍能保持较高的水分利用效率。

表 9 - 17 枣树单果质量、果实个数、单株生物量、产量、耗水量及水分利用效率

树龄	处理	单果质量 (g)	果实个数	生物量 (kg/m²)	产量 (kg/hm²)	耗水量 (m³/hm²)	水分利用效率 (kg/m³)	
							产量	生物量
4 龄	试验区	14.5	328.5	8.8	7 930.81	1 191.68	6.7	4.9
	CK 1	14.1	98	9.1	2 300.70	1 200.5	1.9	5.1
	CK 2	14.9	229.5	15.5	5 693.55	1 303.8	4.4	7.9
5 龄	试验区	11.3	220.9	6.8	4 156.12	851.6	4.9	5.3
	CK 1	11.1	76	7.3	1 404.60	881.3	1.6	5.5
	CK 2	11.1	157.5	8.3	2 910.84	980.5	3.0	5.6

9.7 小结

（1）干化土壤背景下，枣树茎直径的日动态变化以及生育期内生长速度与土壤水分有密切的关系。高水分处理枣树茎直径微变化（$MXTD$ 与 $MNTD$）比较稳定，数值要小于低水分处理的，茎秆由快速生长进入缓慢生长的时间点要比低水分处理的迟，生长速率转折点要滞后于低水分处理的。叶面积指数与土壤水分处理成正相关，而冠层透光率和树高与土壤水分处理呈负相关。土壤水分高，枣树生长旺盛，叶面积指数大，冠层透光率小，枣树横向生长快于纵向生长。中等水分处理可以使枣树冠层透光率长期处在 25%～35% 的适宜范围内。

（2）水分处理对枣树叶片叶绿素相对含量、气孔导度、胞间 CO_2 浓度等结构特性影响较大。土壤水分高，枣树叶片叶绿素相对含量低，气孔导度大，胞间 CO_2 浓度高，气孔限制值低。在经过复水后，叶片叶绿素相对含量有降低的趋势，但不同程度的水分胁迫复水后，叶绿素降低程度不同。适当灌溉可以提高枣树叶片净光合速率、蒸腾速率，但会降低叶片水分利用效率。早、晚两时段叶片光响应曲线变化趋势不同，上午，高水分处理可以增强叶片对强弱光的利用能力。下午，高水分处理只增强叶片对强光的利用能力，适当控水可以增强叶片对弱光的利用能力。

（3）采用修剪限定枣树生长具有明显的限制枣树耗水量的作用。虽然在土壤水分较充足或者降水量大的年份时枣树耗水量还是会有所增加，枣树生物量也会增加，但限定枣树生长的修剪仍然可以作为防治土壤水分过度消耗的措施。

（4）修剪后的 5a 枣树耗水深度可控制在 3 m，与常规矮化密植山地枣树相比减少 1.4 m 左右，随着林龄的增长，修剪后枣林耗水深度小于自然生长下的枣林。试验所采取的修剪规格，5 年生枣树耗水深度约为 3 m，这个深度可以通过丰水年得到恢复，所以 3 m 土壤干化的深度可以看成非永久性干层，可以作为可允许的干层深度。试验区观测期各处理的平均耗水量为 520.78 mm，接近当地平均降水量 548.40 mm，林地土壤水分补充与消耗基本持平，说明试验采取的修剪强度符合当地降雨条件，可以作为节水型修剪的控制指标参考。水分亏缺的干旱年我们还可以在节水型修剪的基础上，增加灌溉、覆盖保墒等其他措施，尽量限制枣园水分无效消耗，对实现枣林可持续发展，防控枣林土壤的干化具有重要意义。

（5）枣树在有限的生长空间内依靠自然降雨正常生长，试验限定枣树生长的规格与大田常规管理比较没有降低枣树产量。不同年份枣林产量受降水量影响，水分充足的年份产量较高，水分亏缺的年份产量相对较低。与常规大田矮化密植山地枣树相比，枣树的产量水分利用效率有所提升，水分利用效率高，说明节水型修剪在生产中具有一定的应用价值，试验采用的修剪规格可作为当地生产管理的参考。

（6）经过 4a 休闲后的干化土壤中栽植枣树，此时 0～300 cm 层次土壤对枣树而言土壤有效水为 149.6 mm。枣树栽植前 3a 不采取特殊措施能够正常生长，但第 3a 开始 0～300 cm 土层有效水分被枣树消耗 34.97%，第 4a 时 0～300 cm 范围内前期恢复的土壤水分被消耗殆尽，枣树生长只能依靠当年降水和降水在浅层的入渗。在 0～1 000 cm 土层通体干化情况下，枣树采用节水型修剪仍可以保持良好生长，产量及其水分利用效率均高于相同水分条件下的常规修剪枣树，并可达到正常水分条件下枣树的 1.39 倍以上，水分利用效率是其 1.52 倍以上。

参　考　文　献

白一茹，邵明安．2011．黄土高原雨养区坡面土壤蓄水量时间稳定性［J］．农业工程学报，27（7）：45-50．

白一茹，等．2016．压砂地土壤导水特性空间格局及影响因子［J］．干旱地区农业研究，34（4）：55-61．

白一茹，王幼奇，王建宇．2018．黄土丘陵区枣林土壤水分时间稳定性特征［J］．应用基础与工程科学学报，26（1）．

白一茹，王幼奇，展秀丽．2013．陕北农牧交错带土地利用方式对土壤物理性质及分布特征的影响［J］．中国农业科学（8）：103-111．

白永红，等．2018．模拟干化土壤中的植被生长及土壤水分变化［J］．西北林学院学报，33（5）：1-8，74．

曹建生，等．2007．石子和秸秆覆盖条件下降雨水量转化特征试验研究．水利学报，38（3）：126-130．

曹扬，等．2006．刺槐根系对深层土壤水分的影响［J］．应用生态学报（17）：9-12．

曹裕，李军，张社红，等，2012．黄土高原苹果园深层土壤干燥化特征［J］．农业工程学报（15）：72-79．

陈海滨，等．2004．黄土高原沟壑区林地土壤水分特征的研究（Ⅱ）——土壤水分有效性及其亏缺状况的分析［J］．西北林学院学报（1）：5-8．

陈洪松，邵明安，王克林，2005．黄土区荒草地和裸地土壤水分的循环特征［J］．应用生态学报：16（10）：1853-1857．

陈洪松，王克林，邵明安，2005．黄土区人工林草植被深层土壤干燥化研究进展［J］．林业科学（4）：155-161．

陈立欣．2013．树木/林分蒸腾环境响应及其生理控制［D］．北京：北京林业大学．

陈士辉，谢忠奎，王亚军，等．2005．砂田西瓜不同粒径砂砾石覆盖的水分效应研究［J］．中国沙漠，25（3）：433-436．

程积民，万惠娥，王静，等．2004．黄土丘陵区沙打旺草地土壤水分过耗与恢复［J］．生态学报，24（12）：2979-2983．

陈怡平，张义．2019．黄土高原丘陵沟壑区乡村可持续振兴模式［J］．中国科学院院刊，34（6）：708-716．

单长卷，梁宗锁，2006．黄土高原刺槐人工林根系分布与土壤水分的关系［J］．中南林学院学报，26（1）：19-40．

董莉丽，郑粉莉．2009．陕北黄土丘陵沟壑区土壤粒径分形特征［J］．中国水土保持科学，7（2）：38-44．

段建军，王小利，张彩霞，等．2007．黄土高原土壤干层评定指标的改进及分级标准［J］．水土保持学报（6）：151-154．

樊小林，李生秀，1997．植物根系的提水作用［J］．西北农林科技大学学报（自然科学版）（5）：75-81．

方新宇，等．2010．黄土高原半湿润区苜蓿草地土壤干燥化与草粮轮作水分恢复效应［J］．中国农业科学，43（16）：3348-3356．

冯浩，刘晓青，左亿球，等．2016．砾石覆盖量对农田水分与作物耗水特征的影响［J］．农业机械学报，

47 (5)：155-163.

高晓东，2013. 黄土丘陵区小流域土壤有效水时空变异与动态模拟研究 [D]. 杨凌：西北农林科技大学.

管孝艳，杨培岭，吕烨.2011. 基于多重分形的土壤粒径分布与土壤物理特性关系 [J]. 农业机械学报，42 (3)：44-50.

郭忠升，2009. 半干旱区柠条林利用土壤水分深度和耗水量 [J]. 水土保持通报，29 (5)：69-72.

郭忠升，邵明安，2003. 半干旱区人工林草地土壤旱化与土壤水分植被承载力 [J]. 生态学报，23 (8)：1640-1647.

黄建平，季明霞，刘玉芝，等.2013. 干旱半干旱区气候变化研究综述 [J]. 气候变化研究进展，9 (1)：9-14.

何福红，黄明斌，党廷辉，2003. 黄土高原沟壑区小流域综合治理的生态水文效应 [J]. 水土保持研究 (2)：33-37.

侯庆春，韩蕊莲，韩仕锋，1999. 黄土高原人工林草地"土壤干层"问题初探 [J]. 中国水土保持 (5)：13-16.

李洪建，王孟本，柴宝峰，2003. 黄土高原土壤水分变化的时空特征分析 [J]. 应用生态学报 (4)：515-519.

李军，等.2008. 黄土高原不同植被类型区人工林地深层土壤干燥化效应 [J]. 生态学报，28 (4)：1429-1445.

李军，陈兵，李小芳，等.2007. 黄土高原不同干旱类型区苜蓿草地深层土壤干燥化效应 [J]. 生态学报，28 (1)：75-89.

李俊，等.2007. 有序聚类法在土壤水分垂直分层中的应用 [J]. 北京林业大学学报 (1)：98-101.

李明霞，等.2012. 苹果树更新修剪对土壤水分及树体生长的影响 [J]. 浙江大学学报（农业与生命科学版），38 (4)：467-476.

李鹏，李占斌，赵忠，等.2002. 渭北黄土高原不同立地上刺槐根系分布特征研究 [J]. 水土保持通报 (5)：15-19.

李萍，李同录，王阿丹，等.2013. 黄土中水分迁移规律现场试验研究 [J]. 岩土力学，34 (5)：1331-1339.

李巍，郝明德，王学春，2010. 黄土高原沟壑区不同种植系统土壤水分消耗和恢复 [J]. 农业工程学报，26 (3)：99-105.

李唯，倪郁，胡自治，等.2003. 植物根系提水作用研究述评 [J]. 西北植物学报 (23)：1056-1062.

李细元，陈国良.1996. 人工草地土壤水系统动力学模型与过耗恢复预测 [J]. 水土保持研究 (1)：166-178.

李晓东，魏龙，张永超，等.2009. 土地利用方式对陇中黄土高原土壤理化性状的影响 [J]. 草业学报，18 (4)：103-110.

李玉山.1983. 黄土区土壤水分循环特征及其对陆地水分循环的影响 [J]. 生态学报，3 (2)：91-101.

李玉山.2002. 苜蓿生产力动态及其水分生态环境效应 [J]. 土壤学报 (3)：404-411.

李玉山.2015. 黄土高原土壤水分循环与农田生产力 [M]. 西安：陕西人民出版社.

梁一民，李代琼，从心海.1990. 吴旗沙打旺草地土壤水分及生产力特征的研究 [J]. 水土保持通报，10 (6)：113-118.

刘昌明，王全肖.1990. 土壤—作物—气界面水分过程与节水调控 [M]. 北京：科学出版社：10.

刘沛松，郝卫平，李军，贾志宽.2011. 宁南旱区苜蓿草地土壤水分和根系动态分布拟合曲线特征 [J]. 河北农业大学学报，34 (4)：33-38.

刘沛松，贾志宽，李军，等.2010. 不同草粮轮作方式对退化苜蓿草地水分恢复的影响 [J]. 农业工程学报，26（2）：95-102.

刘晓丽，马理辉，汪有科.2013.滴灌密植枣林细根及土壤水分分布特征．[J]农业工程学报，29（17）：63-71.

刘晓丽，马理辉，杨荣慧，等.2014.黄土半干旱区枣林深层土壤水分消耗特征[J].农业机械学报，45（12）：139-145.

吕国安，陈明亮，王春潮.2000.丹江口库区石渣土土壤水分特性研究[J].华中农业大学学报，19（4）：40-43.

马理辉，吴普特，汪有科.2012.黄土丘陵半干旱区密植枣林随树龄变化的根系空间分布特征[J].植物生态学报，36（4）：292-301.

宁婷，郭忠升.2015.半干旱黄土丘陵区撂荒坡地土壤水分循环特征[J].生态学报，35（15）：5168-5174.

牛海，李和平，赵萌莉，等.2008.毛乌素沙地不同水分梯度根系垂直分布与土壤水分关系的研究[J].干旱区资源与环境，22（2）：157-163.

邱扬，傅伯杰，王军，陈利顶.2000.黄土丘陵小流域土壤水分时空分异与环境关系的数量分析[J].生态学报，20（5）：741-747.

邱扬，傅伯杰，王军，陈利项.2002.黄土丘陵小流域土壤物理性质的空间变异[J].地理学报，57（5）：587-594.

邵明安，贾小旭，王云强，朱元骏.2016.黄土高原土壤干层研究进展与展望[J].地球科学进展，31（1）：14-22.

余檀，汪有科，高志永，等.2015.陕北黄土丘陵山地枣树生物量模型[J].水土保持通报（3）：311-316.

孙剑，等.2009.黄土高原半干旱偏旱区苜蓿—粮食轮作土壤水分恢复效应[J].农业工程学报，25（6）：33-39.

孙长忠.2000.黄土高原荒坡径流生产潜力研究[J].林业科学（5）：12-16.

索立柱，黄明斌，段良霞，张永坤.2017.黄土高原不同土地利用类型土壤含水量的地带性与影响因素[J].生态学报，37（6）：2045-2053.

田璐，张敬晓，高建恩，等.2019.深层干化土壤水分恢复试验研究[J].农业机械学报，50（4）：255-262.

万素梅，贾志宽，韩清芳，杨宝平.2008.黄土高原半湿润区苜蓿草地土壤干层形成及水分恢复[J].生态学报，28（3）：1045-1051.

汪星，等.2018.修剪与覆盖对黄土丘陵区枣林土壤干层的修复效应[J].林业科学，54（7）：24-30.

汪星，等.2015.黄土高原半干旱区山地密植枣林土壤水分特性研究[J].水利学报（3）：15-22.

王国梁，刘国彬，常欣，许明祥.2002.黄土丘陵区小流域植被建设的土壤水文效应[J].自然资源学报（3）：339-344.

王进鑫，黄宝龙，罗伟祥.2004.黄土高原人工林地水分亏缺的补偿与恢复特征[J].生态学报，24（11）：2395-2401.

王力.2002.陕北黄土高原土壤水分亏缺状况与林木生长关系[D].杨凌：西北农林科技大学.

王力，邵明安，张青峰.2004.陕北黄土高原土壤干层的分布和分异特征[J].应用生态学报，15（3）：436-442.

王力，卫三平，吴发启.2009.黄土丘陵沟壑区土壤水分环境及植被生长响应——以燕沟流域为例[J].生态学报（3）：493-503.

王琳琳，陈云明，张飞，等.2010黄土丘陵半干旱区人工林细根分布特征及土壤特性[J].水土保持通报，30（4）：27-31.

王玲，冯向星，刘庚，牛俊杰．2017. 人工油松林地土壤水分亏缺和补给动态变化规律［J］. 江西农业学报，29（3）：80-84.

王美艳等．2009. 黄土高原半干旱区苜蓿草地土壤干燥化特征与粮草轮作土壤水分恢复效应［J］. 生态学报，29（8）：4526-4534.

王信增，焦峰．2011. 基于有序聚类法的土壤水分剖面划分［J］. 西北农林科技大学学报（自然科学版），39（2）：191-196.

王学春，李军，方新宇，等．2011. 黄土高原半干旱偏旱区草粮轮作田土壤水分恢复效应模拟［J］. 应用生态学报，22（1）：105-113.

王延平，邵明安．2012. 陕北黄土丘陵沟壑区人工草地的土壤水分植被承载力［J］. 农业工程学报（18）：142-149.

王幼奇，白一茹，展秀丽．2014. 在不同尺度下宁夏引黄灌区农田土壤养分空间变异分析［J］. 干旱区研究，31（2）：209-215.

王幼奇，白一茹，赵云鹏．2016. 宁夏砂田小尺度土壤性质空间变异特征与肥力评价［J］. 中国农业科学，49（23）：4566-4575.

王云强，2010. 黄土高原地区土壤干层的空间分布与影响因素［R］. 中国科学院研究生院（教育部水土保持与生态环境研究中心）.

王志强，刘宝元，刘刚，等．2009. 黄土丘陵区人工林草植被耗水深度研究［J］. 中国科学（D辑：地球科学）（9）：1297-1303.

王志强，刘宝元，路炳军．2003. 黄土高原半干旱区土壤干层水分恢复研究［J］. 生态学报，23（9）：1944-1950.

王志强，刘宝元，王旭艳，韩艳锋．2007. 黄土丘陵半干旱区人工林迹地土壤水分恢复研究［J］. 农业工程学报，23（11）：77-83.

魏新光．2015. 黄土丘陵半干旱区山地枣树蒸腾规律及其节水调控策略［J］. 杨凌：西北农林科技大学.

魏新光，等，2015. 种植年限对黄土丘陵半干旱区山地枣树蒸腾的影响［J］. 农业机械学报，46（7）：171-180.

魏新光，陈滇豫，Liu，S. Y.，等．2014. 修剪对黄土丘陵区枣树蒸腾的调控作用［J］. 农业机械学报，45（12）：194-202，315.

魏新光，陈滇豫，汪星，等．2014. 山地枣林蒸腾主要影响因子的时间尺度效应［J］. 农业工程学报，30（17）：149-156.

吴普特，汪有科，辛小桂，等．2008. 陕北山地红枣集雨微灌技术集成与示范［J］. 干旱地区农业研究26（4）：1-6，12.

奚同行，左长清，尹忠东，等．2012. 红壤坡地土壤水分亏缺特性分析［J］. 水土保持研究（4）：34-37.

谢军红，等．2014. 黄土高原区多年生苜蓿地土壤干层恢复的适宜后茬筛选［J］. 水土保持学报，28（5）：51-57.

严正升，郭忠升，宁婷，张文文．2016. 枝条覆盖对半干旱黄土丘陵区平茬柠条林地土壤水分的影响［J］. 生态学报，36（21）：6872-6878.

杨磊，卫伟，陈利顶，等．2012. 半干旱黄土丘陵区人工植被深层土壤干化效应［J］. 地理研究，31（1）：71-81.

杨磊，卫伟，莫保儒，陈利顶．2011. 半干旱黄土丘陵区不同人工植被恢复土壤水分的相对亏缺［J］. 生态学报（11）：108-116.

杨磊，张子豪，李宗善．2019. 黄土高原植被建设与土壤干燥化：问题与展望［J］. 生态学报，（20）.

杨文治.2001.黄土高原土壤水资源与植树造林 [J]. 自然资源学报,16 (5):433-438.

杨文治,田均良.2004.黄土高原土壤干燥化问题探源 [J]. 土壤学报 (1):1-6.

杨文治,余存祖.1992.黄土高原区域治理与评价 [M]. 北京:科学出版社.

张晨成,邵明安,王云强.2012.黄土区坡面尺度不同植被类型下土壤干层的空间分布 [J]. 农业工程学报,28 (17):102-108.

张文飞,等.2017.黄土丘陵区深层干化土壤中节水型修剪枣树生长及耗水 [J]. 农业工程学报 (7):147-155.

赵宏飞,何洪鸣,白春昱,张闯娟.2018.黄土高原土地利用变化特征及其环境效应 [J]. 中国土地科学 (7):49-57.

赵景波,杜娟,周旗,岳应利.2005.陕西咸阳人工林地土壤干层研究 [J]. 地理科学 (3):3322-3328.

朱显谟.2006.重建土壤水库是黄土高原治本之道 [J]. 中国科学院院刊,21 (4):320-324.

邹文秀,韩晓增,王守宇,等.2009.降水年型对黑土区土壤水分动态变化的影响 [J]. 水土保持学报:23 (5):138-142.

Agam, N., and P. Berliner. 2006. Dew formation and water vapor adsorption in semi-arid environments - a review [J]. Journal of Arid Environments (65):572-590.

Bauerle, T. L., J. H. Richards, D. R. Smart, and D. M. Eissenstat. 2008. Importance of internal hydraulic redistribution for prolonging the lifespan of roots in dry soil [J]. Plant Cell and Environment (31):177-186.

Beis, A., and A. Patakas. 2015. Differential physiological and biochemical responses to drought in grapevines subjected to partial root drying and deficit irrigation [J]. European journal of agronomy (62):90-97.

Ben-Asher, J., P. Alpert, and A. Ben-Zyi. 2010. Dew is a major factor affecting vegetation water use efficiency rather than a source of water in the eastern Mediterranean area [J]. Water Resources Research (46).

Berry, Z. C., Emery, N. C., Gotsch, S. G., Goldsmith, G. R.. 2018. Foliar Water Uptake:Processes, Pathways, and Integration into Plant Water Budgets [J]. Plant, Cell & Environment, 42 (2):1-14.

Beruski, G. C., Gleason, M. L., Sentelhas, P. C., Pereira, A. B.. 2019. Leaf wetness duration estimation and its influence on a soybean rust warning system [J]. Australasian Plant Pathology, 48 (4):1-14.

Biran, I., Bravdo, B., Bushkin-Harav, I., Rawitz, E.. 1981. Water Consumption and Growth Rate of 11 Turfgrasses as Affected by Mowing Height, Irrigation Frequency, and Soil Moisture [J]. Agronomy Journal, 73 (1):85-90.

Black, T. A. 1979. Evapotranspiration from Douglas-fir stands exposed to soil-water deficits [J]. Water Resour Res. Water Resources Research (15):164-170.

Brocca L, Melone F, Moramarco T, Morbidelli R. 2009. Soil moisture temporal stability over experimental areas in Central Italy [J]. Geoderma, 148 (3-4).

Brocca, L., Morbidelli, R., Melone, F., Moramarco, T.. 2007. Soil moisture spatial variability in experimental areas of central Italy [J]. Journal of Hydrology, 333 (2-4).

Bulgarelli, D., Schlaeppi, K., Spaepen, S., van Themaat, E. V. L., Schulze-Lefert, P.. 2013. Structure and Functions of the Bacterial Microbiota of Plants [J]. Annual Review of Plant Biology, 64 (1):807-838.

Burgess, S. S. O. 2011. Can hydraulic redistribution put bread on our table? [J]. Plant & Soil (341):25-29.

Burkhardt, J., Basi, S., Pariyar, S., Hunsche, M.. 2012. Stomatal penetration by aqueous solutions -

an update involving leaf surface particles [J]. New Phytologist, 196 (3): 774 - 787.

Bush S E. 2008. Wood anatomy constrains stomatal responses to atmospheric vapor pressure deficit in irrigated, urban trees [J]. Oecologia, 156 (1): 13 - 20.

Cambardella C, Moorman T B, Novak J M, Parkin T B, Konopka A. 1994. Field - Scale Variability of Soil Properties in Central Iowa Soils [J]. Silence Society of America Journal, 58 (5): 1501 - 1511.

Chen H, Shao M and Li Y. 2008. Soil desiccation in the Loess Plateau of China [J]. Geoderma, 143 (1): 91 - 100.

Chen H. S. , Shao M. A. , Li Y. Y. , 2008. Soil desiccation in the Loess Plateau of China [J]. Geoderma, 143 (1): 91 - 100.

Chen L, Jie G, Fu B, Huang Z, Huang Y, Gui L. 2007. Effect of land use conversion on soil organic carbon sequestration in the loess hilly area, loess plateau of China [J]. Ecological Research, 22 (4): 641 - 648.

Chen L, Zhang Z and Ewers B E. 2012. Urban tree species show the same hydraulic response to vapor pressure deficit across varying tree size and environmental conditions [J]. Plos One, 7 (10).

Chen, D. 2018. Water consumption and evapotranspiration model of rain - fed jujube plantations in the loess plateau [D]. Northwest A&F University.

Chen, D. et al. . 2015. Using Bayesian analysis to compare the performance of three evapotranspiration models for rainfed jujube (Ziziphus jujuba Mill.) plantations in the Loess Plateau [J]. Agricultural Water Management (159): 341 - 357.

Chen, D. et al. . 2016. Effects of branch removal on water use of rain - fed jujube (Ziziphus jujuba Mill.) plantations in Chinese semiarid Loess Plateau region [J]. Agricultural Water Management (178): 258 - 270.

Chen, D. , Wang, Y. , Liu, S. , Wei, X. , Wang, X. . 2014. Response of relative sap flow to meteorological factors under different soil moisture conditions in rainfed jujube (Ziziphus jujuba Mill.) plantations in semiarid Northwest China [J]. Agricultural Water Management, 136 (2): 23 - 33.

Chen, D. , X. Wang, S. Liu, Y. Wang, Z. Gao, L. Zhang, X. Wei, and X. Wei. 2015. Using Bayesian analysis to compare the performance of three evapotranspiration models for rainfed jujube (Ziziphus jujuba Mill.) plantations in the Loess Plateau [J]. Agricultural water management (159): 341 - 357.

Chen, D. , Y. Wang, X. Wang, Z. Nie, Z. Gao, and L. Zhang. 2016. Effects of branch removal on water use of rain - fed jujube (Ziziphus jujuba Mill.) plantations in Chinese semiarid Loess Plateau region [J]. Agricultural water management (178): 258 - 270.

Chen, H. , Shao, M. , Li, Y. . 2008. Soil desiccation in the Loess Plateau of China [J]. Geoderma, 143 (1): 91 - 100.

Chen, L. , Z. Huang, J. Gong, B. Fu, and Y. Huang. 2007. The effect of land cover/vegetation on soil water dynamic in the hilly area of the loess plateau [J]. China. Catena (70): 200 - 208.

Choat B, Ball M C, Luly J G and Holtum J A. 2005. Hydraulic architecture of deciduous and evergreen dry rainforest tree species from north - eastern Australia [J]. Trees, 19 (3): 305 - 311.

Chtioui, Y. , Francl, L. , Panigrahi, S. . 1999. Moisture prediction from simple micrometeorological data [J]. Phytopathology, 89 (8): 668 - 672.

Comas L and Eissenstat D. 2004. Linking fine root traits to maximum potential growth rate among 11 mature temperate tree species [J]. Functional Ecology, 18 (3): 388 - 397.

Comas L H, Anderson L J, Dunst R M, Lakso A N and Eissenstat D M. 2005. Canopy and environmental control of root dynamics in a long - term study of Concord grape [J]. New Phytologist, 167 (3): 829 -

840.

Cosh M H，Jackson T J，Bindlish R，Prueger J H. 2004. Watershed scale temporal and spatial stability of soil moisture and its role in validating satellite estimates [J]. Remote Sensing of Environment，92 (4)：427－435.

Cosh M H，Jackson T J，Moran S，Bindlish R. 2008. Temporal persistence and stability of surface soil moisture in a semi－arid watershed [J]. Remote Sensing of Environment，112 (2)：304－313.

David T S，Ferreira M I，Cohen S，Pereira J S and David J S. 2004. Constraints on transpiration from an evergreen oak tree in southern Portugal [J]. Agricultural & Forest Meteorology，122 (3)：193－205.

Dawson，T. E.，Goldsmith，G. R.. 2018. The value of wet leaves [J]. New Phytologist，219 (4)：1156－1169.

Desborough，C. E.. 1997. The Impact of Root Weighting on the Response of Transpiration to Moisture Stress in Land Surface Schemes [J]. Monthly Weather Review (125)：1920－1930.

Du，S.，Y. L. Wang，T. Kume，and J. G. Zhang. 2011. Sapflow characteristics and climatic responses in three forest species in the semiarid Loess Plateau region of China [J]. Agricultural & Forest Meteorology (151)：1－10.

Duffera M，White J G，Weisz R. 2007. Spatial variability of Southeastern U. S. Coastal Plain soil physical properties：Implications for site－specific management [J]. Geoderma，137 (3－4).

Eller，C. B.，Lima，A. L.，Oliveira，R. S.. 2013. Foliar uptake of fog water and transport belowground alleviates drought effects in the cloud forest tree species，Drimys brasiliensis (Winteraceae) [J]. New Phytologist，199 (1)：151－162.

Feng，X. et al.. 2016. Revegetation in China's Loess Plateau is approaching sustainable water resource limits [J]. Nature Climate Change (6)：1019－1022.

Fernandez，V. et al.. 2017. Physico－chemical properties of plant cuticles and their functional and ecological significance [J]. Journal of Experimental Botany，68 (19)：5293－5306.

Fernandez，V.，Eichert，T.. 2009. Uptake of Hydrophilic Solutes Through Plant Leaves：Current State of Knowledge and Perspectives of Foliar Fertilization [J]. Crit. Rev. Plant Sci.，28 (1－2)：36－68.

Fitt，B. D. L.，Fraaije，B. A.，Chandramohan，P.，Shaw，M. W.. 2011. Impacts of changing air composition on severity of arable crop disease epidemics [J]. Plant Pathology，60 (1)：44－53.

Forrester D I，Collopy J J，Beadle C L，Warren C R and Baker T G. 2012. Effect of thinning，pruning and nitrogen fertiliser application on transpiration，photosynthesis and water－use efficiency in a young Eucalyptus nitens plantation [J]. Forest Ecology and Management (266)：286－300.

Forrester D I，Collopy J J，Beadle C L，Warren C R and Baker T G. 2013. Effect of thinning，pruning and nitrogen fertiliser application on transpiration，photosynthesis and water－use efficiency in a young Eucalyptus nitens plantation [J]. Forest Ecology & Management (288)：21－30.

Fu B，Wang J，Chen L，Qiu Y. 2003. The effects of land use on soil moisture variation in the Danangou catchment of the Loess Plateau，China [J]. Catena，54 (1－2)：197－213.

Gao M，Wen X，Huang L，Liao Y and Liu G. 2010. The effect of tillage and mulching on apple orchard soil moisture and soil fertility [J]. Journal of Natural Resources (4)：3.

Gao，Z.，Shi，W.，Wang，X.，Wang，Y.. 2020. Non－rainfall water contributions to dryland jujube plantation evapotranspiration in the Hilly Loess Region of China [J]. Journal of Hydrology (583)：124604.

GerleinSafdi，C. et al.. 2018. Dew deposition suppresses transpiration and carbon uptake in leaves [J]. Agricultural & Forest Meteorology (259)：305－316.

Granier, A. 1987. Evaluation of transpiration in a Douglas - fir stand by means of sap flow measurements [J]. Tree physiology (3): 309 - 320.

Granier, A., P. Biron, and D. Lemoine. 2000. Water balance, transpiration and canopy conductance in two beech stands [J]. Agricultural & Forest Meteorology (100): 291 - 308.

Groh, J. et al.. 2018. Determining dew and hoar frost formation for a low mountain range and alpine grassland site by weighable lysimeter [J]. Journal of Hydrology (563): 372 - 381.

Han F, Wei H, Zheng J, Feng D, Zhang X. 2010. Estimating soil organic carbon storage and distribution in a catchment of Loess Plateau, China [J]. Geoderma, 154 (3 - 4): 261 - 266.

Hanisch, S., C. Lohrey, and A. Buerkert. 2015. Dewfall and its ecological significance in semi - arid coastal south - western Madagascar [J]. Journal of Arid Environments (121): 24 - 31.

Hao, X. M., C. Li, B. Guo, J. X. Ma, A. Mubarek, and Z. S. Chen. 2012. Dew formation and its long - term trend in a desert riparian forest ecosystem on the eastern edge of the Taklimakan Desert in China [J]. Journal of Hydrology (23): 90 - 98.

Hipps, N. A., and C. J. Atkinson. 2014. Effects of two contrasting canopy manipulations on growth and water use of London plane (Platanus x acerifolia) trees [J]. Plant and soil (382): 61 - 74.

Hirotaka Saito, J. S. i. nek, and B. P. Mohanty. 2006. Numerical Analysis of Coupled Water, Vapor, and Heat Transport in the Vadose Zone [J]. Vadose Zone Journal (5): 784 - 800.

Hodnett, M. G., L, P. d. S., Rocha, H. R. d., R, C. S.. 1995. Seasonal soil water storage changes beneath central Amazonian rainforest and pasture [J]. Journal of Hydrology (170): 233 - 254.

Jackson N, Wallace J, Ong C. 2000. Tree pruning as a means of controlling water use in an agroforestry system in Kenya [J]. Forest Ecology & Management, 126 (2): 133 - 148.

Jacobs J M, Mohanty B P, Hsu E C, Miller D. 2004. SMEX02: Field scale variability, time stability and similarity of soil moisture [J]. Remote Sensing of Environment, 92 (4): 436 - 446.

Jacobs, A. F. G., Heusinkveld, B. G., Holtslag, A. A. M., Berkowicz, S. M.. 2006. Contribution of Dew to the Water Budget and Ecology of a Grassland Area in The Netherlands [J]. Water Resources Research, 42 (3): 446 - 455.

Jia, X., Shao, M., Zhu, Y., Luo, Y.. 2017. Soil moisture decline due to afforestation across the Loess Plateau, China [J]. Journal of Hydrology (546): 113 - 122.

Jia, Y., Shao, M., Jia, X.. 2013. Spatial pattern of soil moisture and its temporal stability within profiles on a loessial slope in northwestern china [J]. Journal of Hydrology (495): 150 - 161.

Jia, Z., Z. Wang, and H. Wang. 2019. Characteristics of Dew Formation in the Semi - Arid Loess Plateau of Central Shaanxi Province, China [J]. Water (11).

Jiang S, Pang L P, Buchan G D, Simunek J, Noonan M J, Close M E. 2010. Modeling waterflow and bacterial transport in undisturbed lysimeters under irrigations of dairy shed effluent and water using HYDRUS - 1D [J]. Water Research, 44 (3): 1050 - 1061.

Jin, S., Wang, Y., Shi, L., Guo, X., Zhang, J.. 2018. Effects of pruning and mulching measures on annual soil moisture, yield, and water use efficiency in jujube (Ziziphus jujube Mill.) plantations [J]. Global Ecology & Conservation (15): e00406.

Jin, T. T., Fu, B. J., Liu, G. H., Wang, Z.. 2011. Hydrologic feasibility of artificial forestation in the semi - arid Loess Plateau of China [J]. Hydrology & Earth System Sciences Discussions, 8 (1): 2519 - 2530.

Jipp, P. H., Nepstad, D. C., Cassel, D. K., Carvalho, C. R. D.. 1998. Deep Soil Moisture Storage and

Transpiration in Forests and Pastures of Seasonally – Dry Amazonia [J]. Climatic Change, 39 (2 – 3): 395 – 412.

Kabela, E. D., B. K. Hornbuckle, M. H. Cosh, M. C. Anderson, and M. L. Gleason. 2009. Dew frequency, duration, amount, and distribution in corn and soybean during SMEX05 [J]. Agricultural and Forest Meteorology (149): 11 – 24.

Kaseke, K. F., Wang, L., Seely, M. K.. 2017. Nonrainfall water origins and formation mechanisms [J]. Science Advances, 3 (3): e1603131.

Kidron, G. 2000. Dew moisture regime of endolithic and epilithic lichens inhabiting limestone cobbles and rock outcrops, Negev Highlands, Israel [J]. Flora Morphology Geobotany Ecophysiology (195): 146 – 153.

Kim, K., Lee, X.. 2011. Transition of stable isotope ratios of leaf water under simulated dew formation [J]. Plant Cell & Environment, 34 (10): 1790 – 1801.

Kleidon, A., and M. Heimann. 1998. Optimised rooting depth and its impacts on the simulated climate of an atmospheric general circulation model [J]. Geophysical research letters (25): 345 – 348.

Kleidon, A., Heimann, M.. 1998. Optimised rooting depth and its impacts on the simulated climate of an atmospheric general circulation model [J]. Geophysical research letters, 25 (3): 345 – 348.

Konrad, W., Burkhardt, J., Ebner, M., Roth – Nebelsick, A.. 2015. Leaf pubescence as a possibility to increase water use efficiency by promoting condensation [J]. Ecohydrology, 8 (3): 480 – 492.

Lawrence, B. M. G. 2005. The Relationship between Relative Humidity and the Dewpoint Temperature in Moist Air [J]. American Meteorological Society (86): 225 – 233.

Lekouch, I., K. Lekouch, M. Muselli, A. Mongruel, B. Kabbachi, and D. Beysens. 2012. Rooftop dew, fog and rain collection in southwest Morocco and predictive dew modeling using neural networks [J]. Journal of Hydrology (448): 60 – 72.

Li, X. Y., Zhao, W. W., Song, Y. X., Wang, W., Zhang, X. Y.. 2008. Rainfall harvesting on slopes using contour furrows with plastic – covered transverse ridges for growing Caragana korshinskii in the semiarid region of China [J]. Agricultural Water Management, 95 (5).

Limm, E. B., and T. E. Dawson. 2010. Polystichum munitum (Dryopteridaceae) varies geographically in its capacity to absorb fog water by foliar uptake within the redwood forest ecosystem [J]. American Journal of Botany (97): 1121 – 1128.

Liu G – S, Wang X – Z, Zhang Z – Y, Zhang C – H. 2008. spatial variability of soil properties in a tobacco field of central china [J]. Soil Science, 173 (9): 659 – 667.

Liu W. 2010. Soil water dynamics and deep soil recharge in a record wet year in the southern Loess Plateau of China [J]. Agricultural Water Management, 97 (8): 1133 – 1138.

Liu, J., Diamond, J.. 2005. China's environment in a globalizing world [J]. Nature (435): 1179 – 1186.

Liu, X., Z. Xu, and S. Yang. 2018. Vapor condensation in rice fields and its contribution to crop evapotranspiration in the subtropical monsoon climate of China [J]. Journal of Hydrometeorology (19): 1043 – 1057.

Ma, L. et al.. 2019. Canopy pruning as a strategy for saving water in a dry land jujube plantation in a loess hilly region of China [J]. Agricultural Water Management (216): 436 – 443.

Ma, L. – h., Pu – te, W., Wang, Y. – k., 2012. Spatial distribution of roots in a dense jujube plantation in the semiarid hilly region of the Chinese Loess Plateau [J]. Plant and soil, 354 (1 – 2): 57 – 68.

Malek, E., G. McCurdy, and B. Giles. 1999. Dew contribution to the annual water balances in semi – arid desert valleys [J]. Journal of Arid Environments (42): 71 - 80.

Markesteijn L, Poorter L, Bongers F, Paz H and Sack L. 2011. Hydraulics and life history of tropical dry forest tree species: coordination of species' drought and shade tolerance [J]. New Phytologist, 191 (2): 480 - 495.

Maziar M. Kandelous, Šimůnek, Jiří. 2010. Numerical simulations of water movement in a subsurface drip irrigation system under field and laboratory conditions using HYDRUS - 2D [J]. Agricultural Water Management, 97 (7): 1070 - 1076.

McDowell N G. 2011. Mechanisms linking drought, hydraulics, carbon metabolism, and vegetation mortality [J]. Plant physiology, 155 (3): 1051 - 1059.

Merlin, O., etal.. 2018. A phenomenological model of soil evaporative efficiency using surface soil moisture and temperature data [J]. Agricultural & Forest Meteorology s (256 - 257): 501 - 515.

Miao Y, Mulla D J, Robert P C. 2006. Spatial Variability of Soil Properties, Corn Quality and Yield in Two Illinois, USA Fields: Implications for Precision Corn Management [J]. Precision Agriculture, 7 (1): 5 - 20.

Milly, P. C. D., Dunne, K. A.. 1994. Sensitivity of the global water cycle to the water - holding capacity of land [J]. Journal of Climate (7): 506 - 526.

Miranda J G V, Montero E, Alves M C, González A P, Vázquez E V. 2006. Multifractal characterization of saprolite particle - size distributions after topsoil removal [J]. Geoderma, 134 (3 - 4): 373 - 385.

Namirembe S, Brook R M and Ong C K. 2009. Manipulating phenology and water relations in Senna spectabilis in a water limited environment in Kenya [J]. Agroforestry systems, 75 (3): 197 - 210.

Nepstad, D. C., et al.. 1994. The role of deep roots in the hydrological and carbon cycles of Amazonian forests and pastures [J]. Nature (372): 666 - 669.

Nie, Z. et al.. 2017. Effects of pruning intensity on jujube transpiration and soil moisture of plantation in the Loess Plateau [R]. IOP Conference Series: Earth and Environmental Science.

O'Grady A P. 2009. Convergence of tree water use within an arid - zone woodland [J]. Oecologia, 160 (4): 643 - 655.

Oren R. 1999. Survey and synthesis of intra - and interspecific variation in stomatal sensitivity to vapour pressure deficit [J]. Plant, cell & environment, 22 (12): 1515 - 1526.

Oren, R., and D. E. Pataki. 2001. Transpiration in response to variation in microclimateand soil moisture in southeastern deciduous forests [J]. Oecologia (127): 549 - 559.

O'Sullivan, O. S. et al.. 2017. Thermal limits of leaf metabolism across biomes [J]. Global Change Biology, 23 (1): 209 - 223.

Palmroth S, Katul G and Oren R. 2008. Leaf Stomatal Responses to Vapour Pressure Deficit Under Current and CO2 - Enriched Atmosphere Explained by the Economics of gas Exchange [R]. AGU Fall Meeting Abstracts: 1053.

Penna, D., Borga, M., Norbiato, D., Fontana, G. D.. 2009. Hillslope scale soil moisture variability in a steep alpine terrain [J]. Journal of Hydrology, 364 (3 - 4): 311 - 327.

Posadas A, Gimenez N D, Bittelli D, Vaz M, M. P. C. 2001. Multifractal Characterization of Soil Particle - Size Distributions [J]. Soil Science Society of America Journal, 65 (5): 1361 - 1367.

Potter, C. S., et al.. 1993. Terrestrial ecosystem production: A process model based on global satellite and surface data [J]. Global Biogeochemical Cycels (7): 811 - 841.

Raich, J. W. et al.. 1991. Potential net primary productivity in South America: Application of a global model [J]. Ecological Applications, 1 (4): 399 - 429.

Santiagoagustín V, Gyenge J E, Fernández M E and Schlichter T. 2010. Seedling drought stress susceptibility in two deciduous Nothofagus species of NW Patagonia [J]. Trees, 24 (3): 443 - 453.

Sarmiento, G., Goldstein, G., Meinzer, F.. 1985. Adaptive strategies of woody species in neotropical savannas [J]. Biological Reviews of the Cambridge Philosophical Society, 60 (3): 315 - 355.

Scafaro, A. P. et al.. 2017. Strong thermal acclimation of photosynthesis in tropical and temperate wet - forest tree species: the importance of altered Rubisco content [J]. Global Change Biology, 23 (7): 2783 - 2800.

Shelden, M. and Sinclair, R.. 2000. Water relations of feral olive trees (Olea europaea) resprouting after severe pruning [J]. Australian Journal of Botany, 48 (5): 639 - 644.

Shouse, Peter J., Ayars, James E., Šimůnek, Jiří. 2011. Simulating root water uptake from a shallow saline groundwater resource [J]. Agricultural Water Management, 98 (1): 784 - 790.

Shukla M K, Slater B K. 2004. cepuder p. spatial variability of soil properties and potential management classification of a chernozemic field in lower austria [J]. soil science, 169 (12): 852 - 860.

Sobrado, M.. 2003. Hydraulic characteristics and leaf water use efficiency in trees from tropical montane habitats [J]. Trees, 17 (5): 400 - 406.

Sun B, Zhou S, Zhao Q. 2003. Evaluation of spatial and temporal changes of soil quality based on geostatistical analysis in the hill region of subtropical China [J]. Geoderma, 115 (1 - 2): 85 - 99.

Tomaszkiewicz, M., Abou Najm, M., Zurayk, R., El - Fadel, M.. 2017. Dew as an adaptation measure to meet water demand in agriculture and reforestation [J]. Agricultural and Forest Meteorology (232): 411 - 421.

Tomaszkiewicz, M., M. Abou Najm, D. Beysens, I. Alameddine, and M. El - Fadel. 2015. Dew as a sustainable non - conventional water resource: a critical review [J]. Environmental Reviews (23): 425 - 442.

Tyree M T and Dixon M A. 1986. Water stress induced cavitation and embolism in some woody plants [J]. Physiologia Plantarum, 66 (3): 397 - 405.

Vacher, C. et al.. 2016. The Phyllosphere: Microbial Jungle at the Plant - Climate Interface [J]. Annual Review of Ecology Evolution & Systematics, 47 (1): 1 - 24.

Verhoef, A., A. Diaz - Espejo, J. R. Knight, L. Villagarcia, and J. E. Fernandez. 2006. Adsorption of Water Vapor by Bare Soil in an Olive Grove in Southern Spain [J]. Journal of Hydrometeorology (7): 1011 - 1027.

Wallin, J. R.. 1967. Agrometeorological aspects of dew [J]. Agricultural Meteorology, 4 (2): 85 - 102.

Wang J, Fu B, Qiu Y, Chen L, Wang Z. 2001. Geostatistical analysis of soil moisture variability on Da Nangou catchment of the loess plateau, China [J]. Environmental Geology (41): 113 - 120.

Wang L., Wang S. P., Shao H. B., Wu Y. J., Wang Q. J.. 2012. Simulated water balance of forest and farmland in the hill and gully region of the Loess Plateau in China [J]. Plant Biosystems - An International Journal Dealing with all Aspects of Plant Biology, 146 (supl): 226 - 243.

Wang Y Q, Shao M A. 2013. Spatial variability of soil physical properties in a region of the loess plateau of pr china subject to wind and water erosion [J]. Land Degradation & Development, 24 (3): 296 - 304.

Wang, Y. Q., Shao, M. A., Liu Z. P.. 2010. Large - scale spatial variability of dried soil layers and related factors across the entire Loess Plateau of China [J]. Geoderma, 159 (1): 99 - 108.

Wang, X., Gao, Z., Wang, Y., Wang, Z., Jin, S.. 2017. Dew measurement and estimation of rain - fed jujube (Zizyphus jujube Mill) in a semi - arid loess hilly region of China [J]. Journal of Arid Land, 9 (4): 547 - 557.

Wang, Y. , Shao, M. A. , Zhu, Y. , Liu, Z. . 2011. Impacts of land use and plant characteristics on dried soil layers in different climatic regions on the Loess Plateau of China [J]. Agricultural & Forest Meteorology, 151 (4).

Wang, Y. q. , Shao, M. a. , Zhu, Y. j. , Sun, H. , Fang, L. c. . 2018. A new index to quantify dried soil layers in water – limited ecosystems: A case study on the Chinese Loess Plateau [J]. Geoderma (322): 1 – 11.

Wang, Z. , Liu, B. , Liu, G. . 2009. Soil water depletion depth by planted vegetation on the Loess Plateau [J]. Science China (Ser D – Earth Sci), 52 (6): 835 – 842.

Wei J B, Xiao D N, Zeng H, Fu Y K. 2008. Spatial variability of soil properties in relation to land use and topography in a typical small watershed of the black soil region, northeastern China [J]. Environmental Geology, 53 (8): 1663 – 1672.

Wei X R, et al. . 2009. Distribution of soil organic c, n and p in three adjacent land use patterns in the northern loess plateau, china [J]. Biogeochemistry, 96 (13): 149 – 162.

Weindorf D C, Zhu Y. 2010. Spatial variability of soil properties at capulin volcano, new mexico, USA: Implications for sampling strategy [J]. Pedosphere, 20 (2): 185 – 197.

Wullschleger S D, Meinzer F and Vertessy R. 1998. A review of whole – plant water use studies in tree [J]. Tree Physiology, 18 (8 – 9): 499 – 512.

Wullschleger S D, Wilson K B and Hanson P J. 2000. Environmental control of whole – plant transpiration, canopy conductance and estimates of the decoupling coefficient for large red maple trees [J]. Agricultural & Forest Meteorology, 104 (2): 157 – 168.

Wullschleger, S. D. , and R. J. Tschaplinski TJNorby. 2010. Plant water relations at elevated CO_2 – implications for water – limited environments [J]. Plant Cell & Environment (25): 319 – 331.

Xia, Y. Q. , Shao, M. A. . 2009. Evaluation of soil water – carrying capacity for vegetation: the concept and the model [J]. Acta Agriculturae Scandinavica, 59 (4): 342 – 348.

Xie Z, Wang Y, Jiang W, Wei X. 2006. Evaporation and evapotranspiration in a watermelon field mulched with gravel of different sizes in northwest china [J]. Agricultural Water Management, 81 (1 – 2): 173 – 184.

Yan, W. , Deng, L. , Yang, q. , Zhong, Z. , Shangguan. 2015. The Characters of Dry Soil Layer on the Loess Plateau in China and Their Influencing Factors [J]. Plos One, 10 (8): e0134902.

Yimer F, Ledin S, Abdelkadir A. 2006. Soil organic carbon and total nitrogen stocks as affected by topographic aspect and vegetation in the Bale Mountains, Ethiopia [J]. Geoderma (135): 335 – 344.

Yong J, Wong S and Farquhar G. 1997. Stomatal responses to changes in vapour pressure difference between leaf and air [J]. Plant, cell & environment, 20 (10): 1213 – 1216.

Zangvil, A. 1996. Six years of dew observations in the Negev Desert, Israel [J]. Journal of Arid Environments (32): 361 – 371.

Zastrow, M. . 2019. China's tree – planting drive could falter in a warming world [J]. Nature, 573 (7775): 474.

Zeng, X. , Dai, Y. J. , Dickinson, R. E. , Shaikh, M. . 1998. The role of root distribution for climate simulation over land [J]. Geophysical Research Letters, 25 (24): 4533 – 4536.

Zeng, Y. , L. Wan, Z. Su, H. Saito, K. Huang, and X. Wang. 2009. Diurnal soil water dynamics in the shallow vadose zone (field site of China University of Geosciences, China) [J]. Environmental Geology (58): 11 – 23.

Zeppel, M. J. B. , J. D. Lewis, N. G. Phillips, and D. T. Tissue. 2014. Consequences of nocturnal water loss: a synthesis of regulating factors and implications for capacitance, embolism and use in models [J]. Tree physiology (34): 1047 - 1055.

Zhang, Q., S. Wang, F. L. Yang, P. Yue, T. Yao, and W. Y. Wang. 2015. Characteristics of Dew Formation and Distribution, and Its Contribution to the Surface Water Budget in a Semi - arid Region in China [J]. Boundary - Layer Meteorology (154): 317 - 331.

Zhang, Q., Wang, S., Zeng, J.. 2010. On the Non - rained Land - surface Water Components and Their Relationship with Soil Moisture Content in Arid Region [J]. Arid Zone Research, 27 (3): 392 - 400.

Zhao P, Shao M. 2010. Soil water spatial distribution in dam farmland on the Loess Plateau, China [J]. Acta Agriculturae Scandinavia, 60 (2): 117 - 125.

Zhuang, Y., Ratcliffe, S.. 2012. Relationship between dew presence and Bassia dasyphylla plant growth [J]. Journal of Arid Land, 4 (1): 11 - 18.

Zhuang, Y., Zhao, W.. 2017. Dew formation and its variation in Haloxylon ammodendron plantations at the edge of a desert oasis, northwestern China [J]. Agricultural & Forest Meteorology (247): 541 - 550.

Zwieniecki M A, Brodribb T J and Holbrook N M. 2007. Hydraulic design of leaves: insights from rehydration kinetics [J]. Plant, cell & environment, 30 (8): 910 - 921.

1.生草覆盖技术室内探索

2. 枣树生理指标测定

3.试验小分队

4. 10 m土层土壤水分测定

5. 合作完成试验

6. 试验问题探讨

7. 试验布置

8. 数据采集及分析

9. 雨天试验

10.盆栽根系调查

11. 试验现场探讨

12.汪有科研究员与学生分析枣情

13. 汪有科研究员查看枣树长势

14. 专家参观交流

15. 红枣栽培技术介绍

16.科研内容介绍